Computer-Architektur

Modellierung, Entwicklung und Verifikation mit Verilog

von
Karl Stroetmann

Oldenbourg Verlag München Wien

Nach dem Studium der Mathematik, Elektrotechnik und Physik arbeitete Prof. Dr. Karl Stroetmann von 1987 bis zum Abschluss seiner Promotion 1991 als Wissenschaftlicher Mitarbeiter an der Universität Münster. Anschließend war er elf Jahre als Wissenschaftler in der Corporate Technology der Firma Siemens tätig. Seit 2002 ist Karl Stroetmann Professor am Fachbereich Informationstechnik an der Berufsakademie Stuttgart.

Bibliografische Information der Deutschen Nationalbibliothek

Die Deutsche Nationalbibliothek verzeichnet diese Publikation in der Deutschen Nationalbibliografie; detaillierte bibliografische Daten sind im Internet über <http://dnb.d-nb.de> abrufbar.

Rosenheimer Straße 145, D-81671 München
Telefon: (089) 45051-0
oldenbourg.de

Lektorat: Kathrin Mönch
Herstellung: Anna Grosser
Coverentwurf: Kochan & Partner, München
Coverausführung: Gerbert-Satz, Grasbrunn
Gedruckt auf säure- und chlorfreiem Papier
Gesamtherstellung: Druckhaus „Thomas Müntzer“ GmbH, Bad Langensalza

ISBN 978-3-486-58029-7

Geleitwort des Herausgebers

Wir nehmen all die Mikrorechner, mit denen wir täglich zu tun haben, gar nicht mehr wahr. Kaum ein Gerät im Haushalt, kein Telefon, kein Auto oder anderes Transportmittel kommt ohne diese programmierbaren Hardwarestrukturen aus. Die Effizienz, mit der solche Systeme ihre vielfältigen Aufgaben bewältigen, entsteht durch den engen Bezug zwischen Prozessorhardware einerseits und den einprogrammierten Softwarekomponenten andererseits. Mit Software lassen sich diese Systeme flexibel an spezifische Aufgaben anpassen. Die Hardware sorgt für die ressourcenschonende, kostengünstige Umsetzung der Funktionen. Den Einsatzmöglichkeiten der Rechner sind deshalb kaum Grenzen gesetzt und dementsprechend spielt die Rechnertechnik in Studium und Praxis der Informatik und Elektrotechnik eine bedeutende Rolle. Der Autor dieses Buchs spricht verständlich und mit didaktischem Geschick alle Aspekte des Rechnerentwurfs an und beschreibt die gängigen Computer-Architekturen aus Sicht der Maschinensprache und vom Hardware-Standpunkt aus.

Das vorliegende Buch stellt in neuartiger Weise die Rechnertechnik im Zusammenhang mit aktuellen Methoden des Elektronikentwurfs (Hardwarebeschreibungssprachen und Simulation) dar. Moderne Rechner werden aufgrund der fortschreitenden Strukturverkleinerung der Mikroelektronik immer leistungsfähiger, aber auch komplexer. Es ist daher wichtig, die generischen Eigenschaften herauszuarbeiten und effizient zu vermitteln, damit sich ein bleibender Lernerfolg einstellt. Dies ist eine didaktische Herausforderung, der sich der Autor dadurch stellt, dass er die Hard- und Software-Komponenten zunächst theoretisch einführt und erklärt, sie aber dann in simulierbare Computermodelle überführt, simuliert und verifiziert. Dieser neue Zugang ermöglicht es, die vermittelten theoretischen Inhalte praktisch aktiv nachzuvollziehen, denn es lässt sich nur jenes sprachlich als Modell erfassen, was vorher inhaltlich verstanden wurde. Weiterhin kann das simulierte Verhalten nur dann bewertet werden, wenn klar ist, welche Soll-Verläufe für eine gegebene Schaltung zu erwarten sind. So lassen sich die Zusammenhänge zwischen Aufbau und Funktion anschaulich darstellen und die aktive Modellierung bewirkt quasi nebenbei, dass sich die Studierenden konsequent und umfassend mit allen Aspekten des Rechnerentwurfs befassen.

Als aktiver Zugang zur Rechnertechnik wird hier eine Hardwaremodellierungssprache (Verilog-HDL) eingesetzt. Die Modellierungssprachen sind in der Lage, sequentielle Algorithmen und parallel zu verarbeitende Prozesse als Modelle zu erfassen und so das gesamte Spektrum des Verhaltens elektronischer Schaltungen nachzubilden. Mit geeigneten Simulatoren kann das dynamische Verhalten der Modelle untersucht werden. Wichtiger ist fast noch, dass mit Synthesewerkzeugen Verilog-Beschreibungen in elektronische Schaltpläne auf Gatterniveau umgesetzt werden können. Dies ist der erste und wichtigste Schritt zur Implementierung als elektronische Hardware. Mit Hilfe solcher Sprachen werden heute in der Praxis fast alle digitalen Schaltungen entworfen und deshalb vermittelt das Buch zusätzlich verwertbare weiterführende Kenntnisse des Digitalentwurfs.

Der Autor beginnt das Buch mit der Beschreibung eines einfachen RISC-Prozessors. Zuerst wird der Rechner aus dem Aspekt der Maschinensprache behandelt, die den Rechner steuert und die aus Binärworten besteht. Die binäre Maschinensprache wird zur besseren Verständlichkeit beim Programmieren durch eine symbolische Sprache (Assemblersprache) ersetzt. Die Assembler-Programme werden dann in Binärworte übersetzt. Mit einem Simulator können Assembler-Programme für den einfachen RISC-Rechner geschrieben und getestet werden. In den nächsten Kapiteln werden die Hardwareaspekte der benötigten Rechenwerke sowie sequentielle Schaltungen vorgestellt und mit Verilog modelliert, bevor eine komplette CPU entworfen wird. Am Ende des 5. Kapitels liegt eine Beschreibung des anfänglich vorgestellten RISC-Prozessors auf Gatter-Ebene vor. Die folgenden Kapitel behandeln komplexere Rechnersysteme. CISC-Prozessoren (der Mic-1 von Tannenbaum) und leistungsfähigere Assembler, wie JAVA-Bytecode und Mikroassembler für die Interpretation der Rechnerbefehle der CISC-Maschine, werden vorgestellt und mit Verilog modelliert. Abschließend beschäftigt sich der Autor mit Methoden zum Rechnen mit Fließkommazahlen nach dem IEEE-754-Standard und gibt Algorithmen in Verilog zur Addition und Multiplikation solcher Zahlen an.

Die Modellierung und Simulation der verschiedenen Rechnerkomponenten mit Verilog haben nur die didaktische Funktion, dass der Leser die Struktur der Komponenten aktiv erfassen und austesten kann, was das Verständnis des komplexen Themas erleichtert und das Erlernte festigt. Es handelt sich hier nicht um ein Verilog-Lehrbuch und auch nicht um eine Einführung in das Design digitaler Schaltungen (geeignete Werke sind bereits in dieser Reihe beim Oldenbourg-Verlag erschienen), sondern die benötigten Konstrukte der Sprache Verilog werden sukzessive bei Bedarf erläutert. Vorkenntnisse sind nicht erforderlich.

Die besondere Herangehensweise des Autors und sein profundes Fachwissen über Rechner in ihren Hard- und Software-Aspekten machen das Werk zu einem höchst interessanten, spannenden und praxisorientierten Buch. Die enge Verzahnung von Hard- und Software im Bereich der Rechnertechnik wird durch seine Methodik fast selbsterklärend klar und lässt den heute in der gesamten Elektronik wichtigen Aspekt des Hardware-Software-Codesigns, der Funktionen, Entwurf und Verifikation prägt, deutlich hervortreten und vermittelt die wichtigen Schnittstellenkenntnisse.

Darmstadt Prof. Dr. Bernhard Hoppe

Vorwort

„Kaum" ein Gebiet der Informatik hat sich so schnell entwickelt wie die Rechnertechnik. Dies ist auf die immer höhere Integration digitaler Schaltungen zurückzuführen. Nach dem Moore'schen Gesetz verdoppelt sich alle 18 Monate die Zahl der Transistoren, die auf einem Chip konstanter Größe untergebracht werden können. Moderne Mikroprozessoren enthalten mehrere Hundert Millionen Transistoren. Mit der Zahl der Transistoren ist auch die Komplexität der Prozessoren stark angewachsen. Diese Komplexität wäre nicht beherrschbar, wenn die Prozessoren heute noch mit derselben Technologie entwickelt würden wie vor 20 Jahren. Aus diesem Grunde werden seit etwa 15 Jahren zur Entwicklung der Logik eines Mikroprozessors so genannte *Hardware-Beschreibungssprachen* eingesetzt. Von diesen Sprachen sind zwei besonders gebräuchlich: *Verilog* und VHDL. Durch den Einsatz solcher Sprachen wurde die Entwicklung von Prozessoren dramatisch vereinfacht: Es ist möglich geworden, im Rahmen einer Vorlesung einen kompletten Mikroprozessor mit Hilfe einer Hardware-Beschreibungssprache zu entwickeln und zu testen.

Im vorliegenden Buch wird dieser Weg beschritten. Dabei werden einerseits die benötigten Konzepte der Rechnertechnik dargestellt, andererseits wird gezeigt, wie sich diese Konzepte mit Hilfe von *Verilog* realisieren lassen. Die dabei benötigten Konstrukte der Sprache *Verilog* werden ebenfalls vorgestellt. Allerdings verfolgt das Buch nicht das Ziel, die Sprache *Verilog* in allen Details darzustellen, denn dafür gibt es genug andere Literatur. Ziel dieses Buches ist vielmehr die Darstellung der Grundzüge der Rechnertechnik an Hand konkreter Beispiele. In diesem Rahmen wird dann der Teil der Hardware-Beschreibungssprache *Verilog* eingeführt, der jeweils benötigt wird.

Es ist heute möglich, einfache Mikroprozessoren zu sehr geringen Preisen zu produzieren. Dadurch sind Mikroprozessoren allgegenwärtig geworden. War es früher nur der PC, der einen Mikroprozessor beinhaltete, so finden Sie heute Mikroprozessoren in Handys, Waschmaschinen, Autos, MP3-Playern, DVD-Spielern und eigentlich fast jedem anderen Gerät der Unterhaltungselektronik. Dieses Buch soll den Leser in die Lage versetzen, die faszinierende Technologie, die der Konstruktion solcher Prozessoren zugrunde liegt, nicht nur zu verstehen, sondern auch selbst anwenden zu können.

Um Prozessoren bauen zu können, ist es zunächst erforderlich zu verstehen, wie Prozessoren eingesetzt werden. Daher gibt das zweite Kapitel einen Überblick über die Funktionsweise eines Rechners aus der Sicht des Programmierers. Konkret wird ein so genannter RISC-Prozessor vorgestellt und es wird gezeigt, wie ein Rechner, der mit diesem Prozessor ausgestattet ist, in Maschinensprache programmiert werden kann. Das Ziel der drei folgenden Prozessoren ist es dann, diesen Prozessor auch zu bauen. Dazu stellt das dritte Kapitel zunächst einige einfache digitale Schaltungen vor, mit deren Hilfe später die Recheneinheit eines Prozessors aufgebaut wird. Gleichzeitig führt dieses Kapitel den Leser in die Hardware-Beschreibungssprache *Verilog* ein. Während die im dritten Kapitel vorgestellten Schaltungen alle rein kombinatorisch sind und damit keine speichernden Elemente haben, stellt das vierte Kapitel Schaltungen vor, die auch Speicherelemente wie Flip-Flops beinhalten. Außerdem wird das Thema Pipelining an Hand von arithmetischen Schaltungen angesprochen. Im fünften Kapitel ist dann alles Material für den Bau eines Prozessors zusammengetragen, so dass der im zweiten Kapitel vorgestellte Prozessor in *Verilog* implementiert werden kann.

Die Maschinensprache des RISC-Prozessors aus dem zweiten Kapitel ist sehr einfach aufgebaut. Um dem Leser auch ein Gefühl für die Maschinensprachen zu geben, mit denen CISC-Prozessoren programmiert werden, stellt das sechste Kapitel den IJVM-Bytecode vor. Hierbei handelt es sich um eine vereinfachte Version der Maschinensprache, die der Programmiersprache *Java* zugrunde liegt. Im siebten Kapitel stellen wir einen Prozessor vor, der diese Maschinensprache interpretieren kann. Es handelt sich dabei um den Prozessor *Mic-1*, der in dem Buch über Rechnerarchitektur von Andrew Tanenbaum [?] beschrieben wird. Dieser Prozessor selbst wird über ein *Mikro-Assembler*-Programm gesteuert. Diese Programmiersprache wird im achten Kapitel diskutiert.

Das neunte Kapitel beschäftigt sich mit der Verarbeitung von Fließkomma-Zahlen. Im Einzelnen wird der Standard IEEE 754 vorgestellt. Dieser Standard gibt vor, wie Fließkomma-Zahlen im Rechner dargestellt werden. Anschließend werden Algorithmen für die Addition und Multiplikation von Fließkomma-Zahlen vorgestellt. Diese Algorithmen werden in *Verilog* angegeben.

Im Rahmen von Studienarbeiten haben eine Reihe von Studenten zum Gelingen dieses Buches beigetragen: Stephan Ewen und Marcel Kutsch haben einen Debugger für die im zweiten Kapitel vorgestellte Maschinensprache entwickelt. Marcus Cziomer und Christoph Hirzel haben eine Entwicklungsumgebung für IJVM-Bytecode-Programme implementiert. Birgit Bezold und Martin Hucht haben den Prozessor *Mic-1* in Verilog realisiert. Thomas Kutzer hat einen Simulator für Mikro-Assembler-Programme erstellt. Ihnen allen möchte ich dafür herzlich danken. Der Leser findet die genannten Programme auf meiner Webseite `http://www.ba-stuttgart.de/~stroetma/Oldenbourg-GRT/`.

Stuttgart Karl Stroetmann

Inhaltsverzeichnis

1 Einleitung

Das vorliegende Buch versucht, die Grundlagen der Rechnertechnik darzustellen. Es ist aus einem Skript zu einer Vorlesung entstanden, die ich mehrere Male an der Berufsakademie Stuttgart gehalten habe.

Die Konzepte, die in diesem Buch eingeführt werden, werden an Hand konkreter Beispiele erklärt. Beispielsweise behandelt das zweite Kapitel übersichtsartig den Aufbau eines Rechners. Um dies anschaulicher werden zu lassen, wird gleichzeitig ein *Simulator* für einen (zugegebenermaßen sehr einfachen) Rechner vorgestellt. Dieser Simulator ist in *Java* implementiert und die Implementierung wird im Detail besprochen.

Auch bei der Entwicklung der digitalen Schaltungen, die im Buch präsentiert werden, wird ein konstruktiver Ansatz verfolgt: Dazu werden die Schaltungen mit Hilfe der Hardware-Beschreibungssprache *Verilog* beschrieben. Das hat den Vorteil, dass die so beschriebenen Schaltungen dann mit Hilfe eines *Verilog*-Simulators getestet werden können. Hierfür kann das frei erhältliche System `Icarus-Verilog` verwendet werden. Dieses System finden Sie unter `http://icarus.com/eda/verilog/` im Netz. Die im Buch vorgestellten Verilog-Schaltungen finden Sie auf meiner Webseite

`http://www.ba-stuttgart.de/~stroetma/Oldenbourg-GRT`.

Um die vorgestellten Schaltungen wirklich im Detail zu verstehen, empfiehlt es sich, mit diesen Schaltungen zu experimentieren. Zum besseren Verständnis ist es sinnvoll, die Schaltungen zunächst zu verändern und dann mit Hilfe des Simulators zu überprüfen, wie sich diese Veränderungen auswirken. Neben den Schaltungen enthält das Buch zusätzlich eine Reihe von Aufgaben. Die Schaltungen, die in diesen Aufgaben zu entwickeln sind, finden sich ebenfalls auf meiner oben angegebenen Webseite.

Dieses Buch ist nicht als umfassendes Standardwerk gedacht, das alle Aspekte der Rechnertechnik beleuchtet. Einerseits fehlt dazu der Platz, andererseits gibt es eine ganze Reihe von guter Lehrbücher zum Thema „Rechnertechnik“. Die beiden folgenden Bücher möchte ich hier besonders empfehlen.

1. *Structured Computer Organization*
   von *Andrew S. Tanenbaum*, fünfte Auflage, erschienen 2005 beim Verlag *Prentice Hall*.

2. *Computer Organization & Design*
   von *John L. Hennessey* und *David A. Patterson*, dritte Auflage, erschienen 2004 beim Verlag *Morgan Kaufmann*.

Insbesondere möchte ich hinsichtlich der Geschichte der Rechnertechnik auf diese Bücher verweisen.

1.1 Überblick

Es folgt ein detaillierter Überblick über die in diesem Buch behandelten Themen, gegliedert nach einzelnen Kapiteln.

2. Kapitel: Aufbau eines Rechners

   Das zweite Kapitel erläutert die Grundidee der *Von-Neumann-Architektur* eines Rechners an Hand eines einfachen RISC-Prozessors. Die Abkürzung RISC steht für *reduced instruction set computer* und bezeichnet einen Prozessor, der nur eine sehr kleine Menge von Befehlen versteht.

   Zusätzlich wird im zweiten Kapitel beschrieben, wie der vorgestellte Prozessor mit Hilfe einer Maschinensprache gesteuert werden kann. Anschließend wird ein Assembler für diesen Prozessor präsentiert. Außerdem beschreibt das Kapitel einen Simulator für Assembler-Programme. Mit diesem Simulator, dessen Source-Code Sie auf meiner Web-Seite finden, können Sie selbst Assembler-Programme für den in diesem Kapitel beschriebenen Rechner erstellen und testen.

3. Kapitel: Aufbau eines Rechenwerks

   Während das zweite Kapitel einen Computer aus der Sicht des Assembler-Programmierers beschrieben hat, wechseln wir im dritten Kapitel die Abstraktionsebene und beginnen damit zu untersuchen, wie ein Rechner konkret aus logischen Gattern aufgebaut werden kann.

   Zunächst wird gezeigt, wie ein *Rechenwerk* mit Hilfe logischer Gatter aufgebaut wird. Ein solches Rechenwerk ist in der Lage, die elementaren Rechenoperationen Addition, Subtraktion, Multiplikation und Division ganzer Zahlen auszuführen. Zusätzlich führt das dritte Kapitel in die Hardware-Beschreibungs-Sprache *Verilog* ein. Diese Sprache ermöglicht es, den Aufbau digitaler elektronischer Schaltungen zu beschreiben. Eine *Verilog*-Beschreibung einer solchen Schaltung unterscheidet sich auf den ersten Blick kaum von einem Programm, das in einer Hochsprache wie `C` oder *Java* geschrieben ist. Eine gegebene Schaltungsbeschreibung kann dann auf zwei Arten genutzt werden:

   (a) Einerseits lässt sich die Schaltung mit Hilfe von Synthese-Werkzeugen tatsächlich generieren.

   (b) Andererseits kann das Verhalten der Schaltung mit Hilfe von Simulations-Werkzeugen untersucht werden.

4. Kapitel: Sequentielle Schaltungen

   Die im dritten Kapitel vorgestellten Schaltungen arbeiten rein *kombinatorisch*: Eine kombinatorische Schaltung liefert zu einer vorgegebenen Eingabe immer dasselbe Ergebnis, eine solche Schaltung hat also kein Gedächtnis. Im Unterschied dazu hängt die Ausgabe einer *sequentiellen Schaltung* auch von der Geschichte der Eingaben ab. Das vierte Kapitel zeigt, wie sich solche Schaltungen implementieren lassen.

Diese Art von Schaltungen wird häufig zur Entwicklung von Steuerungen eingesetzt. Wir zeigen als Beispiel, wie sich eine einfache Ampelsteuerung als sequentielle Schaltung realisieren lässt.

Sequentielle Schaltungen sind oft erheblich komplexer als rein kombinatorische Schaltungen. Es ist daher sinnvoll, solche Schaltungen zunächst auf einer höheren Abstraktionsebene zu beschreiben. Bei der in diesem Buch vorgestellten Methodik zur Entwicklung sequentieller Schaltungen benutzen wir vier verschiedene Abstraktionsebenen:

(a) Auf der obersten Abstraktionsebene spezifizieren wir das Verhalten der Schaltung mathematisch mit Hilfe bedingter Gleichungen.

(b) Diese bedingten Gleichungen lassen sich unmittelbar in eine *verhaltensbasierte Verilog*-Beschreibung umsetzen. Auf der verhaltensbasierten Ebene ähnelt *Verilog* einer Programmiersprache.

(c) Die verhaltensbasierte *Verilog*-Beschreibung kann dann in eine *Verilog*-Beschreibung auf RTL-Ebene umgesetzt werden. Beschreibungen auf dieser Ebene sind strukturell, aber im Unterschied zu einer *Verilog*-Beschreibung auf Gatter-Ebene stellt *Verilog* hier beispielsweise arithmetische Operatoren zur Verfügung.

(d) Bei Bedarf kann die *Verilog*-Beschreibung auf RTL-Ebene in eine *Verilog*-Beschreibung auf Gatter-Ebene umgesetzt werden. Aus einer solchen Schaltungsbeschreibung lässt sich mit Hilfe von Synthese-Werkzeugen echte Hardware in Form von ASICs (*application specific integrated circuit*) oder FPGAs (*field programmable gate array*) erzeugen.

5. Kapitel: Aufbau einer CPU

   Dieses Kapitel zeigt die Implementierung des Prozessors, der im zweiten Kapitel aus der Sicht des Maschinensprache-Programmierers vorgestellt worden ist. Wir geben zunächst eine verhaltensbasierte Implementierung eines kompletten Rechners an. Die Beschreibung des Prozessors wird dann weiter verfeinert, so dass am Ende des Kapitels eine Beschreibung des Prozessors auf Gatter-Ebene vorliegt.

6. Kapitel: „IJVM"-Assembler

   Dieses Kapitel diskutiert eine alternative Assembler-Sprache, wir behandeln hier den *Java-Byte-Code*. Dabei handelt es sich um die Maschinensprache, in die ein *Java*-Programm übersetzt wird. Aus Platzgründen beschränken wir uns allerdings auf ein Fragment dieser Maschinensprache: Wir betrachten nur den Teil der Maschinensprache, der mit dem Datentyp `int` auskommt.

7. Kapitel: Aufbau eines CISC-Prozessors

   Dieses Kapitel behandelt den Aufbau des Prozessors *Mic-1*, der in dem Buch von Andrew Tanenbaum [Tan05] eingeführt worden ist. Hier handelt es sich um einen so genannten CISC-Prozessor. Die Abkürzung CISC steht hier für *complex instruction set computer* und drückt aus, dass die Maschinensprache wesentlich umfangreicher ist als bei einem RISC-Prozessor.

8. Kapitel: Mikro-Assembler-Programmierung

   CISC-Prozessoren sind wesentlich flexibler als RISC-Prozessoren, denn in einem CISC-Prozessoren sind die einzelnen Maschinenbefehle nicht fest verdrahtet. Stattdessen beinhaltet ein CISC-Prozessor einen *Mikro-Programm-Speicher*, über den die Abarbeitung der einzelnen Maschinenbefehle flexibel gesteuert werden kann. Dieser Mikro-Programm-Speicher wird in *Mikro-Assembler* programmiert. Die Programmierung in Mikroassembler wird im achten Kapitel im Detail diskutiert.

9. Kapitel: Fließkomma-Arithmetik

   Das letzte Kapitel beschäftigt sich mit der Darstellung von Fließkomma-Zahlen und präsentiert Schaltungen zur Addition und Multiplikation von Fließkomma-Zahlen. Zusätzlich versucht dieses Kapitel, dem Leser ein Grundwissen über Rundungsfehler zu vermitteln. Ziel ist hier aber nicht eine ausführliche Darstellung, sondern lediglich die Schärfung des Problembewusstseins, denn einerseits ist mehr bei dem zur Verfügung stehenden Platz nicht möglich, andererseits würde eine detailiertere Diskussion auch zu weit von dem eigentlichen Thema des Buchs wegführen.

   Ich habe dieses Kapitel bewusst an das Ende des Buchs gesetzt, denn es ist mathematisch anspruchsvoller als der Rest des Buchs. Daher wird sich nicht jeder Leser mit den Details auseinandersetzen wollen.

Dieses Buch ist nicht als *Verilog*-Lehrbuch gedacht. Zu diesem Thema gibt es eine Reihe von Lehrbüchern. Für den deutschen Leser kann ich das Buch von Bernhard Hoppe [Hop06] empfehlen. Weiterhin gibt es für den englischen Sprachraum zwei sehr gute Werke. Samir Palnitkar [Pal03] enthält eine umfassende Darstellung von *Verilog*. Das Buch von James Lee [Lee02] stellt zwar nur einen Teil der Sprache dar, ist dafür aber reich an Beispielen.

Auch wenn das vorliegende Buch nicht als *Verilog*-Lehrbuch gedacht ist, setzt dieses Buch keine Kenntnisse der Sprache *Verilog* voraus. Alle Konstrukte der Sprache *Verilog*, die in den in diesem Buch vorgestellten Schaltungen verwendet werden, werden auch detailiert erläutert. Für den Leser, der primär an der Rechnertechnik interessiert ist, sollte die vorliegende Darstellung ausreichend sein.

2 Aufbau eines Rechners

Zu Beginn der Vorlesung wollen wir uns einen Überblick über den Aufbau eines Rechners verschaffen. Das Modell, das wir hier skizzieren, werden wir dann in den folgenden Abschnitten verfeinern. Abbildung 2.1 zeigt die wesentlichen Bestandteile eines einfachen Rechners:

1. Links sehen wir die CPU (*central processing unit*), die intern aus drei Komponenten aufgebaut ist:
   (a) Die *Register* dienen als Speicher für Werte. Sie haben eine Größe von 8, 16, 32 oder 64 Bit. Die Register enthalten die Argumente der Rechnungen, die von der ALU durchgeführt werden. Die Menge aller Register bezeichnen wir auch als *Register-Bank* des Prozessors.
   (b) Die ALU (*arithmetic logical unit*) ist das Rechenwerk, in dem arithmetische und logische Verknüpfungen durchgeführt werden können. Arithmetische Verknüpfungen sind die Grundrechenarten *Addition*, *Subtraktion*, *Multiplikation* und *Division*, während als logische Verknüpfung die bitweise *Und*-Verknüpfung, die bitweise *Oder*-Verknüpfung und die bitweise *Negation* in Frage kommen.
   (c) Schließlich gibt es in der CPU eine Kontroll-Einheit. Diese steuert, welche Operation die ALU ausführt und welche Register als Argumente genommen werden.
2. Die CPU ist über einen *Bus* mit dem *Hauptspeicher* und den Geräten zur Ein- und Ausgabe verbunden. Ein Bus ist hier nichts anderes als eine Gruppe parallel verlaufender Drähte, über die Informationen ausgetauscht werden können.
3. Der *Hauptspeicher* enthält sowohl die zu verarbeitenden Daten als auch das Programm, das die Datenverarbeitung steuert. Eine Architektur, bei der Programm und Daten in derselben Einheit abgespeichert werden, wird üblicherweise als *Von-Neumann-Architektur*[1] bezeichnet.

Die nächste Abbildung zeigt den Ablauf einer Rechnung innerhalb der CPU. Hier sehen wir oben die *Register-Bank*. Aus dieser Register-Bank können von der Kontroll-Einheit zwei Register als Argumente der ALU ausgewählt werden. Die Inhalte dieser Register

[1] Diese Bezeichnung ist allerdings irreführend, da diese Architektur *nicht* von John von Neumann erfunden wurde. Der erste Rechner mit dieser Architektur war die ENIAC, die von John William Mauchly und J. Presper Eckert gebaut wurde. Warum heißt die Architektur dann *Von-Neumann-Architektur*? Mauchly und Eckert hatten von Neumann die ENIAC gezeigt und die Architektur erklärt. Dieser schrieb daraufhin ein Papier, das die Architektur der ENIAC beschreibt.

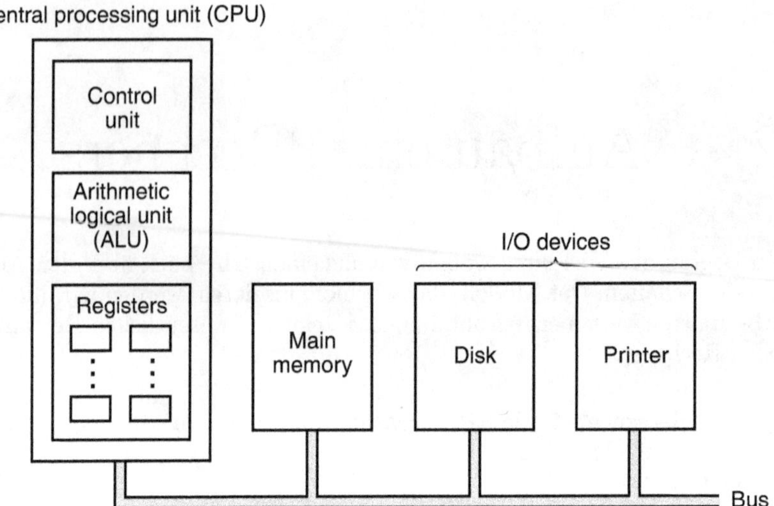

Abb. 2.1: *Aufbau eines einfachen Rechners.*

werden dann in die beiden Eingabe-Register der ALU geschrieben. Die dort abgelegten Werte werden als Eingabe in die ALU eingespeist, die die Werte entsprechend der Vorgaben der Kontroll-Einheit verknüpft und das Ergebnis im Ausgabe-Register ablegt. Von dort wird das Ergebnis dann in eines der Register aus der Register-Bank geschrieben. Wir werden uns im nächsten Kapitel ausführlich mit dem Aufbau einer ALU beschäftigen.

2.1 Einführung in die Maschinensprache

Um zu verstehen, wie ein Rechner funktioniert, müssen wir zunächst einmal untersuchen, wie die Programme, die im Hauptspeicher eines Rechners abgelegt sind, aufgebaut sind. Diese Programme werden als Maschinensprache-Programme bezeichnet. Wir wollen nun eine mögliche Maschinensprache für einen so genannten RISC-Rechner vorstellen. Die Abkürzung RISC steht für *reduced instruction set computer.* Neben RISC gibt es auch noch CISC, was für *complex instruction set computer* steht. Der Vorteil einer RISC-Architektur besteht darin, dass die Maschinensprache nur sehr wenige elementare Operationen zur Verfügung stellt. Dadurch wird es einfacher, einen Rechner zu bauen, der diese Sprache versteht. Es ist auch einfacher, Maschinen-Programme für einen RISC-Rechner zu schreiben. Allerdings sind Maschinen-Programme für einen RISC-Rechner in der Regel länger als Programme für einen CISC-Rechner.

Um die Maschinensprache für einen RISC-Prozessor im Detail angeben zu können, müssen wir unsere Vorstellungen von einem Rechner konkretisieren. Wir beschreiben im Folgenden einen Prozessor, dem wir den Namen SRP (*simple risc processor*) geben. Dabei ist die Idee, einen Prozessor für eine solche Maschinensprache zu bauen, die möglichst elementar ist.

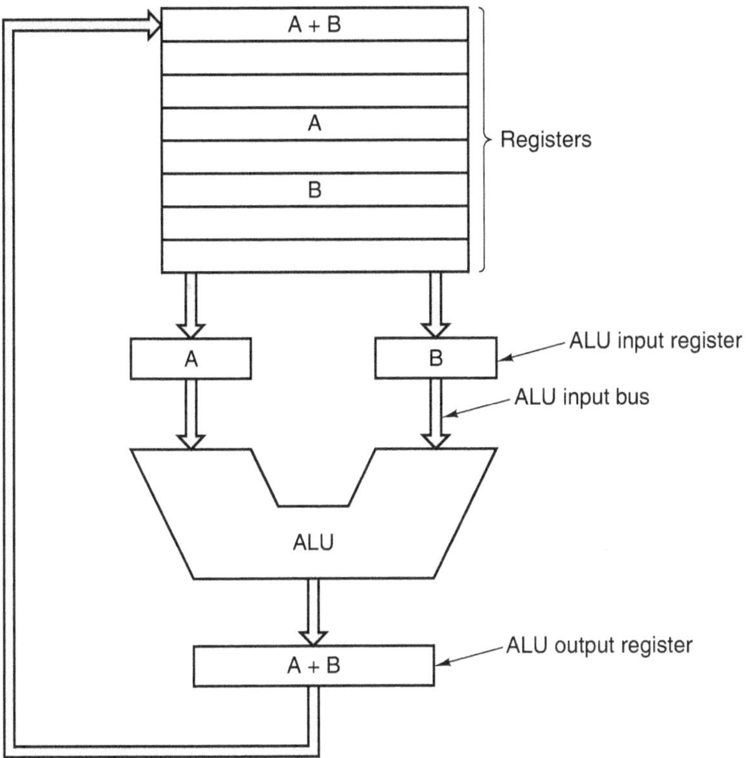

Abb. 2.2: *Ablauf einer Rechnung in der CPU.*

1. Wir nehmen an, dass die Register-Bank aus 32 Registern besteht, die wir mit den Namen `R0`, `R1`, $\cdots$, `R31` bezeichnen. Zusätzlich gibt es ein weiteres Register mit dem Namen `PC` *program counter*. Dieses Register gibt die Position des nächsten abzuarbeitenden Befehls im Hauptspeicher an.

2. Jedes dieser Register besteht aus 32 Bit.

3. Der Hauptspeicher besteht aus maximal 2^{32} Wörtern der Größe 32 Bit. In diesen Wörtern denken wir uns ganze Zahlen (sowohl positive als auch negative) im Zweierkomplement gespeichert. Dadurch, dass wir die Größe des Hauptspeichers auf maximal 2^{32} Wörter beschränken, ist sichergestellt, dass wir den Hauptspeicher mit 32-Bit-Wörtern adressieren können.

4. Die ALU kann arithmetische Operationen, logische Operationen und Vergleiche durchführen.

   (a) Die arithmetischen Operationen sind die Addition, Subtraktion, Multiplikation und Division mit Rest.

   (b) Die logischen Operationen sind die bitweise Konjunktion, bitweise Disjunktion und die bitweise Negation.

(c) Die ALU kann testen, ob zwei Werte gleich sind. Außerdem kann geprüft werden, ob ein Wert kleiner als ein anderer Wert ist.

Wir sind jetzt in der Lage, eine *symbolische* Variante der Maschinensprache anzugeben. Damit ist Folgendes gemeint: Die eigentliche Maschinensprache besteht aus Befehlen, die in 32-Bit-Wörtern abgespeichert sind. Diese Maschinenbefehle stehen hinterher als Programm im Hauptspeicher des Rechners. Solche 32-Bit-Wörter sind eine Folge von 32 Nullen und Einsen. Für uns Menschen sind solche Folgen nur sehr schwer lesbar. Wir stellen daher zunächst eine textbasierte Form der Maschinensprache vor, die wir als *SRP-Assembler* bezeichnen. Wir werden es so einrichten, dass jeder Assembler-Befehl sich 1:1 in einen Maschinensprache-Befehl übersetzen lässt. Der Vorteil der Assembler-Befehle besteht darin, dass diese Befehle leichter zu lesen sind als die Maschinensprache-Befehle. Es gibt vier verschiedene Arten von Befehlen:

1. Arithmetische und logische Befehle
2. Befehle zum Lesen und Schreiben des Hauptspeichers
3. Befehle zum Steuern des Programmablaufs
4. Befehle zur Ein- und Ausgabe

Wir stellen diese Befehle jetzt der Reihe nach vor.

2.1.1 Arithmetische und logische Befehle

Der einfachste arithmetische Befehl hat die Form

`add` x, y, z

Hierbei bezeichnen x, y und z beliebige Register aus der Menge $\{R0, R1, \cdots, R31\}$. Ein konkreter Befehl zur Addition wäre beispielsweise

```
add R7, R2, R3
```

Dieser Befehl bewirkt, dass die in den Registern `R2` und `R3` gespeicherten Werte addiert werden. Das Ergebnis dieser Addition wird dann in das Register `R7` geschrieben. Die Wirkung eines Befehls der Form

`add` x, y, z

besteht darin, dass die Werte, die in den Registern y und z enthalten sind, addiert werden. Das Ergebnis wird in dem Register x abgespeichert, es gilt dann also

$x := y + z.$

Der Aufbau der anderen arithmetischen und logischen Befehle ist analog. Tabelle 2.1 zeigt alle arithmetischen und logischen Befehle unserer Maschinensprache. Die letzten beiden Befehle in dieser Tabelle müssen noch erläutert werden. Der Befehl

`const` x, c

dient dazu, eine Konstante c in das Register x zu laden. Die Konstante c ist dabei eine vorzeichenbehaftete 22-Bit-Zahl. Diese Zahl wird durch Anfügen von Nullen zu einer 32-Bit-Zahl expandiert und dann in das Register x geschrieben.

Tabelle 2.1: *Arithmetische und logische Befehle.*

Assembler-Befehl	Semantik	OpCode	Bemerkung
`add` x, y, z	$x := y + z$	1	Addition
`sub` x, y, z	$x := y - z$	2	Subtraktion
`mul` x, y, z	$x := y * z$	3	Multiplikation
`div` x, y, z	$x := y / z$	4	Division
`mod` x, y, z	$x := y \% z$	5	Rest bei Division
`and` x, y, z	$x := y \,\&\, z$	6	bitweise Und-Verknüpfung
`or` x, y, z	$x := y \mid z$	7	bitweise Oder-Verknüpfung
`not` x, y	$x := \tilde{}\, y$	8	bitweise Negation
`const` x, c	$x := c$	9	Abspeichern einer Konstante
`sll` x, y, sc	$x := y << sc$	10	Links-Shift

Es wäre wünschenswert, wenn wir die Beschränkung von c auf 22 Bits bei dem Befehl `const` vermeiden könnten. Der Grund, dass c nur aus 22 Bits besteht, liegt darin, dass der gesamte Befehl hinterher in einem 32-Bit-Wort gespeichert wird und da ist für die Konstante c einfach nicht mehr Platz.

Der letzte Befehl in der Tabelle ist der Befehl

`sll` x, y, sc.

Hier ist sc eine Zahl aus der Menge $\{0, 1, \cdots, 31\}$. Der Befehl bewirkt, dass der Inhalt des Registers y um sc Bits nach links geschoben wird. Der so erhaltene Wert wird dann in das Register x geschrieben. Die Abkürzung sc steht für *shift constant*.

2.1.2 Befehle zum Lesen und Schreiben des Hauptspeichers

Die nächste Gruppe von Assembler-Befehlen besteht aus den beiden Befehlen, mit denen die CPU Daten mit dem Hauptspeicher austauschen kann. Der Befehl

`load` x, y

dient dazu, Daten aus dem Hauptspeicher zu lesen. Das Register y gibt hier die Adresse im Hauptspeicher an, wo die zu lesenden Daten stehen. Die gelesenen Daten werden anschließend in das Register x geschrieben. Der Befehl

`store` x, y

dient dazu, Daten in den Hauptspeicher zu schreiben. Das Register y gibt dabei die Adresse im Hauptspeicher an, wo die Daten hingeschrieben werden sollen. Das Register x enthält die zu schreibenden Daten. Tabelle 2.2 auf Seite 10 zeigt die beiden Befehle für den Speicher-Zugriff.

Tabelle 2.2: Speicherzugriff.

Assembler-Befehl	Semantik	OpCode	Bemerkung
`load` x, y	$x := \texttt{mem}[y]$	11	Lesen aus dem Hauptspeicher
`store` x, y	$\texttt{mem}[y] := x$	12	Schreiben in den Hauptspeicher

2.1.3 Befehle zur Programm-Steuerung

Die nächste Gruppe von Assembler-Befehlen dient der Programm-Steuerung. Sie besteht aus vier Befehlen, die in Tabelle 2.3 zusammengefasst werden.

1. `goto` x

   Hier gibt das Register x die Adresse des nächsten Befehls im Hauptspeicher an.

2. `ifeq` x, y, z

   Dieser Befehl vergleicht die Inhalte der Register y und z. Sind die Werte gleich, so springt das Programm an die durch das Register x spezifizierte Stelle, sonst wird der nächste Befehl abgearbeitet.

3. `iflt` x, y, z

   Dieser Befehl vergleicht die Inhalte der Register y und z. Ist der Wert von y kleiner als der Wert von z, so springt das Programm an die durch das Register x spezifizierte Stelle, sonst wird der nächste Befehl abgearbeitet.

4. `halt`

   Dieser Befehl hält den Rechner an.

Tabelle 2.3: Programm-Steuerung.

Assembler-Befehl	Semantik	OpCode	Bemerkung
`goto` x	$\texttt{PC} := x$	13	unbedingter Sprung
`ifeq` x, y, z	$\texttt{PC} := (y == z\,?\,x : \texttt{PC} + 1)$	14	bedingter Sprung
`iflt` x, y, z	$\texttt{PC} := (y < z\,?\,x : \texttt{PC} + 1)$	15	bedingter Sprung
`halt`		16	hält den Rechner an

2.1.4 Befehle zur Ein- und Ausgabe

Die letzte Gruppe von Befehlen dient der Ein- und Ausgabe. Typischerweise sind Ein- und Ausgabe zeichenorientiert. Wir haben daher einen Befehl zur Eingabe eines Zeichens und einen Befehl zur Ausgabe eines Zeichens. Tabelle 2.4 auf Seite 11 gibt einen Überblick.

1. `in` x

   Die Wirkung dieses Befehls besteht darin, dass ein 8-Bit-Zeichen gelesen wird. Dieses Zeichen wird vorne mit Nullen auf 32 Bit aufgefüllt. Der so erhaltene Wert wird dann in das Register x geschrieben.

2. `out` x

   Die untersten 8 Bits des Wortes, das in dem Register x gespeichert ist, wird als Zeichen auf die Ausgabe-Einheit geschrieben.

Tabelle 2.4: *Ein- und Ausgabe.*

Assembler-Befehl	Semantik	OpCode	Bemerkung
`in` x	$x :=$ `getchar()`	17	Lesen eines Zeichens
`out` x	`putchar(`x`)`	18	Ausgabe eines Zeichens

Bei der Ausgabe eines Zeichens ist zu beachten, dass das Zeichen als ASCII-Zeichen[2] gedruckt wird und nicht etwa der Wert des Zeichens als Zahl. Ist beispielsweise im Register `R1` der Wert 65 gespeichert, so bewirkt der Befehl

```
out R1
```

die Ausgabe des Zeichens '`A`' auf dem Bildschirm, den dieses Zeichen hat den ASCII-Code 65.

Tabelle 2.5: *Die* ASCII-*Steuer-Zeichen.*

Wert	Zeichen	Bedeutung	Wert	Zeichen	Bedeutung
0	Ctrl @		16	Ctrl P	
1	Ctrl A		17	Ctrl Q	
2	Ctrl B		18	Ctrl R	
3	Ctrl C		19	Ctrl S	
4	Ctrl D		20	Ctrl T	
5	Ctrl E		21	Ctrl U	
6	Ctrl F		22	Ctrl V	
7	Ctrl G	Lautsprecher (*bell*)	23	Ctrl W	
8	Ctrl H	Backspace	24	Ctrl X	
9	Ctrl I	Tabulator	25	Ctrl Y	
10	Ctrl J	Zeilen-Umbruch (*newline*)	26	Ctrl Z	
11	Ctrl K		27	Ctrl [	Escape
12	Ctrl L		28	Ctrl \	
13	Ctrl M	Wagen-Rücklauf (*carriage return*)	29	Ctrl]	
14	Ctrl N		30	Ctrl ^	
15	Ctrl O		31	Ctrl _	

Tabelle 2.5 zeigt die ASCII-Codierung der Kontroll-Zeichen. Tabelle 2.6 auf Seite 12 zeigt die Darstellung der druckbaren Zeichen im ASCII-Code. Das erste Zeichen dieser

[2]Die Abkürzung ASCII steht für *American standard code for information interchange.*

Tabelle, also das Zeichen mit der Nummer 32, ist das Leerzeichen (*blank*). Das letzte Zeichen der Tabelle, das Zeichen mit der Nummer 127, ist ebenfalls ein Steuer-Zeichen. Es entspricht der *Delete*-Taste auf der Tastatur.

Es ist wichtig zu sehen, dass die Ziffern bei der ASCII-Kodierung aufeinander folgen. Dadurch ist es leicht möglich, für eine gegebene Ziffer z den ASCII-Wert zu berechnen, denn dieser ist $48 + z$. Auch die großen und kleinen Buchstaben haben ASCII-Werte, die aufeinander folgen.

Tabelle 2.6: *Die* ASCII-*Codierung der druckbaren Zeichen.*

Wert	Char	Wert	Char	Wert	Char	Wert	Char	Wert	Char
32		52	4	72	H	92	\	112	p
33	!	53	5	73	I	93	]	113	q
34	"	54	6	74	J	94	^	114	r
35	#	55	7	75	K	95	_	115	s
36	$	56	8	76	L	96	`	116	t
37	%	57	9	77	M	97	a	117	u
38	&	58	:	78	N	98	b	118	v
39	'	59	;	79	O	99	c	119	w
40	(	60	<	80	P	100	d	120	x
41	)	61	=	81	Q	101	e	121	y
42	*	62	>	82	R	102	f	122	z
43	+	63	?	83	S	103	g	123	{
44	,	64	@	84	T	104	h	124	|
45	-	65	A	85	U	105	i	125	}
46	.	66	B	86	V	106	j	126	~
47	/	67	C	87	W	107	k	127	Ctrl ?
48	0	68	D	88	X	108	l		
49	1	69	E	89	Y	109	m		
50	2	70	F	90	Z	110	n		
51	3	71	G	91	[	111	o		

2.1.5 Ein Beispiel-Programm

Abbildung 2.3 auf Seite 13 zeigt ein einfaches SRP-Assembler-Programm. Dieses Programm liest eine Zahl n ein und berechnet dann die Summe

$$s = \sum_{i=1}^{n} i.$$

Zum Schluss wird das Ergebnis dieser Rechnung ausgegeben. Wir diskutieren dieses Programm nun Zeile für Zeile.

0. In Zeile 0 wird die Eingabe n des Programms in das Register `R0` eingelesen.
1. In Zeile 1 wird die Konstante 0 in das Register `R1` geschrieben. Das Register `R1` wird am Ende der Rechnung die Summe s enthalten.

```
0  in     R0
1  const  R1, 0
2  const  R2, 1
3  const  R3, 1
4  const  R4, 6           // loop   = 6
5  const  R6, 10          // finish = 10
6  iflt   R6, R0, R2      // loop:
7  add    R1, R1, R2
8  add    R2, R2, R3
9  goto   R4
10 out    R1              // finish:
11 halt
```

Abb. 2.3: *Ein Programm zur Berechnung von* $\sum\limits_{i=1}^{n} i$.

2. In Zeile 2 wird die Konstante 1 in das Register `R2` geschrieben. Während der Rechnung repräsentiert das Register `R2` die Laufvariable i.

3. In Zeile 3 wird die Konstante 1 in das Register `R3` geschrieben. Diese Konstante wird später benötigt, um die Laufvariable i um eins erhöhen zu können. Während der gesamten Rechnung wird dieses Register nicht mehr verändert, es enthält also ständig die Konstante 1.

4. In Zeile 4 wird die Konstante 6 in das Register `R4` geschrieben. Das Register `R4` dient später als Sprung-Ziel. Für die spätere Diskussion wollen wir diesem Ziel den Namen `loop` geben.

   Außerdem enthält das Kommando in dieser Zeile noch einen Kommentar, der durch den String „`//`" eingeleitet wird und sich bis an das Zeilenende erstreckt.

5. In Zeile 5 wird die Konstante 10 in das Register `R6` geschrieben. Das Register `R6` dient ebenfalls als Sprung-Ziel. Für die spätere Diskussion wollen wir diesem Ziel den Namen `finish` geben.

6. In Zeile 6 beginnen wir mit der eigentlichen Rechnung: Wir vergleichen den Inhalt n des Registers `R0` mit dem Inhalt i des Registers `R2`. Falls $n < i$ gilt, springen wir an die durch das Register `R6` angegebene Stelle im Programm. In diesem Register steht aber immer die Zahl 10. Also springen wir, falls $n < i$ ist, zur Zeile 10.

7. In Zeile 7 addieren wir die Inhalte der Register `R1` und `R2` und schreiben das Ergebnis wieder in das Register `R1`. Da `R1` die Variable s und `R2` die Variable i enthält, führt diese Zeile also die folgende Rechnung durch

   $$s = s + i.$$

8. In Zeile 8 addieren wir die Inhalte der Register `R2` und `R3` und schreiben das Ergebnis wieder in das Register `R2`. Da `R2` die Variable i und `R3` die Konstante 1

enthält, rechnen wir also

$$i = i + 1.$$

9. In Zeile 9 springen wir in die durch `R4` angegebene Zeile. Das Register `R4` enthält aber immer den Wert 6, wir springen also zurück in die 6. Zeile.

10. In Zeile 10 geben wir die untersten 8 Bits des in dem Register `R1` enthaltenen Wertes aus.

11. Danach halten wir das Programm in Zeile 11 an.

Wir fassen die Zuordnung von Registern zu Variablen in der folgenden Tabelle zusammen.

Tabelle 2.7: *Register-Zuordnung.*

Register	Bedeutung	Bemerkung
`R0`	n	Parameter
`R1`	s	Summe
`R2`	i	Laufvariable
`R3`	1	Konstante
`R4`	6	Label `loop`
`R6`	10	Label `finish`

Das Ergebnis unserer Analyse des obigen Maschinen-Programms fassen wir in Abbildung 2.4 auf Seite 14 zusammen. Wir haben hier das Maschinen-Programm aus der Abbildung 2.3 in die Sprache `C` übersetzt. Dabei haben wir die Register, die Variablen repräsentieren, durch die entsprechenden Variablen-Namen ersetzt. Die Sprungadressen haben wir nun symbolisch angegeben. Bei diesem Programm fällt es uns wesentlich leichter, den Kontrollfluss zu überblicken.

```
    n = getchar();
    s = 0;
    i = 1;
loop:
    if (n < i) goto finish;
    s = s + i;
    i = i + 1;
    goto loop;
finish:
    putchar(s);
```

Abb. 2.4: *Übersetzung des Maschinen-Programms aus Abbildung 2.3.*

Beachten Sie, dass wir den Assembler-Befehl `in` durch die C-Funktion `getchar()` und den Assembler-Befehl `out` durch die C-Funktion `putchar()` ersetzt haben. Wenn wir bei diesem Programm als Eingabe '3' eingeben, so wird in Wahrheit der ASCII-Wert der Ziffer 3 eingegeben. Wie Sie aus der Tabelle 2.6 auf Seite 12 ersehen können, ist dieser Wert die Zahl 51! Als Ergebnis wird dann $\sum_{i=1}^{51} i = \frac{1}{2} * 51 * 52 = 1326$ berechnet. Bei der Ausgabe werden aber nur die letzten 8 Bits dieser Zahl als ASCII-Zeichen ausgegeben. Die letzten 8 Bits einer Zahl erhalten wir, wenn wir den Rest berechnen, der entsteht, wenn wir diese Zahl durch 256 teilen. Nun gilt 1326 % 256 = 46. Die Zahl 46 spezifiziert in der `Ascii`-Tabelle das Zeichen '`.`', so dass als Ergebnis ein Punkt ausgegeben wird!

2.1.6 Repräsentation der Maschinenbefehle

Wir klären jetzt die Frage, in welchem Format die einzelnen Assembler-Befehle aus den Abbildungen 2.1, 2.2, 2.3 und 2.4 auf dem Rechner gespeichert werden. Prinzipiell wird jeder Maschinenbefehl in einem 32-Bit-Wort abgespeichert. Im Einzelnen gibt es zwei Formate.

1. Beim *R-Format* werden die 32 Bit eines 32-Bit-Wortes wie folgt aufgeteilt:

   (a) Die obersten 5 Bits, das sind die Bits mit den Nummern 31 – 27, speichern den so genannten *OpCode* des Befehls ab. Die oben gezeigten Tabellen geben für jeden Befehl einen eindeutigen OpCode an.

   (b) Die nächsten 5 Bits, das sind die Bits mit den Nummern 26 – 22, speichern das erste Argument des Befehls ab. Falls der Befehl keine Argumente hat, dann werden diese Bits auf 0 gesetzt.

   (c) Die nächsten 5 Bits, das sind die Bits mit den Nummern 21 – 17, speichern das zweite Argument des Befehls ab. Falls der Befehl weniger als zwei Argumente hat, werden diese Bits auf 0 gesetzt.

   (d) Die nächsten 5 Bits, das sind die Bits mit den Nummern 16 – 12, speichern das dritte Argument des Befehls ab. Falls der Befehl weniger als zwei Argumente hat, werden diese Bits auf 0 gesetzt.

   (e) Die restlichen zwölf Bits werden auf 0 gesetzt.

   Wir geben ein Beispiel: Der `add`-Befehl wird im R-Format abgespeichert. Als konkretes Beispiel wählen wir den Befehl

   ```
   add R7, R2, R3.
   ```

   Dieser Befehl hat drei Argumente. Der Maschinen-Code für diesen Befehl setzt sich aus 5 Teilen zusammen:

   (a) Der OpCode für den `add`-Befehl ist 1. Also haben die obersten 5 Bits den Wert

   ```
   00001
   ```

   (b) Das erste Argument ist `R7`. Die Binärdarstellung der Zahl 7 ist `00111`. Daher haben die Bits 26 – 22 den Wert

   ```
   00111
   ```

(c) Das zweite Argument ist `R2`. Die Binärdarstellung der Zahl 2 ist `00010`. Daher haben die Bits 21 – 17 den Wert

`00010`

(d) Das dritte Argument ist `R3`. Die Binärdarstellung der Zahl 3 ist `00011`. Daher haben die Bits 16 – 12 den Wert

`00011`

(e) Die restlichen 12 Bits haben den Wert 0, also haben die Bits 11 – 0 den Wert

`0000000000`

Insgesamt ergibt sich daher die folgende Darstellung:

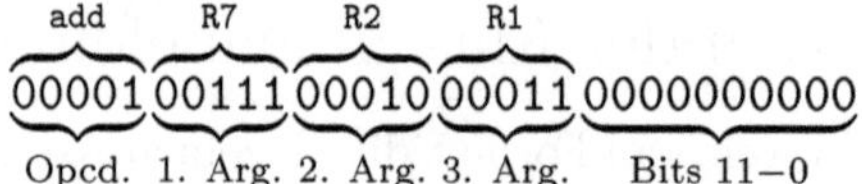

Bis auf den `const`-Befehl werden alle Befehle im R-Format abgespeichert.

2. Das *C-Format* wird nur zur Kodierung des `const`-Befehls verwendet. Dieser Befehl hat die Form

`const` x, c.

Dabei spezifiziert x ein Register und c eine 22-Bit-Zahl. Die 32 Bits, in denen der Befehl abgespeichert wird, werden folgendermaßen organisiert:

(a) Genau wie beim R-Format speichern die obersten 5 Bits den *OpCode* des Befehls ab. Die oben gezeigten Tabellen geben für jeden Befehl einen eindeutigen OpCode an.

(b) Die folgenden 5 Bits, also die Bits 26 – 22, spezifizieren das Register x, in dem die Konstante c gespeichert wird.

(c) Die restlichen 22 Bits enthalten die Konstante c.

Auch für dieses Format geben wir ein Beispiel. Wir betrachten den Befehl

`const R12, 129`

und finden folgende Kodierung:

(a) Der OpCode für den Befehl `const` ist 9, Die Binärdarstellung von 9 ist 1001, also haben die ersten 5 Bits die Form `01001`.

(b) Da die Binärdarstellung von 12 den Wert 1100 hat, haben die Bits 26 – 22 den Wert `01100`.

(c) Die Binärdarstellung von 129 ist 10000001. Da wir insgesamt 22 Bits zur Verfügung haben, wird dies aufgeblasen auf

`0000000000000010000001`

Insgesamt ergibt sich daher folgende Darstellung:

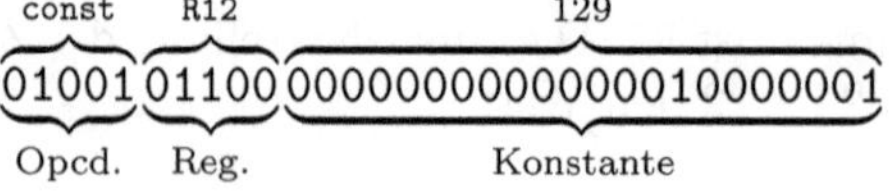

2.2 Ein Simulator für den SRP

Um die Funktionsweise von Rechnern allgemein und die des Prozessors SRP im Besonderen im Detail zu verstehen, betrachten wir in diesem Abschnitt einen Simulator für einen Rechner, der mit dem SRP ausgestattet ist. Wir erreichen dies, indem wir einen Simulator für den SRP bauen. Abbildung 2.5 zeigt die Implementierung einer *Java*-Klasse `SRP`, die einen solchen Simulator implementiert. Wir erläutern diese Klasse jetzt im Detail.

1. Die Zeilen 2 bis 4 deklarieren die Member-Variablen der Klasse `SRP`.[3]
   (a) `mPC` enthält den aktuellen Wert des Programm-Zählers.
   (b) `mRegisters` enthält die Register-Bank.
   (c) `mMainMemory` ist der Hauptspeicher.
2. Die Zeilen 6 bis 16 zeigen den Konstruktor der Klasse `SRP`. Als Argument erhält dieser Konstruktor das zu simulierende Programm. Dieses Programm wird durch ein Feld von `int`-Werten dargestellt. Jeder dieser `int`-Werte stellt einen Maschinenbefehl dar. Das Programm wird in den Zeilen 12 bis 15 in den Anfang des Hauptspeichers geschrieben. Vorher wird der Programm-Zähler `mPC` in Zeile 7 auf 0 gesetzt. Zusätzlich werden in den Zeilen 9 bis 11 alle Register der Register-Bank mit 0 initialisiert.

```
1  class SRP {
2      private int   mPC;          // program counter
3      private int[] mRegisters;   // register file, 32 registers
4      private int[] mMainMemory;  // main memory containing program
5                                  // and data
6      public SRP(int[] program) {
7          mPC = 0;
8          mRegisters = new int[32];
9          for (int i = 0; i < 32; ++i) {
10             mRegisters[i] = 0;
11         }
12         mMainMemory = new int[65536];
13         for (int i = 0; i < program.length; ++i) {
14             mMainMemory[i] = program[i];
15         }
16     }
17
18     public void run() throws IOException { ... }
19 }
```

Abb. 2.5: *Struktur der Klasse SRP.*

[3]Bei mir beginnen die Namen aller Member-Variablen mit dem Buchstaben '`m`'. Diese ist eine Konvention, die es später leicht ermöglicht, Member-Variablen von gewöhnlichen Variablen zu unterscheiden.

```
 1  public void run() throws IOException {
 2      while (mPC >= 0) {
 3          // fetch phase
 4          int instr = mMainMemory[mPC];
 5          // decode phase
 6          int opCode = (instr >> 27) &       31;  // 2^5 - 1 = 31
 7          int x      = (instr >> 22) &       31;
 8          int y      = (instr >> 17) &       31;
 9          int z      = (instr >> 12) &       31;
10          int sc     = (instr >> 12) &       31;
11          int c      =  instr        & 4194303;
12          // execute phase
13          switch (opCode) {
14          case 1: // add x, y, z
15              mRegisters[x] = mRegisters[y] + mRegisters[z];
16              ++mPC;
17              break;
18          ⋮
19          case 16: // halt
20              mPC = -1;
21              break;
22          ⋮
23          }
24      }
25  }
```

Abb. 2.6: *Die Methode* `run()`*: Grobstruktur.*

3. Schließlich haben wir in Zeile 18 die Methode `run()`, deren Details in der Abbildung nicht gezeigt werden. Diese Methode startet die Simulation. Wir werden das Innenleben dieser Methode weiter unter erläutern.

Abbildung 2.6 zeigt die Grobstruktur der Methode `run()`. Die eigentliche Arbeit findet dann in der *while*-Schleife in Zeile 2 statt. Diese Schleife unterteilt sich in drei Phasen.

1. In der *Fetch-Phase* wird der zu interpretierende Befehl aus dem Hauptspeicher gelesen. Dabei gibt der Programm-Zähler `mPC` die Adresse der nächsten abzuarbeitenden Instruktion im Hauptspeicher an. Die Instruktion wird in der Variablen `instr` abgespeichert.

2. In der *Decode-Phase* wird die Instruktion dekodiert und dabei in ihre Bestandteile zerlegt. Im Einzelnen werden dabei fünf Komponenten erzeugt.

   (a) `opCode` besteht aus den obersten 5 Bits und enthält den OpCode.

```
        case 2: // sub x, y, z
            mRegisters[x] = mRegisters[y] - mRegisters[z];
            ++mPC; break;
        case 3: // mul x, y, z
            mRegisters[x] = mRegisters[y] * mRegisters[z];
            ++mPC; break;
        case 4: // div x, y, z
            mRegisters[x] = mRegisters[y] / mRegisters[z];
            ++mPC; break;
        case 5: // mod x, y, z
            mRegisters[x] = mRegisters[y] % mRegisters[z];
            ++mPC; break;
        case 6: // and x, y, z
            mRegisters[x] = mRegisters[y] & mRegisters[z];
            ++mPC; break;
        case 7: // or x, y, z
            mRegisters[x] = mRegisters[y] | mRegisters[z];
            ++mPC; break;
        case 8: // not x, y
            mRegisters[x] = ~ mRegisters[y];
            ++mPC; break;
        case 9: // const x, c
            mRegisters[x] = c;
            ++mPC; break;
        case 10: // sll x, y, sc
            mRegisters[x] = mRegisters[y] << sc;
            ++mPC; break;
        case 11: // load x, y
            mRegisters[x] = mMainMemory[mRegisters[y]];
            ++mPC; break;
        case 12: // store x, y
            mMainMemory[mRegisters[y]] = mRegisters[x];
            ++mPC; break;
        case 13: // goto x
            mPC = mRegisters[x]; break;
```

Abb. 2.7: *Abarbeitung weiterer Befehle.*

(b) x besteht aus den Bits 26 bis 22 und enthält das erste Argument der Instruktion.

(c) y besteht aus den Bits 21 bis 17 und enthält das zweite Argument der Instruktion.

(d) z besteht aus den Bits 16 bis 12 und enthält das dritte Argument der Instruktion.

```
36          case 14: // ifeq x, y, z
37              mPC = (mRegisters[y] == mRegisters[z] ? mRegisters[x]
38                                                    : mPC + 1);
39              break;
40          case 15: // iflt x, y, z
41              mPC = (mRegisters[y] < mRegisters[z] ? mRegisters[x]
42                                                   : mPC + 1);
43              break;
44          case 17: // in x
45              System.err.println("in R" + x);
46              mRegisters[x] = System.in.read();
47              System.err.println("    " + mRegisters[x]);
48              ++mPC;
49              break;
50          case 18: // out x
51              System.err.println("out R" + x);
52              char charOut = (char) (mRegisters[x] & 255);
53              System.out.print(charOut);
54              ++mPC;
55              break;
```

Abb. 2.8: *Interpretation der bedingten Sprünge und der Ein- und Ausgabe-Befehle.*

(e) `sc` besteht ebenfalls aus den Bits 16 bis 12 und enthält das dritte Argument der Instruktion der Form

`sll` x, y, sc

(f) `c` besteht aus den Bits 21 bis 0 und enthält die Konstante bei Befehlen der Form

`const` x, c

Die in Zeile 11 verwendete Konstante 4194303 ist die Zahl $2^{22} - 1$. Diese Zahl besteht in der Binärdarstellung aus 22 Einsen.

3. In der *Execute-Phase* wird schließlich die Instruktion ausgeführt. Dazu wird in einem großen *switch*-Statement in Abhängigkeit von dem OpCode der Instruktion verzweigt. In der Abbildung 2.6 sind aus Platzgründen nur zwei der insgesamt 20 Fälle aufgelistet. Die beiden aufgelisteten Fälle diskutieren wir jetzt im Detail:

   (a) Der `add`-Befehl hat den OpCode 1. In der Decode-Phase sind die Variablen `x`, `y`, `z` auf die Nummern der in der Instruktion spezifizierten Register gesetzt worden. Hatte die Instruktion beispielsweise die Form

   `add R7, R2, R3`,

   so gilt nun `x` = 7, `y` = 2 und `z` = 3. Diese Variablen werden als Index in der Register-Bank benutzt: Die Inhalte der durch `y` und `z` spezifizierten Register werden addiert und das Ergebnis wird in das durch `x` spezifizierte Register geschrieben.

Danach wird der Programm-Zähler um den Wert 1 inkrementiert. Das `break`-Statement bricht dann das `switch`-Statement ab und anschließend wird die `while`-Schleife erneut durchlaufen.

(b) Der `halt`-Befehl setzt den Programm-Zähler auf den Wert -1 und bricht anschließend das `switch`-Statement ab. Dadurch wird dann die `while`-Schleife beendet, denn diese wird nur so lange durchlaufen, wie der Programm-Zähler einen nicht-negativen Wert hat.

Die Abbildungen 2.7 auf Seite 19 und 2.8 auf Seite 20 zeigen die Abarbeitung der restlichen Befehle. Diese Befehle werden nach demselben Schema abgearbeitet und daher hier nicht weiter erläutert.

2.3 Ein Assembler für den SRP

Der Konstruktor der Klasse `SRP` wird mit einem Feld von `int`-Zahlen gefüttert. Diese Zahlen werden als Maschinen-Code-Instruktionen interpretiert. Theoretisch könnten wir jetzt das Assembler-Programm aus Abbildung 2.3 auf Seite 13 in ein Maschinen-Programm übersetzen und dieses Maschinen-Programm dann von unserem Interpreter, genauer von der Methode `SRP.run()` abarbeiten lassen. Der Prozess der Übersetzung eines Assembler-Programms in ein Maschinen-Programm ist allerdings sehr mühsam und wird daher besser maschinell von einem so genannten *Assembler* durchgeführt.

```
abstract class AsmCmd {
    private int mCode;

    public int getCode() { return mCode; }

    void setCodeXYZ(int op, int x, int y, int z) {
        mCode  = op << 27;
        mCode |= (x << 22);
        mCode |= (y << 17);
        mCode |= (z << 12);
    }

    void setCodeConst(int op, int x, int c) {
        mCode  = op << 27;
        mCode |= (x << 22);
        mCode |= (c & 4194303);
    }
}
```

Abb. 2.9: *Die abstrakte Klasse `AsmCmd`.*

```
class AddCmd extends AsmCmd {
    AddCmd(int x, int y, int z) { setCodeXYZ(1, x, y, z); }
}
class SubCmd extends AsmCmd {
    SubCmd(int x, int y, int z) { setCodeXYZ(2, x, y, z); }
}
class MulCmd extends AsmCmd {
    MulCmd(int x, int y, int z) { setCodeXYZ(3, x, y, z); }
}
class DivCmd extends AsmCmd {
    DivCmd(int x, int y, int z) { setCodeXYZ(4, x, y, z); }
}
class ModCmd extends AsmCmd {
    ModCmd(int x, int y, int z) { setCodeXYZ(5, x, y, z); }
}
class AndCmd extends AsmCmd {
    AndCmd(int x, int y, int z) { setCodeXYZ(6, x, y, z); }
}
class OrCmd extends AsmCmd {
    OrCmd(int x, int y, int z)  { setCodeXYZ(7, x, y, z); }
}
class NotCmd extends AsmCmd {
    NotCmd(int x, int y)        { setCodeXYZ(8, x, y, 0); }
}
class ConstCmd extends AsmCmd {
    ConstCmd(int x, int c)      { setCodeConst(9, x, c); }
}
class SllCmd extends AsmCmd {
    SllCmd(int x, int y, int sc) { setCodeXYZ(10, x, y, sc); }
}
```

Abb. 2.10: *Die von* `AsmCmd` *abgeleiteten Klassen.*

Es ist lehrreich, ein solches Programm zu erstellen. Wir gehen dazu in folgenden Schritten vor:

1. Zunächst entwickeln wir eine Klasse `AsmCmd`. Hierbei handelt es sich um eine abstrakte Klasse, die als Oberklasse aller Assembler-Befehle fungiert. Abbildung 2.9 auf Seite 21 zeigt die Implementierung.

   Die Klasse enthält eine Member-Variable `mCode`. In dieser Variable wird die Kodierung des Assembler-Befehls als 32-Bit-Wort abgespeichert. Zur Erzeugung dieser Kodierung stellt die Klasse zwei Methoden zur Verfügung:

   (a) Die Methoden `setCodeXYZ()` dient dazu, die Kodierung für solche Instruktionen zu berechnen, die im R-Format abgespeichert werden. Als Argumente

```
class LoadCmd extends AsmCmd {
    LoadCmd(int x, int y) { setCodeXYZ(11, x, y, 0); }
}
class StoreCmd extends AsmCmd {
    StoreCmd(int x, int y) { setCodeXYZ(12, x, y, 0); }
}
class GotoCmd extends AsmCmd {
    GotoCmd(int x) { setCodeXYZ(13, x, 0, 0); }
}
class IfeqCmd extends AsmCmd {
    IfeqCmd(int x, int y, int z) { setCodeXYZ(14, x, y, z); }
}
class IfltCmd extends AsmCmd {
    IfltCmd(int x, int y, int z) { setCodeXYZ(15, x, y, z); }
}
class HaltCmd extends AsmCmd {
    HaltCmd() { setCodeXYZ(16, 0, 0, 0); }
}
class InCmd extends AsmCmd {
    InCmd(int x) { setCodeXYZ(17, x, 0, 0); }
}
class OutCmd extends AsmCmd {
    OutCmd(int x) { setCodeXYZ(18, x, 0, 0); }
}
```

Abb. 2.11: *Die restlichen von `AsmCmd` abgeleiteten Klassen.*

erhält diese Methode den OpCode `op` und die drei Argumente `x`, `y` und `z`.

(b) Die Methode `setCodeConst()` dient dazu, die Kodierung für solche Instruktionen zu berechnen, die im C-Format abgespeichert werden. Als Argumente erhält diese Methode den OpCode `op` und die beiden Argumente `x` und `c`. Durch die bitweise Verundung mit $2^{22} - 1 = 4\,194\,303$ werden von dem Argument c die obersten 10 Bits entfernt, so dass effektiv nur die untersten 22 Bits von c gespeichert werden.

Die Abbildungen 2.10 auf Seite 22 und 2.11 auf Seite 23 zeigen die von der abstrakten Klasse `AsmCmd` abgeleiteten Klassen. Jedem Assembler-Befehl entspricht genau eine Klasse. Die Implementierung dieser Klassen ist immer gleich: Jede Klasse enthält einen Konstruktor, indem entweder die Methode `setCodeXYZ()` oder `setCodeConst()` aufgerufen wird. Der einzige Unterschied zwischen den verschiedenen Klassen ist der OpCode, der der Methode `setCodeXYZ()` übergeben wird.

2. Als Nächstes entwickeln wir eine Klasse `Assembler`, deren Aufgabe es ist, ein Assembler-Programm zu lesen und aus jedem gelesenen Assembler-Befehl ein Objekt der Klasse `AsmCmd` zu erzeugen. Abbildung 2.12 auf Seite 24 zeigt die Klasse

```
class Assembler {
    private ArrayList<AsmCmd> mProgram;

    Assembler(String file) throws IOException {
        FileReader     fr   = new FileReader(file);
        BufferedReader in   = new BufferedReader(fr);
        String         line = in.readLine();
        mProgram = new ArrayList<AsmCmd>();
        while (line != null) {
            Pattern  comment      = Pattern.compile("[ \t]*//.*");
            Matcher  matcher      = comment.matcher(line);
            String   filteredLine = matcher.replaceAll("");
            Pattern  whiteSpace = Pattern.compile("[ \t,]+");
            String[] tokenArray = whiteSpace.split(line);
            Integer R1, R2, R3, SC, C;
            int     x = 0,  y = 0,  z = 0,  sc = 0, c = 0;
            if (tokenArray.length > 1          &&
                tokenArray[1].charAt(0) == 'R'  )
            {   R1 = new Integer(tokenArray[1].substring(1));
                x  = R1.intValue();
            }
            if (tokenArray.length > 2          &&
                tokenArray[2].charAt(0) == 'R'  )
            {   R2 = new Integer(tokenArray[2].substring(1));
                y  = R2.intValue();
            }
            if (tokenArray.length > 3          &&
                tokenArray[3].charAt(0) == 'R'  )
            {   R3 = new Integer(tokenArray[3].substring(1));
                z  = R3.intValue();
            }
            if (tokenArray.length > 3          &&
                tokenArray[3].charAt(0) != 'R'  )
            {   SC = new Integer(tokenArray[3]);
                sc = SC.intValue();
            }
            if (tokenArray.length > 2          &&
                tokenArray[2].charAt(0) != 'R'  )
            {   C = new Integer(tokenArray[2]);
                c = C.intValue();
            }
```

Abb. 2.12: *Die Klasse* `Assembler`.

```
42          if (tokenArray[0].equals("add")) {
43              mProgram.add( new AddCmd(x, y, z) );
44          } else if (tokenArray[0].equals("sub")) {
45              mProgram.add( new SubCmd(x, y, z) );
46          } else if (tokenArray[0].equals("mul")) {
47              mProgram.add( new MulCmd(x, y, z) );
48          } else if (tokenArray[0].equals("div")) {
49              mProgram.add( new DivCmd(x, y, z) );
50          } else if (tokenArray[0].equals("mod")) {
51              mProgram.add( new ModCmd(x, y, z) );
52          } else if (tokenArray[0].equals("and")) {
53              mProgram.add( new AndCmd(x, y, z) );
54          } else if (tokenArray[0].equals("or")) {
55              mProgram.add( new OrCmd(x, y, z) );
56          } else if (tokenArray[0].equals("not")) {
57              mProgram.add( new NotCmd(x, y) );
58          } else if (tokenArray[0].equals("const")) {
59              mProgram.add( new ConstCmd(x, c) );
60          } else if (tokenArray[0].equals("sll")) {
61              mProgram.add( new SllCmd(x, y, sc) );
62          } else if (tokenArray[0].equals("load")) {
63              mProgram.add( new LoadCmd(x, y) );
64          } else if (tokenArray[0].equals("store")) {
65              mProgram.add( new StoreCmd(x, y) );
66          } else if (tokenArray[0].equals("goto")) {
67              mProgram.add( new GotoCmd(x) );
68          } else if (tokenArray[0].equals("ifeq")) {
69              mProgram.add( new IfeqCmd(x, y, z) );
70          } else if (tokenArray[0].equals("iflt")) {
71              mProgram.add( new IfltCmd(x, y, z) );
72          } else if (tokenArray[0].equals("halt")) {
73              mProgram.add( new HaltCmd() );
74          } else if (tokenArray[0].equals("in")) {
75              mProgram.add( new InCmd(x) );
76          } else if (tokenArray[0].equals("out")) {
77              mProgram.add( new OutCmd(x) );
```

Abb. 2.13: *Die `if`-Abfragen in dem Konstruktor `Assembler`.*

`Assembler`. Die Klasse besteht aus einer Member-Variablen `mProgram`. Dies ist die Liste der gelesenen Assembler-Kommandos.

Der Konstruktor der Klasse `Assembler` erhält als Argument den Namen einer Datei, die das zu interpretierende Assembler-Programm enthält. Diese Datei wird in Zeile 5 zum Lesen geöffnet und anschließend zeilenweise gelesen. Als Erstes wird

```
78              } else {
79                  System.out.println("Parse Error: " + line);
80                  System.exit(1);
81              }
82              line = in.readLine();
83          }
84          in.close();
85      }
        :
86
87  }
```

Abb. 2.14: *Die Klasse* ***Assembler****, letzter Teil.*

in Zeile 10 ein regulärer Ausdruck gebildet, mit dem Kommentare erkannt werden können. In unserem Fall sind Kommentare dadurch definiert, dass sie mit einem doppelten Slash „//" beginnen und sich bis zum Zeilenende erstrecken. Diesen regulären Ausdruck wenden wir in Zeile 11 auf die gelesene Zeile an und ersetzen dann in Zeile 12 eventuell gefundene Kommentare durch einen leeren String.

Anschließend spalten wir die gelesenen Zeilen in ein Feld von Tokens auf. Dies geschieht in Zeile 13 mit Hilfe des regulären Ausdrucks

```
[ \t,]+
```

Mit diesem regulären Ausdruck können wir die gelesene Zeile an den Stellen aufspalten, an denen Leerzeichen, Tabulatoren oder Kommata stehen. Die einzelnen Komponenten, in die die Zeile aufgespalten wird, werden dabei in dem Feld `tokenArray` abgelegt. Das erste Element dieses Felds ist der Name des Kommandos, die nachfolgenden Elemente geben die Argumente an. Diese Argumente werden in den Zeilen 17 bis 41 geparst. Die `if`-Abfragen sind notwendig, um sicherzustellen, dass die entsprechenden Argumente tatsächlich vorhanden sind.

Anschließend werden anhand des ersten Tokens `tokenArray[0]`, welches den Namen des Kommandos darstellt, Assembler-Kommandos aufgebaut. Diese Kommandos werden an die Liste der vorhandenen Kommandos `mProgram` angehängt. Die Details dieses Prozesses sind in Abbildung 2.13 auf Seite 25 gezeigt.

Schließlich enthält die Klasse `Assembler` noch eine Methode mit dem Namen `getProgramCode`. Diese Methode ist in Abbildung 2.15 auf Seite 28 gezeigt. Die Methode wandelt die Member-Variable `mProgram` in ein Feld von Maschinenbefehlen um. Sie liefert als Ergebnis ein Feld zurück, das zu jedem Assembler-Befehl aus der Liste `mProgram` den Maschinen-Code enthält.

3. Als Letztes setzt die in Abbildung 2.16 auf Seite 28 gezeigte Klasse `Simulator` die einzelnen Bausteine unseres Programms zusammen: Nachdem wir in den Zeilen 5 bis 11 prüfen, ob das Programm mit genau einem Argeument aufgerufen wurde, versorgen wir in Zeile 12 den Konstruktor `Assembler()` mit diesem Argument.

Bei diesem Argument handelt es sich um den Namen der Assembler-Datei, die das zu simulierende Assembler-Programm enthält.

Dann wird mit der Methode `getProgramCode` aus dem Assembler-Programm das Maschinen-Programm in Form eines `int`-Arrays extrahiert. Dieser Array kann benutzt werden, um ein Objekt der Klasse `SRP` zu erzeugen. Anschaulich stellt dieses Objekt einen Computer dar, auf dem das gegebene Programm geladen worden ist. Die Simulation wird nun durch den Aufruf der Methode `run()` gestartet.

Das oben beschriebene Programm finden Sie als `Tar`-Datei auf meiner Webseite. Diese Webseite ist

```
http://www.ba-stuttgart.de/stroetmann/
```

Das Programm liegt auf dieser Webseite in dem Verzeichnis

```
Oldenbourg-GRT/simple-simulator.tar
```

Um das Programm zu testen, entpacken Sie zunächst die `Tar`-Datei. Unter *Linux* geht das mit dem Befehl

```
tar xf simple-simulator.tar
```

Dabei entsteht ein Verzeichnis mit dem Namen `Simple-Simulator`. In diesem Verzeichnis finden Sie die *Java*-Datei `Simulator.java`, die Sie mit dem Befehl

```
javac Simulator.java
```

übersetzen können. In dem Verzeichnis finden Sie ebenfalls die Datei `sum.asm`, die das in Abbildung 2.3 auf Seite 13 gezeigte Assembler-Programm beinhaltet. Um dieses Programm laufen zu lassen, geben Sie den Befehl

```
java Simulator sum.asm
```

ein. Die Klasse `SRP`, die sich in der `Tar`-Datei `simple-simulator.tar` befindet, hat einen Unterschied zu der oben diskutierten Klasse `SRP`. Dieser Unterschied besteht darin, dass die Methode `run()` wesentlich geschwätziger ist und die Abarbeitung jedes Befehls auf der Fehlerausgabe `stderr` kommentiert wird. Um diese Ausgabe zu unterdrücken, können Sie das Assembler-Programm `sum.asm` mit Hilfe des Befehls

```
java Simulator sum.asm 2> /dev/null
```

ablaufen lassen, denn dann wird die Fehlerausgabe in die Mülltonne `/dev/null` umgeleitet.

2.4 Eine Methodik zur Entwicklung von Assembler-Programmen

In diesem Abschnitt stellen wir eine Methodik vor, mit deren Hilfe es möglich ist, Assembler-Programme systematisch zu entwickeln. Wir behandeln beispielhaft die folgende Aufgabe.

Aufgabe 1: Entwickeln Sie ein SRP-Assembler-Programm zur Berechnung der Summe $s = \sum_{i=1}^{n} i$. Das Programm soll die Zahl n als eine Folge von ASCII-Zeichen einlesen und die Summe s im Dezimalsystem ausdrucken.

```
public int[] getProgramCode() {
    int size = mProgram.size();
    int programCode[] = new int[size];
    for (int i = 0; i < size; ++i) {
        AsmCmd cmd = (AsmCmd) mProgram.get(i);
        programCode[i] = cmd.getCode();
    }
    return programCode;
}
```

Abb. 2.15: *Die Methode* `getProgramCode()`*.*

```
class Simulator
{
   public static void main(String args[]) throws java.io.IOException
   {
       if (args.length != 1) {
           System.out.println("Error: missing argument");
           System.out.println("Usage: java Simulator file.asm");
           System.out.println("       where file.asm is a file  "
                              + "containing assembler commands");
           System.exit(1);
       }
       Assembler program  = new Assembler(args[0]);
       SRP       computer = new SRP(program.getProgramCode());
       computer.run();
   }
}
```

Abb. 2.16: *Die Klasse* `Simulator`*.*

Lösung: Wir verwenden bei der Entwicklung des Assembler-Programms die folgende Methodik:

1. Zunächst entwickeln wir ein `C`-Programm, das die Summe berechnet.

2. Als Nächstes transformieren wir dieses `C`-Programm in ein *Assembler-ähnliches* `C`-Programm. Ein solches Programm zeichnet sich dadurch aus, dass jeder Befehl in einen Assembler-Befehl übersetzt werden kann. Im Einzelnen gehen wir dazu wie folgt vor:

   (a) Wir ersetzen alle höheren Kontrollstrukturen (Schleifen, `break`- oder `continue`-Anweisungen) durch `goto`-Befehle.

(b) Wir ersetzen komplexe Ausdrücke, in denen mehrere Operationen ausgeführt werden, durch eine Folge von Befehle, die jeweils nur einen arithmetischen oder logischen Operator enthalten. Beispielsweise würde der Befehl

```
n = n * 10 + c - '0';
```

durch die drei Zuweisungen

```
n = n * 10;
n = n + c;
n = n - '0';
```

ersetzt.

3. Anschließend ordnen wir die Variablen, Konstanten und Sprungziele des Assembler-ähnlichen Programms verschiedenen Registern zu. Diese Zuordnung halten wir in einer Tabelle fest.

4. Danach ersetzen wir mit Hilfe der eben erstellten Tabelle alle Variablen, Konstanten und Sprungziele durch die entsprechenden Register. Das dabei entstehende Programm bezeichnen wir als das *registrierte*[4] Programm.

5. Im letzten Schritt übersetzen wir das registrierte Programm in ein Assembler-Programm.

Der Vorteil dieser Methodik liegt darin, dass wir alle erzeugten Zwischenergebnisse mit Hilfe eines `C`-Compilers testen können. Dadurch wird es möglich, Fehler sehr frühzeitig aufzuspüren. Erst im letzten Schritt ist der Einsatz des `SRP`-Simulators erforderlich. Da der letzte Schritt relativ einfach ist, sind Fehler dort eher unwahrscheinlich und wir ersparen uns das mühevolles Debuggen eines Assembler-Programms.

2.4.1 Entwicklung des C-Programms

Abbildung 2.17 auf Seite 30 zeigt ein `C`-Programm, das eine Zahl n einliest und dann die Summe $s = 1 + 2 + 3 + \cdots + n$ berechnet. Das Einlesen der Zahl n erfolgt in der `do-while`-Schleife in den Zeilen 6 – 9. In dieser Schleife lesen wir so lange Zeichen ein, bis ein Zeilenumbruch (*Newline*, '`\n`') gelesen wird. Die gelesenen ASCII-Zeichen interpretieren wir als Ziffern, indem wir von jedem Zeichen den Wert der Ziffer '`0`' abziehen. Anschließend berechnen wir in den Zeilen 10 bis 13 die Summe s. Das schwierigste ist die Ausgabe, denn wir können die einzelnen Ziffern einer Zahl nur von der letzten Ziffer beginnend berechnen. Daher legen wir in Zeile 15 ein Feld `digits` an, das Platz für maximal 10 Ziffern enthält. Diese Zahl ist ausreichend, denn eine 32-Bit-Zahl hat maximal die Größe $2^{23} - 1 = 4\,294\,967\,295$, und diese Zahl ist mit 10 Ziffern darstellbar. In der `do-while`-Schleife in den Zeilen 16 bis 20 berechnen wir nun nacheinander die einzelnen Ziffern und fügen diese von hinten beginnend als ASCII-Zeichen in das Feld `digits` ein. Die Variable `count` gibt dabei jeweils den Index an, an dem die entsprechende Ziffer in dem Feld `digits` abgelegt wird. Bei der Beendigung der Schleife sind die Ziffern der Summe in den Elementen

`digits[count]`, `digits[count+1]`, $\cdots$, `digits[9]`

[4] Mir ist da leider kein besserer Name eingefallen.

```
1  #include <stdio.h>
2
3  int main() {
4      char c = '0';
5      int n = 0;
6      do {
7          n = n * 10 + c - '0';
8          c = getchar();
9      } while (c != '\n');
10     int s = 0;
11     for (int i = 1; i <= n; ++i) {
12         s += i;
13     }
14     int count = 10;
15     int digits[10];
16     do {
17         --count;
18         digits[count] = s % 10 + '0';
19         s /= 10;
20     } while (s != 0);
21     for (int i = count; i < 10; ++i) {
22         putchar( digits[i] );
23     }
24 }
```

Abb. 2.17: *Ein C-Programm zur Berechnung der Summe* $\sum_{i=1}^{n} i$.

abgespeichert. Diese Ziffern können wir nun in der `for`-Schleife in den Zeilen 21 – 23 ausgeben.

2.4.2 Entwicklung des Assembler-ähnlichen C-Programms

Unserer nächste Aufgabe ist es, die Schleifen aus dem in Abbildung 2.17 gezeigten Programm zu eliminieren. Abbildung 2.18 auf Seite 31 zeigt das resultierende Programm. Wir diskutieren exemplarisch die Eliminierung der Schleife

```
do {
    n = n * 10 + c - '0';
    c = getchar();
} while (c != '\n');
```

Die Eliminierung dieser Schleife liefert folgende Zeilen:

```
int main() {
    char c;
    int  n, i, s, count, digits[10], aux;
    int* addr;
    c = '0';
    n = 0;
loopRead:
    n = n * 10;
    n = n + c;
    n = n - '0';
    c = getchar();
    if (c == '\n') goto afterRead;
    goto loopRead;
afterRead:
    s = 0;
    i = 1;
loopSum:
    if (n < i) goto afterSum;
    s = s + i;
    i = i + 1;
    goto loopSum;
afterSum:
    count = 10;
loopCount:
    count = count - 1;
    aux = s % 10;
    aux = aux + '0';
    addr = digits + count;
    *addr = aux;
    s = s / 10;
    if (0 < s) goto loopCount;
    i = count;
loopWrite:
    addr = digits + i;
    aux = *addr;
    putchar(aux);
    i = i + 1;
    if (i < 10) goto loopWrite;
    putchar('\n');
}
```

Abb. 2.18: *Das* Assembler-ähnliche *C-Programm zur Berechnung der Summe* $\sum_{i=1}^{n} i$.

```
loopRead:
    n = n * 10;
    n = n + c;
    n = n - '0';
    c = getchar();
    if (c == '\n') goto afterRead;
    goto loopRead;
afterRead:
```

Wir haben diese Zeilen in drei Schritten gefunden:

1. Zunächst haben wir an den Anfang und an das Ende die beiden Sprungziele `loopRead` und `afterRead` gesetzt.

2. Die `while`-Abfrage `c != '\n'` am Schleifen-Ende haben wir negiert, um eine Abfrage zu erhalten, die wir später in Assembler umsetzen können. Falls die negierte Abfrage erfüllt ist, ist die Schleife beendet und wir springen zum nächsten Befehl, der der Schleife folgt. Dieser Befehl wird durch das Label `afterRead` markiert. Andernfalls springt der `goto`-Befehl wieder an den Schleifen-Anfang.

3. Schließlich haben wir noch die Befehle, die mehrere Operationen enthalten, in Befehle aufgespalten, die jeweils nur eine Operation durchführen.

Die Verwendung von Feldern ist in Assembler nicht möglich. Felder müssen auf den Speicher abgebildet werden. Daher wird ein Befehl der Form

```
digits[count] = x;
```

zunächst in die Form

```
*(digits + count) = x;
```

umgeformt. Dieser Befehl enthält zwei Operationen: eine Addition und einen Speicherzugriff. Daher spalten wir diesen Befehl unter Benutzung der Hilfsvariable `aux` in die beiden folgenden Befehle auf:

```
aux  = digits + count;
*aux = x;
```

Eliminieren wir alle Schleifen und alle komplexen Ausdrücke auf die oben skizzierte Art, so erhalten wir schließlich das in der Abbildung 2.18 auf Seite 31 gezeigte Programm. Ein solches Programm bezeichnen wir als *Assembler-ähnliches* Programm, denn jeder Befehl eines solchen Programms kann später 1-zu-1 in einen Assembler-Befehl umgesetzt werden.

2.4.3 Zuordnung der Register

Als Nächstes überlegen wir uns, in welchen Registern wir die Variablen und Konstanten, die in dem Assembler-ähnlichen Programm benutzt werden, abspeichern wollen. Diese Zuordnung der Register ist weitgehend willkürlich, um später nicht den Überblick zu verlieren, ist es allerdings sinnvoll, diese Zuordnung schriftlich zu fixieren. Tabelle 2.8

Tabelle 2.8: *Register-Zuordnung für das Programm zur Berechnung der Summe* $\sum_{i=1}^{n} i$.

Variable	Register	Konst.	Register	Label	Register	Wert
c	R11	0	R0	loopRead	R20	13
n	R12	1	R1	afterRead	R21	19
i	R13	48	R4	loopSum	R22	21
s	R14	10	R10	afterSum	R23	25
count	R15			loopCount	R24	26
aux	R16			loopWrite	R25	34
digits	R17					
addr	R18					
digits[i]	mem[$1000 + i$]					

zeigt eine mögliche Zuordnung. Bei dieser Zuordnung haben wir auch schon die Werte für die Register eingetragen, die später Sprungziele darstellen. Diese Werte können wir natürlich erst dann bestimmen, wenn wir das Assembler-Programm erstellen, denn erst dann ist klar, in welcher Zeile welche Befehle abgelegt werden.

Die Allokierung des Feldes `digits[]` bedarf noch eines Kommentares. In der Tabelle 2.8 haben wir geschrieben, dass wir das Feld `digits` an der Adresse 1000 im Haupt-Speicher ablegen wollen. Genauer speichern wir `digits[0]` an der Adresse 1000 und allgemein speichern wir für $i = 0, \cdots, 9$ `digits[`i`]` an der Adresse $1000 + i$. Prinzipiell können wir Felder an jeder beliebigen Stelle im Speicher ablegen. Wir müssen lediglich aufpassen, dass wir dabei nicht unser eigenes Programm oder das BIOS übeschreiben.

2.4.4 Entwicklung des *registrierten* C-Programms

Der nächste Schritt besteht nun darin, alle Variablen, Konstanten und Sprungziele gemäß der oben angegebenen Tabelle durch die entsprechenden Register zu ersetzen. Dieser Schritt ist geistfrei, erfordert aber eine hohe Sorgfalt, da das dabei entstehende Programm weitestgehend unlesbar ist. Abbildung 2.19 auf Seite 34 zeigt das Resultat dieser Umsetzung. Methodisch ist es hier besonders wichtig, das Resultat dieser Umsetzung zu testen, denn in diesem Schritt entstehen leicht Flüchtigkeitsfehler.

2.4.5 Entwicklung des Assembler Programms

Der letzte Schritt besteht nun darin, das registrierte Programm in ein Assembler-Programm zu transformieren. Auch dieser Schritt kann mechanisch erfolgen, denn die einzelnen Befehle des registrierten Programms entsprechen jeweils genau einer Assembler-Instruktion. Um die Korrespondenz zu dem Assembler-ähnlichen C-Programm herzustellen, haben wir das Assembler-ähnliche Programm als zeilenweisen Kommentar angefügt. Dadurch wird es später leichter, das Programm zu debuggen.

```
int main() {
      char R11;
      int  R12, R13, R14, R15, R16, R17[10];
      int* R18;
      int  R0, R1, R4, R10;
      R0  =  0;
      R1  =  1;
      R4  = 48;
      R10 = 10;
      R11 = R4;
      R12 = 0;
R20:  R12 = R12 * R10;
      R12 = R12 + R11;
      R12 = R12 - R4;
      R11 = getchar();
      if (R11 == R10) goto R21;
      goto R20;
R21:  R14 = 0;
      R13 = R1;
R22:  if (R12 < R13) goto R23;
      R14 = R14 + R13;
      R13 = R13 + R1;
      goto R22;
R23:  R15 = R10;
R24:  R15 = R15 - R1;
      R16 = R14 % R10;
      R16 = R16 + R4;
      R18 = R17 + R15;
      *R18 = R16;
      R14 = R14 / R10;
      if (R0 < R14) goto R24;
      R13 = R15;
R25:  R18 = R17 + R13;
      R16 = *R18;
      putchar(R16);
      R13 = R13 + R1;
      if (R13 < R10) goto R25;
      putchar(R10);
}
```

Abb. 2.19: *Registriertes Programm zur Berechnung der Summe* $\sum_{i=1}^{n} i$.

```
const R20, 13         // loopRead:     13
const R21, 19         // afterRead:    19
const R22, 21         // loopSum:      21
const R23, 25         // afterSum:     25
const R24, 26         // loopCount:    26
const R25, 34         // loopWrite:    34
const R17, 1000       // &digits[]
const R0,   0
const R1,   1
const R4,  48         // '0'  = 48
const R10, 10         // '\n' = 10
add   R11, R4, R0     //             c = '0';
const R12,  0         //             n = 0;
mul   R12, R12, R10   // loopRead:   n = n * 10;
add   R12, R12, R11   //             n = n + c;
sub   R12, R12, R4    //             n = n - '0';
in    R11             //             c = getchar();
ifeq  R21, R11, R10   //             if (c == '\n') goto afterRead;
goto  R20             //             goto loopRead;
const R14, 0          // afterRead:  s = 0;
add   R13, R1,  R0    //             i = 1;
iflt  R23, R12, R13   // loopSum:    if (n < i) goto afterSum;
add   R14, R14, R13   //             s = s + i;
add   R13, R13, R1    //             i = i + 1;
goto  R22             //             goto loopSum;
add   R15, R10, R0    // afterSum:   count = 10;
sub   R15, R15, R1    // loopCount:  count = count - 1;
mod   R16, R14, R10   //             aux = s % 10;
add   R16, R16, R4    //             aux = aux + '0';
add   R18, R17, R15   //             addr = digits + count;
store R16, R18        //             *addr = aux;
div   R14, R14, R10   //             s = s / 10;
iflt  R24, R0,  R14   //             if (0 < s) goto loopCount;
add   R13, R15, R0    //             i = count;
add   R18, R17, R13   // loopWrite:  addr = digits + i;
load  R16, R18        //             aux = *addr;
out   R16             //             putchar(aux);
add   R13, R13, R1    //             i = i + 1;
iflt  R25, R13, R10   //             if (i < 10) goto loopWrite;
out   R10             //             putchar('\n');
halt
```

Abb. 2.20: *Assembler Programm zur Berechnung der Summe* $\sum_{i=1}^{n} i$.

2.5 Ein minimales BIOS

Die Definition der Klasse `SRP` in Abbildung 2.5 auf Seite 17 lässt die Frage offen, wie das Programm, das als Argument dem Konstruktor der Klasse `SRP` übergeben wird, eigentlich in den Hauptspeicher gelangt. In diesem Kapitel wollen wir das Modell, das wir im letzten Kapitel erarbeitet haben, so verfeinern, dass diese Frage geklärt wird.

In der Realität ist es so, dass der Hauptspeicher aus zwei Teilen besteht. Der erste Teil besteht aus Speicher, der nur lesbar ist (ROM, *read only memory*). Dieser Teil enthält ein festes Programm, das beim Start des Rechners immer ausgeführt wird. Aufgabe dieses festen Programmes ist es, andere Programme in den Speicher zu laden. Dieses Programm wird daher auch als Programm-Lader bezeichnet. Die von dem Programm-Lader gelesenen Programme werden von diesem in dem Teil des Hauptspeichers abgelegt, der beschreibbar ist (RAM, *read and write memory*).

Bei einem modernen Rechner (*Linux*) läuft beim Einschalten Folgendes ab:

1. Im BIOS (*basic input/output system*) befindet sich der *Bootstrap-Loader*. Dieses Programm wird als Erstes ausgeführt.
2. Der *Bootstrap-Loader* sucht auf Festplatte, CD oder eventuell USB-Stick nach einem *Boot-Sektor*, lädt von dort die erste Stufe eines *Boot-Loaders* und übergibt die Kontrolle an die erste Stufe des *Boot-Loaders*.
3. Die erste Stufe des *Boot-Loaders* lädt die zweite Stufe des *Boot-Loaders* und übergibt die Kontrolle an die zweite Stufe.
4. Die zweite Stufe des *Boot-Loaders* fragt den Benutzer über einen Eingabe-Bildschirm, welches Betriebssystem geladen werden soll. Abschließend wird das gewählte Betriebssystem geladen und gestartet.

Wir wollen uns im Folgenden ein Rechnersystem vorstellen, wie es in den sechziger Jahren üblich war. Damals war die Eingabe-Einheit eines Rechners ein Lochstreifen-Leser. Dieser Leser wurde mit einem Lochstreifen gefüttert, der aus zwei Teilen bestand:

1. Der erste Teil enthielt das Programm als Maschinen-Code.
2. Der zweite Teil des Programms enthielt Daten.

Da man einer Zahl nicht ansehen kann, ob Sie eine Maschinen-Instruktion oder ein Datum repräsentiert, wurde am Ende des Programms eine Zahl angehängt, die keinen Maschinenbefehl kodiert. Da die OpCodes der Maschinenbefehle des SRP mit 1 starten, stellt die Zahl 0 keinen der Maschinenbefehle dar. Wir können daher die Zahl 0 als Trenner zwischen Programm und Daten interpretieren.

Die Rechnung mit einem derart aufgebauten Rechner sah nun so aus, dass man den Lochstreifen, der aus Programm und Daten bestand, in den Lochstreifen-Leser legte. Dann drückte der Operator des Rechners auf den Start-Knopf. Dadurch wurde der Programm-Lader des Rechners aktiviert. Dieser Lader liest zunächst den Teil des Lochstreifens ein, der Maschinenbefehle enthält und legt diese Befehle im Hauptspeicher ab.

Wenn die Zahl 0 gelesen wird, wird die Kontrolle an das geladene Programm übergeben. Dieses geladene Programm wollen wir als das Benutzer-Programm bezeichnen. Das Benutzer-Programm kann dann im Laufe seiner Rechnung den verbleibenden Rest des Lochstreifens, der die Eingabe-Daten enthält, lesen und verarbeiten.

2.5.1 Ein Programm-Lader in Assembler

Unser Ziel ist es, das oben beschriebene Verfahren dadurch zu konkretisieren, dass wir das im letzten Kapitel in *Java* implementierte Modell eines Rechners entsprechend verfeinern. Unsere erste Aufgabe dabei ist es daher, den Programm-Lader in Assembler zu implementieren. Wir wollen dieses Programm systematisch entwickeln und werden dabei die Methode benutzen, die wir im letzten Abschnitt zur Lösung der ersten Aufgabe verwendet haben haben.

```
1  int mem[65536]; // main memory
2
3  void lade() {
4      int instr, b0, b1, b2, b3;
5      int addr = 35;   // size of ROM
6      while (1) {
7          instr  = 0;
8          b0     = getchar();
9          instr |= b0;
10         b1     = getchar();
11         b1     = (b1 << 8);
12         instr |= b1;
13         b2     = getchar();
14         b2     = (b2 << 16);
15         instr |= b2;
16         b3     = getchar();
17         b3     = (b3 << 24);
18         instr |= b3;
19         if (instr == 0)
20             break;
21         mem[addr] = instr;
22         addr = addr + 1;
23     }
24 }
```

Abb. 2.21: *Der Programm-Lader.*

Gemäß der oben skizzierten Methode implementieren wir also zunächst eine C-Funktion `lade()`, die das Gewünschte leistet. Abbildung 2.21 zeigt diese Funktion.

1. In Zeile 1 deklarieren wir die Variable `mem`, die den Hauptspeicher modelliert. Wir setzen die Größe des Hauptspeichers willkürlich auf 2^{16} fest.

2. in den Zeilen 4 – 5 deklarieren wir lokale Variablen.
   (a) Die Zahl `instr` enthält später den Maschinenbefehl als ein 32-Bit-Wort.
   (b) Die Zahlen `b0`, `b1`, `b2` und `b3` enthalten die einzelnen Bytes einer Instruktion. Diese Variablen sind notwendig, weil ein Befehl der Form `in` x ja immer nur ein Byte einliest. Um eine ganze Instruktion einzulesen, brauchen wir also vier Lesebefehle.
   (c) Die Variable `addr` zeigt zu Beginn auf die erste freie Stelle im Hauptspeicher. Wir werden später sehen, dass unser Maschinen-Programm zum Laden eines Benutzer-Programms insgesamt aus 35 Befehlen besteht, die wir im Speicher an den Adressen 0 bis 34 ablegen. Die erste freie Stelle im Speicher ist also die Adresse 35.
3. Danach beginnt die eigentliche Arbeit des Programms. Es werden immer vier Bytes gelesen. Diese werden mit Hilfe der bitweisen Oder-Verknüpfung zu dem Maschinenbefehl `instr` zusammengefasst und anschließend wird der Maschinenbefehl an der Adresse `addr` im Hauptspeicher abgelegt. Falls der Wert von `instr` allerdings 0 ist, dann haben wir das Ende unseres zu lesenden Maschinen-Programms erreicht und die Schleife wird durch den `break`-Befehl in Zeile 19 abgebrochen.

Gemäß der oben skizzierten Methodik eliminieren wir nun die Kontroll-Strukturen, die sich nicht unmittelbar in Assembler übersetzen lässt. In unserem Fall sind dies die `while`-Schleife und der `break`-Befehl. Wir ersetzen diese Konstrukte durch äquivalente Sprung-Befehle. Das resultierende Programm sehen Sie in Abbildung 2.22 auf Seite 39.

Tabelle 2.9: *Register-Zuordnung.*

Register	Variable	Register	Konstante	Register	Label
R9	b0	R1	0	R2	next: 24
R9	b1	R3	35	R4	loop: 8
R9	b2	R5	1		
R9	b3	R6	8		
R10	instr	R7	16		
R3	addr	R8	24		

Der nächste Schritt besteht darin, dass wir die Variablen, Konstanten und Sprungadressen den Registern zuordnen. Wir gehen das Programm Zeile für Zeile durch.

1. Die Konstante 35, das ist die Adresse, an der wir das gelesene Programm im Hauptspeicher ablegen, speichern wir in dem Register `R3`. Der Variable `addr` ordnen wir ebenfalls dieses Register zu.
2. Die Konstante, die später dem Sprungziel `loop` entspricht, speichern wir in dem Register `R4`.
3. In Zeile 8 setzen wir die Variable `instr` auf den Wert 0. Wir benötigen daher die Konstante 0 und speichern diese in dem Register `R0`. Für die Variable `instr` wählen wir das Register `R10`.

```
1  void lade()
2  {
3      int mem[65536];
4      int instr;
5      int b0, b1, b2, b3;
6      int addr = 35;    // Start-Adresse des Programms
7  loop:
8      instr  = 0;
9      b0     = getchar();
10     instr |= b0;
11     b1     = getchar();
12     b1     = (b1 << 8);
13     instr |= b1;
14     b2     = getchar();
15     b2     = (b2 << 16);
16     instr |= b2;
17     b3     = getchar();
18     b3     = (b3 << 24);
19     instr |= b3;
20     if (instr == 0) goto next;
21     mem[addr] = instr;
22     addr = addr + 1;
23     goto loop;
24 next:
25 }
```

Abb. 2.22: *Der Programm-Lader.*

4. Den Variablen `b0`, `b1`, `b2` und `b3` ordnen wir das Register `R9` zu. Es ist hier möglich, allen Variablen dasselbe Register zuzuordnen, da beispielsweise die Variable `b0` nach der Zuweisung in Zeile 10 nicht mehr benötigt wird.
5. In Zeile 12 benutzen wir die Konstante 8, die wir in dem Register `R6` ablegen.
6. In Zeile 15 benutzen wir die Konstante 16, die wir in dem Register `R7` ablegen.
7. In Zeile 18 benutzen wir die Konstante 24, die wir in dem Register `R8` ablegen.
8. In Zeile 20 benutzen wir die Konstante 0, die wir in dem Register `R1` ablegen.
9. In Zeile 22 benutzen wir die Konstante 1, die wir in dem Register `R5` ablegen.
10. Die Konstante, die später dem Sprungziel `next` entspricht, speichern wir in dem Register `R2`.

Tabelle 2.9 auf Seite 38 fasst diese Zuordnungen noch einmal übersichtsartig zusammen. Wir haben hier außerdem noch die Konstanten, die den Sprungzielen `loop` und `next`

```
void lade() {
    int mem[65536];
    int R0, R1, R2, R3, R4, R5, R6, R7, R8, R9, R10;
    R1 = 0;
    R2 = 24;
    R3 = 35;  // Start-Adresse des Benutzer-Programms
    R4 = 8;
    R5 = 1;
    R6 = 8;
    R7 = 16;
    R8 = 24;
R4: R10  = R1;
    R9   = getchar();
    R10 |= R9;
    R9   = getchar();
    R9   = (R9 << R6);
    R10 |= R9;
    R9   = getchar();
    R9   = (R9 << R7);
    R10 |= R9;
    R9   = getchar();
    R9   = (R9 << R8);
    R10 |= R9;
    if (R10 == R1)
        goto R2;
    mem[R3] = R10;
    R3 = R3 + R5;
    goto R4;
R2: R0 = 0;
    R1 = 0;
    R2 = 0;
    R3 = 0;
    R4 = 0;
    R5 = 0;
    R6 = 0;
    R7 = 0;
    R8 = 0;
    R9 = 0;
    R10 = 0;
}
```

Abb. 2.23: *Der Programm-Lader.*

entsprechen, die Werte 8 und 24 zugeordnet. Die genauen Werte erhalten wir natürlich erst in dem Moment, wenn wir das endgültige Assembler-Programm erstellt haben, denn erst dann wissen wir die Zeilen-Nummern, die diesen Sprungzielen entsprechen.

```
0  const  R1,   0
1  const  R2,  24
2  const  R3,  35            // i = 35;
3  const  R4,   8
4  const  R5,   1
5  const  R6,   8
6  const  R7,  16
7  const  R8,  24
8  add    R10, R1, R1        // loop: instr = 0;
9  in     R9                 //       b0 = getchar();
10 or     R10, R9, R10       //       instr |= b0;
11 in     R9                 //       b1     = getchar();
12 sll    R9,  R9, 8         //       b1     = (b1 << 8);
13 or     R10, R9, R10       //       instr |= b1;
14 in     R9                 //       b2     = getchar();
15 sll    R9,  R9, 16        //       b2     = (b2 << 16);
16 or     R10, R9, R10       //       instr |= b2;
17 in     R9                 //       b3     = getchar();
18 sll    R9,  R9, 24        //       b3     = (b3 << 24);
19 or     R10, R9, R10       //       instr |= b3;
20 ifeq   R2,  R1, R10       //       if (instr == 0) goto next;
21 store  R10, R3            //       mem[i] = instr;
22 add    R3,  R3, R5        //       i = i + 1;
23 goto   R4                 //       goto loop;
24 const  R0, 0              // next:
25 const  R1, 0
26 const  R2, 0
27 const  R3, 0
28 const  R4, 0
29 const  R5, 0
30 const  R6, 0
31 const  R7, 0
32 const  R8, 0
33 const  R9, 0
34 const  R10, 0
```

Abb. 2.24: *Der Programm-Lader als Assembler-Programm.*

Wenn das Benutzer-Programm geladen wird, dann geht dieses Programm davon aus, dass alle Register den Wert 0 haben. Daher müssen wir nach dem eigentlichen Laden des

Programms noch die Register, die wir benutzt haben, wieder auf 0 setzten. Abbildung 2.23 auf Seite 40 zeigt das resultierende Programm.

Der letzte Schritt besteht darin, das C-Programm aus Abbildung 2.23 in ein Assembler-Programm zu übersetzen. Dieser Schritt ist rein mechanisch. Abbildung 2.24 auf Seite 41 zeigt das resultierende Programm.

```
1  public SRP() {
2      mPC = 0;
3      mRegisters = new int[32];
4      for (int i = 0; i < 32; ++i)
5          mRegisters[i] = 0;
6      mMainMemory = new int[65536];
7      int loaderLength = 35;
8      AsmCmd[] loader = new AsmCmd[loaderLength];
9      loader[0]  = new ConstCmd( 1,  0      );
10     loader[1]  = new ConstCmd( 2,  24     );
11     loader[2]  = new ConstCmd( 3,  35     );
12     loader[3]  = new ConstCmd( 4,   8     );
13     loader[4]  = new ConstCmd( 5,   1     );
14     loader[5]  = new ConstCmd( 6,   8     );
15     loader[6]  = new ConstCmd( 7,  16     );
16     loader[7]  = new ConstCmd( 8,  24     );
17     loader[8]  = new AddCmd(  10,   1,  1 );
18     loader[9]  = new InCmd(    9          );
19     loader[10] = new OrCmd(   10,   9, 10 );
20     loader[11] = new InCmd(    9          );
21     loader[12] = new SllCmd(   9,   9,  8 );
22     loader[13] = new OrCmd(   10,   9, 10 );
23     loader[14] = new InCmd(    9          );
24     loader[15] = new SllCmd(   9,   9, 16 );
```

Abb. 2.25: *Der Konstruktor der Klasse SRP, Teil I.*

2.5.2 Einbinden des Programm-Laders in den Simulator

Unsere nächste Aufgabe besteht nun darin, die Definition des Konstruktors so zu ändern, dass zunächst nur das Lade-Programm im Hauptspeicher liegt. Die beiden Abbildungen 2.25 und 2.26 zeigen die Implementierung. Wir legen in Zeile 8 zunächst ein Feld für 35 Objekte vom Typ `AsmCmd` an, denn unser Programm-Lader besteht genau aus 35 Befehlen. Für jeden dieser Befehle erzeugen wir durch den Aufruf des entsprechenden Konstruktors dann das zugehörige Kommando. Beispielsweise hat der erste Befehl des Programm-Laders die Form

```
const R1, 0
```

```
25      loader[16] = new OrCmd(    10,   9, 10 );
26      loader[17] = new InCmd(     9          );
27      loader[18] = new SllCmd(    9,   9, 24 );
28      loader[19] = new OrCmd(    10,   9, 10 );
29      loader[20] = new IfeqCmd(   2,   0, 10 );
30      loader[21] = new StoreCmd( 10,   3     );
31      loader[22] = new AddCmd(    3,   3,  5 );
32      loader[23] = new GotoCmd(   4          );
33      loader[24] = new ConstCmd(  0, 0       );
34      loader[25] = new ConstCmd(  1, 0       );
35      loader[26] = new ConstCmd(  2, 0       );
36      loader[27] = new ConstCmd(  3, 0       );
37      loader[28] = new ConstCmd(  4, 0       );
38      loader[29] = new ConstCmd(  5, 0       );
39      loader[30] = new ConstCmd(  6, 0       );
40      loader[31] = new ConstCmd(  7, 0       );
41      loader[32] = new ConstCmd(  8, 0       );
42      loader[33] = new ConstCmd(  9, 0       );
43      loader[34] = new ConstCmd( 10, 0       );
44      for (int i = 0; i < loaderLength; ++i)
45          mMainMemory[i] = loader[i].getCode();
46      for (int i = loaderLength; i < 65536; ++i)
47          mMainMemory[i] = 0;
48  }
```

Abb. 2.26: *Der Konstruktor der Klasse* `SRP`*, Teil* `II`*.*

Diesen Befehl erzeugen wir durch den Aufruf des Konstruktors

`new ConstCmd(1, 0)`

in Zeile 9 und speichern ihn in dem Feld `loader` an der ersten Stelle ab. Nachdem wir das Feld `loader` auf diese Weise mit Werten gefüllt haben, schreiben wir diese Werte an die Adressen 0 bis 34 des Hauptspeichers. Dies geschieht in der `for`-Schleife in Zeile 45. Anschließend initialisieren wir den Rest des Hauptspeichers mit Nullen.

Als Nächstes verändern wir den Assembler so, dass der Assembler das erzeugte Maschinen-Programm in eine Datei schreibt. Anschaulich entspricht diese Datei dann dem Lochstreifens, der das Programm im Maschinen-Code enthält. Da wir hinter dem Programm auch Daten auf dem Lochstreifen speichern wollen, brauchen wir noch eine Methode, um solche Daten zu erzeugen. Das Einfachste ist es, den Assembler um einen Pseudo-Befehl der Form

`data` b_3, b_2, b_1, b_0

zu erweitern. Hierbei sind b_0, b_1, b_2 und b_3 die einzelnen Bytes eines Wortes. Der Assembler übersetzt einen solchen Pseudo-Befehl dann einfach in die Zahl

$$b_3 * 2^{24} + b_2 * 2^{16} + b_1 * 2^8 + b_0,$$

die an der entsprechenden Stelle in der Binär-Datei abgelegt wird. Abbildung 2.27 zeigt die Implementierung einer Klasse `DataCmd`, die die Konstruktion eines Objektes implementiert, das ein Datum repräsentiert. Da alle Maschinenbefehle eine Länge von 32 Bits haben, ist es erforderlich, dass ein Datum immer vier Zeichen der Größe 8 Bit enthält. Daher müssen wir dem Pseudo-Befehl auch dann, wenn wir eigentlich nur ein einziges Byte als Datum kodieren wollen, drei weitere Bytes zum Auffüllen auf 32 Bit mitgeben.

```
class DataCmd extends AsmCmd {
    DataCmd(byte b3, byte b2, byte b1, byte b0) {
        mCode = b3;
        mCode = (mCode << 8) | b2;
        mCode = (mCode << 8) | b1;
        mCode = (mCode << 8) | b0;
    }
}
```

Abb. 2.27: *Die Klasse DataCmd.*

Den Konstruktor der Klasse `Assembler` aus Abbildung 2.12 auf Seite 24 ändern wir dann wie in Abbildung 2.28 auf Seite 45 gezeigt ab. Neu sind hier die Zeilen 12 bis 23, die einen Pseudo-Befehl der Form „`data` b_3, b_2, b_1, b_0“ assemblieren.

Um diesen Assembler unabhängig vom Simulator aufrufen zu können, fügen wir der Klasse `Assembler` eine weitere Methode mit dem Namen `writeProgramCode` hinzu. Abbildung 2.29 zeigt diese Methode. Als Argument erhält diese Methode einen Datei-Namen. Diese Datei wird geöffnet und anschließend wird der Maschinen-Code, der von der Methode `getProgramCode()` berechnet wird, in eine Datei mit dem als Argument gegebenen Namen geschrieben. Da die Methode `write()` der Klasse `FileOutputStream` Daten nur zeichenweise ausgeben kann, zerlegen wir den zu schreibenden Programmcode in die vier Bytes `b0`, `b1`, `b2`, und `b3`, die wir dann nacheinander in die Datei schreiben.

Zum Aufruf der Methode `writeProgramCode()` haben wir die Klasse `RunAssembler`, die in Abbildung 2.30 zu sehen ist. Beim Aufruf erhält diese Klasse den Namen einer Datei, die ein Assembler-Programm enthält. Dem Namen fehlt allerdings die Endung „`.asm`“. Das Programm wird aus dieser Datei gelesen, durch die Klasse `Assembler` in Maschinen-Code übersetzt und von der Methode `writeProgramCode()` in einer Binär-Datei mit der Endung „`.srp`“ gespeichert. Um unseren Assembler testen zu können, verwenden wir das in Abbildung 2.31 gezeigte Assembler-Programm. Gegenüber dem Programm aus Abbildung 2.3 auf Seite 13 haben wir folgende Änderungen vorgenommen:

1. Da das Programm jetzt an die Start-Adresse 35 im Speicher geladen wird, mussten wir die Werte der Sprungziele `loop` und `finish` um 35 erhöhen. Die neuen Werte sind jetzt 41 für `loop` und 45 für `finish`.

2. Am Ende des Programms haben wir zwei `data`-Befehle eingefügt.

    (a) Der erste `data`-Befehl fügt eine 0 als Terminator an das Programm an.

```
public Assembler(String file) {
    try {
        FileReader     fr    = new FileReader(file);
        BufferedReader in    = new BufferedReader(fr);
        String         line = in.readLine();
        mProgram = new ArrayList();
        while (line != null) {
            ⋮
            if (tokenArray[0].equals("add")) {
                mProgram.add( new AddCmd(x, y, z) );
            } else if (tokenArray[0].equals("sub")) {
            ⋮
            } else if (tokenArray[0].equals("data")) {
                Byte B0, B1, B2, B3;
                byte b0, b1, b2, b3;
                B0 = new Byte(tokenArray[1]);
                B1 = new Byte(tokenArray[2]);
                B2 = new Byte(tokenArray[3]);
                B3 = new Byte(tokenArray[4]);
                b0 = B0.byteValue();
                b1 = B1.byteValue();
                b2 = B2.byteValue();
                b3 = B3.byteValue();
                mProgram.add( new DataCmd(b0, b1, b2, b3) );
            } else {
                System.out.println("Parse Error: " + line);
                System.exit(1);
            }
            line = in.readLine();
        }
        in.close();
    } catch (FileNotFoundException fe) {
        ⋮
    }
}
```

Abb. 2.28: *Erweiterung des Konstruktors der Klasse* `Assembler`.

(b) Der zweite `data`-Befehl übergibt dem Programm das Byte mit dem Wert 3, gefolgt von drei Nullen. Eigentlich brauchen wir nur die 3, aber da ein `data`-Befehl immer mit vier Bytes versorgt werden muss, haben wir noch drei Nullen hinzugefügt.

```
// Write the program to the file given as argument.
public void writeProgramCode(String file) throws IOException
{
    int[]             programCode = getProgramCode();
    FileOutputStream writer      = new FileOutputStream(file);
    for (int i = 0; i < programCode.length; ++i) {
        int code = programCode[i];
        int b0   = (code >>  0) & 255;
        int b1   = (code >>  8) & 255;
        int b2   = (code >> 16) & 255;
        int b3   = (code >> 24) & 255;
        writer.write(b0);
        writer.write(b1);
        writer.write(b2);
        writer.write(b3);
    }
    writer.close();
}
```

Abb. 2.29: *Erweiterung des Konstruktors der Klasse* `Assembler`.

```
import java.io.*;
import Assembler.*;

public class RunAssembler {
    public static void main(String[] args) throws IOException{
        String    name      = args[0];
        String    inFile    = name + ".asm";
        String    outFile   = name + ".srp";
        Assembler assembler = new Assembler(inFile);
        assembler.writeProgramCode(outFile);
    }
}
```

Abb. 2.30: *Erweiterung des Konstruktors der Klasse* `Assembler`.

Um unseren Assembler zu testen, rufen wir ihn auf der Kommandozeile mit dem Befehl

```
java RunAssembler sum
```

auf. Dieser Befehl erzeugt eine Binär-Datei mit dem Namen „`sum.srp`“. Diesen Befehl können wir mit dem Kommando `od` (*octal dump*) wie folgt ausgeben:

```
od -t x4 -w4 sum.srp
```

Das Ergebnis dieser Ausgabe sehen Sie in Abbildung 2.32 auf Seite 48. Die erste Spalte

```
in    R0            // offset 35
const R1,  0
const R2,  1
const R3,  1
const R4, 41        // loop   = 41
const R6, 45        // finish = 45
iflt  R6, R0, R2    // loop:
add   R1, R1, R2
add   R2, R2, R3
goto  R4
out   R1            // finish:
halt
data 0, 0, 0, 0
data 0, 0, 0, 3
```

Abb. 2.31: *Ein Assembler-Programm zur Berechnung von* $\sum_{i=1}^{n} i$.

ist hier als Zeilennummer zu lesen. Diese Zeilennummer wird oktal ausgegeben. Danach folgen je Zeile vier Bytes, die hexadezimal ausgegeben werden. Die Zeile mit der oktalen Zeilennummer `0000064` enthält beispielsweise den Wert 00000003, der von unserem `data`-Befehl stammt. Wir können das Maschinen-Programm aus der Datei „`sum.srp`" nun durch den Befehl

```
cat sum.srp | java SimulatorLoader 2> /dev/null
```

testen. Die Klasse `SimulatorLoader` ist hier wie in Abbildung 2.33 auf Seite 48 gezeigt implementiert. Im Wesentlichen wird hier nur die Methode `run()` aufgerufen. Diese Methode startet das Programm, dass von dem Konstruktor `SRP` im Hauptspeicher abgelegt wurde. Das ist aber gerade das BIOS, das dann versucht, von dem Standard-Eingabe-Strom ein Maschinen-Programm zu lesen. Damit das funktioniert, haben wir den Simulator in einer Pipe aufgerufen. Diese Pipe startet mit dem Kommando „`cat sum.srp`". Das Kommando `cat` gibt den Inhalt der Datei `sum.srp` zeichenweise auf der Standard-Ausgabe aus. Durch das Pipe-Symbol „`|`" wird diese Ausgabe dann zur Eingabe des Simulators.

Damit das Ganze funktioniert, haben wir die übrigen Klassen in ein Paket mit dem Namen Assembler gepackt. Das komplette System liegt auf meiner Homepage in dem Verzeichnis

`Oldenbourg-GRT/srp.tar`.

2.5.3 Rückblick auf die Von-Neumann-Architektur

Das in diesem Kapitel beschriebene Programm zum Laden eines anderen Benutzer-Programms offenbart das wesentliche Prinzip der Von-Neumann-Architektur: Erst die Tatsache, dass in dem Hauptspeicher sowohl Programm als auch Daten abgelegt werden,

```
0000000 88000000
0000004 48400000
0000010 48800001
0000014 48c00001
0000020 49000029
0000024 4980002d
0000030 79802000
0000034 08422000
0000040 08843000
0000044 69000000
0000050 90400000
0000054 80000000
0000060 00000000
0000064 00000003
0000070
```

Abb. 2.32: *Hexadezimale Ausgabe der Datei* `sum.srp`.

```
import java.io.*;
import Assembler.*;

class SimulatorLoader {
    public static void main(String args[])
        throws java.io.IOException
    {
        SRP computer = new SRP();
        computer.run();
    }
}
```

Abb. 2.33: *Die Klasse* `SimulatorLoader`.

ermöglicht es uns, das Benutzer-Programm erst als Daten einzulesen und dann diese Daten als Programm auszuführen. In der Entwicklung der Rechner war dies ein ganz wichtiger Schritt. Bei den ersten Rechnern war dies anders, beispielsweise waren bei dem von Konrad Zuse entwickelten Rechner Z3 Programmspeicher und Datenspeicher getrennt. Der erste Rechner, bei dem der Programmspeicher mit dem Datenspeicher identisch war, war die von John William Mauchly und J. Presper Eckert entwickelte ENIAC. [PH04].

2.6 Ein symbolischer Assembler für den SRP

Die beiden Assembler-Programme in Abbildung 2.3 auf Seite 13 und Abbildung 2.31 auf Seite 47 unterscheiden sich nur in den Werten der Sprungziele. Die Berechnung von Sprungzielen ist sehr mühsam und fehleranfällig. Es wäre daher wünschenswert, wenn wir diesen Prozess automatisieren könnten. Zu diesem Zweck führen wir in dem Assembler einen Pseudo-Befehl der Form

`label` *name*

ein. Die Wirkung dieses Befehls soll darin bestehen, dass in der entsprechenden Zeile eine Marke gesetzt wird, an die wir dann später mit Hilfe eines Sprung-Befehls hinspringen können. Entsprechend ändern wir die Syntax der Sprung-Befehle wie folgt ab:

1. `goto` *name*
2. `ifeq` *name*, y, z
3. `iflt` *name*, y, z

Hierbei ist *name* ein *symbolisches Sprung-Ziel.* Wir vereinbaren, dass *name* eine Folge von Buchstaben und Ziffern ist, die mit einem Buchstaben beginnt. Um symbolische Sprung-Ziele leicht von Registern unterscheiden zu können, fordern wir zusätzlich, dass der erste Buchstabe von *name* von dem Buchstaben „`R`“ verschieden ist. Dann können wir unser Programm zur Berechnung der Summe $\sum_{i=1}^{n} i$ wie in Abbildung 2.34 auf Seite 50 gezeigt implementieren.

Es bleibt die Frage zu klären, wie die symbolische Variante der Sprung-Befehle sich in Maschinen-Code übersetzen lässt. Dazu gehen wir folgendermaßen vor:

1. Wir übersetzen einen symbolischen Sprung-Befehl in zwei Maschinenbefehle:

   (a) Der erste Befehl initialisiert mit einem `const`-Befehl das Register `R31` auf den Wert der Zeilen-Nummer, an die wir gegebenenfalls springen wollen.

   (b) Der zweite Befehl ist dann der eigentliche Sprung-Befehl, wobei wir als erstes Argument des Sprung-Befehls das Register `R31` wählen.

   Ein Beispiel verdeutlicht das Verfahren. Angenommen, das symbolische Sprung-Ziel `loop` entspricht der Zeilen-Nummer 8. Dann wird ein Befehl der Form

   ```
   ifeq loop, R1, R2
   ```

   übersetzt in die beiden Maschinenbefehle

   ```
   const R31, 8
   ifeq R31, R1, R2
   ```

2. Damit das funktioniert, vereinbaren wir, dass das Register `R31` für die Angabe von Sprung-Zielen in Sprung-Befehlen reserviert wird. Innerhalb eines symbolischen Assembler-Programms sollten wir dieses Register also nicht mehr benutzen, da der Inhalt dieses Registers sich bei Sprung-Befehlen automatisch ändert.

```
        in    R0             //     n = getchar();
        const R1,  0         //     s = 0;
        const R2,  1         //     i = 1;
        const R3,  1
        const R4, 48         //     '0' = 48
        sub   R0, R0, R4     //     n = n - '0';
  label loop                 // loop:
        iflt  finish, R0, R2 //     if (n < i) goto finish;
        add   R1, R1, R2     //     s = s + i;
        add   R2, R2, R3     //     i = i + 1;
        goto  loop           //     goto loop;
  label finish               // finish:
        add   R1, R1, R4     //     s = s + '0';
        out   R1             //     putchar(s);
        const R10, 10
        out   R10            //     putchar('\n');
        halt
  data  0, 0, 0, 0
```

Abb. 2.34: *Ein symbolisches Assembler-Programm zur Berechnung von* $\sum_{i=1}^{n} i$.

Wir zeigen, wie der Assembler abgeändert werden muss, damit symbolischen Sprung-Befehle unterstützt werden. Die Grundidee ist, dass wir die in Maschinen-Code zu übersetzende Assembler-Datei zweimal lesen:

1. Beim ersten Durchlauf zählen wir lediglich die Zeilen-Nummern. Falls wir dabei auf eine Zeile mit einem Befehl der Form

   `label` *name*

   stoßen, so speichern wir den Namen mit der dazugehörigen Zeilen-Nummer in einer Tabelle. Wir speichern diese Tabelle in der Member-Variablen `mLabelNumbers` in der Klasse Assembler. Der Typ dieser Member-Variablen hat den Wert `Map<String,Integer>`[5]. Abbildung 2.35 auf Seite 51 zeigt die Implementierung der Methode `readLabels()`, mit der wir die Tabelle erstellen, in der den symbolischen Sprung-Zielen Zeilennummern zugeordnet werden. Die Methode liest die Assembler-Datei zeilenweise ein. Die in Zeile 6 deklarierte Variable `lineNumber` gibt die Zeilennummer an. Diese Variable wird mit 35 initialisiert, denn die ersten 35 Maschinenbefehle sind Teil des BIOS, der erste Befehl des vom Benutzer erstellten Programms wird also in Zeile 35 abgelegt. Beim Lesen einer Zeile gibt es drei Fälle:

[5] In *Java* können Abbildungen von Schlüsseln auf Werte leicht mit Hilfe des Interfaces `Map` realisiert werden. Ist `table` ein Objekt vom Typ `Map`, so wird mit dem Befehl *table*`.put(`*key*,*value*`)` unter dem Schlüssel *key* der Wert *value* in der Tabelle *table* abgespeichert. Mit dem Befehl *table*`.get(`*key*`)` erhält man zu einem Schlüssel *key* den in der Tabelle abgespeicherten Wert. Ist zu diesem Schlüssel noch kein Wert abgespeichert, so liefert die Methode `get()` als Ergebnis den Wert `null`.

```
private void readLabels(String file) throws IOException {
    FileReader     fr           = new FileReader(file);
    BufferedReader in           = new BufferedReader(fr);
    String         line         = in.readLine();
    int            loaderLength = 35;
    int            lineNumber   = loaderLength;
    while (line != null) {
        String[] tokenArray = scanTokens(line);
        if (tokenArray[0].equals("label")) {
            String labelName   = tokenArray[1];
            mLabelNumbers.put(labelName, lineNumber);
        } else if (tokenArray[0].equals("goto") ||
                   tokenArray[0].equals("ifeq") ||
                   tokenArray[0].equals("iflt")   ) {
            lineNumber += 2;
        } else {
            ++lineNumber;
        }
        line = in.readLine();
    }
    in.close();
}
```

Abb. 2.35: *Die Methode `readLabels()` zum Lesen der Sprung-Ziele.*

(a) Die Zeile enthält die Deklaration eines Sprung-Ziels.

Dann wird das Sprung-Ziel zusammen mit der zugehörigen Zeilen-Nummer abgespeichert. Die Zeilen-Nummer `lineNumber` wird in diesem Fall nicht erhöht, da die Deklaration eines Sprung-Ziels ja nur ein Pseudo-Befehl ist, dem hinterher im Maschinen-Code kein eigener Befehl entspricht.

(b) Die Zeile enthält eine Sprung-Anweisung. In diesem Fall erhöhen wir die Zeilen-Nummer `lineNumber` um den Wert 2, denn eine symbolische Sprung-Anweisung wird ja später in zwei verschiedene Maschinenbefehle übersetzt.

(c) Bei allen anderen Befehlen wird die Zeilen-Nummer um 1 hochgesetzt.

2. Beim zweiten Durchlauf kennen wir die Zeilen-Nummern, die den Sprung-Zielen entsprechen, und können daher die symbolischen Sprung-Befehle ersetzen durch ein Paar bestehend aus dem `const`-Befehl für das Register `R31` und dem eigentlichen Sprung-Befehl, dessen Ziel nun in dem Register `R31` angegeben wird. Abbildung 2.36 auf Seite 52 zeigt die Implementierung der Methode `assemble()`, die den zweiten Durchlauf implementiert. Gegenüber dem, was wir bisher in dem Konstruktor der Klasse `Assembler` in Abbildung 2.12 auf Seite 24 gemacht haben, gibt es zwei Änderungen.

```
private void assemble(String file) throws IOException {
    FileReader     fr   = new FileReader(file);
    BufferedReader in   = new BufferedReader(fr);
    String         line = in.readLine();
    int            sourceLineNumber = 0;  // used for error messages
    mProgram = new ArrayList();
    while (line != null) {
        String[] tokenArray = scanTokens(line);
        String   label      = null;
        int      x = 0, y = 0, z = 0, sc = 0, c = 0, l = 0;
        if (tokenArray.length > 1 && tokenArray[1].charAt(0) == 'R') {
            x = new Integer(tokenArray[1].substring(1));
        }
        ⋮
        if (tokenArray[0].equals("goto") ||
            tokenArray[0].equals("ifeq") ||
            tokenArray[0].equals("iflt")   )
        {
            label = tokenArray[1];
            Integer L = mLabelNumbers.get(label);
            if (L != null) {
                l = L;
            } else {
                System.out.println("line " + sourceLineNumber +
                                   ": unknown label " + label);
            }
        }
        if (tokenArray[0].equals("add")) {
            ⋮
        } else if (tokenArray[0].equals("goto")) {
            mProgram.add( new ConstCmd(31, l) );
            mProgram.add( new GotoCmd(31) );
        }
        ⋮
        line = in.readLine();
        ++sourceLineNumber;
    }
    in.close();
}
```

Abb. 2.36: *Die Methode `assemble()` zum Lesen der Sprung-Ziele.*

(a) In den Zeilen 15 – 27 lesen wir ein symbolisches Sprung-Ziel, das Bestandteil eines der Sprung-Befehle `goto`, `ifeq` oder `iflt` ist und speichern den Namen in der Variable `label`. Anschließend schauen wir in der Tabelle `mLabelNumbers` die zu diesem Sprung-Ziel gehörende Zeilen-Nummer nach und legen diese Zeilen-Nummer in der Variablen `l` ab. Falls die Tabelle zu diesem Sprung-Ziel keinen Eintrag enthält, liegt ein Fehler vor und der Assembler gibt eine entsprechende Meldung aus.

(b) In der Fall-Unterscheidung nach dem Befehls-Namen behandeln wir jetzt in den Zeilen 30 – 33 den Befehl `goto` *label* so, dass wir diesen symbolischen Sprung-Befehl durch zwei Maschinenbefehle ersetzen. Zunächst laden wir in Zeile 31 die Zeilen-Nummer l in das Register `R31`. Anschließend springen wir in Zeile 32 zu der im Register `R31` abgelegten Zeilennummer.

Die Befehle `ifeq` und `iflt` werden analog behandelt, aber das können wir aus Platzgründen hier nicht zeigen.

Da wir bei beiden Durchläufen durch die Datei die Zeilen in Tokens zerlegen müssen, haben wir diese Funktionalität in die Methode `scanTokens` ausgegliedert. Abbildung 2.37 auf Seite 53 zeigt die Implementierung. Zusätzlich entfernen wir jetzt in den Zeilen 5 – 7 noch Leerzeichen, die am Beginn einer Zeile stehen, denn sonst dürften wir unsere Assembler-Programme nicht einrücken.

```
1  private static String[] scanTokens(String line) {
2      Pattern  comment      = Pattern.compile("[ \t]*//.*");
3      Matcher  matcher1     = comment.matcher(line);
4      String   filteredLine = matcher1.replaceAll("");
5      Pattern  leadingWS    = Pattern.compile("^[ \t]*");
6      Matcher  matcher2     = leadingWS.matcher(filteredLine);
7      String   shortLine    = matcher2.replaceAll("");
8      Pattern  whiteSpace   = Pattern.compile("[ \t,]+");
9      String[] tokenArray   = whiteSpace.split(shortLine);
10     return tokenArray;
11 }
```

Abb. 2.37: *Die Methode `scanTokens()`.*

Der Vollständigkeit halber zeigen wir in Abbildung 2.38 auf Seite 54 noch die Implementierung des Konstruktors der Klasse `Assembler`. Der Konstruktor initialisiert zunächst die Tabelle `mLabelNumbers`, in der wir die Zuordnung der Label zu den Zeilen-Nummern speichern. Anschließend wird die Methode `readLabels()` aufgerufen, um diese Tabelle zu füllen. Danach wird die Datei durch den Aufruf von `assemble()` geparst. Das komplette System finden Sie auf meiner Webseite in dem Verzeichnis

`Oldenbourg-GRT/symbolicAssembler.tar`.

```
public Assembler(String file) throws IOException {
    mLabelNumbers = new TreeMap<String,Integer>();
    readLabels(file);
    assemble(file);
}
```

Abb. 2.38: *Der Konstruktor* `Assembler()`.

Aufgabe 2: Für einen gegebenen Anfangswert a_0 werde eine Folge $(a_n)_{n\in\mathbb{N}}$ rekursiv wie folgt definiert:

$$a_{n+1} = \begin{cases} 3 * a_n + 1 & \text{falls} \quad a_n \,\%\, 2 = 1; \\ a_n/2 & \text{sonst.} \end{cases}$$

Falls es ein $n \in \mathbb{N}$ gibt, so dass $a_n = 1$ ist, so bezeichnen wir die kleinste Zahl n mit der Eigenschaft $a_n = 1$ als die dem Anfangswert a_0 zugeordnete *Collatz-Länge*. Falls es keine natürliche Zahl a_n gibt, so dass $a_n = 1$ ist, dann sagen wir, dass die *Collatz-Länge* von a_0 den Wert ∞ hat.

Aufgabe: Schreiben Sie ein symbolisches Assembler-Programm, das eine Zahl a_0 einliest und das die *Collatz-Länge*, die dieser Zahl zugeordnet ist, berechnet, sofern diese Zahl endlich ist. Benutzen Sie dabei Ihr Programm aus Aufgabe 1 zum Einlesen einer Zahl.

2.7 Unterprogramme

Um umfangreichere Assembler-Programme schreiben zu können, müssen wir in der Lage sein, verschiedene Assembler-Programme aneinanderhängen zu können. Wir haben beispielsweise in Aufgabe 1 ein Assembler-Programm zum zeichenweisen Lesen und Schreiben von ganzen Zahlen erstellt. Es wäre wünschenswert, wenn wir das erstellte Programm ohne viel Arbeit in andere Assembler-Programme einbinden könnten. Was wir brauchen, ist so etwas wie Unterprogramme in Assembler. Dazu müssen wir folgende Fragen klären:

1. Wie können Argumente an ein Unterprogramm übergeben werden?
2. Wie können die vom Unterprogramm errechneten Werte an das aufrufende Programm zurückgegeben werden?
3. Wie erreichen wir, dass nach der Beendigung eines Unterprogramms die Abarbeitung des aufrufenden Programms hinter dem Aufruf des Unterprogramms fortgesetzt wird?

Die oben aufgeworfenen Probleme lösen wir mit Hilfe eines *Stacks*, mit dem wir den Datenaustausch zwischen einem Programm und den von diesem Programm aufgerufenen Unterprogrammen verwalten. Anschaulich ist ein Stack nicht anderes als ein Stapel, auf dem man Werte ablegen und auch wieder herunternehmen kann. Dabei ist der Wert, der als Letztes auf dem Stapel abgelegt wurde, auch der Wert, der als Erstes wieder vom Stapel heruntergenommen wird.

Da wir beim Arbeiten mit einem Stack häufig den Wert des Stack-Pointers um einen festen Betrag erhöhen oder erniedrigen müssen, vereinfachen wir uns das Leben etwas, indem wir dem Befehlssatz des Prozessors `SRP` zwei neue Befehle hinzufügen. Der erste Befehl ist

`incr` x, c.

Hierbei bezeichnet x ein Register und c ist eine vorzeichenbehaftete 22-Bit-Konstante, genau wie beim `const`-Befehl. Die Wirkung dieses Befehls besteht darin, dass der Inhalt des Registers x um den Wert c vergrößert wird. Aus Symmetrie-Gründen[6] haben wir auch einen Befehl

`decr` x, c,

bei dem der Inhalt des Registers x um den Wert c verkleinert wird. Tabelle 2.10 zeigt diese beiden Befehle.

Tabelle 2.10: *Die Befehle `incr` und `decr`.*

Assembler-Befehl	Semantik	OpCode	Bemerkung
`incr` x, c	$x := x + c$	19	Inkrementieren
`decr` x, c	$x := x - c$	20	Dekrementieren

Kommen wir jetzt zu unserem ursprünglichen Problem der Parameter-Übergabe an Unterprogramme zurück. Der Stack, den wir zur Parameter-Übergabe benutzen wollen, ist nichts anderes als ein Bereich im Hauptspeicher. Verwaltet wird der Stack durch das Register `R30`, das wir im Folgenden auch als *Stack-Pointer* (kurz `SP`) bezeichnen wollen. Beim Start des Programms ist der Stack noch leer. Der Stack-Pointer wird vom Programm-Lader daher so initialisiert, dass er auf die letzte Instruktion des geladenen Benutzer-Programms zeigt. Wenn wir nun ein Unterprogramm aufrufen wollen, so legen wir die einzelnen Argumente der Reihe nach auf dem Stack ab. Anschließend legen wir auf dem Stack die Rücksprung-Adresse ab. Die Rücksprung-Adresse ist die Adresse, bei der die Programm-Ausführung nach dem Aufruf des Unterprogramms fortgesetzt werden soll. Das Unterprogramm kann dann die Argumente vom Stack lesen und in Registern ablegen. Nachdem es seine Berechnung durchgeführt hat, legt es die Rückgabe-Werte der Reihe nach auf dem Stack ab. Anschließend springt es dann an die Stelle zurück, die als Rücksprung-Adresse auf dem Stack angegeben ist.

Zur Veranschaulichung betrachten wir ein konkretes Beispiel: Wir nehmen an, dass unser Programm ein Unterprogramm `solve` aufrufen soll, das zwei Argumente a und b erwartet. Wir nehmen weiter an, dass diese Argumente in den Registern `R2` und `R3` vorliegen. Wir nehmen außerdem an, dass das Unterprogramm die beiden Argumente in den Registern `R11` und `R12` erwartet, dann in dem Register `R13` ein Ergebnis c ablegt und dass unser Hauptprogramm dieses Ergebnis später im Register `R5` benötigt. Abbildung 2.39 auf Seite 56 zeigt, wie ein solches Szenario aussehen könnte:

[6] Dem aufmerksame Leser wird auffallen, dass der `decr`-Befehl redundant ist, denn da die Konstante c ja vorzeichenbehaftet ist, ist der Befehl „`decr` x, c“ äquivalent zu dem Befehl „`incr` x, $-c$“.

```
1           ⋮
2           incr  R30, 1
3           store R2,  R30     // push a
4           incr  R30, 1
5           store R3,  R30     // push b
6           call  solve
7           incr  R30, 1
8           load  R5, R30      // push return address
9
10          ⋮
11
12          proc  solve
13          decr  R30, 1
14          load  R12, R30     // pop b
15          decr  R30, 1
16          load  R11, R30     // pop a
17             ⋮
18          incr  R30, 3
19          store R13, R30     // push c
20          decr  R30, 1
21          return
```

Abb. 2.39: *Beispiel: Aufruf eines Unterprogramms.*

1. In Zeile 2 erhöhen wir den Stack-Pointer und legen anschließend in Zeile 3 den Wert a, der in dem Register `R2` gespeichert ist, auf den Stack.

2. In Zeile 4 und 5 legen wir den Wert b, der in dem Register `R3` gespeichert ist, auf den Stack.

3. In Zeile 6 springen wir mit dem Kommando

   `call` *solve*

   in das Unterprogramm. Der `call`-Befehl ist dabei ein Pseudo-Befehl, der später vom Assembler in mehrere Maschinenbefehle übersetzt wird. Nach Ausführung dieses Befehls hat der Stack die in Abbildung 2.40 auf Seite 57 gezeigte Gestalt. Der Stack-Pointer zeigt auf das oberste Element des Stacks. Dort liegt die Rücksprung-Adresse. Unter der Rücksprung-Adresse liegen die beiden Argumente `a` und `b`, wobei das Argument `a` unter dem Argument `b` liegt, denn `a` wurde vor `b` auf dem Stack abgelegt.

4. Wenn das Unterprogramm beendet ist, geht es in Zeile 7 weiter. Das Unterprogramm darf den Stack-Pointer nicht verändern. Das Unterprogramm legt das berechnete Ergebnis c auf dem Stack über der Rücksprung-Adresse ab. Wir haben also die in Abbildung 2.41 gezeigte Situation. Um das Ergebnis c in das Register

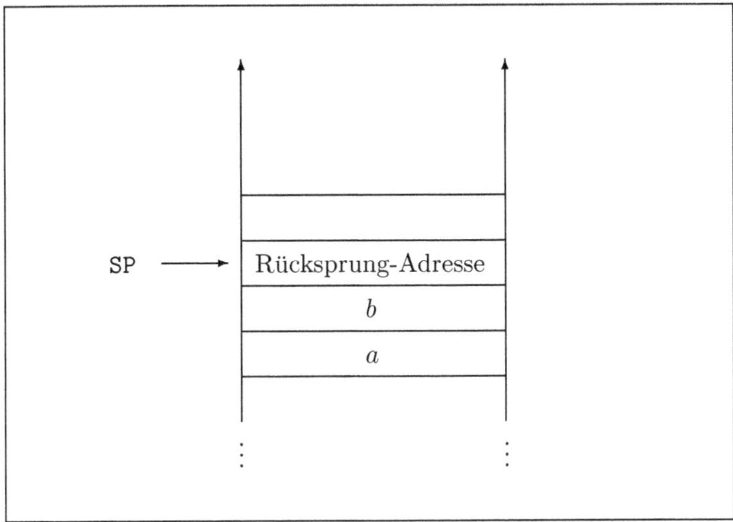

Abb. 2.40: *Stack beim Aufruf des Unterprogramms.*

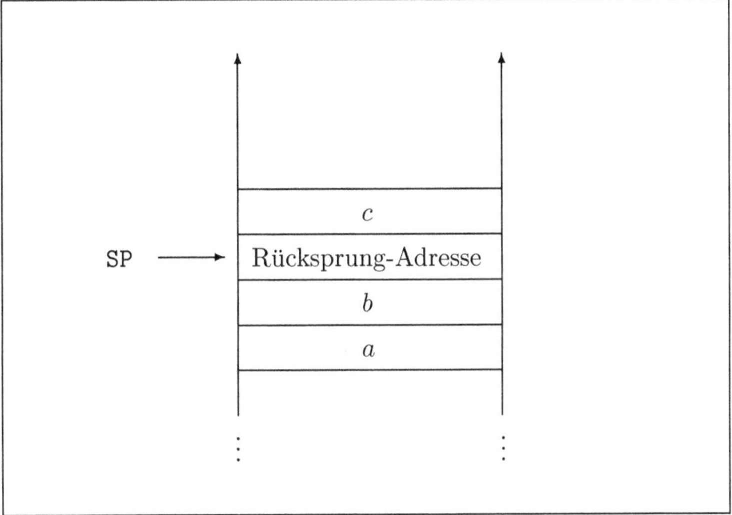

Abb. 2.41: *Stack nach der Beendigung des Unterprogramms.*

R5 laden zu können, erhöhen wir in Zeile 7 den Stack-Pointer und laden dann in Zeile 8 das Ergebnis in das Register R5.

5. Das Unterprogramm liest in den Zeilen 13 – 16 die beiden auf dem Stack abgelegten Argumente b und a und speichert diese in den Registern R12 und R11.

6. Anschließend wird im Unterprogramm eine Berechnung durchgeführt, die jetzt in

der Abbildung 2.39 durch die Punkte in Zeile 17 repräsentiert wird.

7. Nach der Berechnung wird das Ergebnis, das in dem Register `R13` vorliegt, in Zeile 18 und 19 im Stack über die Rücksprung-Adresse gelegt.

8. Zum Schluss setzen wir den Stack-Pointer in Zeile 20 wieder so, dass er auf die Rücksprung-Adresse zeigt. Dann springen wir mit dem `return`-Befehl in Zeile 21 in das aufrufende Programm zurück.

In der eben geführten Diskussion haben wir drei neue *Pseudo-Befehle* eingeführt. Mit dem Ausdruck „*Pseudo-Befehl*" meinen wir hier einen Befehl, der keine direkte Entsprechung in der Maschinensprache hat, sondern durch mehrere Maschinensprachen-Befehle simuliert wird. Um mit diesen Pseudo-Befehlen arbeiten zu können, müssen wir natürlich den Assembler modifizieren, der Prozessor SRP selbst bleibt aber unverändert.

1. Der erste Pseudo-Befehl dient zum Aufruf eines Unterprogramms. Er hat die Form

   `call` *name*.

   Dabei ist *name* der Name des aufgerufenen Unterprogramms. Der Befehl setzt voraus, dass die zu übergebenen Argumente bereits auf dem Stack liegen. Ein solcher Befehl wird dann in die folgenden fünf Maschinenbefehle umgesetzt:

   ```
   incr   R30, 1
   const  R31, line-after-call
   store  R31, R30
   const  R31, line-of-subprog
   goto   R31
   ```

   Diese Befehle sind folgendermaßen zu verstehen:

   (a) Der erste Befehl erhöht den Stack-Pointer,

   (b) Der zweite Befehl schreibt die Rücksprung-Adresse, die oben als *line-after-call* angegeben ist, in das für Sprungadressen reservierte Register `R31`. Bei der Rücksprung-Adresse handelt es sich um die vom Assembler berechnete Zeilennummer der ersten Instruktion, die dem Aufruf des Unterprogramms folgt.

   (c) Der dritte Befehl legt die Rücksprung-Adresse auf dem Stack ab.

   (d) Der vierte Befehl schreibt die Zeilennummer der ersten Zeile des Unterprogramms in das Register `R31`. Diese Zeilennummer haben wir oben mit *line-of-subprog* bezeichnet.

   (e) Der fünfte Befehl springt dann an den Anfang des Unterprogramms.

2. Der zweite Pseudo-Befehl dient der Deklaration der Start-Adresse eines Unterprogramms. Dieser Befehl hat die Form

   `proc` *name*.

Hierbei ist *name* der Name, mit dem das Unterprogramm über einen `call`-Befehl angesprungen werden kann. Ähnlich wie der Pseudo-Befehl

`label` *name*

entspricht diesem Befehl später keine Maschinen-Instruktion. Der Befehl wird nur vom Assembler benötigt, um eine Tabelle mit den Start-Adressen der einzelnen Unterprogramme verwalten zu können.

3. Der letzte Pseudo-Befehl dient dem Rücksprung aus einem Unterprogramm. Der Befehl hat die Form

   `return`.

   Dieser Befehl lädt die Rücksprung-Adresse, die oben auf dem Stack liegt, in das Register `R31` und springt anschließend mit einem `goto`-Befehl zurück. Daher wird dieser Pseudo-Befehl in die folgenden beiden Maschinen-Instruktionen übersetzt:

```
load   R31, R30
goto   R31
```

Bevor wir mit diesen Befehlen arbeiten können, müssen wir allerdings noch eine Frage klären: Was passiert, wenn sowohl unser Programm als auch das Unterprogramm mit denselben Registern arbeiten? Wenn wir keinerlei Schutzvorkehrungen treffen, werden die gemeinsam genutzten Register nach dem Aufruf des Unterprogramms eventuell geänderte Werte haben, was im Hauptprogramm dann zu Problemen führt. Es gibt mehrere Methoden, das Problem zu lösen:

1. Wir reservieren bestimmte Register für das Hauptprogramm und andere für die Unterprogramme, beispielsweise könnten wir vereinbaren, dass Unterprogramme nur die Register `R10`, $\cdots$, `R29` benutzen dürfen. Wenn das Hauptprogramm mit den Registern `R0`, $\cdots$, `R9` auskommt, haben wir unser Problem gelöst.

   Dieses Verfahren funktioniert allerdings dann nicht mehr, wenn ein Unterprogramm ein weiteres Unterprogramm aufruft. Insbesondere bei rekursiven Unterprogrammen kann das aber gar nicht vermieden werden.

2. Ein Unterprogramm ist verpflichtet, alle Register, die im Laufe der Rechnung verändert werden, bei Beendigung des Unterprogramms wieder mit den alten Werten zu beschreiben. Damit dies möglich ist, muss das Unterprogramm diese Register vorher auf dem Stack sichern.

   Der Nachteil bei diesem Vorgehen besteht darin, dass eventuell auch solche Register auf dem Stack gesichert werden, die in dem aufrufenden Programm gar nicht verwendet werden. Bei der Programmierung des Unterprogramms können wir nicht wissen, welche Register im aufrufenden Programm benötigt werden und welche nicht, denn unser Unterprogramm soll ja später allgemein einsetzbar sein. Also bleibt uns hier nichts anderes übrig, als alle Register, die wir verwenden, zu sichern.

3. Das aufrufende Programm bekommt keinerlei Garantieen über die Werte von Registern, wenn ein Unterprogramm aufgerufen wird. In diesem Fall muss also das aufrufende Programm die Werte, die später noch benötigt werden, auf dem Stack sichern, bevor ein Unterprogramm aufgerufen wird.

   Der Nachteil bei diesem Vorgehen besteht darin, dass eventuell auch solche Register auf dem Stack gesichert werden, die in dem Unterprogramm gar nicht verwendet werden. Da der Programmierer des Hauptprogramms die genaue Implementierung des Unterprogramms aber eigentlich gar nicht genau anschauen möchte, bleibt ihm keine Wahl, als alle Register, die später noch mit ihren alten Werten benötigt werden, auf dem Stack zu sichern.

   Die beiden letzten Methoden führen zu relativ ineffizienten Programmen, da im Schnitt wesentlich mehr Register auf dem Stack gesichert werden müssen, als dies eigentlich notwendig ist. Daher kombiniert die letzte, nun vorgestellte Methode beide Ansätze.

4. Wir vereinbaren, dass die Register `R0`, $\cdots$, `R9` von einem Unterprogramm immer gesichert werden müssen, falls sie in dem Unterprogramm verändert werden. Die restlichen Register `R10`, $\cdots$, `R29` brauchen vom Unterprogramm nicht gesichert werden. Falls das Hauptprogramm Werte in diesen Registern abgelegt hat und diese Werte nach dem Aufruf des Unterprogramms noch benötigt werden, ist es die Aufgabe des Hauptprogramms, diese Werte auf dem Stack zu sichern.

   Die Register `R0`, $\cdots$, `R9` bezeichnen wir auch als *gesicherte Register*, die Register `R10`, $\cdots$, `R29` heißen *temporäre Register.*

Als Nächstes zeigen wir an Hand eines Beispiels, wie wir mit Unterprogrammen arbeiten können. Als Beispiel wählen wir wieder die Berechnung der Summe $s = \sum_{i=1}^{n} i$, wobei wir die Eingabe n ziffernweise einlesen und das Ergebnis s ziffernweise ausgeben. Abbildung 2.42 auf Seite 61 zeigt ein C-Programm, in dem wir verschiedene Unterprogramme verwenden:

1. `readInt()` liest eine Zahl ziffernweise ein und gibt die gelesene Zahl als Ergebnis zurück.
2. `writeInt(n)` gibt das Argument `n` ziffernweise aus.
3. `sum(n)` berechnet die Summe $\sum_{i=1}^{n} i$.
4. `main()` liest eine Zahl n, berechnet die Summe $s = \sum_{i=1}^{n} i$ und gibt diese dann ziffernweise aus.

Als Nächstes transformieren wir dieses Programm in ein Assembler-ähnliches Programm. Die Abbildungen 2.43 und 2.44 auf den Seiten 62 und 63 zeigen das Ergebnis. Der nächste Schritt besteht in der Register-Zuordnung. Diese führen wir an Hand der Tabellen 2.11, 2.12, 2.13 und 2.14 durch. Hier sollten wir noch bemerken, dass es nicht

```
int readInt() {
    int n, d;
    n = 0;
    while (1) {
        d = getchar();
        if (d == '\n')
            break;
        n = 10 * n + (d - '0');
    }
    return n;
}

void writeInt(int n) {
    int count, i;
    int digits[10];
    count = 0;
    do {
        count = count + 1;
        digits[count-1] = n % 10 + '0';
        n = n / 10;
    } while (n != 0);
    for (i = count; i > 0; --i)
        putchar(digits[i-1]);
}

int sum(int n) {
    int i, s;
    s = 0;
    for (i = 1; i <= n; ++i) {
        s += i;
    }
    return s;
}

int main() {
    int n;
    n = readInt();
    n = sum(n);
    writeInt(n);
}
```

Abb. 2.42: *Beispiel: Berechnung der Summe* $\sum_{i=1}^{n} i$.

```
int readInt() {
    int n, d;
    n = 0;
loop:
    d = getchar();
    if (d == '\n') goto next;
    n = 10 * n;
    d = d - '0';
    n = n + d;
    goto loop;
next:
    return n;
}
void writeInt(int n) {
    int count, i, d;
    int digits[10];
    int* addr;
    count = 0;
loop1:
    count = count + 1;
    i = count - 1;
    d = n % 10;
    d = d + '0';
    addr = digits + i;
    *addr = d;
    n = n / 10;
    if (n == 0) goto next1;
    goto loop1;
next1:
    i = count;
loop2:
    if (i == 0) goto next2;
    addr = digits + i;
    addr = addr - 1;
    d = *addr;
    putchar(d);
    --i;
    goto loop2;
next2: return;
}
```

Abb. 2.43: *Assembler-ähnliche Berechnung der Summe* $\sum_{i=1}^{n} i$.

```
int sum(int n)
{
    int i, s;
    s = 0;
    i = 1;
loop:
    if (n < i) goto next;
    s += i;
    ++i;
    goto loop;
next:
    return s;
}

int main() {
    int n;
    n = readInt();
    n = sum(n);
    writeInt(n);
}
```

Abb. 2.44: *Assembler-ähnliche Berechnung der Summe* $\sum_{i=1}^{n} i$, *Fortsetzung.*

notwendig ist, den in der Funktion `sum()` auftretenden Konstanten `0` und `1` Register zuzuordnen. Der Grund ist, dass diese Konstanten nur zur Initialisierung der Variablen `s` und `i` verwendet werden. Diese Variablen können wir aber auch direkt mit einem `const`-Befehl initialisieren.

Beachten Sie außerdem, dass wir für die Unterprogramme generell nur die Register aus dem Bereich `R10`, $\cdots$, `R29` verwenden. Da wir in dem Hauptprogramm nur das Register `R0` verwenden, ist es nicht erforderlich, Register auf dem Stack zu sichern.

Tabelle 2.11: *Register-Zuordnung für* `readInt`*.*

Register	Variable	Register	Konstante
R10	n	R20	'\n'
R11	d	R21	10

Nun ersetzen wir die Variablen und Konstanten durch die Register entsprechend der oben gezeigten Tabellen. Da wir dieses Verfahren bereits mehrfach demonstriert haben und weil es rein mechanisch funktioniert, geben wir das Zwischenergebnis, was wir dabei erhalten, nicht an. Stattdessen zeigen wir gleich das Assembler-Programm. Dieses Programm ist in den Abbildungen 2.45 und 2.46 auf den Seiten 66 und 65 zu sehen.

Wir diskutieren dieses Assembler-Programm im Detail.

Tabelle 2.12: Register-Zuordnung für `writeInt`.

Register	Variable	Register	Konstante
R10	n	R20	10
R11	count	R21	0
R12	i	R22	1
R13	d		
R14	digits		
R15	addr		

Tabelle 2.13: Register-Zuordnung für `sum`.

Register	Variable
R10	n
R11	s
R12	i

Tabelle 2.14: Register-Zuordnung für `main`.

Register	Variable
R0	n

1. Das Programm startet mit der Routine `main`, denn diese soll ja als Erstes aufgerufen werden. Es wäre hier eigentlich nicht nötig gewesen, den Beginn des Hauptprogramms mit dem Befehl

   ```
   proc main
   ```

   zu kennzeichnen, dies geschieht nur aus Gründen der besseren Übersichtlichkeit.

2. Anschließend rufen wir das Unterprogramm `readInt()` auf. Dieses Unterprogramm legt sein Ergebnis auf dem Stack ab, was uns gerade zupass kommt, denn dort brauchen wir das Ergebnis als Argument für das Unterprogramm `sum()`. Allerdings müssen wir den Stack-Pointer noch um 1 erhöhen, denn wenn `readInt()` beendet wird, zeigt der Stack-Pointer immer noch an die Stelle, an der die Rücksprung-Adresse abgelegt ist.

3. Der Aufruf von `sum` erwartet ein Argument, dass `readInt()` ja schon auf den Stack gelegt hat. Wenn `sum()` beendet wird, hat diese Routine ihr Ergebnis ebenfalls auf den Stack gelegt.

4. Dort brauchen wir es auch als Argument für den Aufruf von `writeInt()`. Wir müssen nun aus demselben Grund wie beim Aufruf von `sum()` noch den Stack-Pointer um eins erhöhen, bevor wir `writeInt()` aufrufen dürfen.

5. In der Routine `readInt` initialisieren wir zunächst die Konstanten `R20` und `R21`. Hier fällt auf, dass wir beide Konstanten mit demselben Wert, nämlich 10, initia-

```
1  proc  main                          //  int main()
2        call   readInt                //  n = readInt();
3        incr   R30, 1
4        call   sum                    //  n = sum(n)
5        incr   R30, 1
6        call   writeInt               //  writeInt(n);
7        halt
8
9  proc  readInt                       //  int readInt()
10       const  R20, 10
11       const  R21, 10
12       const  R10,  0                //  n = 0;
13 label loop
14       in     R11                    //  d = getchar();
15       ifeq   next, R11, R20         //  if (d == '\n') goto next;
16       mul    R10, R21, R10          //  n = 10 * n;
17       decr   R11, 48                //  d = d - 48;
18       add    R10, R10, R11          //  n = n + d;
19       goto   loop
20 label next
21       incr   R30, 1
22       store  R10, R30               //  put result on stack
23       decr   R30, 1
24       return                        //  return n;
25
26 proc  writeInt                      //  void writeInt(int R10)
27       decr   R30, 1
28       load   R10, R30               //  fetch argument
29       incr   R30, 1
30       const  R20, 10
31       const  R21, 0
32       const  R22, 1
33       const  R11, 0                 //  count = 0;
```

Abb. 2.45: *Assembler-Programm zur Berechnung der Summe* $\sum_{i=1}^{n} i$, *Teil I.*

lisieren. Die in dem Register `R10` abgespeicherte 10 ist die Basis unseres Zehner-Systems, während die andere 10 dem Zeilen-Umbruch `'\n'` entspricht. Für andere Betriebssysteme ist hier eventuell ein anderer Wert als 10 einzusetzen, für Windows beispielsweise 13. Wir können das Programm portabel halten, indem wir hier zwei verschieden Register benutzen.

6. In den Zeilen 21 und 22 legen wir dann das Ergebnis, das in der Variablen `R10` vorliegt, auf den Stack. In Zeile 23 achten wir darauf, dass der Stack-Pointer vor dem Aufruf von `return` auf die Rücksprung-Adresse zeigt.

```
label loop
      incr   R11, 1              //  count = count + 1;
      sub    R12, R11, R22       //  i = count - 1;
      mod    R13, R10, R20       //  d = n % 10;
      incr   R13, 48             //  d = d + 48;
      add    R15, R14, R12       //  addr = digits + i;
      store  R13, R15            //  *addr = d;
      div    R10, R10, R20       //  n = n / 10;
      ifeq   next, R10, R21      //  if (n == 0) goto next;
      goto   loop
label next
      add    R12, R11, R21       //  i = count;
label loop2
      ifeq   next2, R12, R21     //  if (i == 0) goto next2;
      add    R15, R14, R12       //  addr = digits + i;
      decr   R15, 1              //  addr = addr - 1;
      load   R13, R15            //  d = *addr;
      out    R13                 //  putchar(d);
      decr   R12, 1              //  --i;
      goto   loop2
label next2
      out    R20
      return
proc  sum                        //  int sum(int R10)
      decr   R30, 1
      load   R10, R30
      incr   R30, 1
      const  R11, 0              //  s = 0
      const  R12, 1              //  i = 1;
label loop
      iflt   next, R10, R12      //  if (n < i) goto next;
      add    R11, R11, R12       //  s += i;
      incr   R12, 1              //  ++i;
      goto   loop
label next
      incr   R30, 1
      store  R11, R30            //  put result on stack
      decr   R30, 1
      return                     //  return s;
```

Abb. 2.46: *Assembler-Programm zur Berechnung der Summe* $\sum_{i=1}^{n} i$, *Teil II.*

7. In der Prozedur `writeInt` holen wir zunächst in den Zeilen 26 und 27 das auf dem Stack unter der Rücksprung-Adresse abgelegte Argument, was wir ja ausdrucken wollen, und speichern dieses Argument in dem Register `R10`. Anschließend erhöhen wir in Zeile 29 den Stack-Pointer, so dass dieser jetzt wieder auf die Rücksprung-Adresse zeigt.

   Der Teil der Rechnung ist analog zu dem, was wir bereits früher besprochen haben, und wird daher hier nicht näher erläutert.

2.8 Erweiterung des Assemblers

Wir überlegen uns nun, wie unsere Implementierung des Assemblers zu ändern ist, damit die neu eingeführten Pseudo-Befehle verarbeitet werden können. Es sind im Wesentlichen die folgenden Änderungen vorzunehmen:

1. In der Klasse `Assembler` fügen wir eine zusätzliche Member-Variable ein:

   ```
   private ArrayList<Integer> mLineNumbers;
   ```

   Die dort abgelegten Zahlen sind dann gerade die Rücksprung-Adressen, die wir vor dem Sprung in ein Unterprogramm auf den Stack legen.

   Die Idee ist, dass diese Rücksprung-Adressen in derselben Reihenfolge auf dem Stack liegen, in der die `call`-Befehle im Programm auftreten, d. h. die Rücksprung-Adresse des n-ten `call`-Befehls steht an der Stelle

   `mLineNumbers.get(`n`)`.

2. Die Methode `readLabels()`, die von dem Konstruktor `Assembler()` als Erstes aufgerufen wird, wird nun so geändert, dass die Label zusammen mit der Prozedur, in der sie auftreten, abgespeichert werden. Das erreichen wir, indem wir an den Label-Namen den String „`@`*proc-name*“ anhängen. Dabei ist *proc-name* der Name der Prozedur, innerhalb welcher der Label auftritt. Dadurch können wir in verschiedenen Unterprogrammen durchaus dieselben Label verwenden. Dies ist erforderlich, denn wir wollen verschiedene Unterprogramme ja ohne Änderungen zusammenstöpseln können.

3. Außerdem müssen wir in der Methode `readLabels()` natürlich die neuen Pseudo-Befehle `proc`, `return` und `call` behandeln. Abbildung 2.47 auf Seite 68 zeigt die vollständige Implementierung der Methode `readLabels()`.

4. Beim Vergleich der in Abbildung 2.47 dargestellten neuen Version der Methode `readLabels` mit der in Abbildung 2.35 auf Seite 51 gezeigten Version fällt auf, dass die Variable `loaderLength` in Zeile 5 nun den Wert `36` statt früher `35` hat. Dies liegt daran, dass der Programm-Lader nun einen zusätzlichen Befehl enthält. Dieser zusätzliche Befehl wird zur Initialisierung des Stack-Pointers benötigt.

5. In der Methode `assemble()`, die ein Abbildung 2.48 skizziert ist, müssen wir zusätzlich den Namen der gerade aktuellen Prozedur verwalten, denn diesen müssen wir ja an die Label anhängen, um Label, die mit demselben Namen in verschiedenen Prozeduren auftreten, unterscheiden zu können.

```
1  private void readLabels(String file) throws IOException {
2      FileReader     fr           = new FileReader(file);
3      BufferedReader in           = new BufferedReader(fr);
4      String         line         = in.readLine();
5      int            loaderLength = 36;
6      int            lineNumber   = loaderLength;
7      String         procName     = "main";
8      while (line != null) {
9          String[] tokenArray = scanTokens(line);
10         if (tokenArray[0].equals("")) {
11             // skip empty lines
12         } else if (tokenArray[0].equals("label")) {
13             String labelName   = tokenArray[1] + "@" + procName;
14             mLabelNumbers.put(labelName, lineNumber);
15         } else if (tokenArray[0].equals("proc")    ) {
16             procName = tokenArray[1];
17             Integer labelNumber = new Integer(lineNumber);
18             mLabelNumbers.put(procName, labelNumber);
19         } else if (tokenArray[0].equals("goto")   ||
20                    tokenArray[0].equals("return") ||
21                    tokenArray[0].equals("ifeq")   ||
22                    tokenArray[0].equals("iflt")     ) {
23             lineNumber += 2;
24         } else if (tokenArray[0].equals("call")) {
25             lineNumber += 5;
26             mLineNumbers.add(lineNumber);
27         } else {
28             ++lineNumber;
29         }
30         line = in.readLine();
31     }
32     in.close();
33 }
```

Abb. 2.47: *Die Methode* `readLabels()`*.*

6. Ansonsten besteht der wesentliche Unterschied der neuen Version der Methode `assemble()` in der Behandlung der Pseudo-Befehle, die die alte Version des Assemblers ja gar nicht kannte. Abbildung 2.48 auf Seite 69 zeigt die Teile, die neu hinzukommen.

7. In Zeile 2 deklarieren wir die Variable `procName`, in der wir uns merken, in welcher Prozedur wir uns gerade befinden. Wir gehen davon aus, dass ein Assembler-Programm immer mit der Prozedur `main` beginnt, mit der das Programm startet.

8. Bei einem Sprung-Befehl rechnen wir nun in den Zeilen 8 bis 9 die Zeilen-Nummer

```
⋮
String        procName  = "main";
⋮
if (tokenArray[0].equals("goto") ||
    tokenArray[0].equals("ifeq") ||
    tokenArray[0].equals("iflt")   )
{
    label = tokenArray[1] + "@" + procName;
    l     = mLabelNumbers.get(label);
}
⋮
} else if (tokenArray[0].equals("label")) {
    // skip
} else if (tokenArray[0].equals("proc")) {
    procName = tokenArray[1];
} else if (tokenArray[0].equals("call")) {
    // lookup the line number of the called procdure
    String  name   = tokenArray[1];
    Integer Line   = mLabelNumbers.get(name);
    int     number = Line.intValue();
    // lookup the line number where we jump back with the
    // return statement
    int location = mLineNumbers.get(callCount);
    ++callCount;
    mProgram.add( new IncrCmd(30, 1) );
    mProgram.add( new ConstCmd(31, location) );
    mProgram.add( new StoreCmd(31, 30) );
    mProgram.add( new ConstCmd(31, number) );
    mProgram.add( new GotoCmd(31) );
} else if (tokenArray[0].equals("return")) {
    mProgram.add( new LoadCmd(31, 30) );
    mProgram.add( new GotoCmd(31) );
} else if (tokenArray[0].equals("")) {
    // skip empty lines
} else {
⋮
```

Abb. 2.48: *Behandlung der Pseudo-Befehle in der Methode `assemble()`.*

des Sprung-Ziels aus. Bevor wir den Label in der Tabelle nachschlagen, müssen wir den String „`@`*procName*" anhängen.

9. Ein Befehl der Form

`proc` *name*

führt dazu, dass wir der Variablen `procName` den Wert *name* zuweisen.

10. Ein `call`-Befehl wird, wie oben beschrieben, durch fünf Maschinenbefehle ersetzt. Außerdem verwalten wir den Zähler `callCount`, über den wir in Zeile 24 auf die Zeilen-Nummer der Instruktion zugreifen, die dem Unterprogramm folgt.
11. Ein `return`-Befehl wird durch zwei Maschinenbefehle ersetzt.
12. In Zeile 34 werden Leer-Zeilen überlesen.

Da der Assembler in der neuen Version eine ganze Menge Arbeit leistet, ist es sinnvoll, noch einen *Disassembler* zu implementieren. Die Aufgabe des Disassemblers besteht darin, eine vom Assembler erzeugte Binär-Datei in eine für Menschen lesbare Text-Datei zu transformieren. Der Disassembler verwendet allerdings keine Pseudo-Befehle, sondern übersetzt die Maschinenbefehle 1:1 in entsprechende Assembler-Befehle. Der Disassembler wird mit dem Befehl

`java RunDisassembler` *name* `>` *name*`.dis`

aufgerufen. Dabei ist *name* der Name der Binär-Datei ohne die Endung „`.srp`". Der Befehl schreibt die disassemblierte Datei auf die Standard-Ausgabe, die dann in die Datei *name*`.dis` umgeleitet wird. Das komplette System finden Sie auf meiner Webseite in dem Verzeichnis:

`Oldenbourg-GRT/modularAssembler.tar`

2.9 Rekursive Unterprogramme

Zum Abschluss dieses Kapitels wollen wir zeigen, dass sich auch rekursive Unterprogramme mit dem im letzten Abschnitt vorgestellten Assembler entwickeln lassen. Wir demonstrieren dies am Beispiel der Berechnung der Fakultät. Eine einfache rekursive Definition der Fakultät ist durch die Formel

$$n! = \begin{cases} 1 & \text{falls } n = 1 \\ n * (n-1)! & \text{falls } n > 1 \end{cases}$$

gegeben. Abbildung 2.49 zeigt ein rekursives `C`-Programm zur Berechnung der Fakultät, das diese Formel umsetzt.

```
int fakultaet(int n) {
    if (n == 1)
        return 1;
    return n * fakultaet(n-1);
}
```

Abb. 2.49: *Rekursive Berechnung der Fakultät in* `C`*.*

Ein Assembler-ähnliches `C`-Programm ist in Abbildung 2.50 zu sehen.

```
int fakultaet(int n) {
    int m, f;
    if (1 < n) goto next;
    return 1;
next:
    m = n - 1;
    f = fakultaet(m);
    f = n * f;
    return f;
}
```

Abb. 2.50: *Rekursive Berechnung der Fakultät in* C.

Tabelle 2.15: *Register-Zuordnung für* `fakultaet`.

Register	Variable	Register	Konstante
R13	n	R12	1
R10	f		
R11	m		

Um dieses Programm in Assembler umsetzen zu können, ordnen wir die Register wie in der Tabelle 2.15 auf S. 71 gezeigt den Variablen und Konstanten zu. Wir speichern alle Variablen in den temporären Registern ab, so dass wir bei unserer Implementierung nicht verpflichtet sind, Register wieder in den alten Zustand zurückzuversetzen. Setzen wir das Assembler-ähnliche C-Programm in Assembler um, so erhalten wir das in Abbildung 2.51 gezeigte Assembler-Programm. Wir diskutieren dieses Programm nun Zeile für Zeile.

1. Wenn die Kontrolle an das Unterprogramm `fakultaet` übergeben wird, dann hat der Stack die in Abbildung 2.52 gezeigte Form. Der Stack-Pointer zeigt auf die Rücksprung-Adresse, das Argument n liegt unter der Rücksprung-Adresse.

   Unsere erste Aufgabe besteht darin, das Argument n in das Register `R13` zu laden. Dazu dekrementieren wir in Zeile 2 der Abbildung zunächst den Stack-Pointer und laden dann in Zeile 3 das Argument n in das für diesen Zweck bestimmte Register `R13`. Anschließend inkrementieren wir in Zeile 4 den Stack-Pointer, denn dieser muss bei der Beendigung des Unterprogramms auf die Rücksprung-Adresse zeigen.

2. Nachdem wir in Zeile 5 das Register `R12` mit dem Wert 1 initialisiert haben, testen wir in Zeile 6, ob n größer als 1 ist oder nicht.

3. Falls n nicht größer als 1 ist, dann gehen wir davon aus, dass $n = 1$ gilt. In diesem Fall soll unser Unterprogramm den Wert 1 zurückliefern. Wir erhöhen daher in Zeile 7 den Stack-Pointer um 1, legen in Zeile 8 den Rückgabe-Wert 1 auf dem Stack ab und dekrementieren anschließend den Stack-Pointer, damit er wieder auf

```
1  proc  fakultaet
2        decr  R30,   1
3        load  R13,   R30            //  R13 = n
4        incr  R30,   1
5        const R12,   1
6        iflt  next, R12, R13        //  if (1 < n) goto next;
7        incr  R30,   1
8        store R12,  R30             //  return 1;
9        decr  R30,   1
10       return
11 label next
12       sub   R11,  R13, R12        //  m = n - 1;
13       incr  R30,   1
14       store R11,  R30             //
15       call  fakultaet             //  fakultaet(m)
16       incr  R30,   1
17       load  R10,  R30             //  f = fakultaet(m)
18       decr  R30,   4
19       load  R13,  R30             //  n wiederherstellen
20       mul   R10,  R13, R10        //  f = n * f;
21       incr  R30,   2
22       store R10,  R30             //
23       decr  R30,   1
24       return                      //  return f
```

Abb. 2.51: *Assembler-Programm zur Berechnung der Fakultät.*

die Rücksprung-Adresse zeigt. Der Stack hat jetzt die in Abbildung 2.53 gezeigte Form. Danach springen wir in Zeile 10 zum aufrufenden Programm zurück.

4. Falls $n > 1$ ist, springen wir von dem Vergleich in Zeile 6 zum Label `next` und die Programm-Abarbeitung wird in Zeile 12 fortgesetzt, wo wir zunächst einmal den Wert $n - 1$ berechnen. Diesen Wert wollen wir als Argument für den rekursiven Aufruf verwenden. Daher legen wir diesen Wert in den Zeilen 13 und 14 über der Rücksprung-Adresse auf dem Stack ab. Der Stack hat in diesem Fall die in Abbildung 2.54 gezeigte Gestalt. Der Stack-Pointer zeigt jetzt auf das Argument, was wir der Funktion übergeben wollen.

5. Anschließend rufen wir in Zeile 15 rekursiv die Prozedur `fakultaet` auf. Der `call`-Befehl in Zeile 15 legt zunächst die neue Rücksprung-Adresse auf dem Stack über dem Argument ab. Die anschließende rekursive Berechnung legt darüber das Ergebnis, das den Wert $(n-1)!$ haben sollte, ab. Wenn der rekursive Aufruf beendet ist, zeigt der Stack-Pointer auf die neu abgelegte Rücksprung-Adresse. Der Stack hat also jetzt die in Abbildung 2.55 gezeigte Gestalt. Die Rücksprung-Adressen sind hier natürlich verschieden: Die untere Rücksprung-Adresse ist die Adresse des

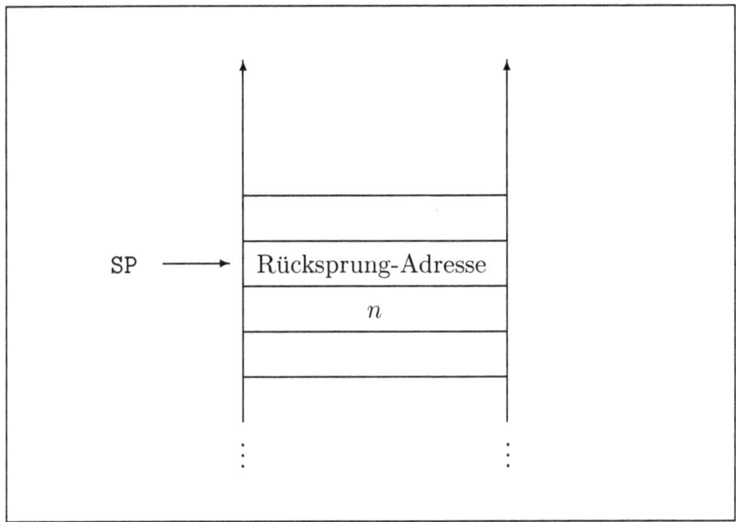

Abb. 2.52: *Stack beim Aufruf des Unterprogramms* ***fakultaet***.

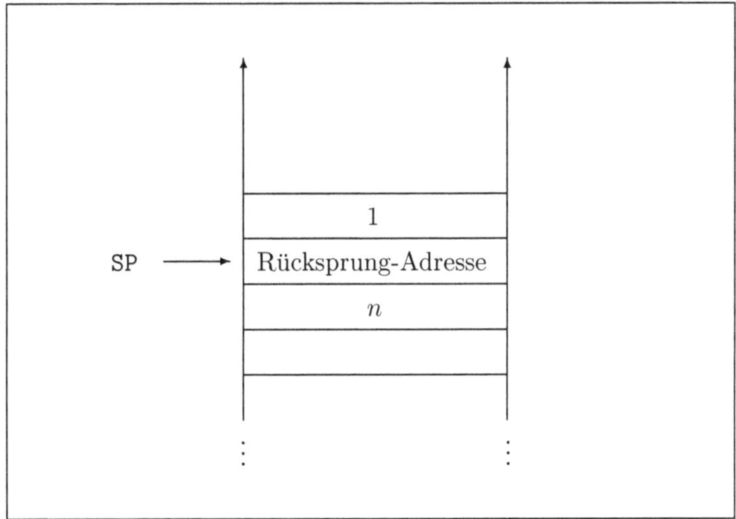

Abb. 2.53: *Stack vor dem Rücksprung in Zeile 10.*

Aufrufs von Fakultät im Hauptprogramm, während die obere Rücksprung-Adresse auf die Position hinter dem rekursiven Aufruf zeigt.

6. Als Nächstes wollen wir den auf dem Stack abgelegten Wert $(n-1)!$ in dem Register `R10` speichern. Dazu inkrementieren wir in Zeile 16 den Stack-Pointer und laden das Ergebnis dann in Zeile 17 in das Register `R10`. Der Stack hat jetzt die in Abbildung 2.56 gezeigte Gestalt.

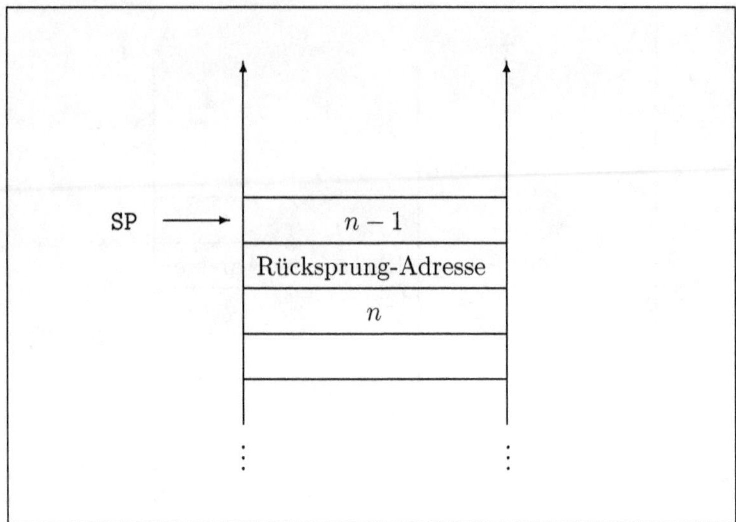

Abb. 2.54: *Stack vor dem rekursiven Aufruf von* `fakultaet`.

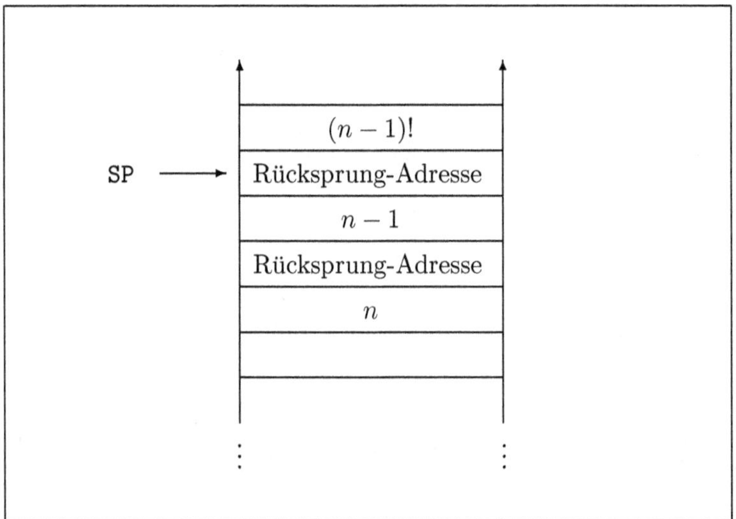

Abb. 2.55: *Stack nach dem rekursiven Aufruf von* `fakultaet`.

7. Dieses Ergebnis soll nun mit n multipliziert werden. Die Zahl n hatten wir in dem Register `R13` abgelegt. Dieses Register wird aber nicht gesichert, so dass nach dem rekursiven Aufruf der Prozedur `fakultaet` in diesem Register auch ein anderer Wert stehen kann[7]. Wir müssen uns den Wert n also auf eine andere Art

[7]Wenn Sie das Programm laufen lassen, werden Sie sehen, dass dort der Wert $n-1$ steht, der dort

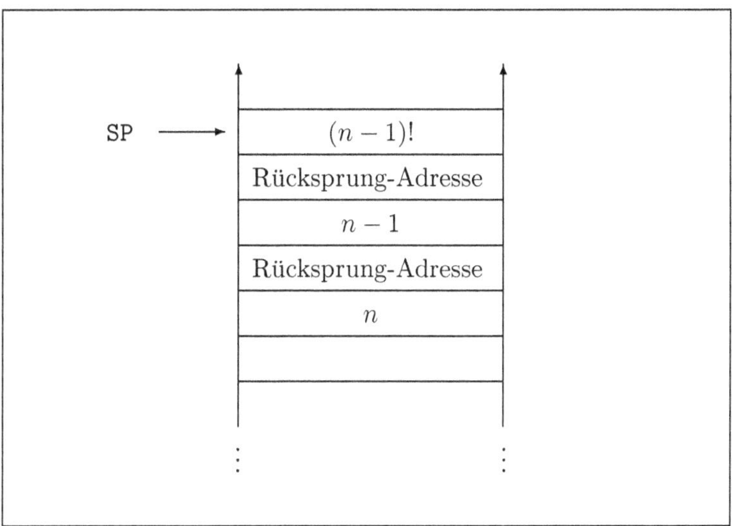

Abb. 2.56: Stack nach dem rekursiven Aufruf von ***fakultaet****.*

verschaffen. Ein Blick auf den Stack zeigt uns, dass der Wert n unter der ersten Rücksprung-Adresse auf dem Stack liegt. Wir dekrementieren daher in Zeile 18 den Stack-Pointer um vier und können dann in Zeile 19 den alten Wert von n in das Register `R13` laden. Der Stack hat danach die in Abbildung 2.57 gezeigte Gestalt:

8. Jetzt können wir die eigentliche Arbeit leisten und in Zeile 20 das Produkt $n * (n-1)!$ berechnen. Dieses Produkt wird in dem Register `R10` abgelegt. Da dieses Produkt auch das Ergebnis des Funktions-Aufrufs `fakultaet`(n) ist, wollen wir es auf dem Stack über der Rücksprung-Adresse ablegen. Dazu erhöhen wir in Zeile 21 den Stack-Pointer um 2 und schreiben dann in Zeile 22 das Ergebnis auf den Stack. Dieser hat jetzt die in Abbildung 2.58 dargestellte Form.

9. Bevor wir mit dem `return`-Befehl zurückspringen können, müssen wir in Zeile 23 den Stack-Pointer noch dekrementieren, so dass er auf die Rücksprung-Adresse zeigt. Nach dem Rücksprung hat der Stack dann die in Abbildung 2.59 wiedergegebene Form. Die Tatsache, dass über dem Rückgabe-Wert noch weitere Werte liegen, ist unerheblich.

Aufgabe 3: Übersetzen Sie die in Abbildung 2.60 gezeigte Funktion zur Berechnung des größten gemeinsamen Teilers zweier ganzer Zahlen in Assembler und testen Sie Ihr Programm.

---

beim rekursiven Aufruf der Funktion `fakultaet` hineingeschrieben wird.

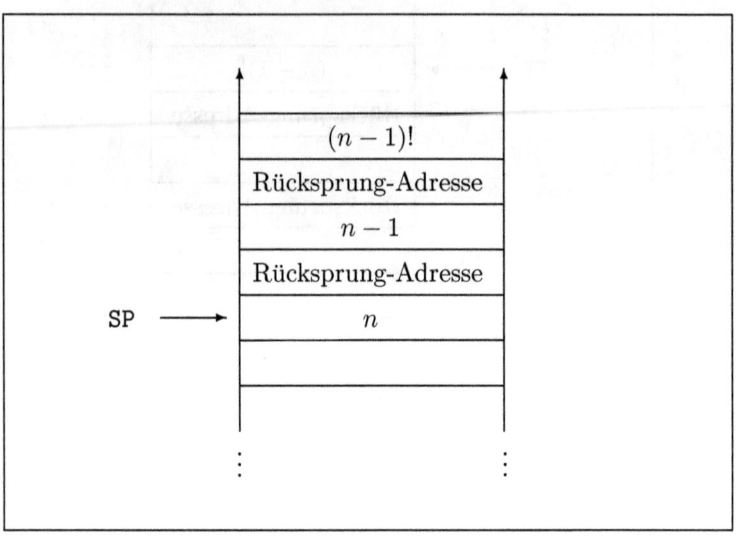

Abb. 2.57: *Stack vor dem Wiederherstellen der Variablen n.*

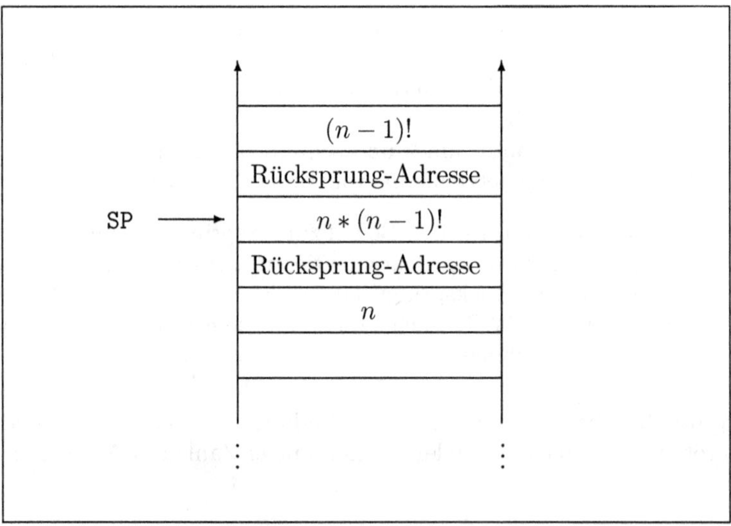

Abb. 2.58: *Stack nach dem Abspeichern des Ergebnisses über der Rücksprung-Adresse.*

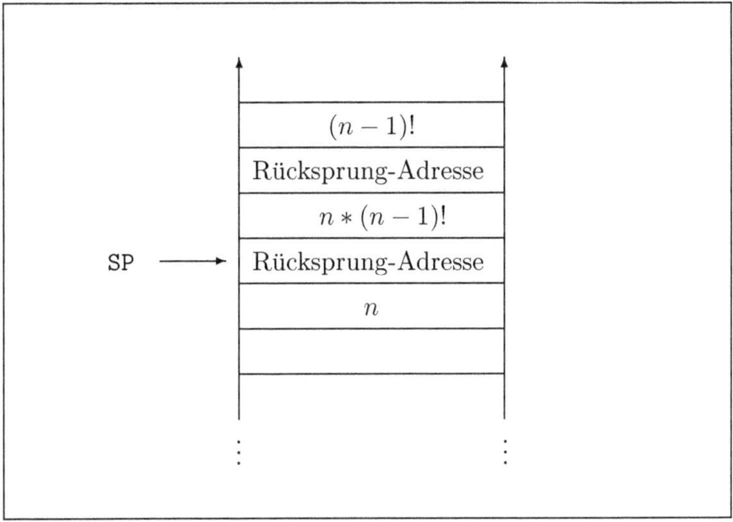

Abb. 2.59: *Stack nach dem Abspeichern des Ergebnisses über der Rücksprung-Adresse.*

```
int ggt(int a, int b) {
    if (a < b) {
        int t = a; a = b; b = t;
    }
    if (b == 0)
        return a;
    return ggt(b, a % b);
}
```

Abb. 2.60: *Berechnung des größten gemeinsamen Teilers.*

3 Aufbau eines Rechenwerks

In diesem Kapitel zeigen wir, wie sich die arithmetischen und die logischen Operationen eines Mikroprozessors in Hardware realisieren lassen. Da wir dabei konstruktiv vorgehen wollen, werden wir die Schaltungen, die wir erstellen, mit Hilfe der Sprache *Verilog* [Lee02, Pal03] strukturell beschreiben. Dies hat den Vorteil, dass wir die Funktionsweise der von uns erstellten Schaltungen mit Hilfe eines Simulators überprüfen können. *Verilog* ist eine so genannte *Hardware-Beschreibungs-Sprache*: Mit Hilfe von Verilog können Schaltungen auf verschiedenen Abstraktionsebenen beschrieben werden. Im Laufe dieser Vorlesung werden wir Schaltungen auf drei verschiedenen Ebenen mit *Verilog* beschreiben:

1. *Strukturell*, indem wir genau angeben, welche logischen Gatter wir verwenden und wie wir diese Gatter untereinander verbinden.

   Eine strukturell beschriebene Schaltung kann unmittelbar in einen Schaltplan umgesetzt werden.

2. Auf *Register-Transfer-Ebene* (RTL-Ebene). Hier können wir die Funktion einer Schaltung abstrakt mit Hilfe von Gleichungen definieren.

   Mit Hilfe eines so genannten *Synthese-Compilers* kann aus einer *Verilog*-Schaltungsbeschreibung, die auf RTL-Ebene vorliegt, automatisch ein Schaltplan generiert werden.

3. *Verhaltensbasiert*. Auf dieser Ebene funktioniert *Verilog* fast wie eine Programmiersprache. Der wesentliche Unterschied zu konventionellen Programmiersprachen besteht darin, dass verschiedene Module in *Verilog* gleichzeitig laufen, so wie das beispielsweise bei verschiedenen Threads in Java auch der Fall ist.

   Eine verhaltensbasierte Schaltungsbeschreibung dient zunächst nur dazu, das Verhalten einer Schaltung abstrakt zu beschreiben und auf dieser Ebene testen zu können. Um eine auf diese Art beschriebene Schaltung zu implementieren wird die verhaltensbasierte Schaltungsbeschreibung zu einer Schaltungsbeschreibung auf RTL-Ebene verfeinert.

   Moderne Synthese-Compiler sind mittlerweile in der Lage, für eingeschränkte Klassen von verhaltensbasierten Schaltungsbeschreibungen unmittelbar einen Schaltplan zu generieren.

3.1 Addition von Bits

Wir beginnen damit, dass wir eine digitale elektronische Schaltung entwickeln, mit deren Hilfe Zahlen im Zweier-System addiert werden können. Dazu entwickeln wir zunächst einmal eine Schaltung, die zwei Bits addieren kann. Abbildung 3.1 zeigt einen Halbaddierer. Die Schaltung hat zwei Eingänge `A` und `B` und zwei Ausgänge `Sum` und `Carry`. Die Schaltung addiert die Werte der beiden Eingänge `A` und `B`. Da die beiden Eingänge nur die Werte 0 und 1 annehmen können, liegt das Ergebnis in der Menge $\{0, 1, 2\}$. Um das Ergebnis im Zweier-System darstellen zu können, sind zwei Bits notwendig. Das unterste Bit trägt den Namen `Sum`, es wird genau dann auf 1 gesetzt, wenn ein Eingang den Wert 0 und der andere Eingang den Wert 1 hat. Ein logisches Gatter, das dies leistet, ist das *xor*-Gatter. Das oberste Bit trägt den Namen `Carry` (Deutsch: Übertrag) und wird genau dann auf 1 gesetzt, wenn beide Eingänge den Wert 1 haben. Das oberste Bit kann mithin durch ein **and**-Gatter berechnet werden.

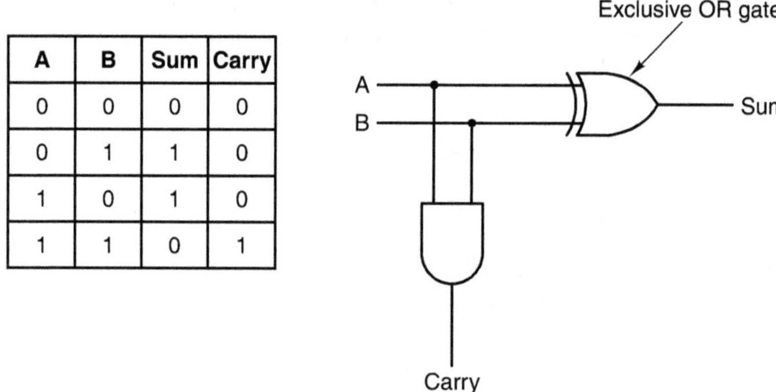

A	B	Sum	Carry
0	0	0	0
0	1	1	0
1	0	1	0
1	1	0	1

Abb. 3.1: *Schaltplan eines Halbaddierers.*

Wir wollen die Schaltung aus Abbildung 3.1 jetzt strukturell in *Verilog* beschreiben. Abbildung 3.2 zeigt, wie die obige Schaltung in *Verilog* dargestellt werden kann.

```
module half_adder(output sum, carry,
                  input  a, b      );

   xor(sum,   a, b);
   and(carry, a, b);
endmodule
```

Abb. 3.2: *Beschreibung eines Halbaddierers in Verilog.*

In der Abbildung 3.2 haben wir die Schlüsselwörter der Sprache *Verilog* zur Verdeutlichung unterstrichen. Wir diskutieren jetzt die Schaltungsbeschreibung Zeile für Zeile:

1. In Zeile 1 deklarieren wir den Namen und die Schnittstelle des Halbaddierers.
   (a) Nach dem Schlüsselwort `module` folgt der Name, der aus Buchstaben, Ziffern und dem Unterstrich „_" bestehen darf und mit einem Buchstaben anfangen sollte[1]. Die Spielregeln sind also ähnlich wie bei Funktions-Namen in der Sprache `C`.
   (b) Nach dem Namen folgt eine in Klammern eingeschlossene Liste aller Ein- und Ausgänge der Schaltung. Ein- und Ausgänge wollen wir unter dem Oberbegriff *Signale* zusammenfassen. Vor den Ausgängen steht das Schlüsselwort `output`, die Eingänge werden mit dem Schlüsselwort `input` spezifiziert. Daneben gibt es noch das Schlüsselwort `inout`, um bidirektionale Signale zu bezeichnen.

   Es ist eine Konvention, dass in der Signal-Liste zunächst die Ausgänge und dann die Eingänge genannt werden.
   (c) Hinter der Signal-Liste muss zum Abschluss ein Semikolon „`;`" gesetzt werden. Generell wird jede Deklaration und jedes Kommando in *Verilog* durch ein Semikolon beendet. Dies gilt allerdings nicht für Kommandos, die mit „`end`" beginnen, wie z. B. „`endmodule`" oder „`end`" selbst.
2. Zeile 4 instantiiert ein Gatter vom Typ `xor` (exklusives Oder). Der *Ausgang* dieses Gatters ist das erste Argumente, die restlichen Argumente sind die *Eingänge*. Die folgende Tabelle zeigt einige der in *Verilog* definierten Gatter.

Bezeichnung	Modul-Name	Semantik
Nicht-Gatter	`not(c, a, b)`	`c = ~ a`
Und-Gatter	`and(c, a, b)`	`c = a & b`
Oder-Gatter	`or(c, a, b)`	`c = a | b`
Exklusives Oder-Gatter	`xor(c, a, b)`	`c = a ^ b`
Invertiertes Und-Gatter	`nand(c, a, b)`	`c = ~(a & b)`
Invertiertes Oder-Gatter	`nor(c, a, b)`	`c = ~(a | b)`
Invertiertes exklusives Oder-Gatter	`xnor(c, a, b)`	`c = (a == b)`

   Bis auf das Nicht-Gatter können alle oben aufgeführten Gatter auch mehr als zwei Eingaben haben. Beispielsweise implementiert ein Gatter der Form

   ```
   xor(s, a, b, c, d)
   ```

   die Zuweisung

   ```
   s = a ^ b ^ c ^ d.
   ```
3. Zeile 5 instantiiert ein Gatter vom Typ `and` (logisches Und).
4. Das Schlüsselwort „`endmodule`" schließt die Definition des Moduls ab. Beachten Sie, dass hinter diesem Schlüsselwort <u>kein</u> Semikolon stehen darf!

[1] Ich werde Ihnen in diesem Buch nicht die ganze Wahrheit über *Verilog* erzählen, denn es geht mir ja nicht darum, Sie zu *Verilog*-Experten auszubilden, sondern nur darum, Ihnen den abstrakten Stoff durch konkrete Beispiele zu veranschaulichen.

Konkret können Namen auch noch das Dollar-Zeichen „`$`" enthalten, oder, wenn es sich um so genannte *Escaped Identifier* handelt, beliebige Nicht-*White-Space*-Zeichen.

Als Nächstes beschreiben wir das Verhalten der Schaltung mathematisch. Zwischen den Eingängen `a` und `b` und den beiden Ausgängen `sum` und `carry` besteht mathematisch die folgende Beziehung:

$$\mathtt{a} + \mathtt{b} = 2 * \mathtt{carry} + \mathtt{sum}.$$

Die obige Gleichung ist die *Spezifikation* eines Halbaddierers. Wir weisen nun nach, dass die oben angegebene Schaltung dieser Spezifikation genügt. Prinzipiell gibt es zwei Möglichkeiten, diesen Nachweis zu führen.

1. Wir können für alle möglichen Kombinationen der Eingabe-Signale `a` und `b` überprüfen, ob die obige Spezifikation erfüllt ist. Im vorliegenden Fall ist dieses Verfahren unproblematisch, denn bei 2 Eingabe-Signalen gibt es insgesamt $2^2 = 4$ mögliche Werte-Kombinationen, die wir untersuchen müssen. Wenn die Zahl n der Eingabe-Signale zu groß wird, ist dieses Verfahren jedoch nicht mehr praktikabel, denn dann müssten 2^n verschiedene Fälle untersucht werden.

2. Wir können versuchen, mathematisch zu beweisen, dass die obige Schaltung der angegebenen Spezifikation genügt.

Wir werden jetzt den zweiten Weg einschlagen. Dazu ist es erforderlich, die Wirkung logischer Gatter durch arithmetische Formeln zu beschreiben. Tabelle 3.1 gibt *arithmetische Spezifikationen* für die logischen Gatter an. Zu beachten ist dabei, dass mit dem Operator „/“ die Ganzzahl-Division bezeichnet wird. Um nun die Korrektheit der oben

Tabelle 3.1: *Arithmetische Spezifikation der logischen Gatter.*

Logische Verknüpfung	*Verilog*-Gatter	Arithmetische Spezifikation
$c = \tilde{}a$	not(c, a)	$c = 1 - a$
$c = a \,\&\, b$	and(c, a, b)	$c = (a + b)/2$
$c = a \mid b$	or(c, a, b)	$c = a + b - (a + b)/2$
$c = a \,\hat{}\, b$	xor(c, a, b)	$c = (a + b) \,\%\, 2$
	nand(c, a, b)	$c = 1 - (a + b)/2$
	nor(c, a, b)	$c = 1 - (a + b) + (a + b)/2$
	xnor(c, a, b)	$c = 1 - (a + b) \,\%\, 2$

angegebenen Schaltung nachweisen zu können, benötigen wir die folgende Charakterisierung der Ganzzahl-Division.

Satz 1: *Charakterisierung der Ganzzahl-Division*

Sind $n, k \in \mathbb{N}$ und ist $k \neq 0$, so gilt

$$n = k * \bigl(n/k\bigr) + n \,\%\, k.$$

Wir verschieben den Beweis dieses Satzes auf später. Wenn wir den Algorithmus zur Division zweier natürlicher Zahlen vorstellen, wird der obige Satz ganz nebenbei abfallen.

Mit dem obigen Satz ist nun der Nachweis der Korrektheit des Halbaddierers einfach, denn es gilt:

$$\begin{array}{ll} 2 * \texttt{carry} + \texttt{sum} & \text{Spezifikation} \\ = 2 * (a \,\&\, b) + (a \,\hat{}\, b) & \text{siehe Schaltung} \\ = 2 * \big((a+b)/2\big) + (a+b)\,\%\,2 & \text{nach Tabelle 3.1} \\ = a + b & \text{Charakterisierung der Division} \end{array}$$

Damit haben wir die Korrektheit der oben konstruierten Schaltung bewiesen. Das gibt uns eine gewisse Sicherheit, aber da Papier geduldig ist und wir auch einen falschen Beweis aufschreiben können, zeigen wir als Nächstes, wie wir die in Abbildung 3.2 gezeigte Schaltungsbeschreibung testen können. Dazu brauchen wir eine so genannte *Test-Bench*. Abbildung 3.3 zeigt eine Test-Bench. Zur Verdeutlichung sind die Schlüsselwörter wieder unterstrichen.

```
1  `include "half-adder.v"
2
3  module testBench;
4      reg   a, b;
5      wire  sum, carry;
6      half_adder ha (sum, carry, a, b);
7  initial
8    begin
9      $monitor("a = %b, b = %b, sum = %b, carry = %b",
10              a, b, sum, carry);
11     #1 a = 0; b = 0;
12     #1 a = 1; b = 0;
13     #1 a = 0; b = 1;
14     #1 a = 1; b = 1;
15   end
16 endmodule
```

Abb. 3.3: *Eine Test-Bench für den Halbaddier.*

1. In der ersten Zeile laden wir die Beschreibung des Halbaddierers, die sich in der Datei `half-adder.v` befindet. Dazu verwenden wir den `include`-Befehl, der eine ganz ähnliche Syntax und Sematik hat wie die `include`-Direktive des `C`-Präprozessors. Der einzige Unterschied besteht darin, dass vor dem Schlüsselwort „`include`" statt des Gartenzaun-Zeichens „`#`" ein Backquote steht. (Im Französischen ist dieses Zeichen auch als *accent grave* bekannt. Am Bildschirm hat dieses Zeichen die Form „ ‘ ", aber die Tastaturbeschriftung ist meist anders, dort steht das Zeichen oben auf der Taste [`].

2. Zeile 3 leitet die Definition der Test-Bench ein. Da es sich bei der Test-Bench um

das Haupt-Modul handelt, das ähnlich der `main()`-Funktion in `C`-Programmen von außen aufgerufen wird, hat die Test-Bench keine Signal-Liste.

3. In Zeile 4 deklarieren wir mit dem Schlüsselwort „`reg`" die Signale `a` und `b` als *Register*. In einer Schaltung ist ein *Register* ein Objekt, in dem Werte gespeichert werden können. Die Deklaration von `a` und `b` als Register ist deswegen erforderlich, weil diese Signale in Zeile 6 als Eingänge des zu testenden Moduls verwendet werden. Da wir diesen Eingängen später Werte zuweisen wollen, und wir nur einem Register einen Wert zuweisen können, müssen wir `a` und `b` als Register deklarieren.

4. Die Ausgänge des zu testenden Moduls werden in Zeile 5 mit dem Schlüsselwort „`wire`" als Drähte deklariert. Streng genommen ist das nicht notwendig, denn jedes Signal, das nicht explizit deklariert wird, wird implizit als „`wire`" deklariert. Es gehört aber zum guten Stil, alle verwendeten Signale zu deklarieren, denn der *Verilog*-Compiler kann für jedes Signal, das nicht deklariert ist, eine Warnung liefern. Diese Warnungen sollten Sie ernst nehmen, denn dadurch können Tippfehler leichter gefunden werden.

5. Zeile 6 zeigt die *Instantiierung* des Moduls `half_adder`. Hinter dem Namen des zu instantiierenden Moduls steht noch der *Instanz-Name* „`ha`". Solche Instanz-Namen sind deswegen wichtig, weil wir ein Modul durchaus mehrfach verwenden, d.h. instantiieren können. Mithilfe des Namens ist es möglich, verschiedene Instanzen voneinander zu unterscheiden.

6. Nach den Deklarationen folgen die auszuführenden Kommandos. In unserem Fall enthält die Test-Bench genau ein Kommando, und zwar einen `initial`-Befehl. Da dieser `initial`-Befehl seinerseits aus mehreren Kommandos besteht, müssen diese einzelnen Kommandos mit einem `begin-end`-Block zusammengefasst werden. Der gesamte `initial`-Befehl erstreckt sich daher von Zeile 7 bis zur Zeile 15.

7. Der erste Befehl innerhalb des `begin-end`-Blocks ist ein so genannter *Monitor-Befehl*. Ein Monitor-Befehl besteht aus einem Format-String, der ähnlich aufgebaut ist wie der Format-String der Funktion `printf()` in der Sprache `C`, sowie aus einer Liste von Signalen. In unserem Fall enthält der Format-String an mehreren Stellen die Zeichen-Folge „`%b`". Diese Zeichen-Folge bewirkt, dass das korrespondierende Signal aus der dem Format-String folgenden Signal-Liste *binär*, also als Folge von Nullen und Einsen, ausgegeben wird. Hier gibt es allerdings einen wesentlichen Unterschied zu der `C`-Funktion `printf()`: Während ein Aufruf von `printf()` nur eine Ausgabe erzeugt, hat ein Monitor-Befehl eine *Überwachungs-Funktion*. **Jedesmal**, wenn sich eines der in der Signal-Liste aufgeführten Signale ändert, wird der Monitor-Befehl aktiviert und gibt alle Signale entsprechend der im Format-String spezifizierten Form aus.

8. In den Zeilen 11 bis 14 werden die Register `a` und `b` mit allen insgesamt möglichen Werte-Kombinationen belegt. Vor diesen Zuweisungen steht jeweils noch der String „`#1`". Dieser String spezifiziert eine zeitliche Verzögerung von einer Zeiteinheit. Der gesamte Block ist also wie folgt zu lesen:

(a) Setze nach Ablauf einer Zeiteinheit `a` und `b` beide auf die Werte 0.

(b) Setze nach Ablauf einer weiteren Zeiteinheit `a` auf 1, während `b` auf 0 bleibt.

(c) ⋮

Als Nächstes wollen wir die Simulation starten. Wir setzen voraus, dass die oben gezeigte Test-Bench in einer Datei mit dem Namen **`test-half-adder.v`** abgespeichert ist. Dann erstellen wir mit Hilfe des Befehls

```
iverilog -Wall -o test-half-adder test-half-adder.v
```

die Simulations-Datei **`test-half-adder`**. Die Option „`-Wall`" hat dabei die gleiche Bedeutung wie in der Programmiersprache `C`: Sie bewirkt die Ausgabe verschiedener Warnungen. Die Option „`-o`" spezifiziert den Namen der erzeugten Simulations-Datei.

Um schließlich die Simulation zu starten, geben wir den Befehl

```
vvp test-half-adder
```

ein. Dann erscheint am Bildschirm die folgende Ausgabe:

```
a = x, b = x, sum = x, carry = x
a = 0, b = 0, sum = 0, carry = 0
a = 1, b = 0, sum = 1, carry = 0
a = 0, b = 1, sum = 1, carry = 0
a = 1, b = 1, sum = 0, carry = 1
```

Die Interpretation dieser Ausgabe verläuft wie folgt:

1. Am Anfang der Simulation, also zum Zeitpunkt 0, sind die Werte der Register `a` und `b` noch unbekannt, denn die erste Zuweisung eines Wertes erfolgt ja zum Zeitpunkt 1. Daher werden die Werte in *Verilog* als „`x`" angezeigt, denn in *Verilog* kann ein Signal einen der folgenden Werte annehmen:

   - „`x`" steht für einen unbestimmten Wert. Dieser Wert ergibt sich entweder, wenn einem Register noch kein Wert zugewiesen worden ist, oder wenn ihm, zum Beispiel durch einen Kurzschluss, zwei verschiedene Werte zugewiesen werden.
   - „`0`" steht für *logisch falsch* oder 0 Volt.
   - „`1`" steht für *logisch wahr* oder den Spannungswert, der *logisch wahr* repräsentiert. Bei TTL-Schaltungen wären das z.B. +5 Volt.
   - „`z`" steht für einen Draht, der weder mit einer Spannungs-Quelle noch mit der Masse verbunden ist, man sagt auch der Draht ist *hochohmig*.

     Der Unterschied zwischen „`x`" und „`z`" ist folgender: Wenn ein Draht sowohl an die Spannungs-Quelle als auch an die Masse angeschlossen ist, so entspricht dies physikalisch einem Kurzschluss, und der Draht hat dann den Wert „`x`". Wenn ein Draht weder an Masse noch an die Spannungs-Quelle angeschlossen ist, so hat er den Wert „`z`".

2. Zum Zeitpunkt 1 (Zeile 11 in der Test-Bench, Zeile 2 in der Ausgabe) haben wir `a` und `b` auf 0 gesetzt. Erwartungsgemäß haben die Signale `sum` und `carry` dann ebenfalls den Wert 0.

3. In den folgenden Zeilen testen wir die weiteren möglichen Kombinationen zur Belegung von `a` und `b` und erhalten jeweils die erwarteten Ergebnisse.

Um den zeitlichen Verlauf der Simulation besser verfolgen zu können, können wir den Monitor-Befehl in Abbildung 3.3 wie folgt abändern:

```
$monitor("%d: a = %b, b = %b, sum = %b, carry = %b", $time,
         a, b, sum, carry);
```

Hier geben wir als zusätzliches Argument noch die Simulations-Zeit aus, die in der System-Variablen "`$time`" gespeichert wird. Als Ausgabe erhalten wir dann Folgendes:

```
1   0: a = x, b = x, sum = x, carry = x
2   1: a = 0, b = 0, sum = 0, carry = 0
3   2: a = 1, b = 0, sum = 1, carry = 0
4   3: a = 0, b = 1, sum = 1, carry = 0
5   4: a = 1, b = 1, sum = 0, carry = 1
```

Wenn wir zwei Zahlen im Zweier-System addieren wollen, so reicht die oben diskutierte Schaltung zur Addition zweier Bits nicht aus, denn schon beim zweiten Bit müssen wir ja den Übertrag berücksichtigen, der sich bei der Addition der beiden ersten Bits ergibt. Wir brauchen einen *Volladdierer*. Abbildung 3.4 auf Seite 87 zeigt eine solche Schaltung. Intern ist diese Schaltung aus zwei Halbaddierern aufgebaut, wobei die beiden Carry-Signale der Halbaddierer durch ein Oder-Gatter zusammengefasst werden.

Wir wollen auch für diese Schaltung eine Beschreibung in *Verilog* angeben. Abbildung 3.5 auf Seite 87 zeigt eine solche Implementierung.

1. In den Zeilen 7 und 8 legen wir die zwei Instanzen des Halbaddierers an.

2. Um diese Instanzen untereinander verbinden zu können, haben wir in Zeile 5 die Signale `s1`, `c1` und `c2` als Wire deklariert.

   (a) `s1` ist das Summen-Bit, das vom ersten Halbaddierer `ha1` generiert wird.

   (b) `c1` ist das Übertrags-Bit, das vom ersten Halbaddierer `ha1` generiert wird.

   (c) `c2` ist das Übertrags-Bit, das vom zweiten Halbaddierer `ha2` generiert wird.

3. Die beiden Carry-Ausgänge der Halbaddierer verknüpfen wir in Zeile 10 durch ein Oder-Gatter. Die Ausgabe dieses Oder-Gatters ist das von dem Volladdierer erzeugte Übertrags-Bit.

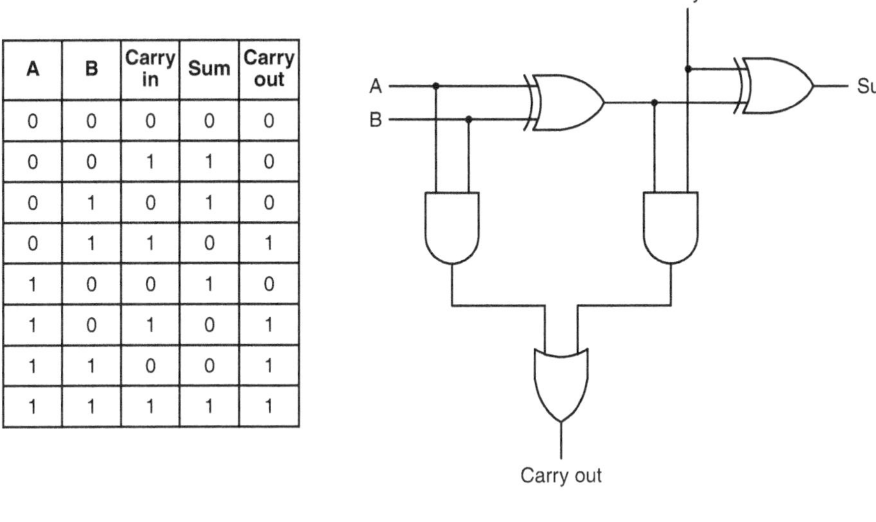

A	B	Carry in	Sum	Carry out
0	0	0	0	0
0	0	1	1	0
0	1	0	1	0
0	1	1	0	1
1	0	0	1	0
1	0	1	0	1
1	1	0	0	1
1	1	1	1	1

Abb. 3.4: *Schaltplan eines Volladdierers.*

```
'include "half_adder.v"

module full_adder(output sum, cout,
                  input  a, b, cin);
   wire   s1, c1, c2;

   half_adder ha1 ( s1, c1,  a,   b);
   half_adder ha2 (sum, c2, s1, cin);

   or(cout, c1, c2);
endmodule
```

Abb. 3.5: *Beschreibung eines Volladdierers in Verilog.*

Die Spezifikation, die diese Schaltung erfüllt, lautet

$$2 * \mathtt{cout} + \mathtt{sum} = \mathtt{a} + \mathtt{b} + \mathtt{cin}.$$

Wir weisen nach, dass die oben angegebene Schaltung dieser Spezifikation genügt. Aufgrund der Spezifikation der Halbaddierer wissen wir, dass gilt:

$$2 * \mathtt{c1} + \mathtt{s1} = \mathtt{a} + \mathtt{b},$$

$$2 * \mathtt{c2} + \mathtt{sum} = \mathtt{s1} + \mathtt{cin}.$$

Addieren wir diese Gleichungen, so erhalten wir

$$2 * \texttt{c1} + \texttt{s1} + 2 * \texttt{c2} + \texttt{sum} = \texttt{a} + \texttt{b} + \texttt{s1} + \texttt{cin}.$$

Subtrahieren wir auf beiden Seiten dieser Gleichung den Term `s1`, so bleibt

$$2 * (\texttt{c1} + \texttt{c2}) + \texttt{sum} = \texttt{a} + \texttt{b} + \texttt{cin}. \tag{1}$$

Wenn wir jetzt noch zeigen können, dass $\texttt{cout} = \texttt{c1} + \texttt{c2}$ ist, dann haben wir gewonnen. Dazu teilen wir zunächst beide Seiten der Gleichung (1) durch 2. Das liefert

$$\texttt{c1} + \texttt{c2} + \texttt{sum}/2 = (\texttt{a} + \texttt{b} + \texttt{cin})/2.$$

Da $\texttt{sum} \in \{0, 1\}$ folgt $\texttt{sum}/2 = 0$ denn das Zeichen `/` bezeichnet hier die ganzzahlige Division. Damit vereinfacht sich die obige Gleichung zu

$$\texttt{c1} + \texttt{c2} = (\texttt{a} + \texttt{b} + \texttt{cin})/2.$$

Wegen $\texttt{a} + \texttt{b} + \texttt{cin} \leq 3$ folgt

$$\texttt{c1} + \texttt{c2} \leq 3/2 = 1.$$

Daraus folgt aber sofort

$$(\texttt{c1} + \texttt{c2})/2 = 0. \tag{2}$$

Damit haben wir

$$\begin{aligned} \texttt{cout} &= \texttt{c1} \mid \texttt{c2} && \text{nach Schaltplan} \\ &= \texttt{c1} + \texttt{c2} - (\texttt{c1} + \texttt{c2})/2 && \text{nach Tabelle 3.1} \\ &= \texttt{c1} + \texttt{c2} - 0 && \text{wegen (2)} \\ &= \texttt{c1} + \texttt{c2}. \end{aligned}$$

Damit folgt die Spezifikation jetzt aus (1).

Abbildung 3.6 zeigt eine Test-Bench, mit der wir diese Schaltung testen können. Da wir nun 3 Eingänge haben, gibt es insgesamt $2^3 = 8$ mögliche Kombinationen von Werten für diese Eingänge. Übersetzen wir die Test-Bench und lassen anschließend den Simulator laufen, so können wir uns davon überzeugen, dass die Schaltung korrekt arbeitet.

Die Test-Bench zeigt einige neue Elemente der Sprache *Verilog*. In Zeile 6 haben wir `lhs` und `rhs` als Bit-Vektoren der Länge 2 deklariert. Die Syntax zur Deklaration eines Bit-Vektors v der Länge $n+1$ in *Verilog* ist allgemein

$$\texttt{wire [}n\texttt{:0] } v.$$

Statt „`wire`" kann zur Deklaration eines Bit-Vektors auch eines der Schlüsselwörter „`input`", „`output`" oder „`reg`" verwendet werden. Bezeichnen wir die von dem Bitvektor v repräsentierte Zahl mit $\langle \texttt{v} \rangle$, so gilt

$$\langle \texttt{v} \rangle = \sum_{i=0}^{n} v\texttt{[}i\texttt{]} * 2^i.$$

Der Variablen `lhs` weisen wir in Zeile 10 mit einem `assign`-Befehl die linke Seite der Spezifikation des Volladdierers zu, der Variablen `rhs` weisen wir in Zeile 11 die rechte Seite der Spezifikation zu. Der `always`-Block in den Zeilen 28 – 35 überprüft alle zwei Zeiteinheiten, ob die Werte von `lhs` und `rhs` verschieden sind und gibt gegebenenfalls mit Hilfe des `$display`-Befehls eine Fehlermeldung aus. Der `$display`-Befehl erhält genau wie der `$monitor`-Befehl als erstes Argument einen Format-String.

Warum überprüfen wir die Spezifikation nur alle zwei Zeiteinheiten? In den Zeilen 17 – 24 setzen wir die Werte für die Eingabe-Signale zu den Zeitpunkten 1, 3, 5, $\cdots$. Wir

```
'include "full-adder.v"

module testBench;
    reg         a, b, cin;
    wire        sum, cout;
    wire  [1:0] lhs, rhs;

    full_adder fa (sum, cout, a, b, cin);

    assign lhs = 2 * cout + sum,
           rhs = a + b + cin;

initial
  begin
    $monitor("a = %b, b = %b, cin = %b, sum = %b, cout = %b",
             a, b, cin, sum, cout);
    #1 a = 0; b = 0; cin = 0;
    #2 a = 1; b = 0; cin = 0;
    #2 a = 0; b = 1; cin = 0;
    #2 a = 1; b = 1; cin = 0;
    #2 a = 0; b = 0; cin = 1;
    #2 a = 1; b = 0; cin = 1;
    #2 a = 0; b = 1; cin = 1;
    #2 a = 1; b = 1; cin = 1;
    #2 $finish;
  end

always
  begin
    #2 if (lhs != rhs)
       begin
 $display("ERROR: a = %b, b = %b, cin = %b, sum = %b, cout = %b",
                  a, b, cin, sum, cout);
       end
    end
endmodule
```

Abb. 3.6: *Eine Test-Bench für den Volladdierer.*

überprüfen die Werte von `lhs` und `rhs` dann jeweils zu den Zeitpunkten 2, 4, 6, ..., damit wir sicher sind, dass zum Zeitpunkt der Überprüfung die Werte der Eingabe-Signale wohldefiniert sind.

Aufgabe 4: Erstellen Sie in *Verilog* eine Schaltung, die das in Abbildung 3.7 auf Seite 90 gezeigte Interface hat. Falls der Eingang `select` den Wert 1 hat, dann soll der Ausgang `a_or_b` denselben Wert haben wie der Eingang `a`; falls `select` jedoch den Wert 0 hat, soll der Ausgang `a_or_b` denselben Wert haben wie der Eingang `b`. Mathematisch lässt sich das Verhalten also durch die beiden folgenden bedingten Gleichungen spezifizieren:

$$\texttt{select} = 1 \rightarrow \texttt{a\_or\_b} = \texttt{a} \quad \text{und} \quad \texttt{select} = 0 \rightarrow \texttt{a\_or\_b} = \texttt{b}.$$

```
module multiplexor(output a_or_b,
                   input  a, b, select);
  ⋮
endmodule
```

Abb. 3.7: *Schnittstelle eines Multiplexers.*

3.2 Addition von natürlichen Zahlen

Wir haben nun alles Material zusammen, um auch Zahlen, die aus mehreren Bits bestehen, addieren zu können. Wir gehen dabei wie in der Schule vor und addieren die einzelnen Stellen der beiden Zahlen paarweise. Dabei beginnen wir mit der Addition der letzten Ziffern und bewegen uns von rechts nach links. Abbildung 3.8 zeigt eine Schaltung, die nach diesem Prinzip aufgebaut ist und die in der Lage ist, zwei Bytes zu addieren. Die rechteckigen Kästchen mit der Aufschrift FA stellen Volladdierer (Englisch: full adder) dar. Diese Volladdierer haben rechts den Eingang `cin` und oben die Eingänge für `a` und `b`. Der mit dem Pfeil bezeichnete Ausgang auf der linken Seite dieses Kästchens ist der Ausgang `cout`. Der Ausgang auf der unteren Seite der Kästchen entspricht dem Signal `sum`.

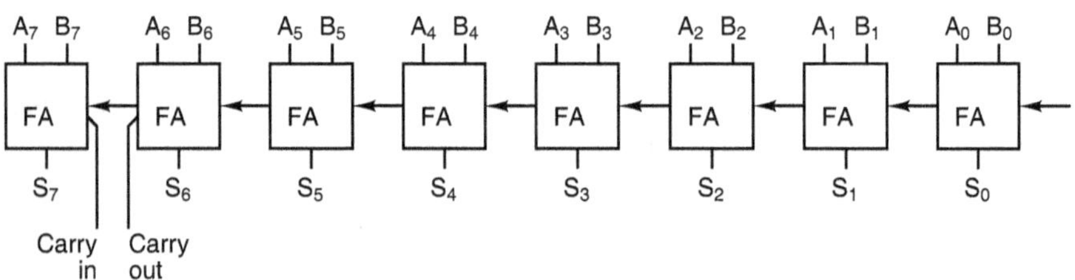

Abb. 3.8: *Schaltplan eines 8-Bit-Addierers.*

Wir stellen diese Schaltung in *Verilog* dar. Abbildung 3.9 auf Seite 91 zeigt die Implementierung. Die Implementierung enthält einige neue Elemente der Sprache *Verilog*, die wir jetzt vorstellen.

1. Da der Ausgang `sum` jetzt eine Gruppe von 8 Drähten umfasst, deklarieren wir in Zeile 4 das Signal `sum` als Bit-Vektor der Größe 8-Bit. Mit der Deklaration „`[7:0]`" drücken wir aus, dass das niederwertigste Bit an der Position 0 und das

höherwertigste Bit an der Position 7 steht. Dies ist später für die Ausgabe dieses Signals mit Hilfe des Monitor-Befehls relevant.

2. Analog werden die Eingänge `a` und `b` in Zeile 5 als 8-Bit-Vektoren deklariert.

3. In Zeile 7 definieren wir den Vektor `carry`, der die Übertragsbits enthält.

4. In Zeile 9 setzen wir das erste Element des Vektors `carry` mit dem Eingangs-Signal `cin` gleich. Analog wird in Zeile 10 das Ausgangs-Signal `cout` mit dem obersten Bit des Vektors `carry` gleichgesetzt.

5. Auf die einzelnen Komponenten der Vektoren `sum`, `a`, `b` und `carry` können wir dann in den Zeilen 12 bis 19 wie in der Sprache `C` zugreifen. Der Ausdruck `carry[0]` entspricht also dem untersten Bit des Bit-Vektors `carry`.

```
1   `include "full-adder.v"
2
3   module byte_adder(output        cout,
4                     output [7:0]  sum,
5                     input  [7:0]  a, b,
6                     input         cin);
7      wire    [8:0]  carry;
8
9      assign         carry[0] = cin,
10                    cout     = carry[8];
11
12     full_adder fa0 (sum[0], carry[1], a[0], b[0], carry[0]);
13     full_adder fa1 (sum[1], carry[2], a[1], b[1], carry[1]);
14     full_adder fa2 (sum[2], carry[3], a[2], b[2], carry[2]);
15     full_adder fa3 (sum[3], carry[4], a[3], b[3], carry[3]);
16     full_adder fa4 (sum[4], carry[5], a[4], b[4], carry[4]);
17     full_adder fa5 (sum[5], carry[6], a[5], b[5], carry[5]);
18     full_adder fa6 (sum[6], carry[7], a[6], b[6], carry[6]);
19     full_adder fa7 (sum[7], carry[8], a[7], b[7], carry[7]);
20  endmodule
```

Abb. 3.9: *Beschreibung eines Byte-Addierers in Verilog.*

Der Byte-Addierer lässt sich durch die folgende Gleichung spezifizieren:

$$\texttt{cout} * 2^8 + \langle\texttt{sum}\rangle = \langle\texttt{a}\rangle + \langle\texttt{b}\rangle + \texttt{cin}$$

Um nachzuweisen, dass die oben angegebene Schaltung dieser Spezifikation genügt, betrachten wir die Spezifikation des i-ten Volladdierers `fa`i. Zwischen den Ein- und Ausgängen dieses Volladdierers besteht die Beziehung

$$2 * \texttt{carry}[i+1] + \texttt{sum}[i] = \texttt{a}[i] + \texttt{b}[i] + \texttt{carry}[i].$$

Multiplizieren wir diese Gleichung mit 2^i so erhalten wir

$$\texttt{carry}[i+1]*2^{i+1}+\texttt{sum}[i]*2^i=\texttt{a}[i]*2^i+\texttt{b}[i]*2^i+\texttt{carry}[i]*2^i.$$

Diese Gleichungen summieren wir nun für $i=0,\cdots,7$ auf und erhalten:

$$\sum_{i=0}^{7}\texttt{carry}[i+1]*2^{i+1}+\sum_{i=0}^{7}\texttt{sum}[i]*2^i=\sum_{i=0}^{7}\texttt{a}[i]*2^i+\sum_{i=0}^{7}\texttt{b}[i]*2^i+\sum_{i=0}^{7}\texttt{carry}[i]*2^i.\quad(\star)$$

Berücksichtigen wir, dass $\texttt{carry}[0]=\texttt{cin}$ und $\texttt{carry}[8]=\texttt{cout}$ ist, so haben wir einerseits

$$\begin{aligned}\sum_{i=0}^{7}\texttt{carry}[i+1]*2^{i+1}&=\texttt{cout}*2^8+\sum_{i=0}^{6}\texttt{carry}[i+1]*2^{i+1}\\&=\texttt{cout}*2^8+\sum_{i=1}^{7}\texttt{carry}[i]*2^i\end{aligned}$$

und andererseits

$$\sum_{i=0}^{7}\texttt{carry}[i]*2^i=\sum_{i=1}^{7}\texttt{carry}[i]*2^i+\texttt{cin}$$

Setzen wir in $(\star)$ die Ausdrücke ein, die wir eben für $\sum_{i=0}^{7}\texttt{carry}[i+1]*2^{i+1}$ und $\sum_{i=0}^{7}\texttt{carry}[i]*2^i$ gefunden haben, so erhalten wir

$$\begin{aligned}&\texttt{cout}*2^8+\sum_{i=1}^{7}\texttt{carry}[i]*2^i+\sum_{i=0}^{7}\texttt{sum}[i]*2^i\\=&\sum_{i=0}^{7}\texttt{a}[i]*2^i+\sum_{i=0}^{7}\texttt{b}[i]*2^i+\sum_{i=1}^{7}\texttt{carry}[i]*2^i+\texttt{cin}.\end{aligned}$$

Wir können nun von beiden Seiten dieser Gleichung $(*)$ die Summe $\sum_{i=1}^{7}\texttt{carry}[i]*2^i$ subtrahieren und erhalten dann

$$\begin{aligned}\texttt{cout}*2^8+\sum_{i=0}^{7}\texttt{sum}[i]*2^i&=\sum_{i=0}^{7}\texttt{a}[i]*2^i+\sum_{i=0}^{7}\texttt{b}[i]*2^i+\texttt{cin}\\\Leftrightarrow\ \texttt{cout}*2^8+\langle\texttt{sum}\rangle&=\langle\texttt{a}\rangle+\langle\texttt{b}\rangle+\texttt{cin}\,.\end{aligned}$$

Damit ist die Korrektheit des Byte-Addierers nachgewiesen.

Abbildung 3.10 auf Seite 93 zeigt eine Test-Bench, mit der wir die oben angegebene Schaltung vollständig testen können. Wir stellen dabei weitere Konstrukte der Sprache *Verilog* vor.

1. In Zeile 11 deklarieren wir die Variablen `i`, `j` und `l` als `integer`. Der Datentyp `integer` bezeichnet in Verilog ein Register, das eine Breite von 32 Bits hat. Die Variablen `i`, `j` und `l` werden wir später als Zähler verwenden.

2. Zeile 20 leitet eine `for`-Schleife ein. Syntax und Semantik sind dabei wie in der Programmiersprache `C`. Der einzige Unterschied ist wie folgt:

```
1  ‘include "byte-adder.v"
2
3  module testBench;
4     reg        cin;
5     reg  [7:0] a, b;
6     wire [7:0] sum;
7     wire       cout;
8
9     wire [8:0] lhs, rhs;
10
11    integer    i, j, l;
12
13    byte_adder ba (cout, sum, a, b, cin);
14
15    assign     lhs = cout * 256 + sum,
16               rhs = a + b + cin;
17
18 initial
19   begin
20      for (i = 0; i < 256; i = i + 1)
21        for (j = 0; j < 256; j = j + 1)
22          for (l = 0; l < 2; l = l + 1)
23             begin
24                #1 a = i; b = j; cin = l;
25                #1 if (lhs != rhs)
26                  begin
27   $display("Error: a = %d, b = %d, cin = %b, sum = %d, cout = %b",
28                     a, b, cin, sum, cout);
29                     $finish;
30                  end
31             end
32      $display("Adder tested: Everything works fine!");
33   end
34
35 endmodule  // end testBench
```

Abb. 3.10: *Eine vollständige Test-Bench für den Byte-Addierer.*

- In `C` werden verschiedene Kommandos mit Hilfe der geschweiften Klammern „{“ und „}“ zu einem Kommando zusammengefasst.
- In *Verilog* werden stattdessen verschiedene Kommandos mit Hilfe der beiden Schlüsselwörter „`begin`“ und „`end`“ zu einem Kommando zusammengefasst. Hier ähnelt *Verilog* also eher Sprachen wie *Algol* oder *Pascal*.

3. Zeile 15 zeigt einen „`$display`“-Befehl, der fast genauso funktioniert, wie ein

„`printf`"-Befehl in `C`. Einziger Unterschied ist, dass ein „`$display`"-Befehl am Ende der Ausgabe noch einen Zeilen-Umbruch hinzufügt.

4. Die drei `for` -Schleifen setzen die Zähler `i`, `j` und `l` auf alle Kombinationen, die für die Eingaben `a`, `b` und `cin` beim Byte-Addierer möglich sind. Wir setzen daher die Variablen `a`, `b` und `l` in Zeile 24 jeweils auf die Werte `i`, `j`, und `l`. Danach lassen wir mit der *Verzögerungs-Direktive* „`#1`" eine weitere Zeiteinheit verstreichen, um sicher zu sein, dass das Ausgangs-Signal `sum` seinen neuen Wert angenommen hat. Anschließend testen wir mit einer `if`-Abfrage, ob die Spezifikation erfüllt ist. Bei diesem Test bedienen wir uns des Operators „`!=`", der genau wie in der Sprache `C` zwei Werte vergleicht.
5. Falls die Spezifikation nicht erfüllt ist, geben wir in Zeile 21 mit einem `$display`-Kommando eine Fehlermeldung aus und brechen die Simulation mit dem Kommando „`$finish`" ab.
6. Falls alle drei Schleifen durchlaufen werden konnten und kein Fehler aufgetreten ist, geben wir in Zeile 27 eine Meldung aus, dass der Byte-Addierer vollständig getestet werden konnte.
7. Kommentare können in *Verilog* wie in `C` geschrieben werden:
   (a) „`//`" leitet einen Kommentar ein, der sich bis zum Zeilen-Ende erstreckt.
   (b) Text, der von den Strings „`/*`" und „`*/`" eingefasst wird, ist ebenfalls ein Kommentar.

   Es ist üblich, bei `begin`-`end`-Blöcken, die sich über mehrere Zeilen erstrecken, das Ende des Blocks mit einem Hinweis auf den Anfang des Blocks zu kommentieren.

3.3 Felder von Instanzen

Betrachten wir noch einmal den Byte-Addierer in Abbildung 3.9, so stellen wir fest, dass die Zeilen 12 bis 19, in denen wir die verschiedenen Volladdierer spezifiziert haben, alle sehr ähnlich sind. Vermutlich fragen Sie sich, warum wir keine `for`-Schleife verwendet haben, um diese Instanzen zu spezifizieren. Leider bietet *Verilog* zur strukturellen Spezifikation keine `for`-Schleife an. Es gibt aber einen Ersatz: so genannte *Felder von Instanzen* (Englisch: *arrays of instances*). Verwenden wir Felder von Instanzen, so lässt sich der Byte-Addierer wie in Abbildung 3.11 auf Seite 95 gezeigt spezifizieren. Diese Spezifikation ist offenbar deutlich prägnanter als die erste Spezifikation.

Die Abbildungen 3.11 und 3.9 sind völlig äquivalent. Der einzige Unterschied zwischen diesen beiden Implementierungen besteht darin, dass wir die Instanzen der Volladdierer in der zweiten Implementierung als `fa[`i`]` angegeben haben, während sie in der ersten Abbildung den Namen `fa`i haben. Die allgemeine Form für ein Feld von Instanzen ist wie folgt:

$$\textit{moduleName}\ \textit{instanceName}\,\texttt{[}u\texttt{:}l\texttt{]}\,\big(x^{(1)}, x^{(2)}, \cdots, x^{(k)}\big)\,\texttt{;}$$

Die einzelnen Komponenten haben dabei die folgende Bedeutung:

```
‘include "full-adder.v"

module byte_adder(output       cout,
                  output [7:0] sum,
                  input  [7:0] a, b,
                  input        cin);
   wire [8:0]   carry;

   assign       carry[0] = cin,
                cout     = carry[8];

   full_adder fa[7:0] (sum[7:0], carry[8:1], a, b, carry[7:0]);
endmodule
```

Abb. 3.11: *Beschreibung eines Byte-Addierer mit Feldern von Instanzen.*

1. *moduleName* ist der Name eines Moduls, das mehrfach instantiiert werden soll.

   In dem obigen Beispiel hat *moduleName* den Wert `full_adder`.

2. *instanceName* ist der Name, mit der die Instanzen später angesprochen werden können.

   In dem obigen Beispiel hat *instanceName* den Wert `fa`, die einzelnen Instanzen werden dann mit den Namen `fa[`u`]`, `fa[`$u-1$`]`, $\cdots$ `fa[`$l+1$`]`, `fa[`l`]` angesprochen.

3. $[u{:}l]$ spezifiziert ein Intervall natürlicher Zahlen. Dieses Intervall entspricht der Menge

   $$\{u, u-1, u-2, \cdots, l+1, l\}.$$

   Für alle Indizes aus diesem Intervall wird dann eine Instanz des mit *moduleName* spezifizierten Moduls angelegt. Die Anzahl dieser Instanzen n hat folglich den Wert $n = u-l+1$.

   In dem obigen Beispiel gilt $u = 7$ und $l = 0$. Daher werden insgesamt $n = 7-0+1 = 8$ Instanzen des Moduls `full_adder` gebildet.

4. Die Variablen $x^{(i)}$ bezeichnen für $i = 1, \cdots, k$ entweder einzelne Bits oder aber Bit-Vektoren der Länge n.

   In dem oberen Beispiel sind alle $x^{(i)}$ Bit-Vektoren der Länge 8.

Ein Feld von Instanzen der obigen Form wird von *Verilog* intern wie folgt aufgelöst:

$$\begin{array}{lll} \textit{moduleName instanceName}\texttt{[}u\texttt{]} & (x^{(1)}[u], & \cdots, x^{(k)}[u]); \\ \textit{moduleName instanceName}\texttt{[}u-1\texttt{]} & (x^{(1)}[u-1], & \cdots, x^{(k)}[u-1]); \\ \vdots & & \end{array}$$

$$\textit{moduleName instanceName}\,[l+1] \quad (x^{(1)}[l+1], \quad \cdots, x^{(k)}[l+1]);$$
$$\textit{moduleName instanceName}\,[l] \quad (x^{(1)}[l], \quad \cdots, x^{(k)}[l]);$$

In den Fällen, in denen $x^{(i)}$ ein Bit-Vektor ist, ist die Bedeutung des Ausdrucks $x^{(i)}[j]$ unmittelbar klar. Falls $x^{(i)}$ kein Bit-Vektor ist, sondern nur einen einzelnen Bit bezeichnet, so ist $x^{(i)}[j]$ mit $x^{(i)}$ gleichzusetzen. Zur Verdeutlichung geben wir ein weiteres Beispiel, bei dem nicht alle Variablen Bit-Vektoren sind. Abbildung 3.12 zeigt eine Schaltung, die ein Byte `a` mit einem einzelnen Bit `b` multipliziert. Abbildung 3.13 zeigt dieselbe Schaltung, bei der die einzelnen Instanzen des **and**-Gatters explizit hingeschrieben worden sind. Während bei den Bit-Vektoren `p` und `a` bei jeder Instanz ein neuer Index verwendet wird, bleibt das einzelne Bit `b` unverändert.

```
module bit_multiply(output [7:0] p,
                    input  [7:0] a,
                    input        b);
   and a[7:0] (p, a, b);
endmodule // bit_multiply
```

Abb. 3.12: *Beschreibung eines Bit-Multiplizierers durch ein Feld von Instanzen.*

```
module bit_multiply(output [7:0] p,
                    input  [7:0] a,
                    input        b);
   and a7 (p[7], a[7], b);
   and a6 (p[6], a[6], b);
   and a5 (p[5], a[5], b);
   and a4 (p[4], a[4], b);
   and a3 (p[3], a[3], b);
   and a2 (p[2], a[2], b);
   and a1 (p[1], a[1], b);
   and a0 (p[0], a[0], b);
endmodule
```

Abb. 3.13: *Explizite Beschreibung eines Bit-Multiplizierers.*

Der neue Standard *Verilog*-2001 definiert mehrdimensionale Felder. Leider werden diese vom *Icarus Verilog* Simulator bislang nicht vollständig unterstützt. Insbesondere lassen sich bislang keine mehrdimensionalen Felder von Instanzen anlegen. Weiterhin definiert der *Verilog*-2001 den *generate*-Befehl, mit dem sich strukturelle `for`-Schleifen implementieren lassen. Auch dieser Befehl wird von dem *Icarus Verilog* Simulator bisher noch nicht unterstützt. Da ich von der Verwendung des *Icarus Verilog* Systems ausgehe, werden wir in diesem Buch keinen Gebrauch von mehrdimensionalen Feldern machen.

Aufgabe 5: Implementieren Sie in *Verilog* eine Schaltung, die folgendes Interface hat:

```
module less_than(cmp, a, b);
output       cmp;
input  [7:0] a, b;
⋮
endmodule
```

Die Eingänge `a` und `b` stellen zwei natürliche 8-Bit-Zahlen dar. Der Ausgang `cmp` soll genau dann den Wert 1 haben, wenn `a` kleiner als `b` ist.

Hinweis: Gehen Sie analog zu der Entwicklung des Addierers vor:

1. Implementieren Sie zunächst ein Modul, das zwei Bits vergleicht. Das Modul hat zwei Eingänge `a` und `b` und zwei Ausgänge `lt` und `gt`. Der Eingang `lt` wird genau dann auf 1 gesetzt, wenn `a` kleiner als `b` ist, und der Eingang `gt` wird genau dann auf 1 gesetzt, wenn `a` größer als `b` ist,

   Dieses Modul entspricht in etwa unserem Halbaddierer, das Signal `lt` entspricht dem Signal `sum` und das Signal `gt` entspricht dem Signal `carry`.

2. Implementieren Sie dann ein Modul, das `drei` Eingänge `a`, `b` und `gtin` und zwei Ausgänge `lt` und `gt` hat. Die beiden Eingänge `a` und `b` sind wieder zwei Bits, die verglichen werden sollen. Falls der dritte Eingang `gtin` den Wert 1 hat, soll der Wert des Ausgangs `lt` unabhängig von den Signalen `a` und `b` den Wert 0 haben.

   Dieses Modul entspricht in etwa dem Volladdierer.

3. Bauen Sie nun aus mehreren Instanzen dieses letzten Moduls die gesuchte Schaltung.

   Das Vorgehen ist jetzt ähnlich wie bei der Implementierung des Byte-Addierers, allerdings betrachten Sie die Bits nun in umgekehrter Reihenfolge, d.h. Sie fangen mit dem Vergleich der obersten Bits von `a` und `b` an.

4. Um die Schaltung zu vereinfachen, sollten Sie berücksichtigen, dass Oder-Gatter in *Verilog* beliebig viele Eingänge haben dürfen.

3.3.1 Geschwindigkeit des Byte-Addierers

Die oben vorgestellte Schaltung zur Addition zweier Bytes arbeitet zwar korrekt, ist aber vergleichsweise langsam. Um das einzusehen, betrachten wir noch einmal die Schaltung in Abbildung 3.8 auf Seite 90 zur Addition zweier Bytes. Das Problem ist die Berechnung des Carry-Bits: Das von dem ersten Volladdierer berechnete Carry-Bit muss durch alle anderen Volladdierer hindurch wandern. Um diesen Effekt im Detail beobachten zu können, verfeinern wir die strukturelle Beschreibung unserer Schaltungen so, dass wir auch die zeitliche Verzögerung der Signale spezifizieren.

```
module half_adder(output sum, carry,
                  input  a, b     );
   xor #1 (sum,   a, b);
   and #1 (carry, a, b);
endmodule
```

Abb. 3.14: *Halbaddierer mit Spezifikation der zeitlichen Verzögerung.*

Abbildung 3.14 zeigt einen Halbaddierer, in dem wir durch die Angabe der zeitlichen Verzögerung „`#1`“ hinter den Gatter-Namen `xor` und `and` spezifiziert haben, dass die Durchlaufzeit für Signale durch diese Gatter den Wert einer Zeiteinheit hat. Im Angelsächsischen wird diese zeitliche Verzögerung *delay* genannt und daher bezeichnen wir einen Ausdruck der Form „`#1`“ als *Delay-Spezifikation.* Analog zeigt Abbildung 3.15 den Volladdierer. Hier haben wir in Zeile 10 festgelegt, dass die Durchlaufzeit des Oder-Gatters ebenfalls eine Zeiteinheit beträgt. Die Volladdierer schalten wir nun wie in Abbildung 3.8 auf Seite 90 gezeigt zu einem Byte-Addierer zusammen.

```
1  `include "half-adder-with-delay.v"
2
3  module full_adder(output sum, cout,
4                    input  a, b, cin);
5     wire   s1, c1, c2;
6
7     half_adder ha1 (s1, c1, a, b);
8     half_adder ha2 (sum, c2, s1, cin);
9
10    or #1 (cout, c1, c2);
11 endmodule
```

Abb. 3.15: *Volladdierer mit Spezifikation der Verzögerung.*

Als Letztes benötigen wir eine Test-Bench. Eine solche sehen wir in Abbildung 3.16. Wir vermuten, dass die Schaltung dann am längsten braucht, wenn ein Übertrag, der bei der Addition der untersten Bits anfällt, bis in das oberste Bit propagiert werden muss. Dieser Fall liegt beispielsweise dann vor, wenn wir zu der Zahl $255 = 1111\,1111_2$ die Zahl 1 addieren. Wir setzen daher in Zeile 14 das Signal `a` auf 255, das Signal `b` auf 1 und das Signal `cin` auf 1. In der Test-Bench geben wir nun die Summe binär aus. Wir erhalten dann das Ergebnis, das in Abbildung 3.17 abgebildet ist.

1. Nach zwei Zeiteinheiten ist das letzte Bit der Summe `sum[0]` berechnet.

2. Das Übertragsbit `carry[1]` des ersten Volladdierers `fa[0]` benötigt insgesamt drei Zeiteinheiten, um berechnet zu werden.

```
`include "byte-adder-with-delay.v"

module testBench;
   reg         cin;
   reg  [7:0]  a, b;
   wire [7:0]  sum;
   wire        cout;

   byte_adder ba (cout, sum, a, b, cin);

initial
  begin
    $monitor("%0d: a = %d, b = %d, sum = %b, carry = %b",
             $time, a, b, sum, ba.carry);
      #0 a = 255; b =   0;  cin = 1;
  end
endmodule
```

Abb. 3.16: *Test-Bench für den Byte-Addierer mit Delay-Spezifikation.*

3. Anschließend dauert es jeweils zwei Zeiteinheiten, um das nächste Bit des Bit-Vektors `sum` zu berechnen, und es dauert ebenfalls jeweils zwei Zeiteinheiten, um das nächste Übertragsbit zu berechnen, so das das letzte Übertragsbit `cout` nach insgesamt 17 Zeiteinheiten berechnet wird.

Aufgabe 6: Ändern Sie die in Aufgabe 5 entwickelte Schaltung zum Vergleich zweier Zahlen so ab, dass Sie messen können, wie viele Zeiteinheiten die Schaltung benötigt, um ein Ergebnis zu berechnen. Wie lange braucht die Schaltung im schlimmsten Fall?

3.3.2 Beschleunigung der Addition

Als Nächstes wollen wir eine Schaltung zur Addition zweier 16-Bit-Zahlen entwickeln. Wenn wir diese Schaltung nach demselben Schema entwickeln würden wie den Byte-Addierer, dann würde die Schaltung im schlimmsten Fall 33 Zeiteinheiten benötigen, um eine Addition durchzuführen. Es geht aber auch schneller. Es gibt verschiedene Methoden, einen schnelleren Schaltkreis zur Addition zu konstruieren. Wir stellen die einfachste Methode, die unter dem Namen „*Addieren durch Auswahl*" (*carry select adder*) bekannt ist, vor. Die Grundidee dabei ist es, für die Berechnung des Übertrags, der sich bei der Addition der untersten 8 Bits ergibt, ein Orakel zu verwenden und mit dem Ergebnis dieses Orakels die obersten 8 Bits aufzusummieren. Da wir im Vorhinein nicht wissen können, ob der Übertrag den Wert 0 oder 1 annimmt, verwenden wir einfach zwei Orakel: Das erste Orakel liefert immer den Wert 0, das zweite Orakel liefert immer den Wert 1. Eines der beiden Orakel wird sicher Recht haben. Der Trick ist jetzt, dass wir die obersten 8 Bits einfach zweimal aufsummieren: Einmal unter der Voraussetzung, dass der Übertrag 0 ist und einmal mit der Voraussetzung, dass der Übertrag 1 ist. In

```
0: a = 255, b =  0, sum = xxxxxxxx, carry = xxxxxxxx1
2: a = 255, b =  0, sum = xxxxxxx0, carry = xxxxxxxx1
3: a = 255, b =  0, sum = xxxxxxx0, carry = xxxxxxx11
4: a = 255, b =  0, sum = xxxxxx00, carry = xxxxxxx11
5: a = 255, b =  0, sum = xxxxxx00, carry = xxxxxx111
6: a = 255, b =  0, sum = xxxxx000, carry = xxxxxx111
7: a = 255, b =  0, sum = xxxxx000, carry = xxxxx1111
8: a = 255, b =  0, sum = xxxx0000, carry = xxxxx1111
9: a = 255, b =  0, sum = xxxx0000, carry = xxxx11111
10: a = 255, b =  0, sum = xxx00000, carry = xxxx11111
11: a = 255, b =  0, sum = xxx00000, carry = xxx111111
12: a = 255, b =  0, sum = xx000000, carry = xxx111111
13: a = 255, b =  0, sum = xx000000, carry = xx1111111
14: a = 255, b =  0, sum = x0000000, carry = xx1111111
15: a = 255, b =  0, sum = x0000000, carry = x11111111
16: a = 255, b =  0, sum = 00000000, carry = x11111111
17: a = 255, b =  0, sum = 00000000, carry = 111111111
```

Abb. 3.17: *Ausgabe des Simulators für den Byte-Addierer mit Delay-Spezifikation.*

dem Moment, in dem wir den wahren Übertrag kennen, wählen wir die richtige Summe aus.

```
module multiplexor(output a_or_b,
                   input  a, b, select);
  wire   w1, w2, w3;

  and #1 (w1, a, select);
  not #1 (w2, select);
  and #1 (w3, w2, b);
  or  #1 (a_or_b, w1, w3);
endmodule

module multiplexorByte(output [7:0] a_or_b,
                       input  [7:0] a, b,
                       input        select);
  multiplexor m[7:0] (a_or_b, a, b, select);
endmodule
```

Abb. 3.18: *Multiplexer.*

Um diesen Plan zu realisieren, benötigen wir zunächst eine Schaltung, mit der wir zwischen zwei Werten auswählen können. Eine solche Schaltung haben wir in Aufgabe 4 bereits für ein Bit entwickelt. Wir verallgemeinern diese Schaltung so, dass zwischen zwei Bytes, also zwei Bit-Vektoren der Länge 8, ausgewählt werden kann. Abbildung 3.18 zeigt den Multiplexer zusammen mit der Verallgemeinerung des Multiplexers für Bytes. In dem ursprünglichen Multiplexer haben wir zusätzlich für die einzelnen Gatter zeitliche Verzögerungen spezifiziert, denn wir wollen ja hinterher messen können, wie viel Zeit für eine Addition benötigt wird. Wir können auch abschätzen, wie lange ein Signal im schlimmsten Fall benötigt, um durch den Multiplexer zu propagieren. Der längste Weg durch den ursprünglichen Multiplexer wird von dem Signal `select` dann zurück gelegt, wenn es zunächst in das `not`-Gatter läuft. Das vom `not`-Gatter produzierte Ergebnis `w2` läuft als Nächstes zusammen mit der Eingabe `b` durch ein `and`-Gatter. Das von diesem `and`-Gatter produzierte Ergebnis `w3` muss dann noch durch das `or`-Gatter laufen. Insgesamt besteht dieser Pfad durch die Schaltung aus 3 Gattern. Deswegen verursacht der Multiplexer eine zeitliche Verzögerung von 3 Zeiteinheiten. Da die verschiedenen Multiplexer, die in dem Modul `multiplexorByte` instantiiert werden, alle parallel geschaltet sind, ist dies auch die Verzögerung des Moduls `multiplexorByte`.

```
1  `include "multiplexor.v"
2  `include "byte-adder-with-delay.v"
3
4  module short_adder(output        cout,
5                     output [15:0] sum,
6                     input  [15:0] a, b,
7                     input         cin);
8     wire   [15:8] s0, s1;
9     wire          cout0, cout1, carry;
10
11    byte_adder ba_first (carry, sum[7:0], a[7:0],  b[7:0],  cin);
12    byte_adder ba_low   (cout0,       s0, a[15:8], b[15:8],  0);
13    byte_adder ba_high  (cout1,       s1, a[15:8], b[15:8],  1);
14
15    multiplexorByte multByte (sum[15:8],    s1,    s0, carry);
16    multiplexor     multBit  (     cout, cout1, cout0, carry);
17 endmodule
```

Abb. 3.19: *Carry-Select-Addierer für 16-Bit-Worte.*

Damit haben wir alles Material für einen Carry-Select-Addierer zusammen. Abbildung 3.19 auf Seite 101 zeigt die Implementierung in *Verilog*.

1. Die untersten 8 Bits der Eingänge `a` und `b` werden in Zeile 11 mit Hilfe eines Byte-Addierers aufaddiert. Als Ergebnis erhalten wir die untersten 8 Bits der Summe und den Übertrag `carry`. Die untersten 8 Bits der Summe schreiben wir in die untersten 8 Bits des Bit-Vektors `sum`. Dazu benutzen wir den *Slice-Operator*, mit dessen Hilfe wir einen Teil aus einem Bit-Vektor ausschneiden können. Allgemein gilt: Ist `x` ein Vektor, der mit einer Deklaration der Form

`wire [`u`:`l`] x;`

deklariert ist, und ist $a \leq u$ und $b \geq l$, so bezeichnet x[a:b] den Teil des Vektors, dessen Indizes von a bis b laufen, genauer gilt

$$\mathtt{x}[a{:}b] = \{\mathtt{x}[a], \mathtt{x}[a-1], \cdots, \mathtt{x}[b+1], \mathtt{x}[b]\}.$$

2. In Zeile 12 und 13 addieren wir die obersten 8 Bits der Zahlen einmal unter der Annahme, dass der Übertrag von den untersten 8 Bits 0 ist (Zeile 12) und dann mit der Annahme, dass der Übertrag den Wert 1 hat (Zeile 13). Die Ergebnisse schreiben wir in die Bit-Vektoren `s0` bzw. `s1`, die sich ergebenden Überträge werden in den Carry-Bits `cout0` und `cout1` abgespeichert.

3. Das in Zeile 11 gewonnene Signal `carry` erlaubt uns nun in Zeile 15, mit Hilfe eines Multiplexers die obersten 8 Bits des Vektors `sum` zu berechnen, indem wir zwischen `s0` und `s1` auswählen.

4. Schließlich wählen wir in Zeile 16 das korrekte Übertragsbit aus.

```
1  `include "carry-select-adder.v"
2
3  module testBench;
4     reg  [15:0] a, b;
5     reg         cin;
6     wire [15:0] sum;
7     wire        cout;
8
9     short_adder sa (cout, sum, a, b, cin);
10
11 initial
12   begin
13     $monitor("%02d: s=%b, co=%b, c=%b, cf=%b, cl=%b, ch=%b",
14              $time, sum, cout, sa.carry, sa.ba_first.carry,
15              sa.ba_low.carry, sa.ba_high.carry);
16     #0 a = 65535; b = 0; cin = 1;
17   end
18
19 endmodule
```

Abb. 3.20: *Test-Bench für den Carry-Select-Addierer.*

Um diese Schaltung zu testen, benutzen wir die in Abbildung 3.20 gezeigte Test-Bench. Der Fall, bei dem die Rechnung am längsten dauert, ist der Fall, wenn das Signal `cin` vom ersten Bit bis zum letzten Bit propagiert werden muss. Dieser Fall tritt beispielsweise dann ein, wenn `a` $= 2^{16} - 1 = 65\,535$, `b` $= 0$ und `cin` $= 1$ ist. Daher haben wir in Zeile 15 die Eingänge `a` und `b` auf die entsprechenden Werte gesetzt. In der Test-Bench sehen wir außerdem, wie interne Signale der zu testenden Schaltung angesprochen werden können: Der Ausdruck `sa.carry` verweist auf das Signal `carry` in dem Modul `sa`.

Analog spezifiziert der Ausdruck

`sa.ba_first.carry`

das Modul `ba_first` aus dem Modul `sa`. In diesem Modul wird dann das Signal `carry` ausgewählt. Auf diese Weise können wir alle Übertrags-Signale in den drei verwendeten Byte-Addierern beobachten.

```
 0:s=xxxxxxxxxxxxxxxx, co=x,c=x, cf=xxxxxxxx1, cl=xxxxxxxx0, ch=xxxxxxxx1
 2:s=xxxxxxxxxxxxxxx0, co=x,c=x, cf=xxxxxxxx1, cl=xxxxxxx00, ch=xxxxxxxx1
 3:s=xxxxxxxxxxxxxxx0, co=x,c=x, cf=xxxxxxx11, cl=xxxxxxx00, ch=xxxxxxx11
 4:s=xxxxxxxxxxxxxx00, co=x,c=x, cf=xxxxxxx11, cl=xxxxxx000, ch=xxxxxxx11
 5:s=xxxxxxxxxxxxxx00, co=x,c=x, cf=xxxxxx111, cl=xxxxxx000, ch=xxxxxx111
 6:s=xxxxxxxxxxxxx000, co=x,c=x, cf=xxxxxx111, cl=xxxxx0000, ch=xxxxxx111
 7:s=xxxxxxxxxxxxx000, co=x,c=x, cf=xxxxx1111, cl=xxxxx0000, ch=xxxxx1111
 8:s=xxxxxxxxxxxx0000, co=x,c=x, cf=xxxxx1111, cl=xxxx00000, ch=xxxxx1111
 9:s=xxxxxxxxxxxx0000, co=x,c=x, cf=xxxx11111, cl=xxxx00000, ch=xxxx11111
10:s=xxxxxxxxxxx00000, co=x,c=x, cf=xxxx11111, cl=xxx000000, ch=xxxx11111
11:s=xxxxxxxxxxx00000, co=x,c=x, cf=xxx111111, cl=xxx000000, ch=xxx111111
12:s=xxxxxxxxxx000000, co=x,c=x, cf=xxx111111, cl=xx0000000, ch=xxx111111
13:s=xxxxxxxxxx000000, co=x,c=x, cf=xx1111111, cl=xx0000000, ch=xx1111111
14:s=xxxxxxxxx0000000, co=x,c=x, cf=xx1111111, cl=x00000000, ch=xx1111111
15:s=xxxxxxxxx0000000, co=x,c=x, cf=x11111111, cl=x00000000, ch=x11111111
16:s=xxxxxxxx00000000, co=x,c=x, cf=x11111111, cl=000000000, ch=x11111111
17:s=xxxxxxxx00000000, co=x,c=1, cf=111111111, cl=000000000, ch=111111111
19:s=xxxxxxxx00000000, co=1,c=1, cf=111111111, cl=000000000, ch=111111111
20:s=0000000000000000, co=1,c=1, cf=111111111, cl=000000000, ch=111111111
```

Abb. 3.21: *Ausgabe der Test-Bench.*

Abbildung 3.21 zeigt die von der Test-Bench erzeugte Ausgabe. Es dauert 17 Zeiteinheiten, bis das Signal `carry` von dem ersten Byte-Addierer gesetzt worden ist. In dieser Zeit sind aber die Rechnungen der anderen beiden Byte-Addierer ebenfalls beendet worden, so dass nun nur noch drei Zeiteinheiten notwendig sind, um mit Hilfe des Multiplexers den korrekten Wert für die obersten 9 Bits der Summe zu erhalten. Bei einer naiven Implementierung, bei der einfach zwei Byte-Addierer hintereinander gesetzt werden, würde das Ergebnis erst nach 33 Zeiteinheiten vorliegen. Unsere Implementierung ist etwa 40% schneller als die naive Implementierung. Allerdings ist unsere Implementierung auch größer und damit teurer:

1. Ein Volladdierer besteht aus 5 Gattern.

2. Ein Multiplexer für ein Bit besteht aus 4 Gattern.

3. Das ergibt insgesamt $3 * 8 * 5 + 9 * 4 = 156$ Gatter.

4. Die naive Implementierung hat nur $2 * 8 * 5 = 80$ Gatter.

5. Damit ist die schnelle Implementierung fast doppelt so groß!

Aufgabe 7: Entwickeln Sie eine schnelle Schaltung zum Vergleich zweier 16-Bit-Zahlen. Gehen Sie dabei analog vor zu der Entwicklung des Carry-Select-Addierers.

3.3.3 Addition ganzer Zahlen

Bisher haben wir nur die Addition natürlicher Zahlen betrachtet. Wir wollen jetzt eine Schaltung entwickeln, die auch ganze Zahlen und damit insbesondere negative Zahlen addieren kann. Dazu müssen wir zunächst ein Format zur Darstellung ganzer Zahlen festlegen. In der Praxis ist die Darstellung ganzer Zahlen im *Zweierkomplement* am gebräuchlichsten. Zur Zweierkomplement-Darstellung ganzer Zahlen definieren wir für einen Bit-Vektor $a = a_{n-1}a_{n-2}\cdots a_1 a_0$ der Länge n eine Interpretations-Funktion

$$[\cdot] : \mathbb{B}^n \to \mathbb{Z}$$

wie folgt:

$$[\mathsf{a}] = -a_{n-1} * 2^{n-1} + \sum_{i=0}^{n-2} a_i * 2^i.$$

Das Vorzeichen-Bit wird also mit dem Faktor -2^{n-1} gewichtet, ansonsten wird das i-te Bit mit dem Faktor 2^i gewichtet.

Aufgabe 8: Zeigen Sie, dass für einen Bit-Vektor $a = a_{n-1}a_{n-2}\cdots a_1 a_0$ der Länge n folgende Gleichung gilt:

$$[a_{n-1}a] = [a].$$

Der Bit-Vektor $a_{n-1}a$ ist ein Bit-Vektor der Länge $n+1$, der aus a dadurch entsteht, dass das oberste Bit verdoppelt wird. Die Operation $a \mapsto a_{n-1}a$, die das oberste Bit eines Bit-Vektors verdoppelt, wird als *Vorzeichen-Erweiterung* (Englisch: *sign extension*) bezeichnet.

```
`include "full-adder.v"

module signed_adder(output signed [8:0] sum,
                    input  signed [7:0] a, b,
                    input               cin);
   wire [8:0]   carry;

   assign       carry[0] = cin;

   full_adder fa[7:0] (sum[7:0], carry[8:1], a,    b,    carry[7:0]);
   full_adder fa8     (sum[8],             , a[7], b[7], carry[8]  );
endmodule
```

Abb. 3.22: *Schaltung zur Addition ganzer Zahlen im Zweier-Komplement.*

Als Nächstes entwickeln wir eine Schaltung, mit der wir zwei ganze Zahlen addieren können. Abbildung 3.22 auf Seite 104 zeigt die Implementierung einer solchen Schaltung in *Verilog*. Diese Schaltung addiert zwei 8-Bit-Zahlen, die als Bit-Vektoren in der Zweier-Komplement-Darstellung gegeben sind. Intern besteht die Schaltung aus Volladdierern, die genau so miteinander verknüpft sind, wie das bei dem Byte-Addierer der Fall war. Wir benötigt jetzt allerdings 9 Volladdierer. Da das Übertrags-Signal, das von dem letzten Volladdierer berechnet wird, nicht weiter benötigt wird, haben wir das entsprechende Argument in Zeile 11 einfach weggelassen. Dieses Signal würde ohnehin keine neue Information lieferen, denn es hat immer denselben Wert wie das Signal `carry[8]`. Um diese Behauptung einzusehen, betrachten wir die letzten beiden Volladdierer des Moduls `signed_adder`:

```
full_adder fa[7] (sum[7], carry[8], a[7], b[7], carry[7]);
full_adder fa8   (sum[7],     cout, a[7], b[7], carry[8]);
```

Hier haben wir dem in Abbildung 3.22 ausgelassenen Signal den Namen `cout` gegeben. Wir zeigen nun, dass gilt:

```
cout = carry[8].
```

Um diese Gleichung nachzuweisen, führen wir eine Fallunterscheidung durch:

1. Fall: `carry[8]` $= 0$. Dann kann höchstens eines der beiden Bits `a[7]` und `b[7]` den Wert 1 haben. Damit ist dann aber auch höchstens eines der drei Eingabe-Bits des Volladdierers `fa8` gesetzt, und das bedingt `cout` $= 0$.

2. Fall: `carry[8]` $= 1$. Dann muss mindestens eines der beiden Bits `a[7]` und `b[7]` den Wert 1 haben. Damit sind dann aber mindestens zwei der drei Eingabe-Bits des Volladdierers `fa8` gesetzt, und das bedingt `cout` $= 1$.

Wir haben also in jedem der beiden Fälle `cout` $=$ `carry[8]`.

Als Nächstes zeigen wir, dass die obige Schaltung der Spezifikation

$$[\mathtt{sum}] = [\mathtt{a}] + [\mathtt{b}] + \mathtt{cin}$$

genügt. Zur Vereinfachung der Schreibweise (und weil die Formeln sonst nicht in eine Zeile passen) setzen wir $a_i = \mathtt{a}[i]$, $b_i = \mathtt{b}[i]$, $c_i = \mathtt{carry}[i]$ und $s_i = \mathtt{sum}[i]$. Die Volladdierer $\mathtt{fa}[i]$ erfüllen für $i = 0, \cdots, 7$ die Spezifikation

$$s_i + 2 * c_{i+1} = a_i + b_i + c_i. \qquad (i)$$

Für den Volladdierer `fa8` gilt

$$s_8 + 2 * c_8 = a_7 + b_7 + c_8. \qquad (8)$$

Dabei haben wir berücksichtigt, dass der von diesem Volladdierer produzierte Übertrag den Wert c_8 hat. Wir multiplizieren nun die Gleichungen (i) mit 2^i und die Gleichung (8) multiplizieren wir mit -2^8. Damit erhalten wir

$$s_i * 2^i + c_{i+1} * 2^{i+1} = a_i * 2^i + b_i * 2^i + c_i * 2^i \quad \text{und} \qquad (i')$$

$$-s_8 * 2^8 - 2 * c_8 * 2^8 = -a_7 * 2^8 - b_7 * 2^8 - c_8 * 2^8.$$

Bei der letzten Gleichung addieren wir auf beiden Seiten $c_8 * 2^8$ und erhalten

$$-s_8 * 2^8 - c_8 * 2^8 = -a_7 * 2^8 - b_7 * 2^8. \qquad (8')$$

Wir summieren nun die Gleichungen (i') für $i = 0, \cdots, 8$ auf. Das ergibt

$$\begin{aligned}
&\Big(-s_8 * 2^8 + \sum_{i=0}^{7} s_i * 2^i\Big) + \Big(-c_8 * 2^8 + \sum_{i=0}^{7} c_{i+1} * 2^{i+1}\Big) \\
&= \Big(-a_7 * 2^8 + \sum_{i=0}^{7} a_i * 2^i\Big) + \Big(-b_7 * 2^8 + \sum_{i=0}^{7} b_i * 2^i\Big) + \Big(\sum_{i=0}^{7} c_i * 2^i\Big). \qquad (9)
\end{aligned}$$

Um diese Gleichung zu vereinfachen, betrachten wir als Nächstes die Summen mit den Übertrags-Bits c_i. Für die Summe der Übertrags-Bits auf der linken Seite der Gleichung finden wir

$$-c_8 * 2^8 + \sum_{i=0}^{7} c_{i+1} * 2^{i+1} = -c_8 * 2^8 + c_8 * 2^8 + \sum_{i=0}^{6} c_{i+1} * 2^{i+1} = \sum_{i=1}^{7} c_i * 2^i.$$

Entsprechend finden wir für die Summe der Übertrags-Bits auf der rechten Seite

$$\sum_{i=0}^{7} c_i * 2^i = c_0 + \sum_{i=1}^{7} c_i * 2^i = \texttt{cin} + \sum_{i=1}^{7} c_i * 2^i,$$

denn es gilt ja c_0 = `carry[0]` = `cin`. Wenn wir jetzt auf beiden Seiten der oben angegeben Gleichung (9) die Summe $\sum_{i=1}^{7} c_i * 2^i$ subtrahieren, so erhalten wir

$$\Big(-s_8 * 2^8 + \sum_{i=0}^{7} s_i * 2^i\Big) = \Big(-a_7 * 2^8 + \sum_{i=0}^{7} a_i * 2^i\Big) + \Big(-b_7 * 2^8 + \sum_{i=0}^{7} b_i * 2^i\Big) + \texttt{cin}.$$

Nach der Definition der Interpretations-Funktion $[\cdot] : \mathbb{B}^8 \to \mathbb{Z}$ folgt

$$[s] = [a_7 a] + [b_7 b] + \texttt{cin}.$$

Der Bit-Vektor $a_7 a$ ist gerade die Vorzeichen-Erweiterung des Bit-Vektors a und nach der letzten Aufgabe wissen wir, dass $[a_7 a] = [a]$ und genauso $[b_7 b] = [b]$ gilt. Damit haben wir insgesamt

$$[s] = [a] + [b] + \texttt{cin}$$

bewiesen, und das ist genau die Spezifikation der Schaltung zur Addition ganzer Zahlen.

Als Nächstes entwickeln wir eine Test-Bench für die obige Schaltung. Abbildung 3.23 zeigt eine solche Test-Bench. Bemerkenswert sind eigentlich nur die Zeilen 5 und 6. Dort haben wir hinter die Schlüsselwörter `reg` und `wire` noch das Schlüsselwort `signed` gesetzt. Dadurch erreichen wir, dass die Bit-Vektoren `a`, `b` und `sum` als vorzeichenbehaftete Zahlen interpretiert werden. Dies ist für die Ausgaben wichtig, denn wenn beispielsweise `sum` den Wert 1111 1111 hat, so muss der *Verilog*-Simulator wissen, ob dieser Wert als −1 oder als 255 zu interpretieren ist.

In Zeile 16 haben wir zur Berechnung der Vorzeichen-Erweiterung den *Konkatenations-Operator* $\{\cdot, \cdot\}$ verwendet. Allgemein kann dieser Operator zwei Bit-Vektoren aneinander hängen. Ist x ein Bitvektor der Länge n und ist y ein Bitvektor der Länge m, so ist

$$\{x, y\}$$

ein Bitvektor der Länge $n + m$. Falls in dem Ausdruck $\{x, y\}$ die Variable x nur ein einzelnes Bit bezeichnet, so wird dieses vorne an den Bitvektor y drangehängt.

```
`include "signed-adder.v"

module testBench;
   reg                cin;
   reg  signed [7:0] a, b;
   wire signed [8:0] sum;
   wire               cout;

   wire signed [8:0] lhs, rhs;

   integer            i, j, l;

   signed_adder ba (sum, a, b, cin);

   assign  lhs = sum,
           rhs = { a[7], a } + { b[7], b } + cin;

initial
  begin
     for (i = -128; i < 128; i = i + 1)
       for (j = -128; j < 128; j = j + 1)
         for (l = 0; l < 2; l = l + 1)
            begin
               #1 a = i; b = j; cin = l;
               #1 if (lhs != rhs)
                 begin
   $display("Error: a = %b, b = %d, cin = %b, sum = %b, rhs = %b",
                   a, b, cin, sum, rhs);
                    $finish;
                 end
            end
     $display("Adder tested: Everything works fine!");
  end

endmodule
```

Abb. 3.23: *Eine Test-Bench für das Modul* `signed-adder.v`*.*

3.3.4 Subtraktion

Wir führen die Subtraktion auf die Addition negativer Zahlen zurück, denn es gilt

$$a - b = a + (-b).$$

Statt $a - b$ rechnen wir also $a + (-b)$. Damit dies möglich ist, müssen wir $-b$ berechnen können. Dazu berechnen wir [~a], wir untersuchen also, wie sich der Wert eines Bit-

Vektors ändert, wenn wir den Vektor bitweise komplementieren. Zur Vereinfachung der Schreibweise bezeichnen wir das Komplement eines Bits b mit $\overline{b}$:

$$\overline{b} = \begin{cases} 0 \text{ falls } b = 1; \\ 1 \text{ sonst.} \end{cases}$$

Offenbar gilt $\overline{b} = 1 - b$. Damit finden wir:

$$\begin{aligned}
[\tilde{\ }a] &= -\overline{a}_{n-1} * 2^{n-1} + \sum_{i=0}^{n-2} \overline{a}_i * 2^i \\
&= -(1 - a_{n-1}) * 2^{n-1} + \sum_{i=0}^{n-2} (1 - a_i) * 2^i \\
&= -2^{n-1} + a_{n-1} * 2^{n-1} + \sum_{i=0}^{n-2} 2^i - \sum_{i=0}^{n-2} a_i * 2^i \\
&= -2^{n-1} + \sum_{i=0}^{n-2} 2^i + a_{n-1} * 2^{n-1} - \sum_{i=0}^{n-2} a_i * 2^i \\
&= -2^{n-1} + (2^{n-1} - 1) - \Big(-a_{n-1} * 2^{n-1} + \sum_{i=0}^{n-2} a_i * 2^i\Big) \\
&= -1 - [a]
\end{aligned}$$

Damit haben wir die folgende Gleichung bewiesen:

$$-[a] = [\tilde{\ }a] + 1.$$

Ist also eine Zahl n durch einen Bit-Vektor a gegeben, so erhalten wir die Zahl $-n$, indem wir den Bit-Vektor a bitweise komplementieren und zu dem Ergebnis eine 1 addieren.

```
‘include "full-adder.v"

module subtract(output signed [8:0] diff,
                input  signed [7:0] a, b);
   wire [7:0]   not_b;
   wire [8:0]   c;

   assign       c[0] = 1;

   not n[7:0]   (not_b, b);

   full_adder a[7:0] (diff[7:0], c[8:1], a   , not_b[7:0], c[7:0]);
   full_adder a8     (diff[8]  ,       , a[7], not_b[7]  , c[8]  );
endmodule
```

Abb. 3.24: *Schaltung zur Subtraktion ganzer Zahlen.*

Nach diesen Vorüberlegungen ist die Implementierung einer Schaltung zur Subtraktion jetzt Routine, denn es gilt

$$[a] - [b] = [a] + [\sim b] + 1.$$

Abbildung 3.24 zeigt die Umsetzung dieser Gleichung in *Verilog*. Gegenüber der Schaltung zur Addition ganzer Zahlen gibt es zwei wesentliche Änderungen:

1. Das Carry-Signal `carry[0]` setzen wir jetzt auf 1.

2. Anstatt `b` zu addieren, addieren wir nun das bitweise Komplement von `b`. Dieses bitweise Komplement berechnen wir in Zeile 10 durch ein Feld von Instanzen von `not`-Gattern.

Der Vollständigkeit halber zeigt Abbildung 3.25 auf Seite 110 noch eine Test-Bench für den Subtrahierer. Da für den Vergleich in Zeile 22 die Bit-Vektoren `lhs` und `rhs` dieselbe Länge haben müssen, haben wir in Zeile 14 `rhs` als Differenz der vorzeichenerweiterten Bit-Vektoren `a` und `b` definiert.

Aufgabe 9: Entwickeln Sie eine Schaltung, die folgendes Interface hat:

```
module less_than(output                cmp,
                 input signed [7:0] a, b);
   ⋮
endmodule
```

Hierbei werden die Eingänge `a` und `b` als Zahlen im Zweier-Komplement aufgefasst. Der Ausgang `cmp` soll genau dann den Wert `1` haben, wenn `a` kleiner als `b` ist. Implementieren Sie eine Test-Bench, die Ihre Schaltung vollständig testet!

3.4 Multiplikation

In diesem Abschnitt ist unser Ziel, den in der Grundschule erlernten Algorithmus zur Multiplikation in einer Schaltung zu implementieren. Wir betrachten zunächst die Multiplikation zweier 4-Bit-Zahlen x und y, die im Zweier-System gegeben sind. Wollen wir die einzelnen Bits explizit angeben, so verwenden wir die *Verilog*-Notation für Bit-Vektoren und fassen die einzelnen Bits in geschweiften Klammern ein. Sind a und b Bit-Vektoren, die die Zahlen x und y darstellen, so schreiben wir also

$$a = \{a_3, a_2, a_1, a_0\} \quad \text{und} \quad b = \{b_3, b_2, b_1, b_0\}.$$

```
‘include "subtract.v"

module testBench;
   reg  signed [7:0] a, b;
   wire signed [8:0] diff;

   wire signed [8:0] lhs, rhs;

   integer           i, j, l;

   subtract ba (diff, a, b);

   assign            lhs = diff,
                     rhs = { a[7], a } - { b[7], b };

initial
  begin
    for (i = -128; i < 128; i = i + 1)
      for (j = -128; j < 128; j = j + 1)
           begin
              #1 a = i; b = j;
              #1 if (lhs != rhs)
                begin
  $display("Error: a = %b, b = %d, diff = %b, rhs = %b",
                    a, b, diff, rhs);
                  $finish;
                end
           end
    $display("Adder tested: Everything works fine!");
  end

endmodule
```

Abb. 3.25: *Test-Bench für die Subtraktion.*

Wir berechnen jetzt das Produkt $x * y$:

$$
\begin{aligned}
x * y &= \langle \mathsf{a} \rangle * \langle \mathsf{b} \rangle && \text{wegen } x = \langle \mathsf{a} \rangle,\ y = \langle \mathsf{b} \rangle \\
&= \langle \mathsf{a} \rangle * \sum_{i=0}^{3} b_i * 2^i && \text{wegen } b = \sum_{i=0}^{3} b_i * 2^i \\
&= \sum_{i=0}^{3} \langle \mathsf{a} \rangle * b_i * 2^i \\
&= \sum_{i=0}^{3} \langle \{a_3, a_2, a_1, a_0\} \rangle * b_i * 2^i \\
&= \sum_{i=0}^{3} \left(\sum_{j=0}^{3} a_j * 2^j \right) * b_i * 2^i \\
&= \sum_{i=0}^{3} \left(\sum_{j=0}^{3} a_j * b_i * 2^{j+i} \right) \\
&= \sum_{i=0}^{3} \langle \{a_3 * b_i, a_2 * b_i, a_1 * b_i, a_0 * b_i, \underbrace{0, \cdots, 0}_{i}\} \rangle
\end{aligned}
$$

Damit haben wir die Multiplikation auf mehrere Additionen zurückgeführt. Für die Multiplikation zweier 4-Bit-Zahlen a und b erhalten wir das folgende Schema:

$$
\begin{array}{cccccccc|c}
 & & a_3 & a_2 & a_1 & a_0 & & & * \\
\hline
 & a_3 * b_3 & a_2 * b_3 & a_1 * b_3 & a_0 * b_3 & 0 & 0 & 0 & b_3 \\
 & & a_3 * b_2 & a_2 * b_2 & a_1 * b_2 & a_0 * b_2 & 0 & 0 & b_2 \\
 & & & a_3 * b_1 & a_2 * b_1 & a_1 * b_1 & a_0 * b_1 & 0 & b_1 \\
 & & & & a_3 * b_0 & a_2 * b_0 & a_1 * b_0 & a_0 * b_0 & b_0 \\
\hline
p_7 & p_6 & p_5 & p_4 & p_3 & p_2 & p_1 & p_0 &
\end{array}
$$

Wir müssen nun die einzelnen Zeilen dieser Matrix zu dem Ergebnis aufaddieren. Es ist am effizientesten, wenn wir von unten anfangen: Die letzte Stelle des Produktes erhalten wir unmittelbar, es gilt:

$$p_0 = a_0 * b_0.$$

Anschließend bilden wir die Summe:

$$
\begin{array}{ccccc}
 & a_3 * b_1 & a_2 * b_1 & a_1 * b_1 & a_0 * b_1 \\
 & & a_3 * b_0 & a_2 * b_0 & a_1 * b_0 \\
\hline
s_4^{(1)} & s_3^{(1)} & s_2^{(1)} & s_1^{(1)} & s_0^{(1)}
\end{array}
$$

Die letzte Ziffer der Summe $s^{(1)}$ liefert uns die Stelle p_1, es gilt $p_1 = s_0^{(1)}$. Die oberen vier Bits dieser Summe addieren wir dann zu der Zeile, die aus den Produkten $a_i * b_2$ besteht:

$$
\begin{array}{ccccc}
 & a_3 * b_2 & a_2 * b_2 & a_1 * b_2 & a_0 * b_2 \\
 & s_4^{(1)} & s_3^{(1)} & s_2^{(1)} & s_1^{(1)} \\
\hline
s_4^{(2)} & s_3^{(2)} & s_2^{(2)} & s_1^{(2)} & s_0^{(2)}
\end{array}
$$

Die letzte Stelle der Summe $s^{(2)}$ liefert die Stelle p_2, es gilt $p_2 = s_0^{(2)}$. Zum Abschluss addieren wir die oberen vier Stellen der Summe $s^{(2)}$ zu der Zeile, die aus den Produkten $a_i * b_3$ besteht:

$$
\begin{array}{ccccc}
 & a_3 * b_3 & a_2 * b_3 & a_1 * b_3 & a_0 * b_3 \\
 & s_4^{(2)} & s_3^{(2)} & s_2^{(2)} & s_1^{(2)} \\
\hline
p_7 & p_6 & p_5 & p_4 & p_3
\end{array}
$$

Damit erhalten wir dann die obersten 5 Stellen des Produktes p. Jetzt ist noch zu klären, wie die Produkte der einzelnen Bits berechnet werden können. Da ein einzelnes Bit nur die Werte 0 oder 1 annehmen kann, gilt

$$a_i * b_j = (a \,\&\, b).$$

Daher können wir diese Produkte mit einem `and`-Gatter berechnen.

Der oben skizzierte Algorithmus ist in Abbildung 3.26 in *Verilog* implementiert. Dabei haben wir allerdings eine Abstraktionsebene gewählt, die höher liegt als bei den bisher präsentierten Schaltungen. Diese Ebene wird auch als die *RTL-Ebene* (*register transfer level*) bezeichnet. Wir erläutern die Implementierung nun Zeile für Zeile.

1. In Zeile 5 deklarieren wir `s1` und `s2` als Bit-Vektoren der Länge 5. Diese Bit-Vektoren entsprechen den Variablen $s^{(1)}$ und $s^{(2)}$, die wir bei der Herleitung des Algorithmus benutzt haben.

```
1   module multiply(p, a, b);
2     output [7:0] p;
3     input  [3:0] a, b;
4
5     wire   [5:0] s1, s2;
6
7  assign p[0]   =   a[0] & b[0];
8  assign s1     =   {a[3] & b[1], a[2] & b[1], a[1] & b[1], a[0] & b[1]}
9                  + {        1'b0, a[3] & b[0], a[2] & b[0], a[1] & b[0]};
10 assign p[1]   = s1[0];
11 assign s2     =   {a[3] & b[2], a[2] & b[2], a[1] & b[2], a[0] & b[2]}
12                 + {       s1[4],       s1[3],       s1[2],       s1[1]};
13 assign p[2]   = s2[0];
14 assign p[7:3] =   {a[3] & b[3], a[2] & b[3], a[1] & b[3], a[0] & b[3]}
15                 + {       s2[4],       s2[3],       s2[2],       s2[1]};
16  endmodule
```

Abb. 3.26: *Implementierung eines Multiplizierers in Verilog.*

2. Zeile 7 enthält eine so genannte *ständige Zuweisung* (engl. *continuous assignment*). Gelegentlich findet man hierfür auch die Übersetzung „*stetige Zuweisung*“. Die allgemeine Form einer ständigen Zuweisung ist:

   `assign` *lhs* = *expr*;

   Dabei steht *lhs* für einen Ausdruck, dem ein Wert zugewiesen werden kann. Dies ist entweder ein einfacher Variablen-Name oder ein Vektor-Zugriff der Form `var[i]`.

   expr ist ein Ausdruck, der ausgewertet wird und dessen Wert dann *lhs* zugewiesen wird.

   Die ständige Zuweisung in Zeile 7 könnte auch strukturell beschrieben werden. Die Zeile

   `and(p[0], a[0], b[0])`

   ist völlig äquivalent zur Zeile 7.

   Neben dem Operator `&` zur Berechnung der bitweisen Und-Verknüpfung stellt *Verilog* auf RTL-Ebene noch die Operatoren `|` (bitweise Oder-Verknüpfung), `^` (bitweise ausschließende Oder-Verknüpfung) und `~` (bitweise Negation) zur Verfügung.

3. In Zeile 8 und 9 berechnen wir die Summe $s^{(1)}$. Hier sehen wir, dass der Ausdruck auf der rechten Seite einer ständigen Zuweisung auch arithmetische Operatoren, in diesem Falle „`+`“, enthalten kann. Die beiden Summanden, die hier addiert werden, sind Bit-Vektoren. Bei einer solchen Additionen müssen die zu addierenden Bit-Vektoren dieselbe Länge haben. Daher haben wir bei dem zweiten Bit-Vektor am Anfang noch eine 0 eingefügt. Die Schreibweise `1'b0` ist hier wie folgt zu lesen:

   (a) Die „`1`“ vor dem Apostroph gibt die Zahl der Stellen an, in diesem Falle hat die Zahl also eine Stelle.

```
1  `include "byte-adder-with-delay.v"
2  `include "multiply-bit.v"
3
4  module multiply(output [15:0] p,
5  input  [ 7:0] a, b);
6     wire [8:0] s1, s2, s3, s4, s5, s6;
7
8     wire [7:0] zl0, zl1, zl2, zl3, zl4, zl5, zl6, zl7;
9
10    multiply_bit mb0 (zl0, a, b[0]);
11    multiply_bit mb1 (zl1, a, b[1]);
12    multiply_bit mb2 (zl2, a, b[2]);
13    multiply_bit mb3 (zl3, a, b[3]);
14    multiply_bit mb4 (zl4, a, b[4]);
15    multiply_bit mb5 (zl5, a, b[5]);
16    multiply_bit mb6 (zl6, a, b[6]);
17    multiply_bit mb7 (zl7, a, b[7]);
18
19    and (p[0], a[0], b[0]);
20    buf (p[1], s1[0]);
21    buf (p[2], s2[0]);
22    buf (p[3], s3[0]);
23    buf (p[4], s4[0]);
24    buf (p[5], s5[0]);
25    buf (p[6], s6[0]);
26
27    byte_adder b1   (s1[8], s1[7:0], zl1, { 1'b0, zl0[7:1] }, 0);
28    byte_adder b2   (s2[8], s2[7:0], zl2,          s1[8:1]  , 0);
29    byte_adder b3   (s3[8], s3[7:0], zl3,          s2[8:1]  , 0);
30    byte_adder b4   (s4[8], s4[7:0], zl4,          s3[8:1]  , 0);
31    byte_adder b5   (s5[8], s5[7:0], zl5,          s4[8:1]  , 0);
32    byte_adder b6   (s6[8], s6[7:0], zl6,          s5[8:1]  , 0);
33    byte_adder b7   (p[15], p[14:7], zl7,          s6[8:1]  , 0);
34 endmodule
```

Abb. 3.27: *Strukturelle Implementierung eines Multiplizierers in Verilog.*

(b) Der Buchstabe „b“ hinter dem Apostroph gibt an, dass die Zahl *binär* dargestellt wird. Neben der binären Darstellung gibt es in *Verilog* noch die Möglichkeit Zahlen *dezimal* (entspricht „d“), *oktal* (entspricht „o“) und *hexadezimal* (entspricht „h“) darzustellen.

(c) Die „0“ schließlich gibt den Wert der Zahl an. Im Allgemeinen können hier mehrere Ziffern des ausgewählten Zahlen-Systems verwendet werden.

Zusätzlich sehen wir in Zeile 8 und 9, dass die Ausdrücke, die auf der rechten Seite einer ständigen Zuweisung stehen, beliebig komplex sein können, denn innerhalb der geschweiften Klammern treten ja noch Und-Verknüpfungen auf.

4. In Zeile 14 sehen wir, dass auf der linken Seite einer ständigen Zuweisung auch ein so genannter *Slice-Operator* auftreten kann. Dieser hat allgemein die Form

$$v[i{:}j] = \mathit{expr}.$$

Dabei ist v ein Bit-Vektor, i und j sind Indizes und *expr* ist ein Ausdruck, dessen Auswertung einen Bit-Vektor der Länge $j - i + 1$ ergeben muss. Die einzelnen Bits dieses Vektors werden dann der Reihe nach $v[i], v[i+1], \cdots, v[j]$ zugewiesen.

```
‘include "multiply-school.v"

module testBench;
   reg   [7:0] a, b;
   wire [15:0] p;

   integer    i, j;

   multiply mp (p, a, b);

initial
  begin
     for (i = 0; i < 256; i = i + 1)
       begin
         $display("Testing a = %3d", i);
         for (j = 0; j < 256; j = j + 1)
           begin
             #100 a = 8’bx; b = 8’bx;
             #100 a = i; b = j;
             #42 if (p !== a * b)
             $display("Error: a = %b, b = %b, p = %b", a, b, p);
             $finish;
           end
       end // for (i = 0; i < 256; i = i + 1)
     $display("less_than tested: Everything works fine!");
  end
endmodule // testBench
```

Abb. 3.28: *Test-Bench für den Multiplizierer.*

Die oben angegebene *Verilog*-Implementierung ist zwar übersichtlicher als eine strukturelle Implementierung, es ist bei der abstrakten Implementierung aber nicht mehr ohne weiteres möglich, die Laufzeiten der Signale zu messen, denn dafür ist eine strukturelle Implementierung erforderlich. Abbildung 3.27 auf Seite 113 zeigt die strukturelle Implementierung eines Multiplizierers, der zwei Bytes miteinander multipliziert.

1. Wir verwenden das Modul `multiply_bit`, das ein Byte a bitweise mit einem einzelnen Bit b multipliziert. Nach dem Aufruf `multiply_bit`(p, a, b) ist also die Spezifikation

   $$p = a * b$$

   erfüllt.

2. Dieses Modul instantiieren wir in den Zeilen 10 bis 17 insgesamt acht Mal, um die Produkte $a * b[i]$, für $i = 0, \cdots, 7$ zu berechnen.

3. In den Zeilen 20–25 haben wir das Gatter `buf` verwendet. Dieses Gatter stellt einen *Puffer* dar. Es hat einen Eingang und einen Ausgang. Am Ausgang wird immer der Wert ausgegeben, der am Eingang anliegt.

Zum Abschluss zeigen wir in Abbildung 3.28 noch eine Test-Bench für unsere Schaltung zur Multiplikation. Mit dieser Test-Bench lässt sich zeigen, dass die Ausgänge der Schaltung erst nach 42 Zeiteinheiten stabil sind.

Aufgabe 10: Implementieren Sie eine Schaltung zur Multiplikation zweier 16-Bit-Zahlen. Verwenden Sie dabei das oben gezeigte Modul `multiply`.

3.4.1 Beschleunigung der Multiplikation: Carry-Save-Adder

Der oben gezeigte Multiplizierer benötigt 42 Zeiteinheiten, um eine Multiplikation durchzuführen. Wir entwickeln nun eine Schaltung, die schneller ist. Die meiste Zeit wird dabei bei der Addition verbraucht. Wir zeigen, wie diese Zeit verkürzt werden kann. Abbildung 3.29 auf Seite 116 zeigt einen so genannten *Carry-Save-Addierer*. Die Eingänge dieser Schaltung sind `a`, `b` und `c`, die Ausgänge sind `s` und `t`. Zwischen diesen Signalen besteht die Beziehung

$$\langle \texttt{s} \rangle + 2 * \langle \texttt{t} \rangle = \langle \texttt{a} \rangle + \langle \texttt{b} \rangle + \langle \texttt{c} \rangle.$$

Die entscheidende Idee beim Carry-Save-Addierer besteht darin, dass nicht zwei, sondern drei Zahlen `a`, `b` und `c` addiert werden. Die Schaltung produziert dann als Ergebnis nicht eine Zahl, sondern zwei Zahlen `s` und `t`, die zusammen die Summe von `a`, `b` und `c` darstellen.

Aufgabe: Beweisen Sie, dass der in Abbildung 3.29 gezeigte Carry-Save-Addierer der oben angegebenen Spezifikation genügt.

Der entscheidende Vorteil bei einem Carry-Save-Addierer ist die Tatsache, dass die einzelnen Voll-Addierer, die in Zeile 5 der Abbildung 3.29 instantiiert werden, voneinander unabhängig arbeiten, denn die Eingänge dieser Voll-Addierer sind von den Ausgängen unabhängig. Daher braucht keiner der Voll-Addierer auf das Ergebnis eines anderen Voll-Addierers warten. Das hat zur Folge, dass die Ausgänge `s` und `t` bereits nach drei Zeiteinheiten zur Verfügung stehen. Carry-Save-Addierer können dann mit Erfolg eingesetzt werden, wenn mehrere Additionen durchgeführt werden müssen. Das ist zum Beispiel bei der Berechnung des Produktes zweier Zahlen $\langle \texttt{p} \rangle = \langle \texttt{a} \rangle * \langle \texttt{b} \rangle$ der Fall, denn dort muss die Summe

```
‘include "full-adder-with-delay.v"

module carry_save_adder(output [8:0] s, t,
                        input  [8:0] a, b, c);
   full_adder fa[8:0] (s, t, a, b, c);
endmodule

module nine_bit_adder(output [8:0] s,
                      input  [8:0] a, b);
   wire [9:0] carry;
   assign     carry[0] = 0;
   full_adder fa[8:0] (s, carry[9:1], a, b, carry[8:0]);
endmodule
```

Abb. 3.29: *Implementierung eines Carry-Save-Addierers.*

$$\langle \mathtt{p} \rangle = \sum_{i=0}^{n-1} \langle \mathtt{a} \rangle * \mathtt{b}[i] \qquad (\star)$$

berechnet werden. Abbildung 3.30 auf Seite 117 zeigt eine Schaltung, die zur Berechnung des Produktes $\langle \mathtt{a} \rangle * \langle \mathtt{b} \rangle$ Carry-Save-Addierer verwendet. Wir beweisen, dass diese Schaltung korrekt arbeitet. Um die Schreibweise zu vereinfachen, vereinbaren wir, dass wir für einen Bit-Vektor x statt $\mathtt{x}[i]$ kürzer $\mathtt{x}_i$ schreiben.

1. Zunächst gilt $\mathtt{row}i = \langle \mathtt{a} \rangle * \mathtt{b}_i$ für alle $i = 0, \cdots, 7$.
2. Nach Zeile 19 bis 25 genügen die Bits 0 bis 6 des Bit-Vektors p den Gleichungen:
   (a) $\mathtt{p}_0 = \mathtt{s0}_0$
   (b) $\mathtt{p}_1 = \mathtt{s1}_0$
   (c) $\mathtt{p}_2 = \mathtt{s2}_0$
   (d) $\mathtt{p}_3 = \mathtt{s3}_0$
   (e) $\mathtt{p}_4 = \mathtt{s4}_0$
   (f) $\mathtt{p}_5 = \mathtt{s5}_0$
   (g) $\mathtt{p}_6 = \mathtt{s6}_0$
3. Nach der Spezifikation des Carry-Save-Addierers csa1 in Zeile 30 gilt

   $$\langle \mathtt{s1} \rangle + 2 * \langle \mathtt{t1} \rangle = \langle \mathtt{s0} \rangle / 2 + \langle \mathtt{t0} \rangle + \langle \mathtt{a} \rangle * \mathtt{b}_2 * 2.$$

   (Wir haben hier $\langle \mathtt{s0} \rangle$ durch 2 geteilt, weil der Ausdruck s0[8:1] das letzte Bit von s0 abschneidet. Das entspricht gerade der Division durch 2.) Wir multiplizieren diese Gleichung mit 2 und erhalten[2]

[2]Dabei ist zu berücksichtigen, dass die ganzzahlige Division durch 2 der Gleichung

$$n = (n/2) * 2 + n \,\%\, 2$$

genügt. Letzteres ist äquivalent zu $(n/2) * 2 = n - n \,\%\, 2$.

```
`include "multiply-bit.v"
`include "carry-save-adder.v"

module multiply(output [15:0] p,
                input   [7:0] a, b);
   wire [8:0] s0, s1, s2, s3, s4, s5, s6;
   wire [8:0] t0, t1, t2, t3, t4, t5, t6;
   wire [7:0] row0, row1, row2, row3, row4, row5, row6, row7;

   multiply_bit mb0 (row0, a, b[0]);
   multiply_bit mb1 (row1, a, b[1]);
   multiply_bit mb2 (row2, a, b[2]);
   multiply_bit mb3 (row3, a, b[3]);
   multiply_bit mb4 (row4, a, b[4]);
   multiply_bit mb5 (row5, a, b[5]);
   multiply_bit mb6 (row6, a, b[6]);
   multiply_bit mb7 (row7, a, b[7]);

   buf (p[0], s0[0]);
   buf (p[1], s1[0]);
   buf (p[2], s2[0]);
   buf (p[3], s3[0]);
   buf (p[4], s4[0]);
   buf (p[5], s5[0]);
   buf (p[6], s6[0]);

   assign    s0 = { 1'b0, row0 },
             t0 = { 1'b0, row1 };

carry_save_adder csa1 (s1, t1, {1'b0, s0[8:1]}, t0, {row2, 1'b0});
carry_save_adder csa2 (s2, t2, {1'b0, s1[8:1]}, t1, {row3, 1'b0});
carry_save_adder csa3 (s3, t3, {1'b0, s2[8:1]}, t2, {row4, 1'b0});
carry_save_adder csa4 (s4, t4, {1'b0, s3[8:1]}, t3, {row5, 1'b0});
carry_save_adder csa5 (s5, t5, {1'b0, s4[8:1]}, t4, {row6, 1'b0});
carry_save_adder csa6 (s6, t6, {1'b0, s5[8:1]}, t5, {row7, 1'b0});

   nine_bit_adder   tba ( p[15:7], { 1'b0, s6[8:1] }, t6);
endmodule
```

Abb. 3.30: *Multiplizierer mit Carry-Save-Addierern.*

$$\langle \mathtt{s1} \rangle * 2^1 + \langle \mathtt{t1} \rangle * 2^2 = \langle \mathtt{s0} \rangle - \langle \mathtt{s0} \rangle \,\%\, 2 + \langle \mathtt{t0} \rangle * 2^1 + \langle \mathtt{a} \rangle * \mathtt{b}_2 * 2^2.$$

An dieser Stelle berücksichtigen wir, dass $\mathtt{p}_0 = \langle \mathtt{s0} \rangle \,\%\, 2$ gilt, und addieren daher auf beiden Seiten der obigen Gleichung den Wert $\mathtt{p}_0$. Dann erhalten wir

$$\mathtt{p}_0 + \langle \mathtt{s1} \rangle * 2^1 + \langle \mathtt{t1} \rangle * 2^2 = \langle \mathtt{s0} \rangle + \langle \mathtt{t0} \rangle * 2^1 + \langle \mathtt{a} \rangle * \mathtt{b}_2 * 2^2.$$

Wegen $\mathtt{s0} = \langle \mathtt{a} \rangle * \mathtt{b}_0$ und $\mathtt{t0} = \langle \mathtt{a} \rangle * \mathtt{b}_1$ ist dies äquivalent zu

$$\mathtt{p}_0 + \langle \mathtt{s1} \rangle * 2^1 + \langle \mathtt{t1} \rangle * 2^2 = \langle \mathtt{a} \rangle * \mathtt{b}_0 + \langle \mathtt{a} \rangle * \mathtt{b}_1 * 2^1 + \langle \mathtt{a} \rangle * \mathtt{b}_2 * 2^2. \quad (1)$$

4. Nach der Spezifikation des Carry-Save-Addierers `csa2` in Zeile 31 gilt

$$\langle \mathtt{s2} \rangle + 2 * \langle \mathtt{t2} \rangle = \langle \mathtt{s1} \rangle / 2 + \langle \mathtt{t1} \rangle + \langle \mathtt{a} \rangle * \mathtt{b}_3 * 2.$$

Wir multiplizieren diese Gleichung mit 2 und erhalten

$$\langle \mathtt{s2} \rangle * 2^1 + \langle \mathtt{t2} \rangle * 2^2 = \langle \mathtt{s1} \rangle - \langle \mathtt{s1} \rangle \,\%\, 2 + \langle \mathtt{t1} \rangle * 2^1 + \langle \mathtt{a} \rangle * \mathtt{b}_3 * 2^2.$$

Wir berücksichtigen $\mathtt{p}_1 = \mathtt{s1}_0 = \langle \mathtt{s1} \rangle \,\%\, 2$ und addieren auf beiden Seiten der obigen Gleichung den Wert $\mathtt{p}_1$. Dann erhalten wir

$$\mathtt{p}_1 + \langle \mathtt{s2} \rangle * 2^1 + \langle \mathtt{t2} \rangle * 2^2 = \langle \mathtt{s1} \rangle + \langle \mathtt{t1} \rangle * 2^1 + \langle \mathtt{a} \rangle * \mathtt{b}_3 * 2^2.$$

Diese Gleichung multiplizieren wir ein weiteres Mal mit 2 und addieren anschließend auf beiden Seiten $\mathtt{p}_0$:

$$\mathtt{p}_0 + \mathtt{p}_1 * 2^1 + \langle \mathtt{s2} \rangle * 2^2 + \langle \mathtt{t2} \rangle * 2^3 = \mathtt{p}_0 + \langle \mathtt{s1} \rangle * 2^1 + \langle \mathtt{t1} \rangle * 2^2 + \langle \mathtt{a} \rangle * \mathtt{b}_3 * 2^3.$$

Für den Term $\mathtt{p}_0 + \langle \mathtt{s1} \rangle * 2^1 + \langle \mathtt{t1} \rangle * 2^2$ setzen wir die rechte Seite der Gleichung (1) ein. Das liefert

$$\mathtt{p}_0 + \mathtt{p}_1 * 2^1 + \langle \mathtt{s2} \rangle * 2^2 + \langle \mathtt{t2} \rangle * 2^3 = \sum_{i=0}^{3} \langle \mathtt{a} \rangle * \mathtt{b}_i * 2^i. \quad (2)$$

5. Auf die gleiche Weise finden wir nun für die Carry-Save-Addierer `csa3 - csa6` die Gleichungen

$$\sum_{i=0}^{2} \mathtt{p}_i * 2^i + \langle \mathtt{s3} \rangle * 2^3 + \langle \mathtt{t3} \rangle * 2^4 = \sum_{i=0}^{4} \langle \mathtt{a} \rangle * \mathtt{b}_i * 2^i \quad (3)$$

$$\sum_{i=0}^{3} \mathtt{p}_i * 2^i + \langle \mathtt{s4} \rangle * 2^4 + \langle \mathtt{t4} \rangle * 2^5 = \sum_{i=0}^{5} \langle \mathtt{a} \rangle * \mathtt{b}_i * 2^i \quad (4)$$

$$\sum_{i=0}^{4} \mathtt{p}_i * 2^i + \langle \mathtt{s5} \rangle * 2^5 + \langle \mathtt{t5} \rangle * 2^6 = \sum_{i=0}^{6} \langle \mathtt{a} \rangle * \mathtt{b}_i * 2^i \quad (5)$$

$$\sum_{i=0}^{5} \mathtt{p}_i * 2^i + \langle \mathtt{s6} \rangle * 2^6 + \langle \mathtt{t6} \rangle * 2^7 = \sum_{i=0}^{7} \langle \mathtt{a} \rangle * \mathtt{b}_i * 2^i. \quad (6)$$

6. Abbildung 3.29 enthält neben den Carry-Save-Addierern in den Zeilen 8 – 13 die Spezifikation eines gewöhnlichen 9-Bit-Addierers, der allerdings nur funktioniert, wenn bei der Addition insgesamt kein Übertrag erzeugt wird. Nach Gleichung (6) ist leicht zu sehen, dass gilt:

$$\begin{aligned}\langle \texttt{s6}\rangle/2 + \langle \texttt{t6}\rangle &\leq \left(\sum_{i=0}^{7} \langle \texttt{a}\rangle * b_i * 2^i\right)/2^7 \\ &= (\langle \texttt{a}\rangle * \langle \texttt{b}\rangle)/2^7 \\ &\leq (2^8 - 1) * (2^8 - 1)/2^7 \\ &< 2^9\end{aligned}$$

Damit ist die Summe $\langle \texttt{s6[8:1]}\rangle + \langle \texttt{s7}\rangle$ mit 9 Bits darstellbar und daher liefert die Spezifikation des 9-Bit-Addierers in Zeile 37 die Formel

$$\langle \texttt{p[15:7]}\rangle = \langle \texttt{s6}\rangle/2 + \langle \texttt{t6}\rangle.$$

Multiplikation dieser Gleichung mit 2 liefert

$$\langle \texttt{p[15:7]}\rangle * 2 = \langle \texttt{s6}\rangle - \langle \texttt{s6}\rangle \,\%\, 2 + \langle \texttt{t6}\rangle * 2.$$

Wir wissen, dass $\langle \texttt{s6}\rangle \,\%\, 2 = \texttt{p}_6$ ist. Wir addieren daher auf beiden Seiten dieser Gleichung $\texttt{p}_6$ und haben

$$\langle \texttt{p[15:7]}\rangle * 2 + \texttt{p}_6 = \langle \texttt{s6}\rangle + \langle \texttt{t6}\rangle * 2.$$

Natürlich gilt $\langle \texttt{p[15:7]}\rangle * 2 + \texttt{p}_6 = \langle \texttt{p[15:6]}\rangle$. Setzen wir dies oben ein und multiplizieren beide Seiten der Gleichung mit 2^6, so erhalten wir

$$\langle \texttt{p[15:6]}\rangle * 2^6 = \langle \texttt{s6}\rangle * 2^6 + \langle \texttt{t6}\rangle * 2^7.$$

Es gilt $\langle \texttt{p[15:6]}\rangle = \sum_{i=6}^{15} p_i * 2^{i-6}$. Addieren wir auf beiden Seiten der obigen Gleichung $\sum_{i=0}^{5} p_i * 2^i$, so erhalten wir also

$$\sum_{i=6}^{15} p_i * 2^i + \sum_{i=0}^{5} p_i * 2^i = \sum_{i=0}^{5} p_i * 2^i + \langle \texttt{s6}\rangle * 2^6 + \langle \texttt{t6}\rangle * 2^7.$$

Die rechte Seite dieser Gleichung ist aber genau die linke Seite der Gleichung (6). Also haben wir

$$\sum_{i=0}^{15} p_i * 2^i = \sum_{i=0}^{7} \langle \texttt{a}\rangle * \texttt{b}_i * 2^i,$$

und das heißt gerade

$$\langle \texttt{p}\rangle = \langle \texttt{a}\rangle * \langle \texttt{b}\rangle.$$

Damit haben wir die Korrektheit der Schaltung gezeigt.

3.5 Division mit Rest

In diesem Abschnitt entwickeln wir eine Schaltung, die sowohl den Quotienten als auch den Rest bei einer ganzzahligen Division berechnet. Zunächst einmal spezifizieren wir mathematisch, was wir unter *Division mit Rest* verstehen:

1. **Gegeben** sind zwei natürliche Zahlen $d, p \in \mathbb{N}$ mit $p > 0$. Wir bezeichnen d als den *Dividenden* und p als den *Divisor*.

2. **Gesucht** sind dann zwei natürliche Zahlen $q, r \in \mathbb{N}$, so dass gilt:
$$d = q * p + r \quad \text{und} \quad r < p.$$
Wir bezeichnen q als den *Quotienten* und r als den *Rest*.

Um eine Schaltung zur Berechnung von Quotienten und Rest entwickeln zu können, benötigen wir zunächst einen Algorithmus, mit dem wir die Berechnung durchführen können. Wir nehmen an, dass die verwendeten Zahlen mit n Bits dargestellt werden. Dann setzen wir für q die Darstellung $q = \sum_{i=0}^{n-1} q_i * 2^i$ in die Formel $d = q * p + r$ ein und erhalten

$$d = \left(\sum_{i=0}^{n-1} q_i * 2^i \right) * p + r.$$

Da wir zunächst den höchsten Koeffizienten q_{n-1} berechnen wollen, formen wir diese Gleichung wie folgt um

$$d = p * q_{n-1} * 2^{n-1} + \left(\sum_{i=0}^{n-2} q_i * 2^i \right) * p + r. \tag{1}$$

Das Bit q_{n-1} hat entweder den Wert 0 oder 1. Um zu sehen, welcher Fall vorliegt, setzen wir für q_{n-1} in der obigen Gleichung den Wert 1 ein. In diesem Fall erhalten wir:

$$d = p * 2^{n-1} + \left(\sum_{i=0}^{n-2} q_i * 2^i \right) * p + r.$$

Da in dieser Gleichung alle Zahlen positiv sind, muss die Bedingung

$$d \geq p * 2^{n-1}.$$

gelten. Daher setzen wir

$$q_{n-1} := \begin{cases} 1 & \text{falls } p * 2^{n-1} \leq d; \\ 0 & \text{sonst.} \end{cases}$$

Wir ziehen nun von beiden Seiten der Gleichung (1) den Wert $p * q_{n-1} * 2^{n-1}$ ab und erhalten

$$d - p * q_{n-1} * 2^{n-1} = \left(\sum_{i=0}^{n-2} q_i * 2^i \right) * p + r.$$

Da wir nun q_{n-2} bestimmen wollen, schreiben wir diese Gleichung als

$$d - p * q_{n-1} * 2^{n-1} = q_{n-2} * p * 2^{n-2} + \left(\sum_{i=0}^{n-3} q_i * 2^i \right) * p + r. \tag{2}$$

Analog zu unserem Vorgehen oben setzen wir in Gleichung (2) versuchsweise für q_{n-2} den Wert 1 ein und erhalten

$$d - p * q_{n-1} * 2^{n-1} = p * 2^{n-2} + \left(\sum_{i=0}^{n-3} q_i * 2^i\right) * p + r.$$

Da in dieser Gleichung alle Zahlen positiv sind, folgt aus dieser Gleichung die Bedingung

$$d - p * q_{n-1} * 2^{n-1} \geq p * 2^{n-2}.$$

Daher setzen wir

$$q_{n-2} := \begin{cases} 1 \text{ falls} & p * 2^{n-2} \leq d - p * q_{n-1} * 2^{n-1}; \\ 0 \text{ sonst.} \end{cases}$$

Um im allgemeinen Fall den Koeffizienten q_k zu bestimmen, gehen wir von der Gleichung

$$d - p * \sum_{i=k+1}^{n-1} q_i * 2^i = q_k * p * 2^k + \left(\sum_{i=0}^{k-1} q_i * 2^i\right) * p + r$$

aus. Setzen wir hier versuchsweise für q_k den Wert 1 ein, so erhalten wir

$$d - p * \sum_{i=k+1}^{n-1} q_i * 2^i = p * 2^k + \left(\sum_{i=0}^{k-1} q_i * 2^i\right) * p + r.$$

Da in dieser Gleichung alle Zahlen positiv sind, folgt aus dieser Gleichung die Bedingung

$$d - p * \sum_{i=k+1}^{n-1} q_i * 2^i \geq p * 2^k.$$

Daher setzen wir im allgemeinen Fall

$$q_k := \begin{cases} 1 \text{ falls} & d - p * \sum_{i=k+1}^{n-1} q_i * 2^i \geq p * 2^k; \\ 0 \text{ sonst.} \end{cases}$$

Weiter definieren wir für $k = n,\ n-1,\ n-2,\ \cdots,\ 0$

$$q^{(k)} := \sum_{i=k}^{n-1} q_i * 2^i \qquad \text{und} \qquad r^{(k)} := d - p * q^{(k)}.$$

Die Bits q_k können dann für $k = n-1,\ n-2,\ \cdots,\ 0$ einfacher wie folgt definiert werden:

$$q_k := \begin{cases} 1 \text{ falls} & r^{(k+1)} \geq p * 2^k; \\ 0 \text{ sonst.} \end{cases}$$

Die Folgen $q^{(k)}$ und $r^{(k)}$ hätten induktiv auch wie folgt definiert werden können:

1. $q^{(n)} := 0, \quad r^{(n)} = d.$
2. $q^{(k)} := q_k * 2^k + q^{(k+1)}, \quad r^{(k)} := r^{(k+1)} - p * q_k * 2^k.$

Wir zeigen durch Induktion über $k = n,\ n-1,\ n-2,\ \cdots,\ 0$, dass $r^{(k)} < p * 2^k$ gilt. Wir führen diese Induktion in der gleichen Weise, wie wir oben die Formeln für q_k abgeleitet haben. Daher fängt die Induktion bei $k = n$ an und im Induktions-Schritt schließen wir von $k+1$ auf k.

1. Induktions-Anfang: $k = n$.

$$\begin{aligned} r^{(n)} &= d \\ &< 2^n && \text{denn } d \text{ ist eine } n\text{-Bit-Zahl,} \\ &\leq p * 2^n && \text{denn } p \geq 1. \end{aligned}$$

2. Induktions-Schritt: $k + 1 \mapsto k$.

   Wir führen eine Fallunterscheidung in Analogie zur Definition von q_k durch.

   1. Fall: $r^{(k+1)} \geq p * 2^k$, also gilt $q_k = 1$. Dann haben wir:

   $$\begin{aligned} r^{(k)} &= r^{(k+1)} - p * q_k * 2^k \\ &= r^{(k+1)} - p * 2^k && \text{wegen } q_k = 1 \\ &< p * 2^{k+1} - p * 2^k && \text{nach Induktions-Voraussetzung} \\ &= p * 2^k * (2-1) \\ &= p * 2^k \end{aligned}$$

   2. Fall: $r^{(k+1)} < p * 2^k$, also gilt $q_k = 0$. Dann haben wir:

   $$\begin{aligned} r^{(k)} &= r^{(k+1)} - p * q_k * 2^k \\ &= r^{(k+1)} && \text{wegen } q_k = 0 \\ &< p * 2^k && \text{nach der Voraussetzung des 2. Falls} \end{aligned}$$

Zum Abschluss definieren wir

$$q := q^{(0)} = \sum_{i=0}^{n-1} q_i * 2^i \quad \text{und} \quad r := r^{(0)} = d - p * q^{(0)} = d - p * q.$$

Mit dieser Definition ist die Bedingung $d = p * q + r$ automatisch erfüllt. Außerdem gilt

$$r = r^{(0)} < p * 2^0 = p.$$

Damit erfüllen q und r die am Anfang dieses Abschnitts formulierten Bedingungen für die Division mit Rest.

3.5.1 Implementierung der Division

Da der Algorithmus zur Division komplexer ist, als die Algorithmen, die wir bisher implementiert haben, wollen wir diesen Algorithmus zunächst in der Sprache `C` implementieren. Der Vorteil ist, dass wir den Algorithmus dann leichter testen können. Abbildung 3.31 auf Seite 123 zeigt die Implementierung.

1. Da ein `C`-Programm immer nur einen Wert zurückgeben kann, definieren wir in Zeile 4 – 6 die `C`-Struktur `divResult`, die ein Paar von natürlichen Zahlen enthält. Die Funktion `divide()` gibt dann ein Objekt vom Typ `divResult` zurück.

2. Die Implementierung der Funktion `divide()` geht davon aus, dass der Dividend `d` und der Divisor `p` jeweils mit 8 Bit dargestellt werden können. Daher initialisieren wir in Zeile 10 die Variable `n` mit dem Wert 8.

3. Da es in `C` keinen Operator zur Bildung der Potenz gibt, berechnen wir den Ausdruck $p * 2^k$, indem wir p um k Stellen nach links schieben.

4. In Zeile 15 testen wir, ob $p * 2^k \leq r^{(k)}$ ist. Das Ergebnis dieses Tests ist entweder 0 oder 1 und ist damit genau der Wert für das Bit q_k.

5. In Zeile 16 berechnen wir $r^{(k)}$ nach der Formel $r^{(k)} = r^{(k+1)} - p * q_k * 2^k$.

6. In Zeile 17 berechnen wir $q^{(k)}$ nach der Formel $q^{(k)} = q^{(k+1)} + q_k * 2^k$.

```c
#include <stdlib.h>
#include <assert.h>

typedef struct pair {
    unsigned q;  // quotient
    unsigned r;  // rest
} divResult;

divResult divide(unsigned d, unsigned p) {
    unsigned n = 8;    // n is the number of bits
    unsigned q = 0;    // q = q^(k)
    unsigned r = d;    // r = r^(k)
    unsigned qk;       // qk = q_k
    for (int k = n-1; k >= 0; --k) {
        qk = ((p << k) <= r);  // q_k = (p * 2^k <= r^(k+1))
        r -= (p * qk << k);    // r^(k) = r^(k+1) - p * q_k * 2^k
        q += (qk << k);        // q^(k) = q^(k+1) + q_k * 2^k
        // below is the main invariant of the algorithm
        assert(r < (p << k));
    }
    divResult quotient_rest;
    quotient_rest.q = q;
    quotient_rest.r = r;
    return quotient_rest;
}

int main() {
    for (unsigned d = 0; d < 256; ++d) {
        for (unsigned p = 1; p < 256; ++p) {
            divResult quotient_rest = divide(d, p);
            unsigned q = quotient_rest.q;
            unsigned r = quotient_rest.r;
            assert(d == q * p + r);
            assert(r < p);
        }
    }
}
```

Abb. 3.31: *Der Algorithmus zur Division als C-Programm.*

7. Wir überwachen die oben gezeigte Invariante

$$r^{(k)} < p * 2^k$$

mit Hilfe der Funktion `assert()` in der Zeile 19. Damit dies möglich ist, haben wir in Zeile 2 den Header `assert.h` mit eingebunden. Ein Aufruf der Form

`assert(`*`expr`*`);`

wertet den Ausdruck *expr* aus. Falls das Ergebnis dieser Auswertung den Wahrheitswert `false` hat, bricht das Programm mit einer Fehlermeldung ab.

Jetzt können wir den Algorithmus zur Division in *Verilog* implementieren. Abbildung 3.32 auf Seite 125 zeigt die Implementierung auf RTL-Ebene. Da wir auf der RTL-Ebene keine `for`-Schleife benutzen können, müssen wir diese Schleife von Hand expandieren und den Rumpf dieser Schleife für jeden möglichen Wert der Zählvariable k kopieren.

1. In Zeile 4 deklarieren wir einen Bit-Vektor `pw`, der eine Breite von 16 Bits hat. Dieser Bit-Vektor stellt die Zahl `p` dar. Da wir `p` in dem Algorithmus nach links schieben müssen, brauchen wir mehr Platz als nur die 8 Bits, aus denen `p` eigentlich besteht.

2. In Zeile 6 weisen wir `pw` den Wert von `p` zu. Da `p` nur aus 8 Bits besteht, fügen wir mit Hilfe des Konkatenations-Operators 8 Bits mit dem Wert 0 zu `p` hinzu.

3. In Zeile 7 initialisieren wir in analoger Weise `r8` mit `d`.

4. In den folgenden Zeilen berechnen wir sukzessive die Werte von $q_7, q_6, \cdots, q_0$ und parallel die Werte $r^{(7)}, r^{(6)}, \cdots, r^{(0)}$ nach den rekursiven Formeln

   $$q_k = (p * 2^k \leq r^{(k+1)}) \quad \text{und}$$
   $$r^{(k)} = r^{(k+1)} - p * q_k * 2^k.$$

   Dabei berechnen wir die Multiplikation mit 2^k, indem wir den Multiplikanden um k Bits nach links schieben. Die Multiplikation `pw * q[`k`]` ist keine echte Multiplikation, denn `q[`k`]` ist ja nur ein einzelnes Bit. Daher kann diese Multiplikation durch ein Feld von `and`-Gattern realisiert werden.

Zum Abschluss zeigt Abbildung 3.33 auf Seite 126 noch eine Test-Bench, mit der die Schaltung vollständig getestet werden kann.

Aufgabe 11: Die bei der Implementierung der Division verwendten Schaltungen zur Subtraktion müssen Bit-Vektoren der Länge 16 voneinander abziehen. Beispielweise wird in Zeile 17 der Abbildung 3.32 die Subtraktion

```
r7 = r8 - (pw * q[7] << 7)
```

durchgeführt. Hier können wir zwei Beobachtungen machen:

1. Da die letzten 7 Bits des Bit-Vektors `pw * q[7] << 7` alle 0 sind, spielen diese bei der Subtraktion keine Rolle.

2. Außerdem sind die obersten 8 Bits von `r8` alle 0, denn `r8` ist ja gleich d.

Optimieren Sie die Schaltung so, dass diese beiden Beobachtungen ausgenutzt werden. Sie können erreichen, dass die Bit-Vektoren $\mathtt{r}_i$ für $i = 0, \cdots, 8$ alle nur eine Länge von 8 Bits haben. Geben Sie anschließend eine strukturelle Implementierung der Schaltung an.

```
module divide(output [7:0] q, r,
              input  [7:0] d, p);
   wire [15:0]  r0, r1, r2, r3, r4, r5, r6, r7, r8;
   wire [15:0]  pw;

   assign  pw = { 8'b0, p };
   assign  r8 = { 8'b0, d };
   assign  q[7] = ( (pw << 7) <= r8 );     // q_7 = (p*2^7 <= r^(8))
   assign  r7   = r8 - (pw * q[7] << 7); // r^(7) = r^(8) - p*q_7*2^7
   assign  q[6] = ( (pw << 6) <= r7 );     // q_6 = (p*2^6 <= r^(7))
   assign  r6   = r7 - (pw * q[6] << 6); // r^(6) = r^(7) - p*q_6*2^6
   assign  q[5] = ( (pw << 5) <= r6 );     // q_5 = (p*2^5 <= r^(6))
   assign  r5   = r6 - (pw * q[5] << 5); // r^(5) = r^(6) - p*q_5*2^5
   assign  q[4] = ( (pw << 4) <= r5 );     // q_4 = (p*2^4 <= r^(5))
   assign  r4   = r5 - (pw * q[4] << 4); // r^(4) = r^(5) - p*q_4*2^4
   assign  q[3] = ( (pw << 3) <= r4 );     // q_3 = (p*2^3 <= r^(4))
   assign  r3   = r4 - (pw * q[3] << 3); // r^(3) = r^(4) - p*q_3*2^3
   assign  q[2] = ( (pw << 2) <= r3 );     // q_2 = (p*2^2 <= r^(3))
   assign  r2   = r3 - (pw * q[2] << 2); // r^(2) = r^(3) - p*q_2*2^2
   assign  q[1] = ( (pw << 1) <= r2 );     // q_1 = (p*2^1 <= r^(2))
   assign  r1   = r2 - (pw * q[1] << 1); // r^(1) = r^(2) - p*q_1*2^1
   assign  q[0] = ( (pw << 0) <= r1 );     // q_0 = (p*2^0 <= r^(1))
   assign  r0   = r1 - (pw * q[0] << 0); // r^(0) = r^(1) - p*q_0*2^0
   assign  r = r0;
 endmodule // divide
```

Abb. 3.32: *Schaltung zur Division zweier Bytes.*

3.6 Konstruktion einer ALU

Mit der Implementierung der Grund-Rechenarten haben wir jetzt die wesentlichen Bausteine für die Konstruktion einer ALU entwickelt. Um allerdings die einzelnen Bausteine zu einer ALU zusammenschalten zu können, brauchen wir noch eine Kontrolleinheit, mit

```
‘include "divide.v"

module testBench;
   reg  [7:0] d, p;
   wire [7:0] q, r;

   integer    i, j;

   divide dv (q, r, d, p);

initial
  begin
     for (i = 0; i < 256; i = i + 1)
       for (j = 1; j < 256; j = j + 1)
         begin
            #1 d = i; p = j;
            #1 if (d !== q * p + r | r >= p)
              begin
              $display("Error: d = %d, p = %d, q = %d, r = %d",
                       d, p, q, r);
                 $finish;
              end
         end
     $display("divide tested: Everything works fine!");
  end
endmodule // testBench
```

Abb. 3.33: *Testbench für die Schaltung zur Division.*

der wir auswählen können, welche Operation die ALU durchführt. Eine solche Kontrolleinheit ist eine Verallgemeinerung des in Aufgabe 4 entwickelten Multiplexers. Um diese Verallgemeinerung mit möglichst geringem Aufwand implementieren zu können, stellen wir ein weiteres elementares Gatter der Sprache *Verilog* vor, das `bufif1`-Gatter. Ein Aufruf dieses Gatters hat die Form

`bufif1(`*`out`*`, `*`data`*`, `*`ctrl`*`).`

Ein solches Gatter wirkt wie ein Schalter, wobei der Eingang *ctrl* steuert, ob der Schalter geöffnet oder geschlossen ist. Falls *ctrl* den Wert 1 hat, so ist der Schalter geschlossen, wenn *ctrl* den Wert 0 hat, so ist der Schalter geöffnet. Abbildung 3.34(a) zeigt die Darstellung eines `bufif1`-Gatters. Abbildung 3.34(b) zeigt eine Schaltung, die zu dem `bufif1`-Gatter dann äquivalent ist, wenn *ctrl* den Wert 1 hat: In diesem Fall ist der Schalter geschlossen und der Wert des Ausgangs *out* ist derselbe wie der Wert des Eingangs *data*. Abbildung 3.34(c) zeigt eine Schaltung, die dann zu dem `bufif1`-Gatter äquivalent ist, wenn *ctrl* den Wert 0 hat: Jetzt ist der Schalter geöffnet und der Wert des Ausgangs *out* ist hochohmig, also `z`. Neben dem `bufif1`-Gatter gibt es in *Verilog* noch das in Abbildung 3.34(d) gezeigte `notif1`-Gatter. Anschaulich entsteht dieses aus einem `bufif1`-Gatter, indem dort der Ausgang invertiert wird. Allerdings kann man ein `notif1`-Gatter nicht aus einem aus einem `bufif1`-Gatter und einem `not`-Gatter erzeugen, denn wenn der Eingang eines `not`-Gatters `z` ist, dann ist der Ausgang nicht `z`, sondern `x`! Daher wird auch das `notif1`-Gatter benötigt.

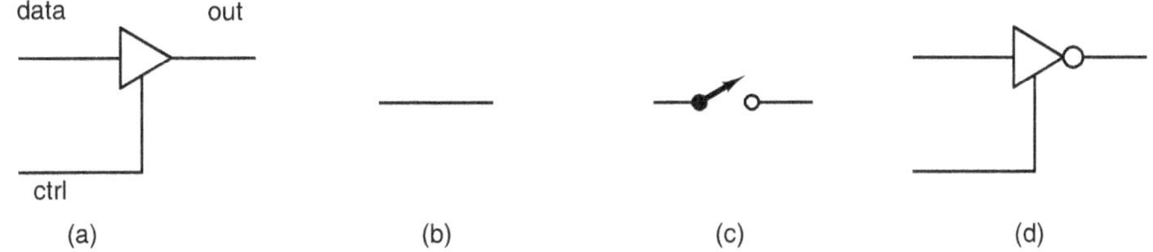

Abb. 3.34: *Ein `bufif1`-Gatter.*

Abbildung 3.2 zeigt links die Wahrheits-Tafel des `bufif1`-Gatters und rechts die Wahrheits-Tafel des `notif1`-Gatters. Falls der Eingang *ctrl* den Wert 0 hat, ist der Ausgang *out* immer hochohmig, hat also den Wahrheits-Wert `z`. Ist der Eingang *ctrl* hingegen 1, dann hat der Ausgang *out* des `bufif1`-Gatters denselben Wert wie der Eingang *data*, während der Ausgang *out* des `notif1`-Gatters dann gerade den zum Eingang entgegengesetzten Wert annimmt.

Tabelle 3.2: *Wahrheits-Tafeln für `bufif1`-Gatter und `notif1`-Gatter.*

ctrl	*data*	*out*
0	0	z
0	1	z
1	0	0
1	1	1

ctrl	*data*	*out*
0	0	z
0	1	z
1	0	1
1	1	0

Abbildung 3.34 zeigt eine Test-Bench für das `bufif1`-Gatter. Diese Test-Bench liefert die in der obigen Tabelle gezeigten Ergebnisse.

3.6.1 Ein allgemeiner Multiplexer

Wir sind jetzt in der Lage, einen Multiplexer zu implementieren, der aus 2^n Daten-Eingängen mit Hilfe eines n-Bit großen Kontroll-Signals ein Signal auswählt. Um das Prinzip zu illustrieren, betrachten wir zunächst den Spezialfall $n = 3$. Abbildung 3.36 zeigt eine Implementierung, die nur auf `not`-, `and`- und `or`-Gattern arbeitet. Die Funktionsweise ist wie folgt: Die drei Bits `A`, `B`, `C` dienen zusammen mit ihren Negationen $\overline{\texttt{A}}$, $\overline{\texttt{B}}$, $\overline{\texttt{C}}$ als *Selektoren*. Konkret heißt das, dass die Bits `A`, `B`, `C` so zu einer 3-stelligen Binärzahl $k =$ `ABC` zusammengefasst werden, dass `C` das 0te Bit dieser Zahl ist, `B` ist das 1te Bit und `A` ist das 2te Bit. Der Ausgang `F` hat dann den Wert des k-ten Eingangs $\texttt{D}_k$. Erreicht wird dies dadurch, dass das i-te Daten-Bit $\texttt{D}_i$ mit einem `and`-Gatter verbunden ist, dessen anderen 3 Eingänge gerade den Wert der Zahl i im Binär-System

```
module testBench;
  reg  data, ctrl;
  wire out;

  bufif1(out, data, ctrl);

  initial
    begin
      $monitor("ctrl = %b, data = %b, out = %b",
               ctrl, data, out);
      #1 ctrl = 0; data = 0;
      #1 ctrl = 0; data = 1;
      #1 ctrl = 1; data = 0;
      #1 ctrl = 1; data = 1;
    end
endmodule // testBench
```

Abb. 3.35: *Eine Test-Bench für das* `bufif1`*-Gatter.*

repräsentieren. Die Zahl i wird aus den Bits A, B und C gebildet, wobei A das höchste Bit ist und C das niedrigste.

1. Die Eingänge des and-Gatters für $\texttt{D}_0$ sind neben $\texttt{D}_0$ die Bits $\overline{\texttt{A}}$, $\overline{\texttt{B}}$, $\overline{\texttt{C}}$, denn im Binär-System hat 0 den Wert 000.

2. Die Eingänge des and-Gatters für $\texttt{D}_1$ sind neben $\texttt{D}_1$ die Bits $\overline{\texttt{A}}$, $\overline{\texttt{B}}$, C, denn im Binär-System hat 1 den Wert 001.

3. Die Eingänge des and-Gatters für $\texttt{D}_2$ sind neben $\texttt{D}_2$ die Bits $\overline{\texttt{A}}$, B, $\overline{\texttt{C}}$, denn im Binär-System hat 2 den Wert 010.

$\vdots$

7. Die Eingänge des and-Gatters für $\texttt{D}_7$ sind neben $\texttt{D}_7$ die Bits A, B, C, denn im Binär-System hat 7 den Wert 111.

Da ein and-Gatter nur dann ein von 0 verschiedenes Ergebnis produziert, wenn alle Eingänge 1 sind, sind also immer alle and-Gatter bis auf das i-te Gatter abgeschaltet. Das i-te Gatter gibt dann den Eingang $\texttt{D}_i$ aus. Schließlich werden die Ergebnisse aller dieser and-Gatter durch ein or-Gatter zusammengefasst. Dabei spielen die and-Gatter, die den Wert 0 haben, keine Rolle. Daher wird schließlich am Ausgang F der Eingang $\texttt{D}_i$ ausgegeben, wobei $i = ABC$ ist. Abbildung 3.37 zeigt die Implementierung in *Verilog*.

In der Praxis ist es schwierig, ein or-Gatter zu bauen, das 8 Eingänge hat. Stattdessen wird der Daten-Eingänge $\texttt{D}_i$ durch ein bufif1-Gatter geschickt, dessen Kontroll-Eingang durch dem Ausgang eines and-Gatters gesteuert wird. Dieses and-Gatter erhält

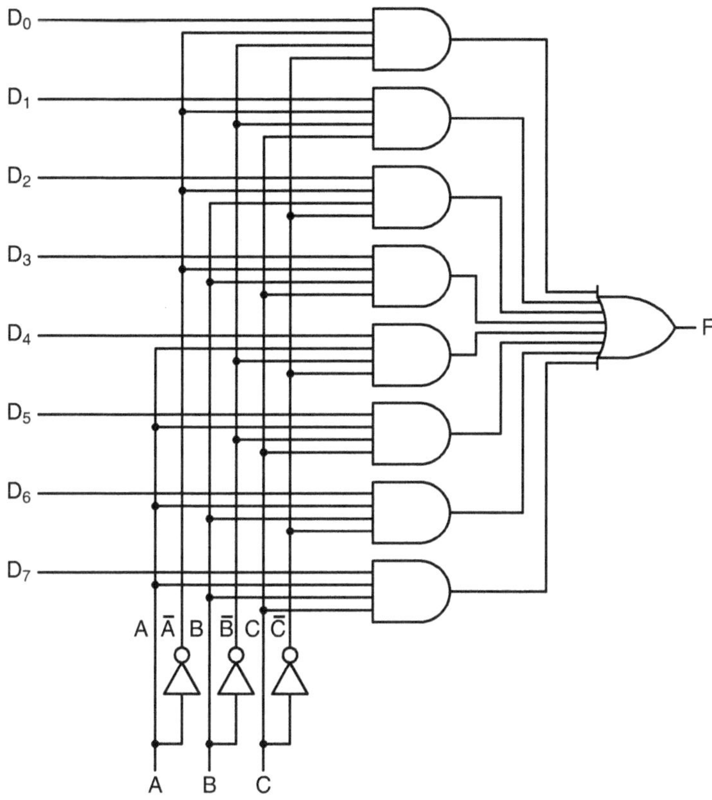

Abb. 3.36: *Ein Multiplexer mit 8 Daten-Eingängen.*

als Eingänge dann die, eventuell invertierten, Bits des Selektors. Abbildung 3.38 zeigt die Implementierung eines solchen Multiplexers in *Verilog*. Bei dieser Implementierung wird, abhängig von dem Selektor-Eingang `Select` der Kontroll-Eingang von genau einem `bufif1`-Gatter auf 1 gesetzt. Dessen Daten-Eingang wird dann zum Ausgang durchgeschaltet, alle anderen `bufif1`-Gatter bleiben abgeschaltet und produzieren daher nur ein `z`, das dann von dem Ausgang des selektierten Gatters überschrieben wird.

Für unsere ALU brauchen wir einen Multiplexer, der nicht zwischen einzelnen Bits sondern zwischen Worten auswählt. Abbildung 3.39 zeigt die Implementierung eines solchen Multiplexers. Wir haben hier für jeden Daten-Eingang, der ja jetzt eine Breite von 32 Bit hat, 32 `bufif1`-Gatter als Feld von Instanzen parallel geschaltet. Außerdem haben wir jetzt die Kontroll-Eingänge der `bufif1`-Gatter auf einer abstrakteren Ebene spezifiziert, indem wir den Vergleichs-Operator `==` benutzt haben. Wir zeigen, wie dieser zu der ursprünglichen Schaltung korrespondiert, indem wir als konkretes Beispiel den

```
module multiplexor(output F,
                   input  D0, D1, D2, D3, D4, D5, D6, D7,
                   input  A, B, C);
   wire         w0, w1, w2, w3, w4, w5, w6, w7;

   and(w0, D0, ~A & ~B & ~C); //  000
   and(w1, D1, ~A & ~B &  C); //  001
   and(w2, D2, ~A &  B & ~C); //  010
   and(w3, D3, ~A &  B &  C); //  011
   and(w4, D4,  A & ~B & ~C); //  100
   and(w5, D5,  A & ~B &  C); //  101
   and(w6, D6,  A &  B & ~C); //  110
   and(w7, D7,  A &  B &  C); //  111

   or(F, w0, w1, w2, w3, w4, w5, w6, w7);
endmodule // multipelxor
```

Abb. 3.37: *Implementierung eines Multiplexers in Verilog.*

```
module multiplexor(output       F,
                   input        D0, D1, D2, D3, D4, D5, D6, D7,
                   input [2:0]  Select);

   bufif1 b0 (F, D0, ~Select[2] & ~Select[1] & ~Select[0]); // 000
   bufif1 b1 (F, D1, ~Select[2] & ~Select[1] &  Select[0]); // 001
   bufif1 b2 (F, D2, ~Select[2] &  Select[1] & ~Select[0]); // 010
   bufif1 b3 (F, D3, ~Select[2] &  Select[1] &  Select[0]); // 011
   bufif1 b4 (F, D4,  Select[2] & ~Select[1] & ~Select[0]); // 100
   bufif1 b5 (F, D5,  Select[2] & ~Select[1] &  Select[0]); // 101
   bufif1 b6 (F, D6,  Select[2] &  Select[1] & ~Select[0]); // 110
   bufif1 b7 (F, D7,  Select[2] &  Select[1] &  Select[0]); // 111
endmodule
```

Abb. 3.38: *Implementierung eines Multiplexers mit `bufif1`-Gattern.*

Test `Select` == 3'b101 betrachten:

```
   Select == 3'b101
⇔  Select[2] == 1   &  Select[1] == 0 & Select[0] == 1
⇔  Select[2]        & ~Select[1]      & Select[0]
```

Dabei haben wir die folgenden Äquivalenzen für ein Bit `b` ausgenutzt

`b` ⇔ `b` == 1 und `~b` ⇔ `b` == 0.

```
module multiplexor8word(output [31:0] F,
                        input  [31:0] D0, D1, D2, D3, D4, D5, D6, D7,
                        input  [2:0]  Select);

   bufif1 b0[31:0] (F, D0, Select == 3'b000);
   bufif1 b1[31:0] (F, D1, Select == 3'b001);
   bufif1 b2[31:0] (F, D2, Select == 3'b010);
   bufif1 b3[31:0] (F, D3, Select == 3'b011);
   bufif1 b4[31:0] (F, D4, Select == 3'b100);
   bufif1 b5[31:0] (F, D5, Select == 3'b101);
   bufif1 b6[31:0] (F, D6, Select == 3'b110);
   bufif1 b7[31:0] (F, D7, Select == 3'b111);
endmodule
```

Abb. 3.39: *Implementierung eines Multiplexers für 32-Bit Wörter.*

3.6.2 Eine ALU für den SRP

Wir haben jetzt alles Material zusammen, um die ALU für den SRP zu implementieren. Es ist am einfachsten, wenn wir den Multiplexer, den wir verwenden, in die ALU integrieren. Abbildung 3.40 auf Seite 133 zeigt die Implementierung der ALU in *Verilog*. Wir diskutieren diese Implementierung jetzt Zeile für Zeile:

1. Die ALU hat drei Eingänge:
   (a) `a` und `b` sind 32-Bit-Wörter. Diese Wörter sind die beiden Argumente der arithmetischen und logischen Operation. Die Wörter werden als Zahlen im Zweierkomplement interpretiert.
   (b) `opCode` besteht aus 5 Bits. Diese Bits steuern, welche der möglichen Operationen durchgeführt wird, und entsprechen genau dem OpCode des SRP.
2. Die ALU hat drei Ausgänge:
   (a) `out` ist der eigentliche Daten-Ausgang, an dem das Ergebnis der arithmetischen oder logischen Operation ausgegeben wird.
   (b) `eq` wird auf 1 gesetzt, wenn der Eingang `a` gleich dem Eingang `b` ist.
   (c) `lt` wird auf 1 gesetzt, wenn der Eingang `a` kleiner als der Eingang `b` ist.
3. In Zeile 12 prüfen wir, ob der OpCode den Wert 1 oder 19 hat und schreiben in diesem Fall die Summe der Eingänge `a` und `b` auf den Ausgang.
4. In Zeile 14 prüfen wir, ob der OpCode den Wert 2 oder 20 hat und schreiben gegebenenfalls die Differenz der Eingänge `a` und `b` auf den Ausgang.
5. In Zeile 16 prüfen wir, ob der OpCode den Wert 3 hat. In diesem Fall soll die ALU eine Multiplikation der Eingänge `a` und `b` durchführen. Das Produkt zweier

32-Bit-Zahlen ist eine 64-Bit-Zahl. Da der Ausgang der ALU aber nur eine Breite von 32 Bits hat, bilden wir in Zeile 12 zunächst das Produkt und schreiben dann die untersten 32 Bits auf den Ausgang.

6. In den Zeilen 17 bis 21 behandeln wir die übrigen arithmetischen und logischen Operationen analog wie die Addition in Zeile 12.
7. Zeile 22 behandelt den Befehl `sll`, bei dem das Argument `a` nach links geschoben wird. Dabei gibt das Argument `shift` an, wie weit `a` nach links geschoben wird.
8. In den Zeilen 23 und 24 schreiben wir das Argument `a` unverändert auf den Ausgang. Diese Zeilen entsprechen den Assembler-Befehlen `store` und `out`.
9. Zeile 25 behandelt die Fälle, in denen der OpCode größer als 20 ist. Auch hier wird das Argument `a` unverändert auf den Ausgang geschrieben.

   Bisher können Fälle, in denen der OpCode größer als 20 ist, nicht auftreten. Später werden wir den Prozessor SRP erweitern. Dann erweist es sich als nützlich, schon vorher für OpCodes größer als 20 eine Vorkehrung zu treffen.

Wir haben die obige Beschreibung der ALU bewusst auf einer höheren als der rein strukturellen Abstraktionsebene gegeben, denn schließlich haben wir ja die einzelnen Schaltungen zur Addition, Subtraktion etc. bereits präsentiert. Es wäre ohne weiteres möglich, die bereits entwickelten Schaltungen mit einzubinden und eine rein strukturelle Beschreibung der ALU zu präsentieren. Dies wäre allerdings komplizierter und würde keine neuen Erkenntnisse liefern.

Aufgabe 13: Geben Sie eine strukturelle Implementierung einer Schaltung mit der folgenden Schnittstelle an:

```
module sll(output [31:0] out,
           input  [31:0] a,
           input   [4:0] sh);
       ⋮
endmodule
```

Der Ausgang `out` dieser Schaltung soll den Wert `a << sh` erhalten.

Hinweis: Orientieren Sie sich an dem in Abbildung 3.39 gezeigten Multiplexer.

```
module alu(output signed [31:0] out,
           out                  eq, lt,
           input signed [31:0]  a, b,
           input         [4:0]  opCode, shift);

   wire signed  [63:0]  prod;

   assign        eq    = (a == b);
   assign        lt    = (a < b);
   assign        prod  = a * b;

   bufif1 b1[31:0]  (out,      a + b,                          // add,
                     opCode == 5'd01 | opCode == 5'd19); // incr
   bufif1 b2[31:0]  (out,      a - b,                          // sub,
                     opCode == 5'd02 | opCode == 5'd20); // decr
   bufif1 b3[31:0]  (out, prod[31:0], opCode == 5'd03);  // mul
   bufif1 b4[31:0]  (out,      a / b, opCode == 5'd04);  // div
   bufif1 b5[31:0]  (out,      a % b, opCode == 5'd05);  // mod
   bufif1 b6[31:0]  (out,      a & b, opCode == 5'd06);  // and
   bufif1 b7[31:0]  (out,      a | b, opCode == 5'd07);  // or
   bufif1 b8[31:0]  (out,         ~a, opCode == 5'd08);  // not
   bufif1 b9[31:0]  (out, a << shift, opCode == 5'd10);  // sll
   bufif1 b10[31:0] (out,          a, opCode == 5'd12);  // store
   bufif1 b11[31:0] (out,          a, opCode == 5'd18);  // out
   bufif1 b12[31:0] (out,          a, opCode  > 5'd20);  // rest
endmodule
```

Abb. 3.40: *Implementierung der ALU in Verilog.*

3.7 Berechnung der ganzzahligen Quadrat-Wurzel

Zum Abschluss dieses Kapitels entwickeln wir eine Schaltung, mit der es möglich ist, die ganzzahlige Quadrat-Wurzel einer natürlichen Zahl zu berechnen. Für eine natürliche Zahl $a \in \mathbb{N}$ definieren wir die ganzzahlige Quadrat-Wurzel $isqrt(a)$ als die größte natürliche Zahl, deren Quadrat kleiner oder gleich a ist:

$$isqrt(a) = \max\{b \in \mathbb{N} : b^2 \leq a\}.$$

Wir gehen davon aus, dass die Zahl a mit einer geraden Anzahl $n = 2 * m$ von Bits dargestellt wird, es gilt also

$$a = \sum_{i=0}^{n-1} a_i * 2^i.$$

Wegen $n = 2 * m$ gilt dann $a < 2^n = 2^{2*m}$ und für $r = isqrt(a)$ muss folglich $r < \sqrt{2^{2*m}} = 2^m$ gelten. Also kommen wir bei der Darstellung von r mit $m = n/2$ Bits aus:

$$r = \sum_{i=0}^{m-1} r_i * 2^i$$

Die Gleichung $r = isqrt(a)$ gilt genau dann, wenn

$$r^2 \leq a < (r+1)^2$$

gilt, denn dann ist r die größte natürliche Zahl, deren Quadrat noch kleiner oder gleich a ist. Wir wollen die Bits r_i der Reihe nach berechnen. Wir starten dabei, genau wie bei der Division, mit der Berechnung des obersten Bits. Wir definieren daher die folgenden Näherungen:

1. $a^{(k)} := a/2^{2*k} = \sum_{i=2*k}^{n-1} a_i * 2^{i-2*k}.$

   Die Näherung $a^{(k)}$ entsteht aus a, indem wir die untersten $2 * k$ Bits abschneiden. Dann gilt

   $$a^{(m)} = 0$$

   und für Wert von $a^{(k)}$ ergibt sich aus dem Wert von $a^{(k+1)}$, indem an den letzten Wert noch die beiden Bits a_{2*k+1} und a_{2*k} angehängt werden:

   $$a^{(k)} = 4 * a^{(k+1)} + 2 * a_{2*k+1} + a_{2*k}.$$

   Die Multiplikation mit 4 bewirkt, dass die Bits von $a^{(k+1)}$ um zwei Plätze nach links geschoben werden, um Platz für die beiden Bits a_{2*k+1} und a_{2*k} zu machen.

2. $r^{(k)} := r/2^k = \sum_{i=k}^{m-1} r_i * 2^{i-k}.$

   Hier ergibt sich die Rekursions-Formel

   $$r^{(k)} = 2 * r^{(k+1)} + r_k \quad \text{mit der Start-Bedingung} \quad r^{(m)} = 0.$$

Das Bit r_k, das in dieser Formel auftritt, kann nur die Werte 0 oder 1 annehmen. Es hat genau dann den Wert 1, wenn das Quadrat von $2 * r^{(k+1)} + 1$ kleiner oder gleich $a^{(k)}$ ist:

$$r_k = \begin{cases} 1 \text{ falls } & \left(2 * r^{(k+1)} + 1\right)^2 \leq a^{(k)}, \\ 0 \text{ sonst.} \end{cases}$$

In der obigen Formel zur Bestimmung von r_k sind alle Größen bekannt, denn für $a^{(k)}$ und $r^{(k)}$ haben wir oben ja bereits Rekursions-Formeln gefunden. Wir können also ein erstes C-Programm erstellen, das die ganzzahlige Quadrat-Wurzel berechnet. Abbildung 3.41 auf Seite 135 zeigt die Implementierung des oben skizzierten Algorithmus.

```
1  unsigned squareRoot(unsigned a) {
2      unsigned a_oben_k = 0;                    // a_oben_k = a^(k)
3      unsigned r_oben_k = 0;                    // r_oben_k = r^(k)
4      unsigned rk;                              // rk       = r_k
5      for (int k = 15; k >= 0; --k) {
6          a_oben_k = 4 * a_oben_k + ((a >> 2 * k) & 3);
7          rk = ((2 * r_oben_k + 1) * (2 *  r_oben_k + 1) <= a_oben_k);
8          r_oben_k = 2 * r_oben_k + rk;
9      }
10     assert(r_oben_k * r_oben_k <= a);
11     assert((r_oben_k + 1) * (r_oben_k + 1) > a);
12     return r_oben_k;
13 }
```

Abb. 3.41: *Ein erster Algorithmus zur Berechnung der Quadrat-Wurzel.*

1. In den Zeilen 2 und 3 initialisieren wir $a^{(k)}$ und $r^{(k)}$ mit 0.
2. In Zeile 6 berechnen wir den Wert von $a^{(k)}$ nach der Rekursions-Formel
   $$a^{(k)} = 4 * a^{(k+1)} + 2 * a_{2*k+1} + a_{2*k}.$$
   Dabei berücksichtigen wir, dass der Ausdruck $2 * a_{2*k+1} + a_{2*k}$ nichts anderes ist als die 2-Bit-Zahl, die aus den beiden Bits a_{2*k+1} und a_{2*k} gebildet wird. Diese Zahl bekommen wir aber, wenn wir a um $2 * k$ Bits nach rechts schieben und dann die resultierende Zahl mit der binären Maske $11_2 = 3$ bitweise und-verknüpfen, denn es gilt
   $$2 * a_{2*k+1} + a_{2*k} = (a >> 2 * k) \ \& \ 3.$$

Das Ergebnis steht wegen $r^{(0)} = r/2^0 = r$ am Ende der Rechnung in der Variablen `r_oben_k` zur Verfügung. Der oben implementierte Algorithmus ist für eine Hardware-Implementierung noch zu aufwendig. Das Problem ist der Test

$$(2 * r^{(k)} + 1) * (2 * r^{(k)} + 1) \leq a^{(k)},$$

denn dieser Test beinhaltet eine echte Multiplikation. Wir haben schon gesehen, dass die Implementierung einer Multiplikation recht aufwendig ist. Erfreulicherweise können wir diese Multiplikation vermeiden. Die Idee ist, dass wir für das Quadrat

$$(2 * r^{(k)} + 1) * (2 * r^{(k)} + 1)$$

eine Rekursions-Formel aufstellen. Wir definieren also zunächst

$$q^{(k)} := \left(r^{(k)}\right)^2.$$

Daraus folgt sofort $q^{(m)} = \left(r^{(k)}\right)^2 = 0^2 = 0$. Aus der Rekursions-Formel für $r^{(k)}$ erhalten wir dann die Rekursions-Formeln für $q^{(k)}$.

$$\begin{aligned} q^{(k)} &= \left(r^{(k)}\right)^2 \\ &= \left(2 * r^{(k+1)} + r_k\right)^2 \\ &= 4 * \left(r^{(k+1)}\right)^2 + 2 * 2 * r^{(k+1)} * r_k + r_k^2 && \text{(1. Binomische Formel)} \\ &= 4 * q^{(k+1)} + 4 * r^{(k+1)} * r_k + r_k && \text{(wegen } r_k^2 = r_k\text{, denn } r_k \in \{0,1\}\text{)} \end{aligned}$$

Wegen $r_k \in \{0,1\}$ können wir $q^{(k)}$ also wie folgt berechnen:

1. Um zu prüfen, ob $r_k = 1$ ist, setzen wir versuchsweise
$$\tilde{q}^{(k)} := 4 * q^{(k+1)} + 4 * r^{(k+1)} + 1.$$
2. Wir prüfen, ob $\tilde{q}^{(k)} \leq a^{(k)}$ ist, denn es gilt:
$$r_k = \begin{cases} 1 & \text{falls } \tilde{q}^{(k)} \leq a^{(k)}, \\ 0 & \text{sonst.} \end{cases}$$

Die Formel $\tilde{q}^{(k)} = 4 * q^{(k+1)} + 4 * r^{(k+1)} + 1$ enthält keine echten Multiplikationen mehr, denn die Multiplikation mit 4 lässt sich durch einen einfachen Shift erledigen. Abbildung 3.42 auf Seite 137 zeigt eine Implementierung dieser Idee. Alle in diesem Programm auftretenden Multiplikationen sind Multiplikationen mit Zweierpotenzen und können daher durch Links-Shifts implementiert werden. Ansonsten enthält das Programm nur Additionen und eine Vergleichsoperation in Zeile 10. Durch den Einsatz von `assert`() in Zeile 14 und 15 überprüfen wir zur Laufzeit die Korrektheit der Ergebnisse.

Wir können nun daran gehen, den entwickelten Algorithmus in *Verilog* umzusetzen. Um die Schaltung übersichtlich zu gestalten, ist es zweckmäßig, zunächst ein Modul zu entwickeln, das einen Schritt der Berechnung der in Abbildung 3.42 gezeigten `for`-Schleife (Zeile 6 – 13) berechnet. Dieses Modul erhält als Eingabe also die Bit-Vektoren $r^{(k+1)}$, $a^{(k+1)}$, $q^{(k+1)}$. Als Ausgabe produziert das Modul dann die Bit-Vektoren $r^{(k)}$, $a^{(k)}$, $q^{(k)}$. Außerdem benötigt dieses Modul noch die beiden Bits des Vektors a, die bei der Berechnung von $a^{(k)}$ an den Bit-Vektor $a^{(k+1)}$ angehängt werden. Wir haben hier die Multiplikationen mit Zweierpotenzen durch die entsprechenden Shifts ersetzt. Lediglich in Zeile 13 taucht der Multiplikations-Operator noch einmal auf. Da aber der Faktor `rk` nur ein einziges Bit ist, wird diese Multiplikation später durch ein Feld von Und-Gattern realisiert, so dass die Schaltung nur Additionen und eine Vergleichsoperation enthält.

Damit ist es nun ein Leichtes, die Schaltung zur Berechnung der Quadrat-Wurzel zu erstellen. Abbildung 3.44 zeigt das Ergebnis. Bei der Deklaration der Bit-Vektoren habe ich hier allerdings etwas gemogelt: Damit die Deklarationen der $a^{(k)}$, $r^{(k)}$, $q^{(k)}$ und $\tilde{q}^{(k)}$ für $k = 1, \cdots, 16$ jeweils in eine Zeile passen, habe ich nicht jeweils alle Bit-Vektoren aufgelistet, sondern habe die fehlenden Bit-Vektoren durch Pünktchen angedeutet. Das geht in *Verilog* natürlich nicht, dort muss ich alles ausschreiben.

Die Schaltung kann noch erheblich verkleinert werden, wenn berücksichtigt wird, dass die Bit-Vektoren $a^{(k)}$, $r^{(k)}$, $q^{(k)}$ für verschiedene Werte von k auch verschieden lang

```
unsigned squareRoot(unsigned a) {
    unsigned a_oben_k = 0;                          // a_oben_k = a^(k)
    unsigned r_oben_k = 0;                          // r_oben_k = r^(k)
    unsigned q_oben_k = 0;                          // q_oben_k = q^(k)
    unsigned rk;                                    // rk       = r_k
    for (int k = 15; k >= 0; --k) {
        unsigned q_schlange;                        // q_schlange = q~^(k)
        q_schlange = 4 * q_oben_k + 4 * r_oben_k + 1;
        a_oben_k   = 4 * a_oben_k + ((a >> 2 * k) & 3);
        rk         = (q_schlange <= a_oben_k);
        q_oben_k   = 4 * q_oben_k + 4 * r_oben_k * rk + rk;
        r_oben_k   = 2 * r_oben_k + rk;
    }
    assert(r_oben_k * r_oben_k <= a);
    assert((r_oben_k + 1) * (r_oben_k + 1) > a);
    return r_oben_k;
}
```

Abb. 3.42: *Der verbesserte Algorithmus zur Berechnung der Quadrat-Wurzel.*

```
module sqLoopBody(output [15:0] r_oben_k,
                  output [31:0] q_oben_k, a_oben_k,
                  input    [1:0] a,
                  input  [15:0] r_oben_k_plus_1,
                  input  [31:0] q_oben_k_plus_1, a_oben_k_plus_1);

   wire [31:0]                   qSchlange;
   wire                          rk;

  assign qSchlange = ((q_oben_k_plus_1 + r_oben_k_plus_1) << 2) + 1;
  assign a_oben_k  = { a_oben_k_plus_1[29:0], a };
  assign rk        = (qSchlange <= a_oben_k);
  assign q_oben_k  =
               ((q_oben_k_plus_1 + r_oben_k_plus_1 * rk) << 2) + rk;
  assign r_oben_k  = (r_oben_k_plus_1 << 1) + rk;
endmodule // sqLoopBody
```

Abb. 3.43: *Das Modul sqLoopBody.*

sind. Für $k = 0$ haben $a^{(k)}$ und $q^{(k)}$ eine Länge von 32 Bit und $r^{(k)}$ ist 16 Bit lang, aber für kleinere Werte von k sind diese Bitvektoren kürzer. Berücksichtigen wir, dass wir

$$a^{(k)} = a/2^{2*k}, \quad r^{(k)} = r/2^k, \quad \text{und} \quad q^{(k)} = \left(r^{(k)}\right)^2$$

```
module squareRoot(output [15:0] r,
                  input  [31:0] a);
  wire [31:0] a16,  a15,  a14, ···,  a3,  a2,  a1,  a0;
  wire [15:0] r16,  r15,  r14, ···,  r3,  r2,  r1,  r0;
  wire [31:0] q16,  q15,  q14, ···,  q3,  q2,  q1,  q0;
  wire [31:0] qs16, qs15, qs14, ···, qs3, qs2, qs1, qs0;

  assign a16 = 32'b0;
  assign r16 = 16'b0;
  assign q16 = 32'b0;

  sqLoopBody sqb15 (r15, q15, a15, a[31:30], r16, q16, a16);
  sqLoopBody sqb14 (r14, q14, a14, a[29:28], r15, q15, a15);
  sqLoopBody sqb13 (r13, q13, a13, a[27:26], r14, q14, a14);
  sqLoopBody sqb12 (r12, q12, a12, a[25:24], r13, q13, a13);
  sqLoopBody sqb11 (r11, q11, a11, a[23:22], r12, q12, a12);
  sqLoopBody sqb10 (r10, q10, a10, a[21:20], r11, q11, a11);
  sqLoopBody sqb9  ( r9,  q9,  a9, a[19:18], r10, q10, a10);
  sqLoopBody sqb8  ( r8,  q8,  a8, a[17:16],  r9,  q9,  a9);
  sqLoopBody sqb7  ( r7,  q7,  a7, a[15:14],  r8,  q8,  a8);
  sqLoopBody sqb6  ( r6,  q6,  a6, a[13:12],  r7,  q7,  a7);
  sqLoopBody sqb5  ( r5,  q5,  a5, a[11:10],  r6,  q6,  a6);
  sqLoopBody sqb4  ( r4,  q4,  a4,   a[9:8],  r5,  q5,  a5);
  sqLoopBody sqb3  ( r3,  q3,  a3,   a[7:6],  r4,  q4,  a4);
  sqLoopBody sqb2  ( r2,  q2,  a2,   a[5:4],  r3,  q3,  a3);
  sqLoopBody sqb1  ( r1,  q1,  a1,   a[3:2],  r2,  q2,  a2);
  sqLoopBody sqb0  ( r0,  q0,  a0,   a[1:0],  r1,  q1,  a1);

  assign r = r0;

endmodule // squareRoot
```

Abb. 3.44: *Das Modul squareRoot.*

definiert haben, so folgt sofort, dass zur Darstellung von $a^{(k)}$ und $q(k)$ die Bit-Vektoren der Länge $n - 2 * k$ ausreichen, während wir für $r^{(k)}$ einen Bit-Vektor der Länge $m - k$ brauchen. Durch diese Beobachtung kann die Schaltung noch um die Hälfte verkleinert werden.

Aufgabe: Der ganzzahlige *Logarithmus-Dualis* $log_2(n)$ einer Zahl $n \in \mathbb{N}$ ist wie folgt definiert:

$$log_2(n) := \max\{i \in \mathbb{N} \colon 2^i \leq n\}.$$

Entwickeln Sie eine `C`-Funktion zur Berechnung von $\texttt{log}_2(n)$ und geben Sie dann ein *Verilog*-Modul zur Berechnung des ganzzahligen Logarithmus-Dualis an.

4 Sequentielle Schaltungen

Die Schaltungen, die wir bisher entwickelt haben, sind rein *kombinatorisch*, d. h. die Schaltungen haben kein Gedächtnis. Folglich lässt sich die Ausgabe einer solchen Schaltung immer direkt aus der Eingabe berechnen, die Vorgeschichte spielt keine Rolle. In der Praxis gibt es aber viele Schaltungen, die intern einen Wert abspeichern und deren Ausgabe sowohl von der Eingabe als auch von dem intern gespeicherten Wert abhängt. Diese Schaltungen heißen *sequentielle* Schaltungen. Ein einfaches Beispiel für eine solche Schaltung wäre eine Fußgänger-Ampel. Die Eingabe ist die Taste, die der Fußgänger drücken muss, wenn er über die Straße will. Die Ausgaben der Schaltung steuern dann sowohl die Fußgänger-Ampel als auch die Ampel für die Autofahrer. Eine solche Schaltung muss sequentiell sein, denn die Autofahrer-Ampel springt ja nicht sofort auf rot, wenn der Fußgänger die Taste drückt. Vielmehr wird die Ampel erst gelb, dann rot und nach einer gewissen Zeit gelb-rot und schließlich wieder grün. Wir werden eine Schaltung für eine solche Ampel modellieren. Damit dies möglich ist, müssen wir zunächst Schaltkreise entwickeln, die Werte speichern können.

4.1 Latches und Flip-Flops

Die einfachste Schaltung mit Gedächtnis ist ein so genanntes *S-R-Latch*. Abbildung 4.1 zeigt den Schaltplan und Abbildung 4.2 zeigt die Realisierung in *Verilog*. Das wesentliche neue Element dieser Schaltung ist die *Rückkoppelung*: Jeder Ausgang eines der beiden `nor`-Gatter wird als Eingang in das jeweils andere `nor`-Gatter zurückgespeist.

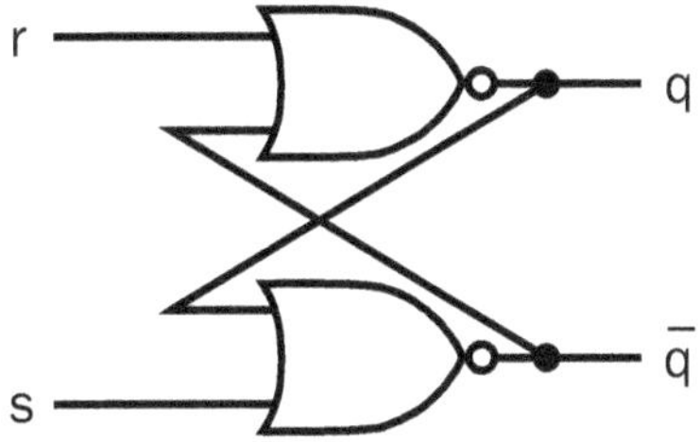

Abb. 4.1: *Ein S-R-Latch.*

Die Funktionsweise eines S-R-Latches ist wie folgt:

1. Falls der Eingang `s` auf 1 gesetzt wird und gleichzeitig `r` den Wert 0 hat, so ist ein Eingang des unteren `nor`-Gatters, das in der *Verilog*-Beschreibung den Namen `n2` hat, 1 und damit liefert das `nor`-Gatter eine 0 am Ausgang $\overline{\texttt{q}}$. Da dieser Ausgang

```
module s_r_latch(output q,
                 input  s, r);
   wire   qQuer;

   nor n1 (      q, r, qQuer );
   nor n2 ( qQuer, s, q      );
endmodule // DLatch
```

Abb. 4.2: *Eine Test-Bench für das* `bufif1`*-Gatter.*

in das obere `nor`-Gatter mit dem Namen `n2` zurückgespeist wird, sind damit beide Eingänge des oberen `nor`-Gatters 0, so dass dieses eine 1 am Ausgang `q` liefert. Diese 1 wird an das untere `nor`-Gatter zurückgespeist. Wenn wir jetzt den Eingang `s` auf 0 zurücksetzen, liefert das untere `nor`-Gatter immer noch denselben Wert (und zwar 0), denn der obere Eingang ist ja nun 1 und daher macht es nichts, wenn der untere Eingang auf 0 zurückfällt.

Die Schaltung merkt sich also, dass `s` vorher 1 war und gibt weiterhin den Wert 1 am Ausgang `q` aus. Der Eingang `s` heißt daher auch der *Set*-Eingang, weil er den Ausgang `q` auf 1 setzt.

2. Falls der Eingang `r` auf 1 gesetzt wird und gleichzeitig `s` den Wert 0 hat, so ist ein Eingang des oberen `nor`-Gatters 1, und damit liefert das `nor`-Gatter eine 0 am Ausgang `q`. Da dieser Ausgang in das untere `nor`-Gatter zurückgespeist wird, sind damit beide Eingänge des unteren `nor`-Gatters 0, so dass dieses eine 1 am Ausgang $\overline{\texttt{q}}$ liefert. Diese 1 wird an das obere `nor`-Gatter zurückgespeist. Wenn wir jetzt den Eingang `r` auf 0 zurücksetzen, liefert das obere `nor`-Gatter immer noch denselben Wert (und zwar 0), denn der untere Eingang ist ja nun 1 und daher macht es nichts, wenn der obere Eingang auf 0 zurückfällt.

   Die Schaltung merkt sich also, dass `r` vorher 1 war und gibt weiterhin den Wert 0 am Ausgang `q` aus. Der Eingang `r` heißt daher auch der *Reset*-Eingang, denn er setzt den Ausgang `q` auf 0.

Wir können das S-R-Latch also durch das Anlegen einer 1 am Eingang `s` auf 1 setzen und durch das Anlegen einer 1 am Eingang `r` wieder auf 0 zurücksetzen.

Um eine sequentielle Schaltung betreiben zu können, brauchen wir noch eine Uhr als Takt-Geber, denn die Schaltung muss ja wissen, wann sie in den nächsten Zustand schalten soll. Um sich von der Notwendigkeit einer Uhr zu überzeugen, reicht es, an die Ampel-Steuerung zu denken: Dort brauchen wir eine Uhr um festzulegen, wie lange die einzelnen Phasen dauern sollen. Abbildung 4.3 zeigt, wie sich ein Takt-Geber durch Rückkoppelung realisieren lässt und Abbildung 4.4 zeigt die Realisierung dieser Schaltung in *Verilog*. Entscheidend ist, dass der Ausgang des `and`-Gatters zunächst zeitlich verzögert und dann invertiert wird. Das invertierte Signal wird dann als zweiter Eingang in das `and`-Gatter zurückgespeist. Die Funktionsweise der Schaltung ist wie folgt:

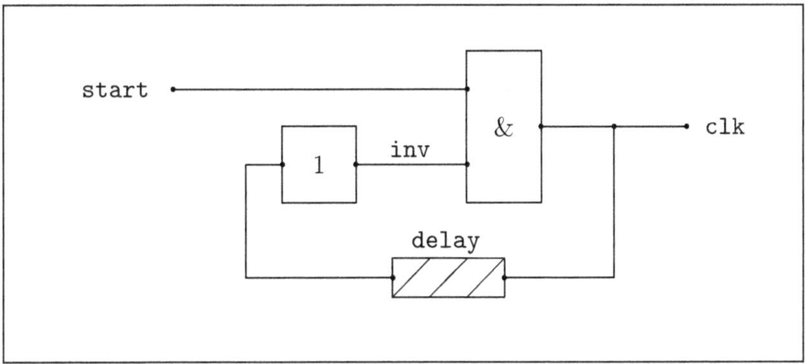

Abb. 4.3: *Aufbau eines Takt-Gebers.*

```
1  module clock(output clk,
2               input  start);
3     wire inv, clkDelayed;
4
5     and     ( clk, inv, start );
6     buf #10 ( clkDelayed, clk );
7     not     ( inv, clkDelayed );
8  endmodule // clock
```

Abb. 4.4: *Implementierung eines Takt-Gebers in Verilog.*

1. Anfangs hat das Signal `start` den Wert 0. Dann liefert das `and`-Gatter unabhängig von dem zweiten Eingang `inv` in jedem Fall eine 0. Der zweite Eingang `inv` hat dann den Wert 1.

2. Indem wir das Signal `start` auf 1 setzen, schalten wir die Uhr ein. Da in diesem Moment das Signal `inv` ebenfalls noch den Wert 1 hat, sind jetzt beide Eingänge des `and`-Gatters 1, so dass dieses am Ausgang ebenfalls eine 1 produziert. Nachdem 10 Zeiteinheiten vergangen sind, hat diese 1 den Puffer in Zeile 6 der Abbildung 4.4 passiert und liegt nun an dem `not`-Gatter an, das dann eine 0 produziert.

3. Die vom `not`-Gatter produzierte 0 wird an das `and`-Gatter weitergereicht, das dann natürlich eine 0 als Ausgang produziert. Nachdem wiederum 10 Zeiteinheiten vergangen sind, hat diese 0 den Verzögerungs-Puffer passiert und liegt nun an dem `not`-Gatter an, das dann eine 1 produziert.

4. Solange das Signal `start` auf 1 gesetzt ist, geht es wie bei 2. weiter.

Die Uhr schaltet also im Abstand von 10 Zeiteinheiten zwischen den Werten 0 und 1 hin und her. Es ist instruktiv, den Signal-Verlauf dieser Schaltung mit einem Signal-Verlaufs-Verfolger (engl. *wave form viewer*) zu betrachten. Dazu müssen wir zunächst eine Test-Bench erstellen, mit der wir eine so genannte VCD-Datei erstellen können. Die Abkürzung VCD steht für *value change dump*. Die Schaltung in Abbildung 4.5 auf Seite 143 erzeugt eine solche Datei mit Hilfe der *Verilog*-Direktive

```
$dumpfile("clock.vcd");
```

in Zeile 12. Die Direktive

```
$dumpvars(1, rolex);
```

in Zeile 13 spezifiziert, welche Signale wir beobachten wollen. Hier haben wir als zweiten Parameter „`rolex`" angegeben und spezifizieren damit, dass wir alle Signale in dem Modul `rolex` beobachten wollen. Der erste Parameter ist „`1`". Er gibt die Zahl der Hierarchie-Ebenen an, deren Signale wir beobachten wollen. Hat dieser Parameter den Wert 1, so werden nur die Signale, die unmittelbar in dem spezifizierten Modul auftreten, ausgegeben. Hätte dieser Parameter den Wert 2, so würden auch alle die Signale mit ausgegeben, die in Modulen auftreten, die in dem spezifizierten Modul instantiiert werden. Allgemein ist der erste Parameter eine Zahl, die angibt, bis zu welcher Instantiierungs-Tiefe die Signale ausgegeben werden. Wird dieser Parameter auf 0 gesetzt, so werden alle Signale ausgegeben, egal ob sie in dem Modul liegen, in einer Instanz eines Moduls, in einer Instanz einer Instanz eines Moduls etc.

Die erste Zeile der Test-Bench enthält die Direktive

```
`timescale 10 ns / 1 ns.
```

Beachten Sie, dass diese Direktive nicht durch ein Semikolon abgeschlossen wird! Diese Direktive gibt an, dass eine Zeiteinheit eine Dauer von 10 Nanosekunden hat. (Die Direktive sagt außerdem, dass die Genauigkeit bei einer Nanosekunde liegt, aber dies ist für unsere Belange unwichtig.) Lassen wir nun den *Verilog*-Simulator laufen, so erzeugt dieser eine Datei mit dem Namen „`clock.vcd`". Diese Datei enthält den Signal-Verlauf. Wir können den Signal-Verlauf mit einen Signal-Verlaufs-Verfolger betrachten. Ein solches Werkzeug ist `dinotrace`, das im Internet unter der Adresse

```
http://www.veripool.com/dinotrace/
```

zur Verfügung steht. Rufen wir dieses Werkzeug mit dem Befehl

```
dinotrace clock.vcd
```

auf, so erhalten wir das in Abbildung 4.6 auf Seite 144 gezeigte Diagramm. Damit es genauso aussieht wie im Skript, müssen Sie vorher noch die Auflösung mit Hilfe des Knopfes, der mit `Res=`··· beschriftet ist, geeignet einstellen. In der Abbildung ist für die Signale `clkDelayed` und `inv` für die ersten 100 Nanosekunden ein schwarzes Sechseck gezeichnet. Dies drückt aus, dass diese beiden Signale während dieser Zeit noch unspezifiziert sind. In dem Diagramm ist gut zu erkennen, dass das Signal `clk` alle 100 Nanosekunden seinen Wert invertiert. Das Signal `clkDelayed` hat den gleichen Verlauf wie das Signal `clk`, ist aber um 100 Nanosekunden verzögert. Außerdem ist gut zu sehen, dass das Signal `inv` genau den zu dem Signal `clkDelayed` entgegengesetzten Wert annimmt.

Die sequentiellen Schaltungen, die wir entwickeln wollen, sind *synchron*, sie werden also von einer Uhr getaktet. Als speichernde Elemente werden dann so genannte *D-Flip-Flops* verwendet. Diese sind ihrerseits aus *D-Latchen* aufgebaut. Abbildung 4.8 zeigt den Schaltplan eines D-Latches und Abbildung 4.8 zeigt die Implementierung in *Verilog*.

```
`timescale 10 ns / 1 ns
`include "clock.v"

module testBench;
   reg  start;
   wire clk;

   clock rolex (clk, start);

   initial
     begin
        $dumpfile("clock.vcd");
        $dumpvars(1, rolex);
  $monitor("%04d, start = %b, clk = %b, clkDelayed = %b, inv = %b",
                       $time, start, clk, rolex.clkDelayed, rolex.inv);
        #0    start = 0;
        #20   start = 1;

        #1000 $finish;
     end

endmodule // testBench
```

Abb. 4.5: *Eine Test-bench für das Modul* `clock`*.*

Die Funktionsweise eines D-Latches ist wie folgt:

1. Solange der Eingang `clock` den Wert 1 hat, sind die `and`-Gatter *durchgeschaltet*, was einfach nur heißt, dass der Ausgang dieser `and`-Gatter mit dem von `clock` verschiedenen Eingang identisch ist. Der Daten-Eingang `d` steuert das *Set-Signal* des nachgeschalteten S-R-Latches. Hat `d` den Wert 1, so wird dann auch `q` den Wert 1 annehmen, und wenn `d` den Wert 0 annimmt, so wird das *Reset-Signal* des nachgeschalteten S-R-Latches und damit dann `q` auf 0 gesetzt. Wir sagen daher, dass in dem Fall `clock` = 1 das D-Latch *durchsichtig* ist, denn `q` hat dann denselben Wert wie `d`.

2. Wird nun `clock` auf 0 gesetzt, so werden beide `and`-Gatter *abgeschaltet*, das heißt, dass der Ausgang dieser Gatter auf 0 gesetzt wird. Damit haben die beiden Eingänge des S-R-Latches den Wert 0 und das nachgeschaltete S-R-Latch gibt den vorher gespeicherten Zustand aus.

Das D-Latch ist *Pegel-gesteuert* (engl. *level sensitive*): Falls `clock` den Wert 1 hat, wird der zu speichernde Wert über den Eingang `d` eingelesen. Falls `clock` den Wert 0 hat, hat der Eingang `d` keine Bedeutung, denn dann wird der vorher gespeicherte Wert ausgegeben.

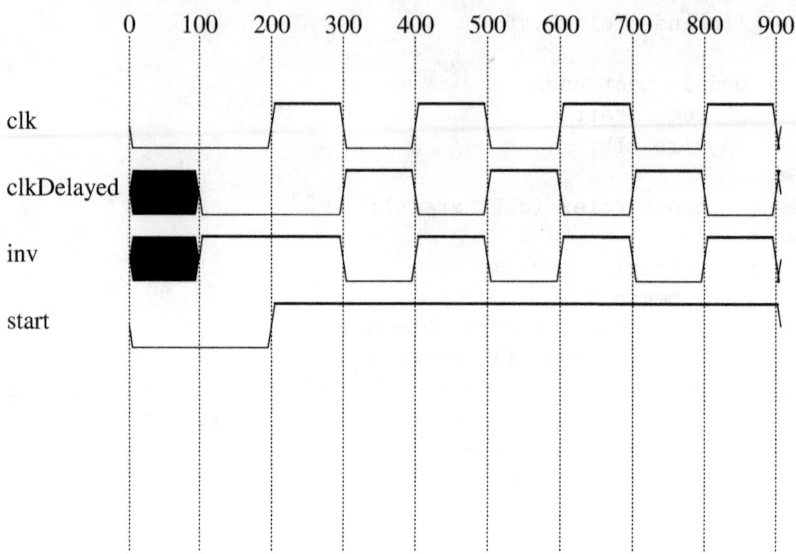

Abb. 4.6: *Signal-Verlauf des Moduls* `clock`.

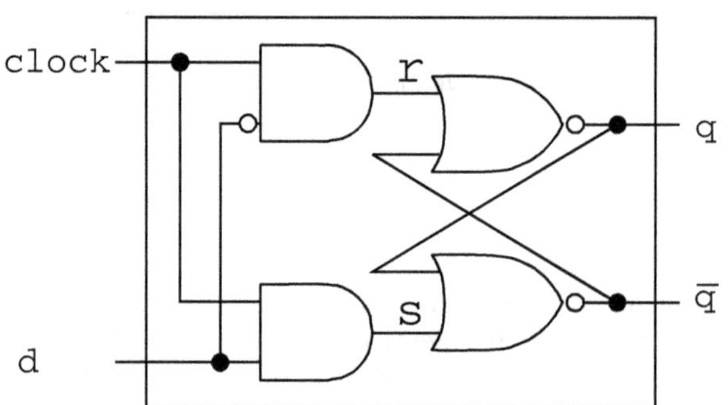

Abb. 4.7: *Ein D-Latch.*

In der Praxis ist es einfacher, Schaltungen mit Speicherbausteinen zu entwickeln, die *flankengesteuert* (engl. *edge sensitive*) sind. Bei einem solchen Baustein ändert sich der gespeicherte Wert nur, wenn das Signal des Takt-Gebers von 0 auf 1 (bzw. von 1 auf 0) wechselt. Ein solcher Baustein ist das *D-Flip-Flop*, das aus zwei D-Latches zusammen gesetzt ist. Abbildung 4.9 zeigt den Schaltplan und Abbildung 4.10 zeigt die Implementierung in *Verilog*.

Um die Funktionsweise eines D-Flip-Flops zu verstehen, verfolgen wir den Verlauf der Signale über zwei Takt-Zyklen.

```
module d_latch(output q,
                input  clk, d);
   wire   s, r;

   and    ( r, clk, ~d );
   and    ( s, clk,  d );

   s_r_latch sr (q, s, r);
endmodule
```

Abb. 4.8: *Implementierung eines D-Latches in Verilog.*

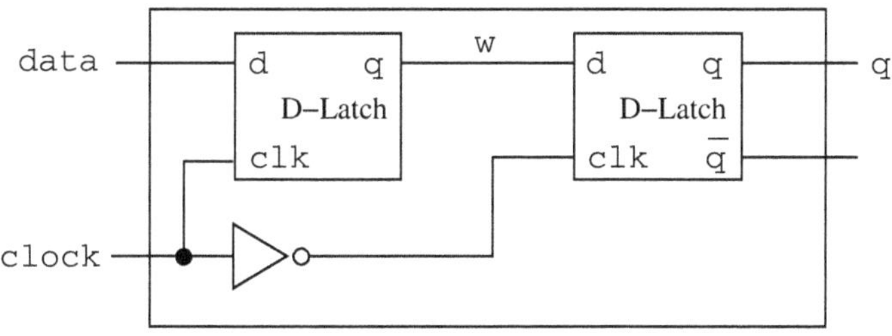

Abb. 4.9: *Ein D-Flip-Flop.*

```
module d_flip_flop(output q,
                   input  clk, data);
   wire     w;

   d_latch  l1 (w,  clk, data);
   d_latch  l2 (q, ~clk,    w);
endmodule
```

Abb. 4.10: *Implementierung eines D-Flip-Flops in Verilog.*

1. Zeitpunkt t_0: `clk` $= 1$

   Das erste D-Latch ist durchsichtig. Damit hat das Wire `w`, das die beiden D-Latches verbindet, denselben Wert wie der Daten-Eingang `data` des ersten D-Latches

   $$\texttt{w} = \texttt{data@}t_0.$$

   Für ein Signal s und einen Zeitpunkt t bezeichnet die Schreibweise $s\texttt{@}t$ den Wert, den das Signal s zum Zeitpunkt t hat.

2. Zeitpunkt t_1: `clk` = 0

   Jetzt gibt das erste D-Latch den gespeicherten Wert `data@`t_0 aus. Dafür ist nun das zweite D-Latch durchsichtig und gibt am Ausgang `q` den Wert aus, der am Wire `w` anliegt. Also gibt es `data@`t_0 aus.

   $$\texttt{q} = \texttt{data@}t_0.$$

3. Zeitpunkt t_2: `clk` = 1

   Nun ist das erste D-Latch wieder durchsichtig. Daher hat das Wire `w` nun denselben Wert wie der Daten-Eingang `data`, es gilt

   $$\texttt{w} = \texttt{data@}t_2.$$

   Das zweite Latch ist jetzt allerdings nicht mehr durchsichtig und gibt daher den vorher gespeicherten Wert `data@`t_0 aus

   $$\texttt{q} = \texttt{data@}t_0.$$

4. Zeitpunkt t_3: `clk` = 0

   Jetzt gibt das erste D-Latch den eben gespeicherten Wert `data@`t_2 aus. Da das zweite D-Latch nun durchsichtig ist, wird am Ausgang `q` jetzt der Wert `data@`t_2 ausgegeben:

   $$\texttt{q} = \texttt{data@}t_2.$$

Wann ändert sich nun der Wert am Ausgang `q` des Flip-Flops? Er ändert sich nur, wenn der Eingang `clock` von 1 auf 0 wechselt. Es wird dann der Wert ausgegeben, der unmittelbar vor der fallenden Flanke des Takt-Signals `clock` am Daten-Eingang `data` angelegen hat. Gleichzeitig wird dieser Wert bis zur nächsten fallenden Flanke gespeichert. Wir sagen daher, dass ein `D-Flip-Flop` *flankengesteuert* ist. Abbildung 4.11 zeigt den Verlauf der Signale bei einem Flip-Flop, der an einen Takt-Geber `clk` angeschlossen ist. Es ist deutlich zu sehen, dass sich der Daten-Ausgang `q` nur bei einer fallenden Flanke des Takt-Signals `clk` ändert.

In der Praxis sind Flip-Flops ein klein wenig komplizierter, denn es wird noch ein zusätzlicher Eingang benötigt, mit dem das Flip-Flop in einen definierten Grundzustand versetzt werden kann. Ein solcher Eingang trägt üblicherweise den Namen `reset`. Abbildung 4.12 zeigt die *Verilog*-Implementierung eines solchen Flip-Flops. Wenn das Signal `reset` den Wert 1 hat, passieren zwei Dinge:

1. Die beiden Daten-Eingänge der D-Latches werden durch die Verundung mit dem negierten `reset`-Signal auf 0 gesetzt.

2. Die beiden `clk`-Eingänge der D-Latches werden durch die Veroderung mit dem `reset`-Signal auf 1 gesetzt. Dadurch werden die D-Latches durchsichtig und leiten den am Eingang liegenden Wert 0 an den Ausgang weiter.

Wenn dann das `reset`-Signal wieder auf 0 zurückgesetzt wird, ist zunächst eine 0 im Flip-Flop gespeichert. Wenn das `reset`-Signal auf 0 bleibt, ändert es die Arbeitsweise des Flip-Flops nicht mehr, denn da 0 das neutrale Element der logischen Oder-Verknüpfung ist, gilt dann

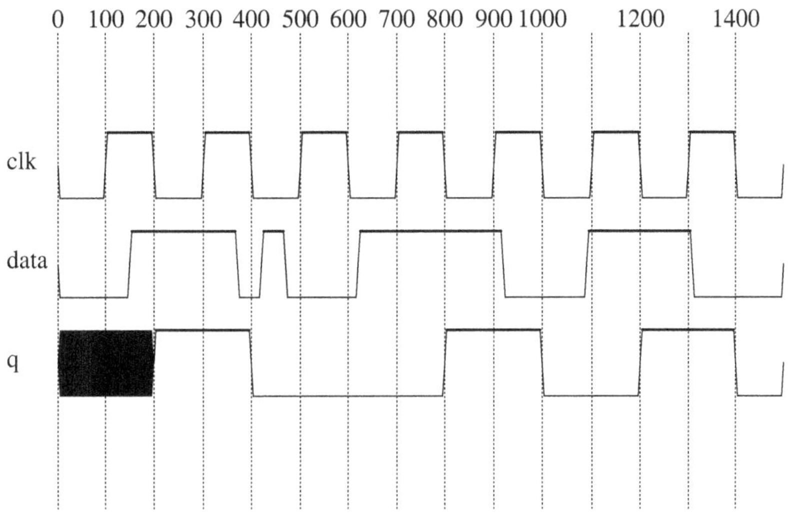

Abb. 4.11: *Signal-Verlauf eines Flip-Flops.*

```
module flip_flop(output q,
                 input  clk, reset, data);
   wire   w;

   d_latch l1 ( w, ~clk | reset, data & ~reset );
   d_latch l2 ( q,  clk | reset,    w & ~reset );
endmodule // flip_flop
```

Abb. 4.12: *Implementierung eines D-Flip-Flops mit Reset.*

`clk | reset` = `clk | 0` = `clk` und `~clk | reset` = `~clk | 0` = `~clk`.

Da weiterhin 1 das neutrale Element der logischen Und-Verknüpfung ist, haben wir

`data & ~reset` = `data & 1` = `data` und `w & ~reset` = `w & 1` = `w`,

so dass das `reset`-Signal dann auch am Daten-Eingang keine Wirkung mehr hat.

Aufgabe 14: Erweitern Sie das Modul `flip_flop` um einen zusätzlichen Eingang `write`, so dass das Modul die unten gezeigte Schnittstelle hat. Das Flip-Flop soll nur dann seinen Zustand ändern, wenn das Signal `clk` von 1 auf 0 wechselt und wenn bei diesem Wechsel **zusätzlich** das Signal `write` den Wert 1 hat.

```
module flip_flop(output q,
                 input  clk, write, reset, data);
   ⋮
endmodule // flip_flop
```

Testen Sie ihre Schaltung und betrachten Sie die Signale mit *dinotrace*.

4.2 Endliche Automaten

Wir haben jetzt alles Material zusammen, um den Begriff des *endlichen Automaten* (engl. *finite state machine*) definieren zu können. Anschaulich sind endliche Automaten Funktionen mit Gedächtnis: Der Wert der Ausgabe einer solchen Funktion hängt nicht nur von der momentanen Eingabe ab, sondern auch von früheren Eingaben. Endliche Automaten werden zur Steuerung von Anlagen eingesetzt. Ein ganz einfaches Beispiel ist eine Ampel-Steuerung. Um ein Gefühl für endliche Automaten zu bekommen, werden wir später eine solche Ampel-Steuerung entwickeln. Zunächst geben wir aber noch eine formale Definition des Begriffs.

Definition 1: *Endlicher Automat*

Ein endlicher Automat *besteht aus fünf Komponenten:*

1. *State ist die endliche Menge der Zustände.*
2. *Input ist die Menge der möglichen Eingaben.*
3. *Output ist die Menge der möglichen Ausgaben.*
4. $\textit{nextState} : \textit{State} \times \textit{Input} \to \textit{State}$
   ist eine Funktion, die aus dem aktuellen Zustand und der aktuellen Eingabe den nächsten Zustand berechnet.
5. $\textit{cmpOut} : \textit{State} \to \textit{Output}$
   ist eine Funktion, die aus dem aktuellen Zustand die Ausgabe berechnet.

Die oben definierten endlichen Automaten werden in der Literatur auch als *Moore-Automaten* bezeichnet. In der Literatur finden Sie außerdem noch die so genannten *Mealy-Automaten.* Bei einem solchen Automaten hängt der Wert der Funktion `cmpOut` auch von der Eingabe ab. Wir werden uns auf die Betrachtung von Moore-Automaten beschränken, weil diese einfacher zu verstehen sind.

Abbildung 4.13 zeigt die Struktur einer Schaltung, die einen endlichen Automaten implementiert. In der Abbildung sind drei Module zu erkennen:

1. `state` ist der Speicher des endlichen Automaten. Hier wird der aktuelle Zustand des Automaten abgespeichert. Dieses Modul wird durch eine Reihe parallel geschalteter Flip-Flops realisiert.

2. `nextState` berechnet aus dem aktuellen Zustand und der aktuellen Eingabe den Folge-Zustand. Der Folge-Zustand wird dann bei der nächsten fallenden Flanke des `clock`-Signals im Modul `state` abgespeichert.

3. `cmpOut` berechnet die Ausgabe aus der aktuellen Eingabe und dem aktuellen Zustand.

Die Module `nextState` und `cmpOut` sind dabei ganz gewöhnliche kombinatorische Schaltungen.

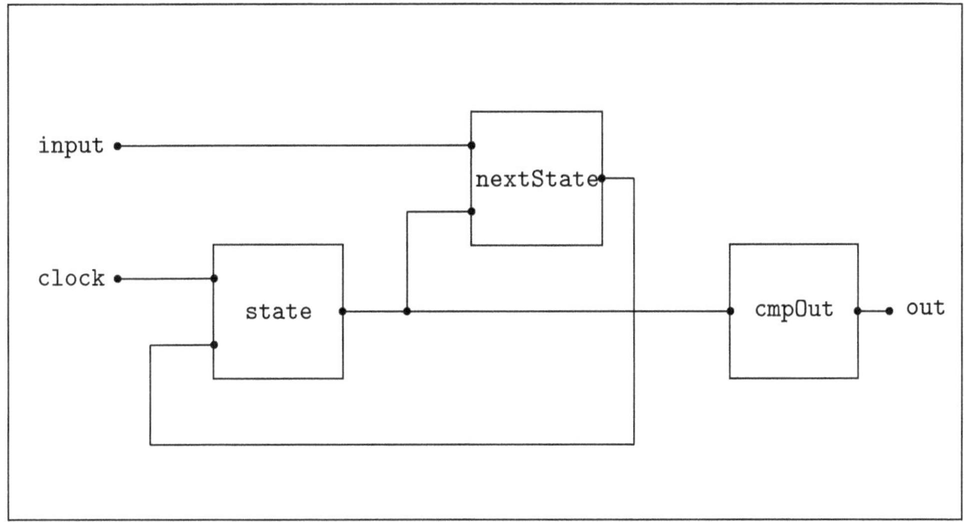

Abb. 4.13: *Aufbau eines endlichen Automaten.*

4.2.1 Eine einfache Ampel-Steuerung

Um den Begriff des endlichen Automaten zu veranschaulichen, entwickeln wir eine Schaltung zur Steuerung einer Fußgänger-Ampel. Bei dem stark vereinfachten Modell, das wir zunächst betrachten werden, besteht das zu modellierende System aus drei Objekten:

1. `AA` ist die Autofahrer-Ampel. Diese Ampel hat eine rote, eine gelbe und eine grüne Birne. Wir modellieren die Autofahrer-Ampel durch einen Bitvektor `AA` der Länge 3, dessen Komponenten die folgende Bedeutung haben:

   (a) `AA[2]` hat den Wert 1, wenn die rote Birne der Autofahrer-Ampel eingeschaltet ist.
   (b) `AA[1]` hat den Wert 1, wenn die gelbe Birne der Autofahrer-Ampel eingeschaltet ist.
   (c) `AA[0]` hat den Wert 1, wenn die grüne Birne der Autofahrer-Ampel eingeschaltet ist.

2. `FA` ist die Fußgänger-Ampel. Diese Ampel hat eine rote und eine grüne Birne. Wir modellieren die Fußgänger-Ampel durch einen Bitvektor `FA` der Länge 2, dessen Komponenten die folgende Bedeutung haben:
   (a) `FA[1]` hat den Wert 1, wenn die rote Birne der Fußgänger-Ampel eingeschaltet ist.
   (b) `FA[0]` hat den Wert 1, wenn die grüne Birne der Fußgänger-Ampel eingeschaltet ist.

3. `GA` ist die Taste, mit der die Fußgänger Grün anfordern können. Wir modellieren dies durch ein Signal mit dem Namen `GA`.

Damit sind wir in der Lage, die Schnittstelle des Moduls zur Ampel-Steuerung anzugeben:

```
module trafficLightCtrl(output [2:0] AA,
                        output [1:0] FA,
                        input        clk, reset, GA);
    ⋮
endmodule // traffic_light_ctrl
```

Das Signal `clk` ist das Takt-Signal und das Signal `reset` dient dazu, die Schaltung in einen definierten Start-Zustand versetzen zu können. Diese beiden Signale gibt es in jeder synchronen Schaltung.

Als Nächstes überlegen wir uns, welche Zustände der Automat zur Steuerung der Ampel intern annehmen kann. Wir werden zunächst ein vereinfachtes Modell der Ampel entwickeln, in dem die Dauer der einzelnen Phasen nicht weiter berücksichtigt wird. Dadurch kommen wir mit 4 Zuständen aus:

1. Zustand: Die Autofahrer-Ampel ist rot. Das ist der einzige Fall, in dem die Fußgänger-Ampel grün ist.

2. Zustand: Die Autofahrer-Ampel ist gelb-rot.

3. Zustand: Die Autofahrer-Ampel ist grün.

4. Zustand: Die Autofahrer-Ampel ist gelb.

Wir können diese vier Zustände durch die Zahlen von 0 bis 3 kodieren, es gilt also

$$State = \{0, 1, 2, 3\}.$$

Zur Darstellung dieser Zahlen reicht ein Bit-Vektor der Länge 2 aus. Wir geben diesem Bit-Vektor den Namen `State` und kodieren die einzelnen Zustände wie folgt:

Zustand der Autofahrer-Ampel	`State`
rot	`2'b00`
gelb-rot	`2'b01`
grün	`2'b10`
gelb	`2'b11`

Die gewählte Codierung ist weitgehend willkürlich, jede andere Codierung hätte es auch getan. Damit sind wir in der Lage, die oberste Abstraktionsschicht der Ampel-Steuerung in *Verilog* zu implementieren. Abbildung 4.14 auf Seite 151 zeigt diese Implementierung.

```
1  module trafficLightCtrl(output [2:0] AA,
2                          output [1:0] FA,
3                          input        clk, reset, GA);
4     wire   [1:0] State;
5     wire   [1:0] nextState;
6  
7     flip_flop ff[1:0] (State, clk, reset, nextState);
8     nextState ns      (nextState, GA, State);
9     cmpOut    ot      (AA, FA, State);
10 endmodule // traffic_light_ctrl
```

Abb. 4.14: *Implementierung der Ampel-Steuerung in Verilog.*

1. Zunächst instantiieren wir in Zeile 7 in dem Modul `trafficLightCtrl` zwei Flip-Flops, um den Zustand `State` der Ampel-Steuerung abspeichern zu können.

2. In Zeile 8 berechnet die Instanz `ns` des Moduls `nextState` aus der Eingabe `GA` und dem aktuellen Zustand `State` den nächsten Zustand `nextState`, der bei der nächsten steigenden Flanke des Signals `clk` von dem Modul `registerState` abgespeichert wird.

3. In Zeile 9 berechnet die Instanz `ot` des Moduls `cmpOut` aus dem aktuellen Zustand `State` die von der Ampel-Steuerung produzierte Ausgabe.

Um die Implementierung der Ampel-Steuerung abzuschließen, müssen wir noch die beiden Module `nextState` und `cmpOut` implementieren. Wir beginnen mit `cmpOut`. Dazu überlegen wir uns an Hand einer Tabelle die Werte der Ausgaben `AA` und `FA`.

Zustand der Autofahrer-Ampel	State	AA	FA
rot	2'b00	3'b100	2'b01
gelb-rot	2'b01	3'b110	2'b10
grün	2'b10	3'b001	2'b10
gelb	2'b11	3'b010	2'b10

Betrachten wir die obige Tabelle, so stellen wir Folgendes fest:

1. Das Bit `AA[2]` (Autofahrer-Ampel rot) ist in den beiden Zuständen `State` = `2'b00` und `State` = `2'b01` gesetzt. Das sind genau die Zustände, in denen das Bit `State[1]` den Wert 0 hat. Folglich können wir dieses Bit wie folgt berechnen:

   `AA[2] = ~State[1]`

2. Das Bit `AA[1]` (Autofahrer-Ampel gelb) ist in den beiden Zuständen `State` = `2'b01` und `State` = `2'b11` gesetzt. Das sind genau die Zustände, in denen das Bit `State[0]` den Wert 1 hat. Folglich können wir dieses Bit wie folgt berechnen:

   `AA[1] = State[0]`

3. Das Bit `AA[0]` (Autofahrer-Ampel grün) ist nur in dem Zustand `State` = `2'b10` gesetzt. Folglich können wir dieses Bit wie folgt berechnen:

   `AA[0] = State[1] & ~State[0]`

4. Das Bit `FA[1]` (Fußgänger-Ampel rot) ist in den drei Zuständen `State` = `2'b01`, `State` = `2'b10` und `State` = `2'b11` gesetzt. Das sind genau die Zustände, in denen eines der beiden Bits `State[1]` oder `State[0]` den Wert 1 hat. Folglich können wir dieses Bit wie folgt berechnen:

   `FA[1] = State[1] | State[0]`

5. Das Bit `FA[1]` (Fußgänger-Ampel grün) ist nur in dem Zustand `State` = `2'b00` gesetzt. Folglich können wir dieses Bit wie folgt berechnen:

   `FA[1] = ~State[1] & ~State[0]`

Diese Überlegungen führen unmittelbar zu der in Abbildung 4.15 auf Seite 153 gezeigten Schaltung.

Als Letztes zeigen wir die Implementierung des Moduls `nextState`. Wir beginnen wieder mit einer Tabelle, in der wir die einzelnen Zustands-Übergänge auflisten.

Zustand der Autofahrer-Ampel	State	GA	Folgezustand	nextState
rot	2'b00	1'b0	gelb-rot	2'b01
gelb-rot	2'b01	1'b0	grün	2'b10
grün	2'b10	1'b0	grün	2'b10
gelb	2'b11	1'b0	rot	2'b00
rot	2'b00	1'b1	gelb-rot	2'b01
gelb-rot	2'b01	1'b1	grün	2'b10
grün	2'b10	1'b1	gelb	2'b11
gelb	2'b11	1'b1	rot	2'b00

```
module cmpOut(output [2:0] AA,
              output [1:0] FA,
              input  [1:0] State);

   assign AA[2] = ~State[1];
   assign AA[1] =  State[0];
   assign AA[0] =  State[1] & ~State[0];
   assign FA[1] =  State[1] |  State[0];
   assign FA[0] = ~State[1] & ~State[0];
endmodule // cmpOut
```

Abb. 4.15: *Berechnung der Ausgabe der Ampel-Steuerung.*

Diese Tabelle beinhaltet alle Informationen zur Konstruktion des Moduls `nextState`. Um diese Informationen besser strukturieren zu können, bringen wir sie in die Form von bedingten Gleichungen:

1. Wenn die Autofahrer-Ampel grün ist und eine Grün-Anforderung vorliegt, dann wird die Autofahrer-Ampel gelb:
   $$\texttt{State} = \texttt{2'b10} \wedge \texttt{GA} \rightarrow \texttt{nextState} = \texttt{2'b11}.$$
2. Wenn die Autofahrer-Ampel grün ist und keine Grün-Anforderung vorliegt, dann bleibt die Autofahrer-Ampel grün:
   $$\texttt{State} = \texttt{2'b10} \wedge \neg\texttt{GA} \rightarrow \texttt{nextState} = \texttt{2'b10}.$$
3. Wenn die Autofahrer-Ampel gelb ist, dann wird die Autofahrer-Ampel rot:
   $$\texttt{State} = \texttt{2'b11} \rightarrow \texttt{nextState} = \texttt{2'b00}.$$
4. Wenn die Autofahrer-Ampel rot ist, dann wird die Autofahrer-Ampel gelb-rot:
   $$\texttt{State} = \texttt{2'b00} \rightarrow \texttt{nextState} = \texttt{2'b01}.$$
5. Wenn die Autofahrer-Ampel gelb-rot ist, dann wird die Autofahrer-Ampel grün:
   $$\texttt{State} = \texttt{2'b01} \rightarrow \texttt{nextState} = \texttt{2'b10}.$$

Diese bedingten Gleichungen lassen am einfachsten mit Hilfe von Feldern von Instanzen von `bufif1`-Gattern in *Verilog* umsetzen. Abbildung 4.16 zeigt die Implementierung in *Verilog*. Dabei entsprechen die eben gezeigten 5 bedingten Gleichungen den Instanzen `r1` bis `r5`. Die Kontroll-Eingänge der `bufif1`-Gatter werden mit den Bedingungen der bedingten Gleichungen belegt, während die Daten-Eingänge jeweils mit dem `nextState` zugewiesenen Wert belegt werden.

Die soeben entwickelte Ampel-Steuerung ist für die Praxis noch unbrauchbar, denn bei dieser Steuerung haben alle Phasen dieselbe zeitliche Länge. Wir werden später noch eine verbesserte Ampel-Steuerung entwickeln.

```
module nextState(output [1:0] nextState,
                 input        GA,
                 input  [1:0] State);

   bufif1 r1[1:0] (nextState, 2'b11, (State == 2'b10) &  GA);
   bufif1 r2[1:0] (nextState, 2'b10, (State == 2'b10) & ~GA);
   bufif1 r3[1:0] (nextState, 2'b00, State == 2'b11);
   bufif1 r4[1:0] (nextState, 2'b01, State == 2'b00);
   bufif1 r5[1:0] (nextState, 2'b10, State == 2'b01);
endmodule // nextState
```

Abb. 4.16: *Berechnung des Folgezustands für die Ampel-Steuerung.*

4.2.2 Debugging in *Icarus Verilog*

Wir werden im weiteren Verlauf sequentielle Schaltungen entwickeln, die wesentlich komplexer sind als die gerade vorgestellte Ampel-Steuerung. Daher ist es notwendig, dass wir uns mit dem Debugger vertraut machen, der in den *Icarus Verilog* Simulator integriert ist. Wir werden die Benutzung dieses Systems zunächst an Hand eines Beispiels demonstrieren. Anschließend fassen wir die Optionen des Debuggers in einer Übersicht zusammen.

Wir beginnen mit der in Abbildung 4.17 auf Seite 155 gezeigten Test-Bench für die Ampel-Steuerung. In dieser Test-Bench haben wir in dem Initialsierungs-Block in Zeile 21 und in den folgenden Zeilen den System-Aufruf „`$stop`“ verwendet. Wenn der Simulator diesen Aufruf abarbeiten soll, wird der Simulator angehalten. Abbildung 4.18 auf Seite 156 zeigt die Ausgabe, die das *Icarus Verilog* System produziert, wenn wir das Modul `testBench` übersetzen und mit Hilfe des Simulators ausführen. Entscheidend sind dabei die letzten drei Zeilen, die mit der Eingabe-Aufforderung „`>`“ enden.

Das erste Kommando, das wir ausprobieren werden, ist das Kommando „`ls`“. Nach Eingabe von „`ls`“ erhalten wir die folgende Ausgabe:

```
> ls
1 items in this scope:
module  : testBench
>
```

Diese Ausgabe informiert uns, dass die Schaltung aus einem Modul mit dem Namen „`testBench`“ besteht. Um dieses Modul näher untersuchen zu können, geben wir das Kommando

```
cd testBench
```

ein, gefolgt von einem weiteren „`ls`“. Der Bildschirm hat jetzt folgende Form:

```
`include "clock.v"
`include "traffic.v"

module testBench;
   wire       clk;
   wire [2:0] AA;
   wire [1:0] FA;
   reg        reset, GA;

   clock      cl (clk, ~reset);

   trafficLightCtrl tl ( AA, FA, clk, reset, GA );

   initial
     begin
       $monitor($time,
            ": reset = %b, clk = %b, GA = %b, AA = %b, FA = %b",
               reset, clk, GA, AA, FA);
       #0   reset = 1; GA = 0;
       #20  reset = 0;
       #54  GA = 1;
       #1   $stop;
       #10  $stop;
       #10  $stop;
       #1   GA = 0;
       #1   $stop;
       #10  $stop;
       #10  $stop;
       #10  $stop;
       #10  $stop;
       #100 $finish;
     end
endmodule // testBench
```

Abb. 4.17: *Test-Bench für die Ampel-Steuerung.*

```
> cd testBench
> ls
7 items in this scope:
net     : AA[2:0]
net     : FA[1:0]
reg     : GA
net     : clk
```

```
reg     : reset
module  : cl
module  : tl
>
```

```
# vvp test-traffic
   0: reset = 1, clk = 0, req = 0, AA = 100, FA = 01
  20: reset = 0, clk = 1, req = 0, AA = 110, FA = 10
  30: reset = 0, clk = 0, req = 0, AA = 110, FA = 10
  40: reset = 0, clk = 1, req = 0, AA = 001, FA = 10
  50: reset = 0, clk = 0, req = 0, AA = 001, FA = 10
  60: reset = 0, clk = 1, req = 0, AA = 001, FA = 10
  70: reset = 0, clk = 0, req = 0, AA = 001, FA = 10
  74: reset = 0, clk = 0, req = 1, AA = 001, FA = 10
** VVP Stop(0) **
** Current simulation time is 75 ticks.
>
```

Abb. 4.18: *Ausgabe des Simulators.*

Jetzt befinden wir uns innerhalb des Moduls `testBench` und können sehen, dass dieses aus den beiden Modulen `cl` und `tl` aufgebaut ist. Außerdem sehen wir noch alle in dem Modul `testBench` verwendeten Drähte (das sind die Signale, die mit dem Schlüsselwort `net` angezeigt werden) und die Register (das sind die Signale, die mit dem Schlüsselwort `reg` angezeigt werden). Wir entschließen uns, das Modul `tl` näher zu inspizieren, und geben daher den Befehl

```
cd tl
```

ein. Nach Eingabe eines weiteren `ls`-Kommandos erhalten wir

```
> cd tl
> ls
10 items in this scope:
net     : AA[2:0]
net     : FA[1:0]
net     : GA
net     : State[1:0]
net     : clk
net     : nextState[1:0]
net     : reset
module  : ns
module  : ot
>
```

Wir befinden uns nun innerhalb des Moduls `trafficLightCtrl` und sehen alle dort verwendeten Drähte und Module. Wir können uns den Wert der verschiedenen Signale mit Hilfe des Kommandos „`$display`“ anzeigen lassen. Geben wir beispielsweise den Befehl

```
$display State
```

ein, so erhalten wir:

```
> $display State
2
>
```

Wie wir sehen, erfolgt die Ausgabe im Dezimal-System. Um den Wert im Binär-System anzeigen zu lassen, können wir das Kommando

```
$displayb State
```

verwenden. Neben „`$displayb`“ gibt es noch die beiden Varianten „`$displayh`“ für die Anzeige im Hexadezimal-System und „`$displayo`“ für die Anzeige im Oktal-System.

Wollen wir die Simulation zum nächsten Halte-Punkt laufen lassen, so erreichen wir das durch Eingabe des Befehls „`cont`“:

```
1  > cont
2  ** Continue **
3    80: reset = 0, clk = 1, req = 1, AA = 010, FA = 10
4  ** VVP Stop(0) **
5  ** Current simulation time is 85 ticks.
6  >
```

Die Zeilen, die mit zwei Sternen „`**`“ beginnen, sind die Ausgaben des Debuggers. Die Ausgabe in Zeile 3 stammt hingegen nicht von dem Debugger, sondern von dem „`$monitor`“-Befehl in dem Modul „`testBench`“. Außerdem sehen wir in Zeile 5, dass die Simulations-Zeit jetzt um 10 Einheiten fortgeschritten ist. Um uns zu orientieren, in welchem Modul wir uns zur Zeit befinden, können wir den Befehl „`where`“ verwenden:

```
> where
module tl
module testBench
>
```

Wir befinden uns also nach wie vor in dem Modul `tl`, das eine Instanz des Moduls `trafficLightCtrl` ist. Dieses Modul ist in dem Modul `testBench` initialisiert worden.

Um eine Ebene zurück in das Modul `testBench` zu gelangen, können wir den Befehl „`pop`“ verwenden. Ein anschließendes „`ls`“ liefert dann:

```
> pop
> ls
7 items in this scope:
net    : AA[2:0]
net    : FA[1:0]
reg    : GA
net    : clk
reg    : reset
module : cl
module : tl
>
```

Dies zeigt, dass wir nun tatsächlich in das Modul `testBench` zurückgelangt sind.

Der in dem *Icarus Verilog* System enthaltene Debugger ist nicht besonders reichhaltig. Entscheidend ist, dass uns mit den Kommandos „`cd`“ und „`pop`“ Befehle zur Verfügung stehen, mit denen wir innerhalb der Modul-Hierarchie navigieren können, ganz so, wie wir mit den Befehlen „`cd`“ und „`cd ..`“ in der Verzeichnis-Struktur eines *Linux*-Datei-Systems navigieren können. Mit Hilfe des Befehls „`ls`“ können dann die Komponenten eines Moduls aufgelistet werden. Um die Werte der einzelnen Komponenten anzuzeigen, stehen uns der Befehl „`$display`“ in verschiedenen Variationen zur Verfügung. Tabelle 4.1 gibt eine Übersicht aller zur Verfügung stehenden Befehle.

Tabelle 4.1: *Übersicht über die Kommandos im Debugger.*

Befehl	Wirkung
`ls`	listet die vorhandenen Module und Signale auf
`cd` *M*	wechselt in das Modul *M*
`$display` *S*	gibt den Wert des Signals *S* im Dezimal-System aus
`$displayb` *S*	gibt den Wert des Signals *S* im Binär-System aus
`$displayh` *S*	gibt den Wert des Signals *S* im Hexadezimal-System aus
`$displayo` *S*	gibt den Wert des Signals *S* im Oktal-System aus
`pop`	wechselt in das Modul, das das aktuelle Modul instantiiert
`where`	zeigt an, wo wir uns innerhalb der Modul-Hierarchie befinden
`cont`	lässt die Simulation bis zum nächsten Halte-Punkt weiterlaufen
`help`	listet die vorhandenen Kommandos auf
`time`	gibt die Simulationszeit aus

Neben dem Icarus-Verilog-System können wir auch das Werkzeug *dinotrace* zum debuggen verwenden. Der Vorteil von Dinotrace ist, dass damit alle Signale zu beliebigen Zeiten analysiert werden können. Zusätzlich gibt es die Möglichkeit, *dinotrace* mit dem Editor *Emacs* zu koppeln.

Aufgabe 15: Modellieren Sie eine stark vereinfachte Kontroll-Einheit eines Zigaretten-Automaten. Die Kontroll-Einheit hat einen Eingang `EuroIn`, der gesetzt wird, wenn ein Euro eingeworfen wird. Weiterhin hat die Kontroll-Einheit einen Ausgang `CigOut`, der gesetzt wird, wenn eine Zigaretten-Schachtel ausgeworfen werden soll. Eine Zigaretten-Schachtel soll genau dann ausgeworfen werden, wenn drei Euro eingeworfen worden sind. Die Schnittstelle einer *Verilog*-Implementierung ist also wie folgt:

```
module cigaretteCtrl(output CigOut,
                     input  reset, clk, EuroIn);
    ⋮
endmodule
```

4.3 Verhaltensbasierte Schaltungsbeschreibung mit *Verilog*

Bisher können wir Schaltungen mit *Verilog* auf zwei Arten beschreiben:

1. Eine ***strukturelle*** Beschreibung erlaubt nur die Verwendung der vordefinierten Gatter `and`, `not`, `bufif1`, etc.

   Eine strukturelle Schaltungsbeschreibung spezifiziert im Detail, wie die spezifizierte Schaltung aus logischen Gattern aufgebaut ist. Die einzige Möglichkeit, eine solche Schaltungsbeschreibung zu strukturieren, besteht in der Definition und Instantiierung von geeigneten ***Modulen***. Eine Schaltungsbeschreibung, die nicht in verschiedene Module unterteilt ist, bezeichnen wir als ***Netz-Liste***. Eine Netz-Liste entspricht 1-zu-1 einem Schaltplan.

2. Eine ***RTL***-Beschreibung (RTL steht für *register transfer level*) erlaubt zusätzlich die Verwendung der arithmetischen und logischen Operatoren wie z. B. „`+`", „`*`", „`&`", etc. Außerdem können ständige Zuweisungen benutzt werden (`assign`). In der Literatur findet sich anstelle der Bezeichnung *RTL*-Beschreibung auch der Ausdruck Datenfluss-Beschreibung (*dataflow modeling*).

   Eine RTL-Beschreibung ist abstrakter als eine strukturelle Beschreibung, denn die Implementierung arithmetischer Operatoren braucht nicht spezifiziert zu werden. Heute verfügbare Synthese-Werkzeuge sind in der Lage, aus einer RTL-Beschreibung eine Netz-Liste zu erzeugen.

Für die Entwicklung komplexer Schaltungen ist eine RTL-Beschreibung immer noch sehr aufwendig. Daher bietet die Sprache *Verilog* die Möglichkeit, Schaltungen auch ***verhaltensbasiert*** zu beschreiben. Eine solche verhaltensbasierte Beschreibung ist zwar im Allgemeinen nicht mehr ***synthetisierbar***, d. h. es ist nicht mehr möglich, aus einer verhaltensbasierten Schaltungsbeschreibung eine Netz-Liste automatisch zu generieren, aber eine verhaltensbasierte Schaltungsbeschreibung ist immer noch ***simulierbar***. Für die Entwicklung komplexer Schaltungen bietet sich daher ein mehrstufiges Vorgehen an:

1. Zunächst wird eine verhaltensbasierte Schaltungsbeschreibung erstellt. Diese Beschreibung gestattet es bereits, die verwendeten Algorithmen zu testen.

2. Anschließend wird die verhaltensbasierte Beschreibung in eine RTL-Beschreibung überführt.

3. Bei Bedarf können einzelne Module der RTL-Beschreibung in strukturelle Module umgeschrieben werden. Dies kann zu Optimierungszwecken sinnvoll sein: entweder kann man versuchen, die Zahl der verwendeten Gatter zu verringern, oder man kann das zeitliche Verhalten der Schaltung optimieren.

Wir führen verhaltensbasierte Schaltungsbeschreibungen an Hand eines Beispiels ein. Dazu entwickeln wir eine verbesserte Version der Ampel-Steuerung. Die oben vorgestellte Ampel-Steuerung weist (unter anderem) die folgenden Probleme auf:

1. Alle Phasen sind gleich lang.

   In der Praxis dauert die Grün-Phase einer Ampel aber wesentlich länger als die Gelb-Rot-Phase.

2. Grün-Anforderung können verloren gehen.

   Falls während der Gelb-Rot-Phase der Autofahrer-Ampel ein Fußgänger auf die Taste zur Grün-Anforderung drückt, so wird diese Grün-Anforderung ignoriert!

Zur Lösung des ersten Problems spezifizieren wir die Länge der einzelnen Phasen durch die folgende Tabelle:

Phase der Autofahrer-Ampel	Länge der Phase
Rot-Phase:	64 Takt-Zyklen
Gelb-Rot-Phase:	8 Takt-Zyklen
Grün-Phase:	$\geq$ 128 Takt-Zyklen
Gelb-Phase:	15 Takt-Zyklen

Um die Steuerung entwickeln zu können, spezifizieren wir zunächst den endlichen Automaten, der die Ampel-Steuerung implementieren soll. Wir beginnen damit, dass wir die Zustände dieses Automaten festlegen. Der Zustand besteht aus drei Komponenten:

1. `reg [1:0] State;`

   legt den Zustand der Autofahrer-Ampel fest. Wir verwenden dabei dieselbe Codierung wie früher, die wir hier der Bequemlichkeit halber noch einmal angeben:

Zustand der Autofahrer-Ampel	`State`
rot	`2'b00`
gelb-rot	`2'b01`
grün	`2'b10`
gelb	`2'b11`

2. `reg [7:0] Ctr;`

   Mit diesem 8-Bit-Register zählen wir die Takt-Zyklen.

3. `reg StoredGA;`

   In dieser Variablen speichern wir Grün-Anforderung, die nicht unmittelbar befriedigt werden können.

Als Nächstes legen wir die Zustands-Übergänge dieses Automaten fest. Wir modifizieren dazu die auf Seite 153 gezeigten Wenn-Dann-Regeln und erhalten:

1. Wenn die Autofahrer-Ampel grün ist, der Zähler `Ctr` von 0 verschieden ist und keine Grün-Anforderung vorliegt, dann bleibt die Autofahrer-Ampel grün, der Zähler `Ctr` wird dekrementiert und die Variable `StoredGA` behält ihren alten Wert. Eine naive Formalisierung dieser Regel könnte folgende Gestalt haben:

   $$\begin{array}{rl} & \texttt{State} = \texttt{2'b10} \wedge \texttt{Ctr} \neq 0 \wedge \neg\texttt{GA} \\ \rightarrow & \texttt{nextState} = \texttt{2'b10} \wedge \texttt{Ctr} = \texttt{Ctr} - 1 \wedge \texttt{StoredGA} = \texttt{StoredGA}. \end{array}$$

   Die Bedingung $\texttt{Ctr} \neq 0$ stellt dabei sicher, dass die Grün-Phase der Autofahrer mindestens 128 Zeiteinheiten andauert. Das Problem bei dieser Formalisierung ist die Gleichung

   $$\texttt{Ctr} = \texttt{Ctr} - 1. \qquad (\star)$$

   Anschaulich soll die Gleichung $(\star)$ ausdrücken, dass der Zähler `Ctr` um 1 erniedrigt wird. Mathematisch ist diese Gleichung aber unsinnig, denn wenn wir auf beiden Seiten der Gleichung $(\star)$ den Wert `Ctr` abziehen, dann erhalten wir die Gleichung $0 = -1$. Wir führen daher eine neue Notation ein und schreiben die Gleichung $(\star)$ als

   $$\texttt{Ctr}' = \texttt{Ctr} - 1. \qquad (+)$$

   In der Gleichung $(+)$ bezeichnet $\texttt{Ctr}'$ den Wert der Variablen `Ctr` im nächsten Zustand. Allgemein vereinbaren wir, dass wir den Wert einer Variablen x im nächsten Zustand mit x' bezeichnen. Die korrekte Formalisierung der obigen Regel lautet dann:

   $$\begin{array}{rl} & \texttt{State} = \texttt{2'b10} \wedge \texttt{Ctr} \neq 0 \wedge \neg\texttt{GA} \\ \rightarrow & \texttt{State}' = \texttt{2'b10} \wedge \texttt{Ctr}' = \texttt{Ctr} - 1 \wedge \texttt{StoredGA}' = \texttt{StoredGA}. \end{array}$$

2. Wenn die Autofahrer-Ampel grün ist, der Zähler `Ctr` von 0 verschieden ist und eine Grün-Anforderung vorliegt, dann bleibt die Autofahrer-Ampel grün, der Zähler `Ctr` wird dekrementiert und die Variable `StoredGA` wird auf 1 gesetzt:

   $$\begin{array}{rl} & \texttt{State} = \texttt{2'b10} \wedge \texttt{Ctr} \neq 0 \wedge \texttt{GA} \\ \rightarrow & \texttt{State}' = \texttt{2'b10} \wedge \texttt{Ctr}' = \texttt{Ctr} - 1 \wedge \texttt{StoredGA}' = 1. \end{array}$$

3. Wenn die Autofahrer-Ampel grün ist, der Zähler `Ctr` den Wert 0 hat und entweder eine Grün-Anforderung vorliegt, oder aber die Variable `StoredGA` gesetzt ist, dann wird die Autofahrer-Ampel gelb, der Zähler `Ctr` wird auf `15` gesetzt und die Variable `StoredGA` wird auf 0 zurückgesetzt:

$$\begin{aligned} &\texttt{State} = \texttt{2'b10} \wedge \texttt{Ctr} = 0 \wedge (\texttt{GA} \vee \texttt{StoredGA}) \\ \rightarrow\ &\texttt{State}' = \texttt{2'b11} \wedge \texttt{Ctr}' = 15 \wedge \texttt{StoredGA}' = 0. \end{aligned}$$

4. Wenn die Autofahrer-Ampel grün ist, der Zähler `Ctr` den Wert 0 hat und weder eine Grün-Anforderung vorliegt noch die Variable `StoredGA` gesetzt ist, dann bleibt die Autofahrer-Ampel grün, der Zähler `Ctr` bleibt auf `0` und die Variable `StoredGA` bleibt ebenfalls auf 0:

$$\begin{aligned} &\texttt{State} = \texttt{2'b10} \wedge \texttt{Ctr} = 0 \wedge \neg\texttt{GA} \wedge \neg\texttt{StoredGA} \\ \rightarrow\ &\texttt{State}' = \texttt{2'b10} \wedge \texttt{Ctr}' = 0 \wedge \texttt{StoredGA}' = 0. \end{aligned}$$

5. Wenn die Autofahrer-Ampel gelb ist und der Zähler `Ctr` von 0 verschieden ist, dann wird der Zähler dekrementiert, die Autofahrer-Ampel bleibt gelb und die Variable `StoredGA` behält ihren Wert:

$$\begin{aligned} &\texttt{State} = \texttt{2'b11} \wedge \texttt{Ctr} \neq 0 \\ \rightarrow\ &\texttt{State}' = \texttt{2'b11} \wedge \texttt{Ctr}' = \texttt{Ctr} - 1 \wedge \texttt{StoredGA}' = \texttt{StoredGA}. \end{aligned}$$

6. Wenn die Autofahrer-Ampel gelb ist und der Zähler `Ctr` den Wert 0 hat, dann wird die Autofahrer-Ampel rot, der Zähler wird auf 64 gesetzt und die Variable `StoredGA` behält ihren Wert:

$$\begin{aligned} &\texttt{State} = \texttt{2'b11} \wedge \texttt{Ctr} = 0 \\ \rightarrow\ &\texttt{State}' = \texttt{2'b00} \wedge \texttt{Ctr}' = 64 \wedge \texttt{StoredGA}' = \texttt{StoredGA}. \end{aligned}$$

7. Wenn die Autofahrer-Ampel rot ist und der Zähler `Ctr` von 0 verschieden ist, dann wird der Zähler dekrementiert, die Autofahrer-Ampel bleibt rot und die Variable `StoredGA` behält ihren Wert:

$$\begin{aligned} &\texttt{State} = \texttt{2'b00} \wedge \texttt{Ctr} \neq 0 \\ \rightarrow\ &\texttt{State}' = \texttt{2'b00} \wedge \texttt{Ctr}' = \texttt{Ctr} - 1 \wedge \texttt{StoredGA}' = \texttt{StoredGA}. \end{aligned}$$

8. Wenn die Autofahrer-Ampel rot ist und der Zähler `Ctr` den Wert 0 hat, dann wird der Zähler auf 8 gesetzt, die Autofahrer-Ampel wechselt in die Gelb-Rot-Phase und die Variable `StoredGA` behält ihren Wert:

$$\begin{aligned} &\texttt{State} = \texttt{2'b00} \wedge \texttt{Ctr} = 0 \\ \rightarrow\ &\texttt{State}' = \texttt{2'b01} \wedge \texttt{Ctr}' = 8 \wedge \texttt{StoredGA}' = \texttt{StoredGA}. \end{aligned}$$

9. Wenn die Autofahrer-Ampel gelb-rot ist, der Zähler `Ctr` von 0 verschieden ist, und keine Grün-Anforderung vorliegt, dann wird der Zähler dekrementiert, die Autofahrer-Ampel bleibt gelb-rot und die Variable `StoredGA` behält ihren Wert:

$$\begin{aligned} &\texttt{State} = \texttt{2'b01} \wedge \texttt{Ctr} \neq 0 \wedge \neg\texttt{GA} \\ \rightarrow\ &\texttt{State}' = \texttt{2'b01} \wedge \texttt{Ctr}' = \texttt{Ctr} - 1 \wedge \texttt{StoredGA}' = \texttt{StoredGA}. \end{aligned}$$

10. Wenn die Autofahrer-Ampel gelb-rot ist, der Zähler `Ctr` von 0 verschieden ist, und eine Grün-Anforderung vorliegt, dann wird der Zähler dekrementiert, die Autofahrer-Ampel bleibt gelb-rot und die Variable `StoredGA` wird auf 1 gesetzt:
$$\begin{aligned}&\texttt{State} = \texttt{2'b01} \wedge \texttt{Ctr} \neq 0 \wedge \texttt{GA}\\ \rightarrow\ &\texttt{State}' = \texttt{2'b01} \wedge \texttt{Ctr}' = \texttt{Ctr} - 1 \wedge \texttt{StoredGA}' = 1.\end{aligned}$$

11. Wenn die Autofahrer-Ampel gelb-rot ist, der Zähler `Ctr` den Wert 0 hat und keine Grün-Anforderung vorliegt, dann wird die Autofahrer-Ampel grün, der Zähler wird auf 128 gesetzt und die Variable `StoredGA` behält ihren Wert:
$$\begin{aligned}&\texttt{State} = \texttt{2'b01} \wedge \texttt{Ctr} = 0 \wedge \neg\texttt{GA}\\ \rightarrow\ &\texttt{State}' = \texttt{2'b10} \wedge \texttt{Ctr}' = 128 \wedge \texttt{StoredGA}' = \texttt{StoredGA}.\end{aligned}$$

12. Wenn die Autofahrer-Ampel gelb-rot ist, der Zähler `Ctr` den Wert 0 hat und eine Grün-Anforderung vorliegt, dann wird die Autofahrer-Ampel grün, der Zähler wird auf 128 gesetzt und die Variable `StoredGA` wird auf 1 gesetzt:
$$\begin{aligned}&\texttt{State} = \texttt{2'b01} \wedge \texttt{Ctr} = 0 \wedge \neg\texttt{GA}\\ \rightarrow\ &\texttt{State}' = \texttt{2'b10} \wedge \texttt{Ctr}' = 128 \wedge \texttt{StoredGA}' = 1.\end{aligned}$$

Als Nächstes überlegen wir uns, wie die Ausgabe-Funktion sich ändern muss. Bisher war es so, dass sich der Zustand der Fußgänger-Ampel nur nach dem Zustand der Autofahrer-Ampel gerichtet hat. Das entspricht aber nicht der Realität, denn normalerweise wird die Fußgänger-Ampel rot noch bevor die Autofahrer-Ampel in die Gelb-Rot-Phase wechselt. Der Grund ist, dass die Länge der Gelb-Rot-Phase für einen Fußgänger im Allgemeinen nicht ausreichend ist, um die Straße zu überqueren. Wir legen willkürlich fest, dass zur Überquerung der Straße im schlimmsten Fall 18 Zeiteinheiten benötigt werden. Da die Gelb-Rot-Phase eine Länge von 8 Zeiteinheiten hat, muss also die Fußgänger-Ampel dann in der Rot-Phase der Autofahrer-Ampel auf rot umschalten, wenn der Zähler `Ctr` den Wert $10 = 18 - 8$ erreicht. Wir stellen auch für die Ausgabe-Funktion Wenn-Dann-Regeln auf, wobei wir allerdings nur die Ausgabe für die Fußgänger-Ampel beschreiben, denn die Ausgabe der Autofahrer-Ampel folgt unmittelbar aus dem Zustand der Variablen `State`.

1. Wenn die Autofahrer-Ampel rot ist und der Zähler `Ctr` größer als 10 ist, dann ist die Fußgänger-Ampel grün:
$$\texttt{State} = \texttt{2'b00} \wedge \texttt{Ctr} > 10 \ \rightarrow\ \texttt{FA} = \texttt{2'b01}.$$

2. In allen anderen Fällen ist die Fußgänger-Ampel rot:
$$\neg(\texttt{State} = \texttt{2'b00} \wedge \texttt{Ctr} > 10) \ \rightarrow\ \texttt{FA} = \texttt{2'b10}.$$

Nachdem wir nun die verbesserte Version der Ampel-Steuerung im Detail spezifiziert haben, können wir uns an die Implementierung wagen. Wir beginnen mit der Implementierung des Moduls `trafficLightCtrl`, das die Ampel-Steuerung implementiert.

```
1  ⋮
2  module trafficLightCtrl(output [2:0] AA,
3                          output [1:0] FA,
4                          input        clk, reset, GA);
5     wire   [1:0] State,     nextState;
6     wire   [7:0] Ctr,       nextCtr;
7     wire         StoredGA, nextStoredGA;
8
9     flip_flop ffS[1:0] ( State,    clk, reset, nextState    );
10    flip_flop ffC[7:0] ( Ctr,      clk, reset, nextCtr      );
11    flip_flop ffStored ( StoredGA, clk, reset, nextStoredGA );
12    nextState ns (nextState, nextCtr, nextStoredGA,
13                  GA, State, Ctr, StoredGA);
14    cmpOut    ot (AA, FA, State, Ctr);
15 endmodule // traffic_light_ctrl
```

Abb. 4.19: *Implementierung der Ampel-Steuerung.*

Abbildung 4.19 zeigt die Implementierung in *Verilog*. Gegenüber der ersten Implementierung haben wir jetzt neben den beiden Flip-Flops in Zeile 9, die den Wert der Variablen `State` abspeichern, in Zeile 10 noch 8 Flip-Flops zum Speichern der Variablen `Ctr` und in Zeile 13 ein Flip-Flop zum Speichern der Variablen `StoredGA`.

Bei der Implementierung des Zustands der Ampel-Steuerung haben wir uns auf eine strukturelle *Verilog*-Beschreibung beschränkt. Für die Beschreibung der Zustands-Übergangs-Funktion der Ampel-Steuerung wählen wir nun ein höheres Abstraktions-Niveau. Wir implementieren das entsprechende Modul durch eine *verhaltensbasierte Verilog*-Beschreibung. Die Abbildungen 4.20, 4.21 und 4.22 auf den Seiten 165, 166 und 167 zeigen die Implementierung, die wir jetzt diskutieren:

1. In Zeile 9–11 deklarieren wir die drei Signale `nextState`, `nextCtr` und `nextStoredGA` mit dem Schlüsselwort „`reg`" als Register. Diese Signale sind genau die Ausgaben des Moduls `nextState`. In einer verhaltensbasierten Beschreibung müssen alle Ausgabe-Signale zusätzlich als Register deklariert werden, damit es möglich ist, diesen Signalen einen Wert zuzuweisen.

2. In Zeile 13 wird mit dem Schlüsselwort `always` ein so genannter Always-Block eingeleitet. Dieser Always-Block wird durch die beiden Schlüsselworte „`begin`" in Zeile 14 und „`end`" in Zeile 87 eingerahmt. Diese Schlüsselworte entsprechen den geschweiften Klammern „{" und „}" in der Programmiersprache *Java*.

   Das Schlüsselwort „`always`" wird gefolgt von der so genannten *Sensitivitäts-Liste*, die unserem Fall die Form

   ```
   @(GA, State, Ctr, StoredGA)
   ```

   hat. Innerhalb der runden Klammern werden dabei alle Signale aufgelistet, die als Eingaben des Moduls auftreten.

```
module nextState(output  [1:0] nextState,
                 output  [7:0] nextCtr,
                 output        nextStoredGA,
                 input         GA,
                 input  [1:0]  State,
                 input  [7:0]  Ctr,
                 input         StoredGA);

   reg     [1:0] nextState;
   reg     [7:0] nextCtr;
   reg           nextStoredGA;

   always @(GA, State, Ctr, StoredGA)
     begin
        if (State == 2'b10 && Ctr != 0 && ~GA)
          begin
             nextState    = 2'b10;
             nextCtr      = Ctr - 1;
             nextStoredGA = StoredGA;
          end
        if (State == 2'b10 && Ctr != 0 && GA)
          begin
             nextState    = 2'b10;
             nextCtr      = Ctr - 1;
             nextStoredGA = 1;
          end
        if (State == 2'b10 && Ctr == 0 && (GA || StoredGA))
          begin
             nextState    = 2'b11;
             nextCtr      = 15;
             nextStoredGA = 0;
          end
        if (State == 2'b10 && Ctr == 0 && ~GA &&  ~StoredGA)
          begin
             nextState    = 2'b10;
             nextCtr      = 0;
             nextStoredGA = 0;
          end
```

Abb. 4.20: *Implementierung der Zustands-Übergangs-Funktion, Teil I.*

Die Semantik eines Always-Blocks ist wie folgt: Jedesmal, wenn eines der in der Sensitivitäts-Liste aufgeführten Signale seinen Wert ändert, werden die in dem Always-Blocks durch „`begin`" und „`end`" eingeschlossenen Befehle der Reihe nach abgearbeitet. Diese Befehle sind entweder einfache Zuweisungen oder aber `if`-Blöcke.

```
39          if (State == 2'b11 && Ctr != 0)
40            begin
41               nextState     = 2'b11;
42               nextCtr       = Ctr - 1;
43               nextStoredGA = StoredGA;
44            end
45          if (State == 2'b11 && Ctr == 0)
46            begin
47               nextState = 2'b00;
48               nextCtr = 64;
49               nextStoredGA = StoredGA;
50            end
51          if (State == 2'b00 && Ctr != 0)
52            begin
53               nextState     = 2'b00;
54               nextCtr       = Ctr - 1;
55               nextStoredGA = StoredGA;
56            end
57          if (State == 2'b00 && Ctr == 0)
58            begin
59               nextState     = 2'b01;
60               nextCtr       = 8;
61               nextStoredGA = StoredGA;
62            end
63          if (State == 2'b01 && Ctr != 0 && ~GA)
64            begin
65               nextState     = 2'b01;
66               nextCtr       = Ctr - 1;
67               nextStoredGA = StoredGA;
68            end
69          if (State == 2'b01 && Ctr != 0 && GA)
70            begin
71               nextState     = 2'b01;
72               nextCtr       = Ctr - 1;
73               nextStoredGA = 1;
74            end
```

Abb. 4.21: *Implementierung der Zustands-Übergangs-Funktion, Teil II.*

3. In den Zeilen 15 bis 20 sehen wir die Umsetzung der Wenn-Dann-Regel

$$\begin{aligned} & \texttt{State} = \texttt{2'b10} \wedge \texttt{Ctr} \neq 0 \wedge \neg\texttt{GA} \\ \rightarrow\ & \texttt{State}' = \texttt{2'b10} \wedge \texttt{Ctr}' = \texttt{Ctr} - 1 \wedge \texttt{StoredGA}' = \texttt{StoredGA}. \end{aligned}$$

Diese Regel wird in zwei Schritten in *Verilog* übersetzt:

```
        if (State == 2'b01 && Ctr == 0 && ~GA)
          begin
             nextState    = 2'b10;
             nextCtr      = 128;
             nextStoredGA = StoredGA;
          end
        if (State == 2'b01 && Ctr == 0 && GA)
          begin
             nextState    = 2'b10;
             nextCtr      = 128;
             nextStoredGA = 1;
          end
    end
endmodule // nextState
```

Abb. 4.22: *Implementierung der Zustands-Übergangs-Funktion, Teil III.*

(a) Die Wenn-Bedingung dieser Regel formulieren wir als logische Bedingung ganz so, wie wir dies in der Sprache *Java* machen würden.

(b) Die einzelnen Zuweisungen des Dann-Teils der Wenn-Dann-Regel übersetzen wir in Zuweisungen, die durch ein Semikolon getrennt werden.

Syntaktisch besteht der einzige Unterschied zur der Sprache *Java* darin, dass die in *Java* verwendeten geschweiften Klammern in *Verilog* durch die beiden Schlüsselworte „`begin`“ und „`end`“ ersetzt werden. Außerdem wurden die mit einem Strich verzierten Variablen `State`′, `Ctr`′ und `StoredGA`′ durch die Variablen `nextState`, `nextCtr` und `nextStoredGA` ersetzt.

Die Implementierung der Ausgabe-Funktion bringt jetzt keine Überraschungen mehr. Abbildung 4.23 auf Seite 168 zeigt die Implementierung. Der Always-Block, der sich von Zeile 9 bis Zeile 23 erstreckt, enthält 5 Befehle. Nur der erste Befehl ist neu, es handelt sich um einen `if-else`-Block. Wieder ist die Syntax genau wie bei dem analogen Konstrukt der Sprache *Java*. Da hier sowohl im `then`-Fall als auch im `else`-Fall jeweils nur ein Befehl ausgeführt wird, ist es nicht notwendig, diese Befehle in einen `begin`-`end`-Block einzuschließen. Dieselbe Bemerkung gilt auch für die folgenden `if`-Befehle.

Um das Beispiel der Ampel-Steuerung abzuschließen, geben wir an, wie sich die Module `nextState` und `cmpOut` in *Verilog* auf RTL-Ebene implementieren lassen. Diese Implementierungen werden auf den folgenden Seiten in den Figuren 4.24, 4.25 und 4.26 gezeigt. Die Korrespondenz zwischen den verhaltensbasierten Beschreibungen und den Beschreibungen auf RTL-Ebene ist unmittelbar zu erkennen. Gleichzeitig sollten Sie allerdings sehen, dass die verhaltensbasierten Beschreibungen deutlich lesbarer sind als die RTL-Beschreibungen. Dieser Umstand rechtfertigt letztendlich unsere Methodik, die konzeptuell aus vier Schritten besteht:

```
module cmpOut(output [2:0] AA,
              output [1:0] FA,
              input  [1:0] State,
              input  [7:0] Ctr);

   reg    [2:0] AA;
   reg    [1:0] FA;

   always @(State, Ctr)
     begin
        if (State == 2'b00 && Ctr > 10)
          FA = 2'b01;
        else
          FA = 2'b10;
        if (State == 2'b00)
          AA = 3'b100;
        if (State == 2'b01)
          AA = 3'b110;
        if (State == 2'b10)
          AA = 3'b001;
        if (State == 2'b11)
          AA = 3'b010;
     end
endmodule // cmpOut
```

Abb. 4.23: *Implementierung des Ausgabe-Funktion.*

1. Umgangssprachliche Spezifikation der Steuerung mit Hilfe von Wenn-Dann-Regeln.

   In diesem Schritt müssen wir uns insbesondere überlegen, aus welchen Komponenten der Zustand der Steuerung besteht.

2. Mathematische Formalisierung der umgangssprachlichen Spezifikation.

   Hier müssen wir uns überlegen, wie wir die einzelnen Komponenten des Zustands als Binär-Zahlen kodieren können. Anschließend spezifizieren wir das Verhalten des Automaten durch bedingte Gleichungen.

3. Verhaltensbasierte Implementierung der Steuerung in *Verilog* mit anschließendem Test.

4. *Verilog*-Implementierung der Steuerung auf RTL-Ebene mit anschließendem Test.

Aufgabe 16: Erweitern Sie die Kontroll-Einheit des Zigaretten-Automaten aus Aufgabe 15 so, dass der Automat außer 1-Euro-Münzen auch 2-Euro-Münzen akzeptiert. Bei Überzahlung soll der Automat Wechselgeld herausgeben. Falls kein Wechselgeld

```
module cmpOut(output [2:0] AA,
              output [1:0] FA,
              input  [1:0] State,
              input  [7:0] Ctr);

   wire         test;

   assign test = (State == 2'b00) & (Ctr > 10);
   bufif1 b1[1:0] (FA, 2'b01,  test);
   bufif1 b2[1:0] (FA, 2'b10, ~test);

   bufif1 b3[2:0] (AA, 3'b100, State == 2'b00);
   bufif1 b4[2:0] (AA, 3'b110, State == 2'b01);
   bufif1 b5[2:0] (AA, 3'b001, State == 2'b10);
   bufif1 b6[2:0] (AA, 3'b010, State == 2'b11);
endmodule // cmpOut
```

Abb. 4.24: *RTL Implementierung der Ausgabe-Funktion.*

vorhanden ist, soll dieser Umstand durch eine rote Warnleuchte signalisiert werden. Die Kontroll-Einheit hat daher folgende Schnittstelle:

```
module cigaretteCtrl(output CigOut, EuroOut, Warn,
                     input  reset, clk, OneEuroIn, TwoEuroIn);
   ⋮
endmodule
```

Der Eingang `OneEuroIn` wird auf 1 gesetzt, wenn 1 Euro eingeworfen wird, beim Einwurf einer 2-Euro-Münze wird `TwoEuroIn` auf 1 gesetzt. Das Modul setzt den Ausgang `CigOut` auf 1, wenn eine Zigaretten-Schachtel ausgeworfen werden soll. Der Ausgang `EuroOut` wird auf 1 gesetzt, wenn ein Euro ausgegeben werden soll, und der Ausgang `Warn` wird auf 1 gesetzt, wenn kein Wechselgeld mehr vorrätig ist.

```
module nextState(output  [1:0] nextState,
                 output  [7:0] nextCtr,
                 output        nextStoredGA,
                 input         GA,
                 input  [1:0]  State,
                 input  [7:0]  Ctr,
                 input         StoredGA);

   // Der Draht ri wird mit dem Test der i-ten Regel belegt.
   wire        r1, r2, r3, r4, r5, r6, r7, r8, r9, r10, r11, r12;

   assign r1 = (State == 2'b10) & (Ctr != 0) & ~GA;
   bufif1 bns1[1:0]  (nextState,    2'b10,    r1);
   bufif1 bct1[7:0]  (nextCtr,      Ctr - 1,  r1);
   bufif1 bsg1       (nextStoredGA, StoredGA, r1);

   assign r2 = (State == 2'b10) & (Ctr != 0) & GA;
   bufif1 bns2[1:0]  (nextState,    2'b10,    r2);
   bufif1 bct2[7:0]  (nextCtr,      Ctr - 1,  r2);
   bufif1 bsg2       (nextStoredGA, 1,        r2);

   assign r3 = (State == 2'b10) & (Ctr == 0) & (GA || StoredGA);
   bufif1 bns3[1:0]  (nextState,    2'b11, r3);
   bufif1 bct3[7:0]  (nextCtr,      8'd15, r3);
   bufif1 bsg3       (nextStoredGA, 0,     r3);

   assign r4 = (State == 2'b10) & (Ctr == 0) & ~GA &&  ~StoredGA;
   bufif1 bns4[1:0]  (nextState,    2'b10, r4);
   bufif1 bct4[7:0]  (nextCtr,      0,     r4);
   bufif1 bsg4       (nextStoredGA, 0,     r4);

   assign r5 = (State == 2'b11) & (Ctr != 0);
   bufif1 bns5[1:0]  (nextState,    2'b11,    r5);
   bufif1 bct5[7:0]  (nextCtr,      Ctr - 1,  r5);
   bufif1 bsg5       (nextStoredGA, StoredGA, r5);

   assign r6 = (State == 2'b11) & (Ctr == 0);
   bufif1 bns6[1:0]  (nextState,    2'b00,    r6);
   bufif1 bct6[7:0]  (nextCtr,      8'd64,    r6);
   bufif1 bsg6       (nextStoredGA, StoredGA, r6);
```

Abb. 4.25: *RTL Implementierung der Zustands-Übergangs-Funktion, Teil I.*

```
    assign r7 = (State == 2'b00) & (Ctr != 0);
    bufif1 bns7[1:0]  (nextState,    2'b00,    r7);
    bufif1 bct7[7:0]  (nextCtr,      Ctr - 1,  r7);
    bufif1 bsg7       (nextStoredGA, StoredGA, r7);

    assign r8 = (State == 2'b00) & (Ctr == 0);
    bufif1 bns8[1:0]  (nextState,    2'b01,    r8);
    bufif1 bct8[7:0]  (nextCtr,      8'd8,     r8);
    bufif1 bsg8       (nextStoredGA, StoredGA, r8);

    assign r9 = (State == 2'b01) & (Ctr != 0) & ~GA;
    bufif1 bns9[1:0]  (nextState,    2'b01,    r9);
    bufif1 bct9[7:0]  (nextCtr,      Ctr - 1,  r9);
    bufif1 bsg9       (nextStoredGA, StoredGA, r9);

    assign r10 = (State == 2'b01) & (Ctr != 0) & GA;
    bufif1 bns10[1:0]  (nextState,    2'b01,    r10);
    bufif1 bct10[7:0]  (nextCtr,      Ctr - 1,  r10);
    bufif1 bsg10       (nextStoredGA, 1,        r10);

    assign r11 = (State == 2'b01) & (Ctr == 0) & ~GA;
    bufif1 bns11[1:0]  (nextState,    2'b10,    r11);
    bufif1 bct11[7:0]  (nextCtr,      128,      r11);
    bufif1 bsg11       (nextStoredGA, StoredGA, r11);

    assign r12 = (State == 2'b01) & (Ctr == 0) & GA;
    bufif1 bns12[1:0]  (nextState,    2'b10, r12);
    bufif1 bct12[7:0]  (nextCtr,      128,   r12);
    bufif1 bsg12       (nextStoredGA, 1,     r12);
endmodule // nextState
```

Abb. 4.26: *RTL Implementierung der Zustands-Übergangs-Funktion, Teil II.*

4.4 Sequentielle Arithmetische Schaltungen

Die kombinatorische Schaltung zur Multiplikation zweier Zahlen, die wir im vorhergehenden Kapitel entwickelt haben, war relativ groß. Wollten wir mit einer solchen Schaltung zwei Zahlen der Länge 32 Bit multiplizieren, so müssten wir insgesamt 32 Addierer einsetzen, die jeweils Wörter der Länge 32 Bit addieren können. Wir wollen nun zeigen, dass es möglich ist, eine wesentlich kompaktere Schaltung zur Multiplikation zu entwickeln. Im Gegenzug wird diese Schaltung allerdings deutlich langsamer arbeiten. Außerdem ist die Schaltung sequentiell.

Wir nehmen an, dass a und b Bit-Vektoren der Länge 31 sind, die die Zahlen x und y darstellen, es gilt also

$$a = \{a_{31}, a_{30}, \cdots, a_1, a_0\}, \quad b = \{b_{31}, b_{30}, \cdots, b_1, b_0\}, \quad x = \langle \mathtt{a} \rangle \quad \text{und} \quad y = \langle \mathtt{b} \rangle.$$

Für das Produkt $x * y$ gilt dann

$$x * y = \langle \mathtt{a} \rangle * \langle \mathtt{b} \rangle = \sum_{i=0}^{31} \langle \mathtt{a} \rangle * b_i * 2^i.$$

Die Idee ist nun, die Summe $\sum_{i=0}^{31} \langle \mathtt{a} \rangle * b_i * 2^i$ sequentiell zu berechnen. Falls das Bit b_i den Wert 1 hat, werden wir im i-ten Schritt den Wert $\langle \mathtt{a} \rangle * 2^i$ addieren, sonst lassen wir die Summe unverändert. Als Erstes überlegen wir uns, welche Variablen wir benötigen, um den Zustand eines geeigneten sequentiellen Automaten zu speichern.

1. Zunächst müssen wir die Eingaben a und b abspeichern. Wir bezeichnen die korrespondierenden *Verilog*-Variablen mit *storedA* und *storedB*.

2. Weiterhin müssen wir die Summe abspeichern. Wir bezeichnen die korrespondierende *Verilog*-Variable mit *partialSum*.

3. Schließlich brauchen wir einen Zähler um nachzuhalten, welche Bits b_i wir bereits verarbeitet haben. Wir bezeichnen die korrespondierende *Verilog*-Variable mit *ctr*.

Als Nächstes entwerfen wir die Schnittstelle unserer Schaltung. Wir gehen davon aus, dass die Schnittstelle die folgende Form hat:

```
module multiply(output [63:0] product,
                output        done,
                input  [31:0] a, b,
                input         reset, clk, go);
  ⋮
endmodule
```

Hier sind *a* und *b* die zu multiplizierenden Zahlen. Das Bit *go* wird gesetzt, wenn die Eingaben *a* und *b* stabil sind und die Schaltung mit der Rechnung beginnen soll. Das Signal *product* enthält nach der Beendigung der Rechnung das berechnete Ergebnis

$a * b$. Das Signal *done* wird von der Schaltung dann gesetzt, wenn die Rechnung abgeschlossen ist. Um die Schaltung zu entwerfen, stellen wir bedingte Gleichungen auf, die das Verhalten der Schaltung beschreiben.

1. Falls das Signal *go* gesetzt wird, speichern wir die zu multiplizierenden Zahlen a und b in den dafür vorgesehenen Registern, initialisieren die partielle Summe *partialSum* mit 0 und setzen den Zähler *ctr* auf 0:
   (a) $go \rightarrow storedA' = a$,
   (b) $go \rightarrow storedB' = b$,
   (c) $go \rightarrow partialSum' = 0$,
   (d) $go \rightarrow ctr' = 0$.
2. Falls das Signal *go* nicht gesetzt ist, lassen wir die Register *storedA* und *storedB* unverändert:
   (a) $\neg go \rightarrow storedA' = storedA$,
   (b) $\neg go \rightarrow storedB' = storedB$.
3. Falls das Signal *go* nicht gesetzt ist und der Zähler *ctr* kleiner als 32 ist, addieren wir
   $$storedA * storedB[ctr] * 2^{ctr}$$
   zu der partiellen Summe *partialSum*. Falls das Bit *storedB*[*ctr*] den Wert 0 hat, ist dieser Ausdruck ebenfalls 0. Außerdem inkrementieren wir den Zähler *ctr*:
   (a) $\neg go \wedge ctr < 32 \wedge storedB[ctr] = 1 \rightarrow$
   $partialSum' = partialSum + storedA * 2^{ctr}$,
   (b) $\neg go \wedge ctr < 32 \wedge storedB[ctr] = 0 \rightarrow partialSum' = partialSum$,
   (c) $\neg go \wedge ctr < 32 \rightarrow ctr' = ctr + 1$.
4. Falls das Signal *go* nicht gesetzt ist und der Zähler *ctr* den Wert 32 erreicht hat, ist die Berechnung beendet. In diesem Fall behalten die partielle Summe *partialSum* und der Zähler *ctr* ihren bisherigen Wert:
   (a) $\neg go \wedge ctr = 32 \rightarrow partialSum' = partialSum$,
   (b) $\neg go \wedge ctr = 32 \rightarrow ctr' = ctr$.
5. Das Ausgabe-Signal *done* wird genau dann gesetzt, wenn der Zähler *ctr* den Wert 32 hat.
   (a) $ctr < 32 \rightarrow done = 0$,
   (b) $ctr = 32 \rightarrow done = 1$.

Damit sind wir in der Lage, eine verhaltensbasierte Beschreibung der Schaltung in *Verilog* zu implementieren. Abbildung 4.27 auf Seite 174 zeigt die Implementierung des Kontrollers dieser Schaltung. Da die Berechnung der Ausgabe-Funktion trivial ist, haben wir hier kein eigenes Modul implementiert. Das Signal *done* wird in Zeile 20 genau dann gesetzt, wenn der Zähler *ctr* den Wert 32 erreicht hat, denn dann sind alle Summanden $\langle \mathrm{a} \rangle * b_i * 2^i$ aufaddiert. Das Ergebnis findet sich dann in der Variablen *partialSum*. Abbildung 4.28 auf Seite 175 zeigt eine verhaltensbasierte Beschreibung der Zustands-Übergangs-Funktion. In den ersten drei Zeilen sehen Sie, dass die Deklaration eines Registers mit der Deklaration eines Ausgabesignals kombiniert werden kann. Dieses *Verilog*-Feature ist nützlich, um Platz zu sparen.

Die verhaltensbasierte Beschreibung setzt oben diskutierte bedingte Gleichungen im Wesentlichen 1:1 um. Bemerkenswert sind hier eigentlich nur die Zeilen 24 und 29. Statt des Ausdrucks *storedB[ctr]* steht hier der Ausdruck *storedB[ctr[4:0]]*. Der Grund dafür ist der folgende: Die Indizes der Bits des Bit-Vektors *storedB* laufen von 0 bis 31. Der Zähler *ctr* nimmt Werte aus der Menge $\{0, 1, \cdots, 32\}$ an. Falls nun *ctr* den Wert 32 hat und der *Verilog*-Simulator versucht, auf das Bit *storedB[32]* zuzugreifen, so stürzt der *Verilog*-Simulator mit einer Fehlermeldung ab, denn das Bit mit dem höchsten Index ist ja *storedB[31]*. Dadurch, dass wir uns in dem Ausdruck *storedB[ctr[4:0]]* auf die untersten fünf Bits von *ctr* verwenden, sind wir sicher, dass der Index, den wir verwenden, immer kleiner als 32 ist. Diese Einschränkung ist legitim, denn nur wenn *ctr* kleiner als 32 ist, spielt der Wert *storedB[ctr]* eine Rolle.

```
1  module multiply(output [63:0] partialSum,
2                  output        done,
3                  input  [31:0] a, b,
4                  input         reset, clk, go);
5
6     wire [63:0] nextPartialSum;
7     wire [31:0] nextStoredA, nextStoredB, storedA, storedB;
8     wire [ 5:0] ctr, nextCtr;
9
10    flip_flop ff1[31:0] (storedA,    clk, reset, nextStoredA);
11    flip_flop ff2[31:0] (storedB,    clk, reset, nextStoredB);
12    flip_flop ff3[63:0] (partialSum, clk, reset, nextPartialSum);
13    flip_flop ff4[ 5:0] (ctr,        clk, reset, nextCtr);
14
15    nextState nxtSt (nextStoredA, nextStoredB, nextPartialSum,
16                     nextCtr,
17                     a, b, go,
18                     storedA, storedB, partialSum, ctr);
19
20    assign done = (ctr == 32);
21 endmodule
```

Abb. 4.27: *Der Kontroller des sequentiellen Multiplizierers.*

Abbildung 4.29 zeigt die Implementierung der Berechnung des Folge-Zustands auf RTL-

```
1  module nextState(output reg [31:0] nextStoredA, nextStoredB,
2                   output reg [63:0] nextPartialSum,
3                   output reg [ 5:0] nextCtr,
4                   input      [31:0] a, b,
5                   input             go,
6                   input      [31:0] storedA, storedB,
7                   input      [63:0] partialSum,
8                   input      [ 5:0] ctr);
9
10    always @(a, b, go, storedA, storedB, partialSum, ctr)
11      begin
12        if (go)
13          begin
14            nextStoredA    = a;
15            nextStoredB    = b;
16            nextPartialSum = 0;
17            nextCtr        = 0;
18          end
19        if (!go)
20          begin
21            nextStoredA = storedA;
22            nextStoredB = storedB;
23          end
24        if (!go && ctr < 32 && storedB[ctr[4:0]])
25          begin
26            nextPartialSum = partialSum + (storedA << ctr);
27            nextCtr        = ctr + 1;
28          end
29        if (!go && ctr < 32 && !storedB[ctr[4:0]])
30          begin
31            nextPartialSum = partialSum;
32            nextCtr        = ctr + 1;
33          end
34        if (!go && ctr == 32)
35          begin
36            nextPartialSum = partialSum;
37            nextCtr        = ctr;
38          end
39      end
40  endmodule // nextState
```

Abb. 4.28: *Verhaltensbasierte Beschreibung der Berechnung des Folge-Zustands.*

Ebene. Wichtig ist hier die Zeile 24, in der wir die Summe

```
1  module nextState(output [31:0] nextStoredA, nextStoredB,
2                   output [63:0] nextPartialSum,
3                   output [ 5:0] nextCtr,
4                   input  [31:0] a, b,
5                   input         go,
6                   input  [31:0] storedA, storedB,
7                   input  [63:0] partialSum,
8                   input  [ 5:0] ctr);
9
10    wire [63:0] newSum;
11    wire        t1, t2, t3;
12
13    bufif1 bf01[31:0] ( nextStoredA,    a, go );
14    bufif1 bf02[31:0] ( nextStoredB,    b, go );
15    bufif1 bf03[63:0] ( nextPartialSum, 0, go );
16    bufif1 bf04[ 5:0] ( nextCtr,        0, go );
17
18    bufif1 bf05[31:0] ( nextStoredA, storedA, !go );
19    bufif1 bf06[31:0] ( nextStoredB, storedB, !go );
20
21    assign t1 = (!go && ctr < 32 &&  storedB[ctr[4:0]]);
22    assign t2 = (!go && ctr < 32 && !storedB[ctr[4:0]]);
23    assign t3 = (!go && ctr == 32);
24    assign newSum = partialSum + (storedA << ctr);
25
26    bufif1 bf07[63:0] ( nextPartialSum, newSum,  t1 );
27    bufif1 bf08[ 5:0] ( nextCtr,        ctr + 1, t1 );
28
29    bufif1 bf09[63:0] ( nextPartialSum, partialSum, t2 );
30    bufif1 bf10[ 5:0] ( nextCtr,        ctr + 1,    t2 );
31
32    bufif1 bf11[63:0] ( nextPartialSum, partialSum, t3 );
33    bufif1 bf12[ 5:0] ( nextCtr,        ctr,        t3 );
34 endmodule // nextState
```

Abb. 4.29: *Berechnung des Folge-Zustands auf RTL-Ebene.*

partialSum + (storedA << ctr)

der Variablen *newSum* zuweisen. Es ist notwendig, die Hilfsvariable *newSum* einzuführen, denn wenn wir in Zeile 26 einfach schreiben würden

```
bufif1 bf07[63:0] (nextPartialSum, partialSum + (storedA << ctr), t1);
```

dann würde der Ausdruck *storedA << ctr* falsch berechnet: Da *storedA* ein Bit-Vektor der Länge 32 ist, würden beim Shiften dieses Vektors Bits verloren gehen. Dieses Problem tritt bei der Berechnung von *newSum* nicht auf, denn da *newSum* eine Länge von

64 Bits hat, wird bei der Zuweisung

```
assign newSum = partialSum + (storedA << ctr);
```

mit 64 Bits gerechnet. Der Bit-Vektor *storedA* wird zunächst mit 32 Nullen aufgefüllt und erst dann wird geshiftet, es gehen also keine Bits verloren.

```
module testBench;
   reg [31:0] a, b;
   reg        go, reset;

   wire [63:0] product;
   wire        done, clk;

   integer     i;

   clock    cartier (clk, ~reset);
   multiply multi   (product, done, a, b, reset, clk, go);

   always @(posedge done)
     begin
        if (product !== a * b)
          $display("Error: %0d != %0d * %0d", product, a, b);
     end

   initial
     begin
        #0   reset = 1; a = 0; b = 0; go = 0;
        #20  reset = 0;
        #10  a = $random(1);
          for (i = 1; i < 1000; i = i + 1)
            begin
               #10  a = $random; b = $random;
               #10  go = 1;
               #20  go = 0;
               #700 go = 0;
            end
        #10 $display("Testing finished.");

        #10 $finish;
     end
endmodule // testBench
```

Abb. 4.30: *Eine Test-Bench für den Multiplizierer.*

Da die entwickelte Schaltung durchaus eine gewissen Komplexität hat, ist es sinnvoll, eine Test-Bench zu entwickeln. Abbildung 4.30 zeigt eine solche Test-Bench. Zunächst testen wir in dem `always`-Block, der in Zeile 13 beginnt, die Invariante der Schaltung. In der Sensitivitäts-Liste dieses `always`-Blocks testen wir, ob das Signal *done* eine steigende Flanke hat, d. h. von 0 auf 1 geht. Jedesmal, wenn dies der Fall ist, überprüfen wir, ob das von der Schaltung berechnete Ergebnis *product* der Gleichung

$$product = a * b$$

genügt. Falls dies nicht gegeben ist, wird eine Fehlermeldung ausgegeben. Beachten Sie, dass wir bei dem Test der Gleichung den Operator „`!==`" verwendet haben. Dieser Operator stellt sicher, dass der Test auch dann fehlschlägt, wenn auf einer Seite der Ungleichung der Wert `z` oder `x` auftritt.

Hinter dem `always`-Block folgt in Zeile 19 ein `initial`-Block. Hier erzeugen wir in Zeile 26 durch den Aufruf von `$random` Zufallszahlen, die wir den Eingabe-Variablen a und b zuweisen. In Zeile 23 haben wir die System-Funktion `$random` mit dem Argument 1 aufgerufen. Dadurch initialisieren wir den Zufallszahlen-Generator und erreichen außerdem, dass die Folge der generierten Zufallszahlen reproduzierbar ist: Jedesmal, wenn wir die Test-Bench laufen lassen, wird der *Verilog*-Simulator dieselben Zufallszahlen liefern. Dies ist notwendig, um eventuell auftretende Fehler reproduzieren zu können.

Aufgabe 17: Implementieren Sie eine sequentielle Schaltung zur Division zweier Zahlen.

4.5 Parallelverarbeitung bei arithmetischen Schaltungen

Wir wollen nun versuchen, die entwickelte Schaltung zu beschleunigen. Die Idee ist es, eine Schaltung zu entwickeln, die mehrere Produkte gleichzeitig berechnet. Die Schaltung soll in jedem Takt-Zyklus ein Paar von Zahlen a und b als Eingabe erhalten. Das Produkt dieser beiden Zahlen wird die Schaltung dann nach 32 Takt-Zyklen liefern. Damit dauert die Berechnung eines Produktes zwar nach wie vor 32-Takt-Zyklen, aber die zu entwickelnde Schaltung kann in jedem Takt-Zyklus ein neues Paar von Zahlen verarbeiten, so dass die Schaltung in jedem Takt-Zyklus ein Produkt produziert und zwar das Produkt der Zahlen a und b, die 32 Takt-Zyklen zuvor eingegeben worden sind. Sind beispielsweise 64 Produkte zu berechnen, so wird die zu entwickelnde Schaltung $64 + 31 = 95$ Takt-Zyklen benötigen, um alle Produkte zu berechnen: Die Schaltung braucht 64 Takt-Zyklen, um die 64 Paare von Zahlen einzulesen. Nach dem Einlesen des ersten Paares dauert es 32 Takt-Zyklen, bis das Produkt des ersten Paares berechnet worden ist. Gleichzeitig sind in diesen 32 Takt-Zyklen schon 31 weitere Paare eingelesen worden. Nachdem alle 64 Paare eingelesen worden sind, sind für die Berechnung des letzten Paares noch 31 weitere Takt-Zyklen erforderlich. Die im letzten Abschnitt entwickelte Schaltung würde statt 95 Takt-Zyklen insgesamt $64*32 = 2048$ Takt-Zyklen zur Berechnung aller Produkte benötigen.

Die zu entwickelnde Schaltung soll nach dem Prinzip eines Fließbandes arbeiten. An diesem Fließband wird es 32 Stationen geben. Numerieren wir diese Stationen mit den Nummer 0 bis 31 durch, so wird an der Station mit der Nummer *ctr* die folgende Summe berechnet:

$$\sum_{i=0}^{ctr} \langle \mathtt{a} \rangle * b_i * 2^i = \left(\sum_{i=0}^{ctr-1} \langle \mathtt{a} \rangle * b_i * 2^i \right) + \langle \mathtt{a} \rangle * b_{ctr} * 2^{ctr}.$$

Dabei ist die Summe

$$\sum_{i=0}^{ctr-1} \langle \mathtt{a} \rangle * b_i * 2^i$$

bereits an der vorhergehenden Station $ctr - 1$ berechnet worden, so dass an der Station ctr nur noch der Term $\langle \mathtt{a} \rangle * b_{ctr} * 2^{ctr}$ auf die bisher berechnete Summe aufaddiert werden muss. Damit ist bereits klar, welche Zustands-Variablen wir benötigen, um die Schaltung zu entwickeln.

1. Für jede Station benötigen wir die Variablen a und b, für die an dieser Station der Term $\langle \mathtt{a} \rangle * b_{ctr} * 2^{ctr}$ zu addieren ist.

2. Wir müssen die Partial-Summe

   $$\sum_{i=0}^{ctr} \langle \mathtt{a} \rangle * b_i * 2^i,$$

   die an der Station ctr berechnet wird, abspeichern, um sie dann im nächsten Takt-Zyklus an die Station $ctr + 1$ weiterreichen zu können.

Bei der Repräsentation der Zustands-Variablen in *Verilog* tritt ein kleines Problem auf, denn der Icarus-Verilog-Compiler, den wir verwenden, unterstützt keine mehrdimensionalen Felder. Daher ist es nicht möglich, beispielsweise die Partial-Summe in *Verilog* in der Form

```
reg [31:0] partialSum [0:31];
```

zu deklarieren. Diese Syntax wird zwar vom *Verilog*-2001-Standard unterstützt, ist aber leider in dem von uns benutzten Icarus-Verilog-Compiler nicht vollständig implementiert. Als pragmatische Lösung bietet sich an, einfach 32-Bit-Vektoren mit den Namen

`partialSum0`, `partialSum1`, `partialSum2`, $\cdots$, `partialSum31`

zu deklarieren. Entsprechend verfahren wir mit den beiden Faktoren a und b. Um die Lesbarkeit der bedingten Gleichungen, die wir gleich aufstellen werden, zu erhöhen, werden wir dort den Index tiefstellen und für $i = 0, \cdots, 31$ die Variable *partialSumi* als $partialSum_i$ schreiben.

Die bedingten Gleichungen, die wir für die Station mit der Nummer ctr aufstellen müssen, sind nun recht einfach.

1. An der Station mit der Nummer 0 initialisieren wir die Zustands-Variablen:

   (a) $a'_0 = a$,

   (b) $b'_0 = b$,

   (c) $partialSum'_0 = 0$.

2. An den übrigen Stationen reichen wir zum einen die Faktoren a_{ctr-1} und b_{ctr-1} zur nächsten Station weiter, zum anderen addieren wir den Term $a_{ctr-1} * 2^{ctr}$, falls das Bit $b_{ctr-1}[ctr]$ gesetzt ist.

(a) $a'_{ctr} = a_{ctr-1}$,

(b) $b'_{ctr} = b_{ctr-1}$,

(c) $b_{ctr-1}[ctr] \rightarrow partialSum'_{ctr} = partialSum_{ctr-1} + a_{ctr-1} * 2^{ctr}$,

(d) $\neg b_{ctr-1}[ctr] \rightarrow partialSum'_{ctr} = partialSum_{ctr-1}$.

4.5.1 Exkurs: Turbo-Typing

Wir haben jetzt prinzipiell alles Material zusammen, um die Schaltung zur parallelen Berechnung des Produktes zu erstellen. In der Praxis gestaltet sich die Implementierung der Schaltung jedoch sehr aufwendig, weil wir beispielsweise für $i = 0, \cdots, 31$ die Variablen a_i, b_i und $partialSum_i$ deklarieren müssen. Zusätzlich benötigen wir für jede dieser Variablen Flip-Flops um sie abzuspeichern und schließlich brauchen wir noch für jeden der 32 Abschnitte der Fließband-Verarbeitung ein eigenes Modul. Würden wir uns auf die Verwendung der von dem Icarus-Verilog-Compiler unterstützen Teilmenge der Sprache *Verilog* beschränken, wäre die Entwicklung der Schaltung mit einem großen Schreibaufwand verbunden. Um diesen Schreibaufwand zu vermeiden, setzen wir einen Präprozessor ein. Es handelt sich dabei um das Tcl-Skript `turbo-type`, das Sie unter der Adresse

`http://www.ba-stuttgart.de/~stroetma/turbo-type`

im Netz finden. Die Verwendung dieses Skriptes ermöglicht die Verwendung eines erweiterten *Verilog*-Dialekts. Diesen Dialekt bezeichnen wir im Folgenden als *extended Verilog*. Wir erläutern den Dialekt an einem Beispiel. Abbildung 4.31 zeigt die Implementierung des Moduls `multiply`. Dieses Modul implementiert den endlichen Automaten, der die Fließband-Verarbeitung der Berechnung des Produktes steuert. In diesem Skript sehen Sie in Zeile 5 und in Zeile 13 jeweils eine Turbo-Type-`for`-Schleife. Die Syntax der `for`-Schleife ist an die Syntax der `for`-Schleife in der Sprache `C` angelehnt und hat die folgende Struktur:

```
for (initialization; test; update) {
   body
}
```

Beachten Sie, dass der Rumpf der Schleife in geschweiften Klammern „{“ und „}“ eingeschlossen ist, und nicht durch die Schlüsselwörter „`begin`“ und „`end`“. Die einzelnen Komponenten der Schleife haben die folgende Bedeutung:

1. ***initialization*** ist ein Befehl, mit dem eine Zähl-Variable auf einen Start-Wert gesetzt wird. Beispielsweise initialisieren wir in Zeile 5 die Variable i mit dem Wert 0. Eine solche Zähl-Variable bezeichnen wir als *Meta-Variable*. Diese Bezeichung verwenden wir, um die Zähl-Variable von den *Verilog*-Variablen zu unterscheiden.

2. ***test*** ist ein Boole'scher Ausdruck, der nach jedem Schleifen-Durchlauf ausgewertet wird. Falls die Auswertung den Wert `true` ergibt, wird die Schleife noch einmal durchlaufen, sonst wird die Schleife abgebrochen. Beispielsweise wird in Zeile 5 getestet, ob die Meta-Variable i kleiner als 32 ist.

```
1  module multiply(output [63:0] product,
2                  input  [31:0] a, b,
3                  input         reset, clk);
4
5     for (i = 0; i <= 32; i = i + 1) {
6       wire [63:0] partialSum$i, nextPartialSum$i;
7       wire [31:0] a$i, b$i;
8     }
9     assign a0 = a;
10    assign b0 = b;
11    assign partialSum0 = 0;
12
13    for (i = 0; i < 32; i = i + 1) {
14      flip_flop ff<$i*3+1>[31:0] (a<$i+1>, clk, reset, a$i);
15      flip_flop ff<$i*3+2>[31:0] (b<$i+1>, clk, reset, b$i);
16      flip_flop ff<$i*3+3>[63:0] (partialSum<$i+1>,
17                 clk, reset, nextPartialSum$i);
18
19      nextState$i nxtSt$i (nextPartialSum$i,
20                           a$i, b$i, partialSum$i);
21    }
22    assign product = partialSum32;
23 endmodule
```

Abb. 4.31: *Spezifikation der Pipeline zur Multiplikation.*

3. *update* ist ein Befehl, der am Ende jedes Schleifen-Durchlaufs ausgewertet wird. Typischerweise wird hier die Zähl-Variable inkrementiert oder dekrementiert. Beispielsweise wird in Zeile 5 die Meta-Variable i inkrementiert. Hier ist zu beachten, dass zum Inkrementieren der Variable die Syntax $i = i + 1$ verwendet werden muss. Es ist nicht möglich, das Inkrementieren durch ++i abzukürzen.

4. *body* ist der Schleifenrumpf. Dieser kann im Prinzip aus beliebigem Text bestehen. Innerhalb dieses Textes können wir die Zähl-Variable durch Voranstellen eines Dollar-Zeichens „`$`“ referenzieren: Ist `i` die Zähl-Variable, so können wir den aktuellen Wert von `i` im *body* durch „`$i`“ referenzieren. Wollen wir mit der Zähl-Variable i rechnen, so muss der arithmetische Ausdruck, den wir berechnen wollen, in den spitzen Klammern „`<`“ und „`>`“ eingeschlossen werden. Dies sehen Sie in den Zeilen 14, 15 und 16, wo wir beispielsweise den Ausdruck $\$i * 3 + 1$ verwenden, um einen eindeutigen Namen für die Flip-Flops zu generieren, in denen wir a_i abspeichern.

   Falls hinter einer Meta-Variablen eine öffnende runde Klammer „`(`“ steht, so ist es ebenfalls erforderlich, die Meta-Variablen in spitzen Klammern einzuschließen. Der Grund ist, dass die Meta-Variable von dem Skript `turbo-type` als Variable der Skript-Sprache Tcl interpretiert wird. In Tcl ist es aber so, dass ein Variablen-

Name, auf den eine öffnende runde Klammer folgt, als Name eines Feldes interpretiert wird. Um das zu verhindern, schließen wir die Meta-Variable in spitzen Klammern ein.

In Abbildung 4.31 haben wir in den Zeilen 14 bis 17 dafür Sorge getragen, dass die verschiedenen Instantiierungen des Moduls `flip_flop` alle verschiedene Namen bekommen. Dies haben wir erreicht, indem wir bei der Bildung der Instanznamen die arithmetischen Ausdrücke „`$i*3+1`", „`$i*3+2`" und „`$i*3+3`" verwendet haben. Es ist ein häufiger Fehler, verschiedene Instanzen von Modulen mit demselben Namen zu bezeichnen. Bedauerlicherweise liefert der *Verilog*-Compiler bei einem solchen Fehler keine Warnung. Stattdessen produziert der *Verilog*-Simulator hinterher Unsinn.

Die in Abbildung 4.31 gezeigten `for`-Schleifen sind kein Teil der Sprache *Verilog*. Bevor wir das in Abbildung 4.31 gezeigte Modul mit dem *Verilog*-Compiler übersetzen können, müssen wir daher diese Schleifen mit Hilfe des Skriptes `turbo-type` expandieren. Nehmen wir an, dass der oben gezeigte Code in einer Datei mit dem Namen „`pipelined-multiply.e`" abgelegt ist. Dann können wir durch den Aufruf

```
turbo-type pipelined-multiply.e pipelined-multiply.v
```

die Datei „`pipelined-multiply.v`" erzeugen. In dieser Datei sind dann die oben gezeigten `for`-Schleifen textuell expandiert. Abbildung 4.32 zeigt die *Verilog*-Datei, die auf diese Weise erzeugt wird. Aus Platzgründen kann in dieser Abbildung nicht die gesamte Datei gezeigt werden. Die ausgelassenen Teile sind durch das Zeichen ⋮ angedeutet.

Zum Abschluss fassen wir die wichtigsten Regeln, die bei der Verwendung des Präprozessors `turbo-type` zu beachten sind, noch einmal zusammen.

1. Der Update-Befehl für eine Zählvariable kann nicht die Form „`++i`" oder „`--i`" haben, wie Sie das von `C` oder *Java* gewohnt sind. Stattdessen müssen Sie zur Inkrementierung beziehungsweise Dekrementierung einer Variablen „`i = i + 1`" bzw. „`i = i - 1`" schreiben.

2. Der Rumpf innerhalb der `for`-Schleife wird nicht durch die Schlüssel-Wörter „`begin`" und „`end`", sondern durch die geschweiften Klammern „{" und „}" eingefasst.

3. Die öffnende geschweifte Klammer „{" muss in derselben Zeile stehen wie das Schlüssel-Wort `for`, sonst kann der Präprozessor die Schleife nicht erkennen.

4. Im Rumpf darf hinter einer Zähl-Variable keine öffnende runde Klammer „`(`" stehen. Das Folgende funktioniert also nicht:

   ```
   for (i = 1; i < 7; i = i + 1) {
     full_adder a$i(sum[$i], carry[$i+1], a[$i], b[$i], carry[$i]);
   }
   ```

   Wir können den String „`a$i`" von der Klammer „`(`" durch ein Blank trennen und schreiben stattdessen:

   ```
   for (i = 1; i < 7; i = i + 1) {
     full_adder a$i (sum[$i], carry[$i+1], a[$i], b[$i], carry[$i]);
   }
   ```

```
module multiply(output [63:0] product,
                input  [31:0] a, b,
                input         reset, clk);

   wire [63:0] partialSum0, nextPartialSum0;
   wire [31:0] a0, b0;
   wire [63:0] partialSum1, nextPartialSum1;
   wire [31:0] a1, b1;
   ⋮
   wire [63:0] partialSum31, nextPartialSum31;
   wire [31:0] a31, b31;
   wire [63:0] partialSum32, nextPartialSum32;
   wire [31:0] a32, b32;

   assign a0 = a;
   assign b0 = b;
   assign partialSum0 = 0;

   flip_flop ff1[31:0] (a1,          clk, reset, a0);
   flip_flop ff2[31:0] (b1,          clk, reset, b0);
   flip_flop ff3[63:0] (partialSum1, clk, reset, nextPartialSum0);
   nextState0 nxtSt0 (nextPartialSum0, a0, b0, partialSum0);
   flip_flop ff4[31:0] (a2,          clk, reset, a1);
   flip_flop ff5[31:0] (b2,          clk, reset, b1);
   flip_flop ff6[63:0] (partialSum2, clk, reset, nextPartialSum1);
   nextState1 nxtSt1 (nextPartialSum1, a1, b1, partialSum1);
   ⋮
   flip_flop ff91[31:0] (a31,          clk, reset, a30);
   flip_flop ff92[31:0] (b31,          clk, reset, b30);
   flip_flop ff93[63:0] (partialSum31, clk, reset, nextPartialSum30);
   nextState30 nxtSt30 (nextPartialSum30, a30, b30, partialSum30);
   flip_flop ff94[31:0] (a32,          clk, reset, a31);
   flip_flop ff95[31:0] (b32,          clk, reset, b31);
   flip_flop ff96[63:0] (partialSum32, clk, reset, nextPartialSum31);
   nextState31 nxtSt31 (nextPartialSum31, a31, b31, partialSum31);

   assign product = partialSum32;
endmodule
```

Abb. 4.32: *Von* `turbo-type` *erzeugte Verilog-Datei.*

Alternativ können wir die Zähl-Variable i auch in spitze Klammern einfassen. Das sieht dann so aus:

```
for (i = 1; i < 7; i = i + 1) {
  full_adder a<$i>(sum[$i], carry[$i+1], a[$i], b[$i], carry[$i]);
}
```

5. Im Rumpf darf das Dollar-Zeichen nur zur Referenzierung der Zählvariablen verwendet werden, denn der Präprozessor versucht, Strings der Form „`$`*varname*“ zu expandieren. Bezieht sich dabei *varname* nicht auf die Zähl-Variable, so ist die entsprechende Variable undefiniert und es kommt zu einem Fehler.

6. Geschachtelte `for`-Schleifen funktionieren nur mit Einschränkungen: Sie müssen in der inneren Schleife alle Vorkommen von „{“ und „}“ sowie alle Vorkommen von „$“, die sich nicht auf die Zähl-Variable der äußeren Schleife beziehen, durch ein Backslash „\“ schützen, wie im Folgenden Beispiel demonstriert wird:

```
for (j = 1; j < 5; j = j + 1) {
   for (i = 1; i < 5; i = i + 1) \{
        $j * \$i
   \}
}
```

   Außerdem müssen Sie dann das Skript `turbo-type` zweimal ausführen: das Ergebnis der ersten Ausführung muss seinerseits mit `turbo-type` übersetzt werden.

Wir werden im Folgenden immer mit dem Skript `turbo-type` arbeiten und den Einsatz dieses Skriptes nicht mehr explizit erwähnen. Dateien, die erst von `turbo-type` übersetzt werden müssen, tragen zur Unterscheidung von normalen *Verilog*-Dateien die Endung „`.e`“.

Abbildung 4.33 zeigt die Implementierung der verschiedenen Module $\texttt{nextState}_i$ für $i = 0, \cdots, 31$. Dieses Beispiel zeigt, dass die Turbo-Type-`for`-Schleife auch ganze Module einfassen kann. In Zeile 3 mussten wir die Meta-Variable $\$i$ in spitze Klammern einfassen, weil hinter dieser Variablen eine öffnende runde Klammer folgt.

Der Vollständigkeit halber zeigt Abbildung 4.34 eine Implementierung der Berechnung des Folge-Zustands auf RTL-Ebene.

```
for (i = 0; i < 32; i = i + 1) {

module nextState<$i>(output reg [63:0] nextPartialSum,
                     input      [31:0] a, b,
                     input      [63:0] partialSum);

   always @(a, b, partialSum)
     begin
        if (b[$i])
           nextPartialSum = partialSum + (a << $i);
        else
           nextPartialSum = partialSum;
     end
endmodule // nextState

}
```

Abb. 4.33: *Die Berechnung des Folge-Zustands.*

```
for (i = 0; i < 32; i = i + 1) {

module nextState<$i>(output [63:0] nextPartialSum,
                     input  [31:0] a, b,
                     input  [63:0] partialSum);

    wire [63:0] newSum;

    assign newSum = partialSum + (a << $i);

    bufif1 bf1 [63:0] ( nextPartialSum, newSum,      b[$i] );
    bufif1 bf2 [63:0] ( nextPartialSum, partialSum, ~b[$i] );
endmodule // nextState

}
```

Abb. 4.34: *Berechnung des Folge-Zustands auf RTL-Ebene.*

5 Implementierung des SRP

In diesem Kapitel werden wir den Prozessor SRP in *Verilog* implementieren. Diese Implementierung erfolgt in mehreren Schritten:

1. Beschreibung der Schnittstelle des Prozessors.

   Hier legen wir fest, über welche Signale der Prozessor mit der Peripherie verbunden ist.

2. Festlegung der Register

   Wir überlegen uns, welche Register wir benötigen, um Daten innerhalb des Prozessors zu speichern.

3. Spezifikation des Verhaltens des Prozessors.

   In diesem Schritt erstellen wir eine mathematische Beschreibung des Verhaltens des Prozessors. Wir werden das Verhalten des Prozessors durch bedingte Gleichungen spezifizieren, ganz so, wie wir auch die Ampel-Steuerung entwickelt haben.

4. Implementierung der verhaltensbasierten Beschreibung.

   Wir setzen die mathematische Beschreibung in eine verhaltensbasierte *Verilog*-Beschreibung um.

5. Verhaltensbasierte Beschreibung der Peripherie

   Um die verhaltensbasierte *Verilog*-Implementierung testen zu können ist es erforderlich, auch die Peripherie des Prozessors, also den Hauptspeicher und die Einheiten zur Ein- und Ausgabe, verhaltensbasiert zu spezifizieren.

6. Implementierung des Prozessors auf RTL-Ebene.

   In diesem Schritt ermitteln wir, wie die einzelnen Komponenten des Prozessors zu verbinden sind und welche Kontroll-Signale zur Steuerung des Datenflusses erforderlich sind. Die Steuerung der Kontroll-Signale wird von einer eigenen Einheit, der *Kontroll-Einheit* durchgeführt. Die Implementierung der Kontroll-Einheit ist ebenfalls in mehrere Schritte unterteilt:

   (a) Spezifikation des Verhaltens der Kontroll-Einheit.

       Hier können wir uns im Wesentlichen an der vorher gegebenen Spezifikation des SRP-Verhaltens orientieren.

   (b) verhaltensbasierte Implementierung der Kontroll-Einheit.

   (c) Implementierung der Kontroll-Einheit auf RTL-Ebene.

5.1 Beschreibung der Schnittstelle

Abbildung 5.1 auf Seite 188 zeigt die Schnittstelle, die der Prozessor SRP nach außen hat. Die einzelnen Signale haben folgende Bedeutung:

```
module srp(inout  [31:0] memBus,
           output [31:0] addrIn,
           output        wrMem, rdMem,
           output  [7:0] dataOut,
           output        wrOut, rdIn, powerOff,
           input   [7:0] dataIn,
           input         reset, clk);
    ⋮
endmodule // srp
```

Abb. 5.1: *Interface des* SRP.

1. memBus ist die Daten-Verbindung zum Speicher. Da vom Speicher sowohl Daten gelesen werden, als auch auch Daten in den Speicher geschrieben werden, haben wir bei der Realisierung zwei Möglichkeiten:

   (a) Wir können zwei separate Verbindungen zum Speicher schaffen, eine zum Lesen und die andere zum Schreiben. Da wir in jede Richtung 32 Bit übertragen müssen, brauchen wir dann insgesamt 64 Leitungen nur für den Daten-Bus.

   (b) Wir können dieselben Leitungen sowohl zum Schreiben als auch zum Lesen benutzen. In diesem Fall brauchen wir nur 32 Leitungen.

   In unserer Realisierung des SRP wählen wir den zweiten Weg. Da das Signal memBus dann sowohl der Eingabe als auch der Ausgabe dienen, müssen wir dieses Signal mit dem Schlüsselwort „inout" als *bidirektionales* Signal deklarieren.

2. addrIn ist die Adress-Leitung zum Speicher. Der Wert von addrIn spezifiziert die Adresse im Speicher, von der gelesen bzw. auf die geschrieben werden soll.

3. wrMem wird gesetzt, wenn ein Wort in den Speicher geschrieben werden soll.

4. rdMem wird gesetzt, wenn ein Wort aus dem Speicher gelesen werden soll.

5. dataOut ist die Ausgabe-Leitung. Auf dieser Leitung gibt der Prozessor die Bytes aus, die von einem Ausgabe-Befehl der Form „out x" ausgegeben werden sollen.

6. wrOut wird gesetzt, wenn ein Byte mit dem out-Befehl ausgegeben werden soll.

7. rdIn wird gesetzt, wenn ein Byte mit dem in-Befehl eingelesen werden soll.

8. powerOff wird von dem halt-Befehl gesetzt. Dieses Signal schaltet die Stromversorgung des Systems ab.

9. `dataIn` ist die Eingabe-Leitung. Von dieser Leitung liest der Prozessor die Bytes ein, die mit einem Eingabe-Befehl der Form „`in` x“ gelesen werden sollen.

10. `reset` ist ein Signal, mit dem der Prozessor in den Ausgangs-Zustand versetzt werden kann.

11. `clk` ist das Takt-Signal, das physikalisch von einem Schwingquarz generiert wird.

5.2 Spezifikation des Verhaltens

Um das Verhalten des Prozessors spezifizieren zu können, müssen wir zunächst eine grobe Vorstellung der Interna des Prozessors entwickeln. Insbesondere ist es notwendig, zu wissen, welche Register intern zur Verfügung stehen. Abbildung 5.2 auf Seite 191 zeigt den Schaltplan des SRP, allerdings haben wir bei der Darstellung einige Signalen unterdrückt. Dies ist einerseits notwendig, um den Schaltplan überhaupt noch verstehen zu können, andererseits sind bestimmte Details am Anfang der Entwicklung eines Prozessors auch noch gar nicht bekannt. Wir betrachten zunächst die Komponenten, aus denen der Prozessor aufgebaut ist:

1. `RF` (*register file*) implementiert die 32 Register `R0`, `R1`, $\cdots$, `R31`, die auf der Ebene der Maschinensprache sichtbar sind.

2. `ALU` enthält die arithmetisch-logische Einheit und führt die Rechnungen aus. Die ALU kommuniziert mit dem Rest des Prozessors über drei Register:

   (a) Die ALU liest ihre Eingaben aus den beiden Registern `A` und `B`.

   (b) Die Ausgabe der ALU wird in das Register `C` geschrieben.

   Weiter hat die ALU die beiden Ausgänge `eq` und `lt`, die von der ALU bei Vergleichs-Operationen gesetzt werden. Die Steuerung der ALU geschieht über die obersten 5 Bits des Instruktions-Registers `IR`.

3. `CTRL` ist ein Mikro-Kontroller. Gesteuert wird dieser durch den OpCode des auszuführenden Befehls und die Ausgänge `eq` und `lt` der `ALU`. Der Mikro-Kontroller steuert den Datenfluss des Prozessors. Dazu setzt er drei Gruppen von Signalen:

   (a) Die `write`-Signale der Register `PC`, `IR`, `MAR`, `MDR`, `A`, `B`, `C` und `Phase`.

   (b) Die Kontroll-Signale verschiedener Multiplexer, die den Datenfluss steuern. Die Multiplexer sind in der Abbildung die mit `M` gekennzeichneten Module.

   (c) Die Kontroll-Signale des Register-Files.

   Um den Schaltplan nicht zu unübersichtlich werden zu lassen, wurden die Ausgänge des Mikro-Kontrollers für die Multiplexer und die `write`-Signale der verschiedenen Register nur angedeutet.

4. Das Register `PC` enthält den Programm-Zähler (engl. *program counter*). Dieser gibt die Adresse des nächsten zu verarbeitenden Befehls im Haupt-Speicher an.

5. Das Register `IR` ist das Befehls-Register (engl. *instruction register*). Es enthält den Maschinen-Code des Befehls, der gerade ausgeführt wird.

6. Die beiden Register `MAR` und `MDR` dienen als Schnittstelle zum Hauptspeicher. `MAR` ist das Adress-Register (engl. *memory address register*) und enthält bei Befehlen der Form

   `load` x, y b.z.w. `store` x, y

   die Hauptspeicher-Adresse, von der gelesen oder geschrieben werden soll. `MDR` ist das Daten-Register (engl. *memory data register*). Bei einem `store`-Befehl enthält `MDR` die Daten, die in den Speicher geschrieben werden sollen. Bei einem `load`-Befehl werden die Daten, die aus dem Speicher gelesen werden, in das Register `MDR` geladen.

7. Das Register `Phase` speichert die *Ausführungs-Phase.* Die Implementierung des SRP, die wir vorstellen werden, benötigt zum Abarbeiten eines Befehls mehrere Takt-Zyklen. Jeder Takt-Zyklus bildet eine *Phase.* In dem Register `Phase` merken wir uns, in welcher Phase der Abarbeitung wir gerade sind.

8. `SE` (*sign extend*) ist ein einfaches Modul das es ermöglicht, eine vorzeichenbehaftete 22-Bit-Zahl in eine 32-Bit-Zahl mit demselben Wert zu transformieren. Wir benötigen dieses Modul zur Implementierung des `Const`-Befehls.

5.2.1 Aufstellen der bedingten Gleichungen

Nachdem wir oben die Grob-Struktur des Prozessors festgelegt haben, modellieren wir nun den Datenfluss innerhalb des SRP, wir legen also fest, wann welche Daten in welche internen Register geschrieben werden.

Für die Abarbeitung eines Maschinenbefehls benötigt der Prozessor mehrere Phasen. Das liegt daran, dass bei der Abarbeitung eines Befehls so viel zu erledigen ist, dass eine Takt-Phase des Takt-Signals dafür nicht ausreichend wäre. Beispielsweise muss zu Beginn der Abarbeitung eines Befehls zunächst einmal der Befehl selbst in das Befehls-Register geladen werden. Allein dieser Schritt benötigt zwei Takt-Einheiten, denn der Befehl muss ja aus dem Speicher gelesen werden. Das Laden des Befehls-Registers ist für alle Befehle identisch und wird immer zu Anfang bei der Bearbeitung eines Befehls durchgeführt. Da wir die einzelnen Phasen mit 0 beginnend numerieren, formalisieren wir dies mathematisch wie folgt:

$$\begin{array}{l} \texttt{reset} = 0 \wedge \texttt{Phase} = 0 \\ \rightarrow \texttt{addrIn} = \texttt{PC} \wedge \texttt{rdMem} = 1 \wedge \texttt{wrMem} = 0 \wedge \texttt{wrOut} = 0 \wedge \texttt{Phase}' = 1 \end{array}$$

In allen folgenden Gleichungen wird die Bedingung `reset` $= 0$ auftreten. Um die Spezifikation kürzer schreiben zu können, werden wir diese Bedingung unterdrücken. Wir haben das Signal `rdMem` auf 1 gesetzt, um einen Lese-Vorgang zu initialisieren. Gleichzeitig haben wir die Adress-Leitung `addrIn` auf den im Programm-Zähler `PC` gespeicherten Wert gesetzt. Über diese Leitung teilen wir dem Speicher mit, welches Wort wir lesen wollen. Außerdem sorgen wir noch dafür, dass die Signale `wrMem` und `wrOut` auf 0 gesetzt

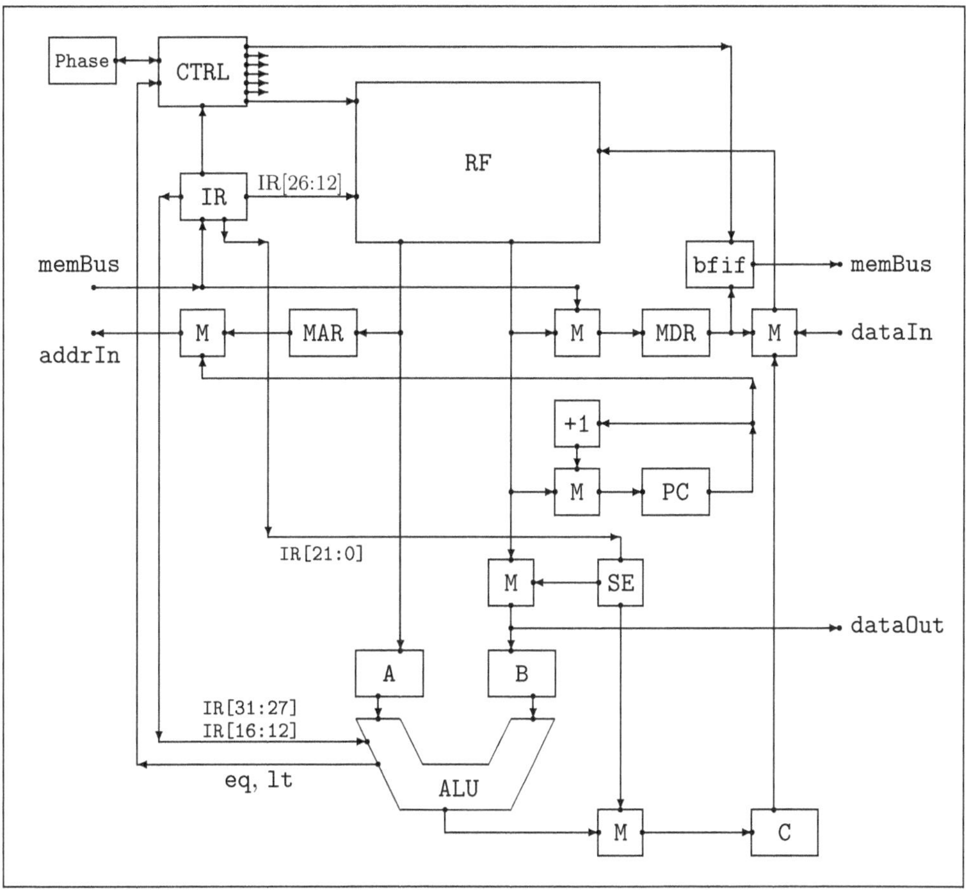

Abb. 5.2: *Schaltplan des SRP-Prozessors.*

werden. Dies ist erforderlich, weil diese Signale eventuell bei der Abarbeitung der vorhergehenden Befehle auf 1 gesetzt worden sind. Dies können wir natürlich erst wissen, wenn wir alle bedingten Gleichungen aufgestellt haben.

Den vom Hauptspeicher gelesenen Befehl erhalten wir zu Beginn der nächsten Phase. Die vom Hauptspeicher gelesenen Daten liegen auf der Leitung `memBus`. Das Befehls-Register `IR` wird mit diesen Daten beschrieben und das Signal `rdMem` wird zurück gesetzt, denn der Lese-Vorgang ist beendet.

$$\texttt{Phase} = 1 \rightarrow \texttt{IR}' = \texttt{memBus} \wedge \texttt{rdMem} = 0 \wedge \texttt{Phase}' = 2.$$

Die Abarbeitung in den folgenden Phasen hängt davon ab, welcher Maschinenbefehl jetzt in das Register `IR` geladen worden ist. Um die Gleichungen kompakter schreiben zu können, vereinbaren wir folgende Abkürzungen:

$$
\begin{aligned}
\texttt{opCode} &:= \texttt{IR[31:27]},\\
\texttt{sExC} &:= \texttt{signExtend(IR[21:0])},\\
\texttt{Rx} &:= \texttt{RF[IR[26:22]]},\\
\texttt{Ry} &:= \texttt{RF[IR[21:17]]},\\
\texttt{Rz} &:= \texttt{RF[IR[16:12]]}.
\end{aligned}
$$

Zur Spezifikation der Abarbeitung der einzelnen Befehle führen wir eine Fall-Unterscheidung in Abhängigkeit von `opCode` durch:

1. Falls der geladene Befehl ein arithmetischer oder ein logischer Befehl ist, werden für die Abarbeitung des Befehls drei weitere Phasen benötigt. Wir betrachten zur Demonstration den Befehl

   `add` x, y, z.

   (a) In der ersten Phase werden die Argumente, die durch y und z spezifiziert sind, in die die Register `A` und `B` geschrieben:

   $$\texttt{opCode} = 1 \wedge \texttt{Phase} = 2 \rightarrow \texttt{A}' = \texttt{Ry} \wedge \texttt{B}' = \texttt{Rz} \wedge \texttt{Phase}' = 3.$$

   (b) In der zweiten Phase wird die eigentliche Rechnung, in diesem Fall also die Addition, durchgeführt. Das Ergebnis der Rechnung wird im Register `C` gespeichert:

   $$\texttt{opCode} = 1 \wedge \texttt{Phase} = 3 \rightarrow \texttt{C}' = \texttt{A} + \texttt{B} \wedge \texttt{Phase}' = 4.$$

   (c) In der dritten Phase wird das im Register `C` zwischengespeicherte Ergebnis in das Register-File an die durch x spezifizierte Stelle geschrieben. Gleichzeitig wird in dieser Phase der Programm-Zähler erhöht:

   $$\texttt{opCode} = 1 \wedge \texttt{Phase} = 4 \rightarrow \texttt{Rx}' = \texttt{C} \wedge \texttt{PC}' = \texttt{PC} + 1 \wedge \texttt{Phase}' = 0.$$

   Die anderen arithmetisch-logischen Befehle lassen sich nach demselben Verfahren behandeln.

2. Falls der in das Register `IR` geladene Befehl die Form

   `const` x, c

   hat, werden nach dem Laden des Befehls in das Register `IR` zwei Phasen benötigt um den Befehl abzuarbeiten:

   (a) In der ersten Phase wird die Vorzeichen-Erweiterung der untersten 22 Bits aus dem Register `IR` in das Register `C` geschrieben:

   $$\texttt{opCode} = 9 \wedge \texttt{Phase} = 2 \rightarrow \texttt{C}' = \texttt{sExC} \wedge \texttt{Phase}' = 3.$$

   (b) In der zweiten Phase wird das Ergebnis, das im Register `C` zwischengespeichert worden ist, in das Register-File an die durch x spezifizierte Stelle geschrieben. Gleichzeitig wird in dieser Phase der Programm-Zähler erhöht:

   $$\texttt{opCode} = 9 \wedge \texttt{Phase} = 3 \rightarrow \texttt{Rx}' = \texttt{C} \wedge \texttt{PC}' = \texttt{PC} + 1 \wedge \texttt{Phase}' = 0.$$

3. Falls der in das Register `IR` geladene Befehl die Form

   `incr` x, c

   hat, werden nach dem Laden des Befehls in das Register `IR` drei Phasen zur Abarbeitung des Befehls benötigt:

(a) In der ersten Phase wird der Wert des durch x spezifizierten Registers des Register-File in das Register A geschrieben. Außerdem wird die Vorzeichen-Erweiterung der untersten 22 Bits aus dem Register IR in das Register B geschrieben:

$$\texttt{opCode} = 19 \wedge \texttt{Phase} = 2 \rightarrow \texttt{A}' = \texttt{Rx} \wedge \texttt{B}' = \texttt{sExC} \wedge \texttt{Phase}' = 3.$$

(b) In der zweiten Phase addiert die ALU den Inhalt der Register A und B und schreibt das Ergebnis in das Register C:

$$\texttt{opCode} = 19 \wedge \texttt{Phase} = 3 \rightarrow \texttt{C}' = \texttt{A} + \texttt{B} \wedge \texttt{Phase}' = 4.$$

(c) In der dritten Phase wird das Ergebnis, das im Register C zwischengespeichert worden ist, an die durch x spezifizierte Stelle im Register-File geschrieben. Gleichzeitig wird in dieser Phase der Programm-Zähler erhöht:

$$\texttt{opCode} = 19 \wedge \texttt{Phase} = 4 \rightarrow \texttt{Rx}' = \texttt{C} \wedge \texttt{PC}' = \texttt{PC} + 1 \wedge \texttt{Phase}' = 0.$$

4. Falls der in das Register IR geladene Befehl die Form

   decr x, c

   hat, so erfolgt die Abarbeitung analog zu der Abarbeitung des gerade besprochenen Befehls zum Inkrementieren eines Registers. Der einzige Unterschied ist die zweite Phase, wo jetzt subtrahieren wird:

$$\texttt{opCode} = 20 \wedge \texttt{Phase} = 3 \rightarrow \texttt{C}' = \texttt{A} - \texttt{B} \wedge \texttt{Phase}' = 4.$$

5. Falls der in das Register IR geladene Befehl die Form

   sll x, y, sc

   hat, so werden zur Abarbeitung des Befehls drei weitere Phasen benötigt.

(a) In der ersten Phase wird der Inhalt des durch y spezifizierten Registers des Register-Files in das Register A geschrieben:

$$\texttt{opCode} = 10 \wedge \texttt{Phase} = 2 \rightarrow \texttt{A}' = \texttt{Ry} \wedge \texttt{Phase}' = 3.$$

(b) In der zweiten Phase shiftet die ALU den Inhalt des Registers A um den durch sc angegebenen Betrag nach links und speichert das Ergebnis der Rechnung im Register C:

$$\texttt{opCode} = 10 \wedge \texttt{Phase} = 3 \rightarrow \texttt{C}' = \texttt{A} \ll \underbrace{\texttt{IR[16:12]}}_{sc} \wedge \texttt{Phase}' = 4.$$

(c) In der dritten Phase wird das Ergebnis, das im Register C zwischengespeichert worden ist, in das Register-File an die durch x spezifizierte Stelle geschrieben. Gleichzeitig wird in dieser Phase der Programm-Zähler erhöht:

$$\texttt{opCode} = 10 \wedge \texttt{Phase} = 4 \rightarrow \texttt{Rx}' = \texttt{C} \wedge \texttt{PC}' = \texttt{PC} + 1 \wedge \texttt{Phase}' = 0.$$

6. Falls der in das Register IR geladene Befehl die Form

   load x, y

   hat, so werden für die Abarbeitung vier weitere Phasen benötigt.

(a) In der ersten Phase wird der Wert des durch y spezifizierten Registers des Register-Files in das Memory-Adress-Register MAR geschrieben:

$$\texttt{opCode} = 11 \wedge \texttt{Phase} = 2 \rightarrow \texttt{MAR}' = \texttt{Ry} \wedge \texttt{Phase}' = 3.$$

(b) In der zweiten Phase wird der Wert des Registers MAR auf die Adress-Leitung addrIn gelegt. Außerdem wird das Ausgabe-Signal rdMem gesetzt, um dem Speicher mitzuteilen, dass eine Lese-Operation ansteht:

$$\texttt{opCode} = 11 \wedge \texttt{Phase} = 3 \rightarrow \texttt{addrIn} = \texttt{MAR} \wedge \texttt{rdMem} = 1 \wedge \texttt{Phase}' = 4.$$

(c) In der dritten Phase liefert der Hauptspeicher über den Memory-Bus einen Wert, der in dem Register MDR zwischengespeichert wird. Außerdem kann das Signal rdMem wieder zurückgesetzt werden:

$$\texttt{opCode} = 11 \wedge \texttt{Phase} = 4 \rightarrow \texttt{MDR}' = \texttt{memBus} \wedge \texttt{rdMem} = 0 \wedge \texttt{Phase}' = 5.$$

(d) In der vierten Phase wird das im Register MDR zwischengespeicherte Ergebnis in das durch x spezifizierte Register des Register-Files geschrieben. Gleichzeitig wird in dieser Phase der Programm-Zähler erhöht:

$$\texttt{opCode} = 11 \wedge \texttt{Phase} = 5 \rightarrow \texttt{Rx}' = \texttt{MDR} \wedge \texttt{PC}' = \texttt{PC} + 1 \wedge \texttt{Phase}' = 0.$$

7. Der Befehl

   store x, y

   kann in zwei Phasen abgearbeitet werden.

   (a) In der ersten Phase wird der Inhalt des durch y spezifizierten Registers des Register-Files in das Register MAR geschrieben. Zusätzlich wird der Wert des durch x spezifizierten Registers des Register-Files in das Register MDR geschrieben:

   $$\texttt{opCode} = 12 \wedge \texttt{Phase} = 2 \rightarrow \texttt{MAR}' = \texttt{Ry} \wedge \texttt{MDR}' = \texttt{Rx} \wedge \texttt{Phase}' = 3.$$

   (b) In der zweiten Phase wird der in dem Register MDR hinterlegte Wert in den Hauptspeicher an die in dem Register MAR gespeicherte Adresse geschrieben. Außerdem wird das Signal wrMem gesetzt, damit der Speicher weiß, dass die Daten abzuspeichern sind. Gleichzeitig wird der Programm-Zähler erhöht:

   $$\texttt{opCode} = 12 \wedge \texttt{Phase} = 3$$
   $$\rightarrow \texttt{addrIn} = \texttt{MAR} \wedge \texttt{memBus}' = \texttt{MDR} \wedge \texttt{wrMem} = 1 \wedge \texttt{PC}' = \texttt{PC} + 1 \wedge \texttt{Phase}' = 0.$$

8. Der Befehl

   goto x

   benötigt zur Abarbeitung nur eine Phase. In dieser Phase wird das durch x spezifizierte Register aus dem Register-File gelesen und in das Register PC geschrieben:

   $$\texttt{opCode} = 13 \wedge \texttt{Phase} = 2 \rightarrow \texttt{PC}' = \texttt{Rx} \wedge \texttt{Phase}' = 0.$$

9. Ein Befehl der Form

   ifeq x, y, z

   benötigt zwei weitere Phasen.

   (a) In der ersten Phase werden die durch y und z spezifizierten Argumente in die Register A und B geschrieben:

   $$\texttt{opCode} = 14 \wedge \texttt{Phase} = 2 \rightarrow \texttt{A}' = \texttt{Ry} \wedge \texttt{B}' = \texttt{Rz} \wedge \texttt{Phase}' = 3.$$

(b) In der zweiten Phase wird geprüft, ob die Register `A` und `B` denselben Wert enthalten. Wenn die Werte übereinstimmen, wird der Inhalt des durch x spezifizierten Registers in das Register `PC` geschrieben. Andernfalls wird der Programm-Zähler inkrementiert:

$$\texttt{opCode} = 14 \wedge \texttt{Phase} = 3 \;\rightarrow\; \texttt{PC}' \;=\; (\texttt{A} = \texttt{B}\;?\;\texttt{Rx}\;:\;\texttt{PC} + 1) \wedge \texttt{Phase}' = 0.$$

10. Der Befehl

    `iflt` x, y, z

    benötigt zur Abarbeitung zwei weitere Phasen.

    (a) In der ersten Phase werden die durch y und z spezifizierten Argumente in die Register `A` und `B` geschrieben:

    $$\texttt{opCode} = 15 \wedge \texttt{Phase} = 2 \;\rightarrow\; \texttt{A}' = \texttt{Ry} \wedge \texttt{B}' = \texttt{Rz} \wedge \texttt{Phase}' = 3.$$

    (b) In der zweiten Phase wird geprüft, ob der im Register `A` gespeicherte Wert kleiner ist als der Wert, der im Register `B` gespeichert ist. Wenn der Wert tatsächlich kleiner ist, wird der Inhalt des durch x spezifizierten Registers in das Register `PC` geschrieben. Andernfalls wird der Programm-Zähler inkrementiert:

    $$\texttt{opCode} = 15 \wedge \texttt{Phase} = 3 \;\rightarrow\; \texttt{PC}' = (\texttt{A} < \texttt{B}\;?\;\texttt{Rx}\;:\;\texttt{PC} + 1) \wedge \texttt{Phase}' = 0.$$

11. Falls der geladene Befehl die Form

    `halt`

    hat, so reicht es aus, das Signal `powerOff` auf 1 zu setzen:

    $$\texttt{opCode} = 16 \wedge \texttt{Phase} = 2 \;\rightarrow\; \texttt{powerOff} = 1.$$

    Da die Phase in diesem Fall nicht geändert wird, bleibt der Prozessor so lange in dem Zustand $\mathit{opCode} = 16$, $\mathit{Phase} = 2$, bis die Stromversorgung abgeschaltet ist.

12. Die Abarbeitung des Befehls

    `in` x

    benötigt zwei Phasen:

    (a) In der ersten Phase wird der Ausgang `rdIn` auf 1 gesetzt. Dadurch wird der Lesevorgang initiiert:

    $$\texttt{opCode} = 17 \wedge \texttt{Phase} = 2 \;\rightarrow\; \texttt{rdIn} = 1 \wedge \texttt{Phase}' = 3.$$

    (b) In der zweiten Phase wird der von der Eingabe-Leitung `dataIn` gelesene Wert in das durch x spezifizierte Register im Register-File geschrieben. Gleichzeitig wird das Register `PC` inkrementiert. Außerdem ist es wichtig, dass das Signal `rdIn` wieder auf 0 zurückgesetzt wird, denn sonst würde die Eingabe-Einheit Daten liefern, die nicht mehr verarbeitet würden:

    $$\begin{array}{l} \texttt{opCode} = 17 \wedge \texttt{Phase} = 3 \\ \rightarrow\; \texttt{Rx}' = \texttt{dataIn} \wedge \texttt{rdIn} = 0 \wedge \texttt{PC}' = \texttt{PC} + 1 \wedge \texttt{Phase}' = 0. \end{array}$$

13. Der Befehl

    `out` x

kann in einer weiteren Phase abgearbeitet werden. Dazu wird das durch x spezifizierte Register gelesen und der gelesene Wert wird auf die Ausgabeleitung `dataOut` geschrieben. Gleichzeitig wird das Signal `wrOut` auf 1 gesetzt, um der Ausgabe-Einheit zu signalisieren, dass Daten anliegen. Außerdem wird das Register `PC` inkrementiert:

$$\begin{aligned}&\texttt{opCode} = 18 \wedge \texttt{Phase} = 2\\ \rightarrow\ &\texttt{dataOut} = \texttt{Rx} \wedge \texttt{wrOut} = 1 \wedge \texttt{PC}' = \texttt{PC} + 1 \wedge \texttt{Phase}' = 0.\end{aligned}$$

An dieser Stelle sehen Sie, dass es wichtig ist, in der nullten Phase das Signal `wrOut` auf 0 zurückzusetzen, denn nach einem `out`-Befehl ist dieses Signal zunächst noch gesetzt.

5.3 Verhaltensbasierte Implementierung

Die Abbildungen 5.3, 5.4, 5.6 und 5.7 auf den folgenden Seiten zeigen eine verhaltensbasierte Implementierung des Prozessors, welche die im vorgehenden Abschnitt aufgestellten bedingten Gleichungen umsetzt. Wir erläutern nur die Details der Implementierung, die nicht unmittelbar aus den Gleichungen folgen.

1. In den Zeilen 1 – 7 legen wir die Schnittstelle des Prozessors nach außen fest. Der einzige Unterschied gegenüber Abbildung 5.1 auf Seite 188 besteht darin, dass wir die Ausgabe-Signale zusätzlich als Register deklariert haben.

2. Zeile 9 zeigt die Definition des Register-Files als ein Feld von 32 Registern. Jedes dieser Register hat eine Breite von 32 Bit. Die allgemeine Syntax zur Definition eines Feldes von Registern ist

   `reg [`*msb*`, `*lsb*`] `*name*` [`*first*`, `*last*`].`

   Diese Deklaration legt für jeden Index i aus der Menge $\{\mathit{first}, \cdots, \mathit{last}\}$ ein Register mit $|\mathit{msb} - \mathit{lsb}| + 1$ Bits an. Dabei bezeichnet *msb* das *most significant bit* und *lsb* bezeichnet das *least significant bit.* Um auf das b-te Bit in dem i-ten Register zuzugreifen, verwenden wir später die Syntax $\mathit{name}[i][b]$.

3. In den Zeilen 10 – 12 werden die übrigen Register definiert.

4. In Zeile 13 definieren wir zusätzlich das Signal `memBusOut` als Register. Dieses Signal wird in Zeile 17 mit Hilfe eines Felds von `bufif1`-Gattern genau dann auf den Memory-Bus `memBus` gelegt, wenn das Signal `wrMem` gesetzt ist. Dies ist notwendig, da das Signal `memBus` als `inout` deklariert ist. Ein solches bidirektionales Signal kann nicht als Register deklariert werden und damit haben wir auch keine Möglichkeit, diesem Signal mittels einer Zuweisung einen Wert zuzuweisen, denn in *Verilog* müssen die Signale, die auf der linken Seiten einer prozeduralen Zuweisung stehen, als Register deklariert sein. Daher bleibt nur die Möglichkeit, ein `inout`-Signal über ein `bufif1`-Gatter zu beschreiben. Deshalb gehen wir den Umweg über das als Register deklarierte Signal `memBusOut`, dem wir einerseits einen Wert zuweisen können und das wir andererseits über das `bufif1`-Gatter in Zeile 17 mit dem Memory-Bus `memBus` verbinden können.

```
module srp(inout      [31:0] memBus,
           output reg [31:0] addrIn,
           output reg        wrMem, rdMem,
           output reg  [7:0] dataOut,
           output reg        wrOut, rdIn, powerOff,
           input       [7:0] dataIn,
           input             reset, clk);

   reg signed [31:0] RF [0:31];
   reg signed [31:0] A, B, C, MDR;
   reg        [31:0] PC, MAR, IR;
   reg         [2:0] Phase;
   reg        [31:0] memBusOut;

   integer             i;

   bufif1 bf[31:0] (memBus, memBusOut, wrMem);

   always @(negedge clk, reset)
     begin
        if (reset)
          begin
             A   = 0; B     = 0; C     = 0;
             PC  = 0; MAR   = 0; MDR   = 0;
             IR  = 0; rdMem = 0; wrMem = 0;
             addrIn = 0; dataOut  = 0;
             wrOut  = 0; rdIn     = 0;
             Phase  = 0; powerOff = 0;
             for (i = 0; i < 32; i = i + 1)
               RF[i] = 0;
          end // if (reset)
        else
      case (Phase)
        3'd0: // IR = Mem[PC];
          begin
             wrMem  = 0;
             rdMem  = 1;
             wrOut  = 0;
             addrIn = PC;
             Phase  = 1;
          end
```

Abb. 5.3: Verhaltensbasierte Implementierung, 1. Teil.

```
        3'd1: // instruction
          begin
            IR    = memBus;
            rdMem = 0;
            Phase = 2;
          end
        3'd2: // begin execution of instruction
          begin
            case (IR[31:27])
              5'd1,   // add x, y, z
              5'd2,   // sub x, y, z
              5'd3,   // mul x, y, z
              5'd4,   // div x, y, z
              5'd5,   // mod x, y, z
              5'd6,   // and x, y, z
              5'd7,   // or  x, y, z
              5'd8,   // not x, y
              5'd10,  // sll x, y, sc
              5'd14,  // ifeq x, y, z
              5'd15:  // iflt x, y, z
                begin
                  A = RF[IR[21:17]];
                  B = RF[IR[16:12]];
                  Phase  = 3;
                end
              5'd9:   // const x, c
                begin
                  C = IR[21:0];
                  Phase = 3;
                end
              5'd11:  // load x, y
                begin // MAR = RegFile[IR[21:17]];
                  MAR   = RF[IR[21:17]];
                  Phase = 3;
                end
              5'd12:  // store x, y
                begin
                  MAR   = RF[IR[21:17]];
                  MDR   = RF[IR[26:22]];
                  Phase = 3;
                end
```

Abb. 5.4: *Verhaltensbasierte Implementierung, 2. Teil.*

5. Wenn das Signal `reset` gesetzt ist, dann werden in den Zeilen 23 bis 30 zunächst alle Register einschließlich der Register des Register-Files auf 0 gesetzt.

6. Die Sensitivitäts-Liste des `always`-Blocks in Zeile 19 zeigt eine *Flanken-Spezifikation*: Durch die Angabe „`negedge clk`" legen wir fest, dass der `always`-Block nur bei einer fallenden Flanke des Takt-Signals ausgeführt werden soll. Ohne das Schlüsselwort `negedge` würde der Block bei jeder Flanke des Signals `clk` ausgeführt.

   Der Grund dafür, dass wir den Block nur bei einer fallenden Flanke ausführen wollen, ist folgender: Wir müssen den Prozessor sowohl mit dem Hauptspeicher als auch mit der Eingabe-Einheit und der Ausgabe-Einheit synchronisieren. Diese Synchronisation erreichen wir durch das Takt-Signal `clk`. Der Hauptspeicher, die Eingabe-Einheit und die Ausgabe-Einheit reagieren auf eine steigende Flanke des Takt-Signals, während der Prozessor selbst auf eine fallende Flanke reagiert. Dadurch ist die vom Hauptspeicher kommende Leitung `memBus` stabil, wenn die Daten im Prozessor benötigt werden, denn der Hauptspeicher schreibt die Daten bei einer steigenden Flanke, der Prozessor liest sie aber erst bei der fallenden Flanke. Würde der Prozessor die Daten in demselben Moment lesen, in dem sie vom Hauptspeicher geschrieben werden, so wären die Daten undefiniert.

   Umgekehrt ist die zum Hauptspeicher führende Leitung `memBus` stabil, wenn Sie vom Hauptspeicher gelesen wird, denn der Prozessor schreibt die Daten bei einer fallenden Flanke, der Hauptspeicher liest sie aber erst bei der steigenden Flanke des Takt-Signals.

   Analog wird auch die Kommunikation des Prozessors mit der Eingabe-Einheit und der Ausgabe-Einheit durch die Flanken des Takt-Signals synchronisiert.

7. Der Rest der Implementierung besteht aus einem großen `case`-Block, der sich von der Zeile 30 bis zur Zeile 220 in Abbildung 5.9 erstreckt. Der `case`-Block ist das *Verilog*-Analogon zum dem `switch`-Block der Sprache `C`. Der `case`-Block hat in *Verilog* die in Abbildung 5.5 auf Seite 199 gezeigte Form. Hierbei ist *expr* ein

```
case (expr)
   val1 :
      begin
         ⋮
      end
   val2 :
      begin
         ⋮
      end
   val3 :
   ⋮
endcase
```

Abb. 5.5: *Der `case`-Block.*

Ausdruck, der ausgewertet wird, und val_1, val_2, val_3, $\cdots$ sind mögliche Werte, die der Ausdruck *expr* annehmen kann. Ergibt die Auswertung von *expr* den Wert val_i, so wird der zu diesem Wert zugehörige `begin-end`-Block ausgewertet.

Im Unterschied zu der Sprache `C` werden die diesem Block nachfolgenden Blöcke nicht ausgewertet. Somit ist das `break`-Statement, das in `C` verwendet werden muss, wenn nur ein Fall ausgewertet werden soll, in *Verilog* nicht erforderlich.

8. Der `case`-Block unterscheidet die sechs möglichen Werte, die das Signal `Phase` haben kann. Falls `Phase` = 0 ist, so laden wir das Befehls-Register `IR` mit dem Befehl, der im Hauptspeicher an der Adresse `PC` abgelegt ist. Dazu setzen wir in Zeile 37 das Signal `rdMem` auf 1 und setzen `addrIn` in Zeile 39 auf den Wert des Programm-Zählers. Gleichzeitig werden die Signale `wrMem` und `wrOut` auf 0 gesetzt.

9. In der Abbildung 5.4 auf Seite 198 beschäftigen wir uns zunächst mit dem Fall `Phase` = 1. Wir laden in Zeile 44 das Befehls-Register `IR` mit den vom Speicher zur Verfügung gestellten Daten. Außerdem müssen wir das Signal `rdMem` auf 0 zurücksetzen, denn wir hatten es in der vorhergehenden Phase ja auf 1 gesetzt.

10. In Zeile 48 bis 119 wird der Fall `Phase` = 2 behandelt. Dazu führen wir mit Hilfe des `Case`-Befehls, der von Zeile 50 bis 118 reicht, eine Fall-Unterscheidung nach dem OpCode aus, der sich in den obersten 5 Bits des Befehls-Registers befindet:

    (a) Die arithmetisch-logischen Befehle sowie die bedingten Sprung-Befehle `ifeq` und `iflt` haben alle die Form

    opCode x, y, z,

    wobei die Zahlen x, y und z Indizes von Registern im Register-File spezifizieren. In der Phase 2 laden wir in Zeile 63 und 64 die durch y und z spezifizierten Register in die Hilfsregister `A` und `B`.

    Die Zeilen 51 bis 61 zeigen hier, dass sich in *Verilog* verschiedene Fälle in einem `case`-Block zusammenfassen lassen, indem die die einzelnen Fälle durch Kommata getrennt werden.

    (b) Bei den anderen Befehle werden die bedingten Gleichungen, mit denen wir die Abarbeitung dieser Befehle oben spezifiziert haben, unmittelbar umgesetzt.

11. Die Abbildung 5.7 auf Seite 202 zeigt den Fall `Phase` = 3. Zunächst beschäftigen sich die Zeilen 122 – 139 mit der Bearbeitung der arithmetischen und logischen Befehle. Die ALU verarbeitet die Inhalte der Register `A` und `B` und legt das Ergebnis im Register `C` ab. Die Zeilen 140 – 145 zeigen die Verarbeitung der Befehle `sll`, `incr` und `decr`.

12. Abbildung 5.8 auf Seite 203 setzt die Behandlung des Falls `Phase` = 3 fort. Bei den in dieser Abbildung behandelten Fällen werden eine Reihe Kontroll-Signale gesetzt. Beispielsweise wird bei der Behandlung des Befehls `load` in Zeile 154 `rdMem` auf 1 gesetzt, um vom Speicher zu lesen.

13. Abbildung 5.9 auf Seite 204 zeigt schließlich die Behandlung der beiden Fälle `Phase` = 4 und `Phase` = 5.

```
83              5'd13:  // goto x
84                begin
85                   PC    = RF[IR[26:22]];
86                   Phase = 0;
87                end
88              5'd16:  // halt
89                begin
90                   powerOff = 1;
91                   Phase    = 2;
92                end
93              5'd17:  // in x
94                begin
95                   rdIn  = 1;
96                   Phase = 3;
97                end
98              5'd18:  // out x
99                begin
100                  dataOut = RF[IR[26:22]];
101                  wrOut   = 1;
102                  PC      = PC + 1;
103                  Phase   = 0;
104               end
105             5'd19,  // incr x, c
106             5'd20:  // decr x, c
107               begin
108                  A     = RF[IR[26:22]];
109                  B     = IR[21:0];
110                  Phase = 3;
111               end
112             default:
113               begin
114                  $display("ERROR: unknown opCode in phase 2:");
115                  $display("%04d: opCode = %b", $time, IR[31:27]);
116                  $stop;
117               end
118           endcase // case(IR[31:27])
119        end
```

Abb. 5.6: *Verhaltensbasierte Implementierung, 3. Teil.*

Um die Schaltung besser debuggen zu können, wurde in den Zeilen 112 bis 118 der Abbildung 5.6 auf Seite 201 noch ein `default`-Fall eingebaut, der immer dann ausgeführt wird, wenn keiner der anderen Fälle greift. In einem solchen Fall würde ein Fehler vorliegen, denn das `case`-Statement listet ja alle möglichen Fälle des OpCodes auf. In diesem Fall wird eine Fehlermeldung ausgegeben und der *Verilog*-Simulator wird angehalten.

```
        3'd3: // let the ALU (or memory) work
          case (IR[31:27])
            5'd1:    // add x, y, z
              begin
                 C = A + B; Phase = 4;
              end
            5'd2:    // sub x, y, z
              begin C = A - B; Phase = 4; end
            5'd3:    // mul x, y, z
              begin C = A * B; Phase = 4; end
            5'd4:    // div x, y, z
              begin C = A / B; Phase = 4; end
            5'd5:    // mod x, y, z
              begin C = A % B; Phase = 4; end
            5'd6:    // and x, y, z
              begin C = A & B; Phase = 4; end
            5'd7:    // or  x, y, z
              begin C = A | B; Phase = 4; end
            5'd8:    // not x
              begin C = ~A; Phase = 4;    end
            5'd10:    // sll x, y, sc
              begin C = A << IR[16:12]; Phase = 4; end
            5'd19:    // incr x, c
              begin C = A + B; Phase = 4; end
            5'd20:    // decr x, c
              begin C = A - B; Phase = 4; end
```

Abb. 5.7: *Verhaltensbasierte Implementierung, 4. Teil.*

5.3.1 Peripherie des Prozessors

Der Nutzen einer verhaltensbasierten Spezifikation liegt darin, dass eine solche Spezifikation es ermöglicht, das Verhalten der zu entwickelnden Schaltung zu testen. Um die verhaltensbasierte Beschreibung des SRP testen zu können, müssen wir zumindest auf der verhaltensbasierten Ebene einen kompletten Rechner in *Verilog* implementieren. In den folgenden Abschnitten stellen wir die benötigten Module vor.

Implementierung des Hauptspeichers

Abbildung 5.10 auf Seite 205 zeigt die Schnittstelle des Hauptspeichers, der durch das Modul `memory` modelliert wird. Um den *Verilog*-Simulator nicht zu sehr zu belasten, beschränken wir uns auf einen Speicher, der aus 1024 Worte besteht, wobei die einzelnen Worte selber jeweils eine Größe von 32 Bits haben. Die Ein- und Ausgabe-Signale des Moduls `memory` haben die folgende Bedeutung:

```
          5'd9:     // const x, c
            begin
               RF[IR[26:22]] = C;
               PC            = PC + 1;
               Phase         = 0;
            end
          5'd11:    // load x, y
            begin   // MDR = Mem[MAR];
               rdMem  = 1;
               addrIn = MAR;
               Phase  = 4;
            end
          5'd12:    // store x, y
            begin
               addrIn    = MAR;
               memBusOut = MDR; // Mem[MAR] = MDR;
               wrMem     = 1;
               PC        = PC + 1;
               Phase     = 0;
            end
          5'd14:    // ifeq x, y, z
            begin
               PC    = (A == B) ? RF[IR[26:22]] : PC + 1;
               Phase = 0;
            end
          5'd15:    // iflt x, y, z
            begin
               PC    = (A < B) ? RF[IR[26:22]] : PC + 1;
               Phase = 0;
            end
          5'd17:    // in x
            begin
               RF[IR[26:22]] = dataIn;
               rdIn          = 0;
               PC            = PC + 1;
               Phase         = 0;
            end
        endcase // case(IR[31:27])
```

Abb. 5.8: *Verhaltensbasierte Implementierung, 5 Teil.*

1. data dient sowohl der Ausgabe als auch der Eingabe und wird daher als „inout“ deklariert. Dieses Signal wird später mit dem Signal memBus des Prozessors verbunden.

```
            3'd4: // store the result, increment PC
              case (IR[31:27])
                5'd1,    // add x, y, z
                5'd2,    // sub x, y, z
                5'd3,    // mul x, y, z
                5'd4,    // div x, y, z
                5'd5,    // mod x, y, z
                5'd6,    // and x, y, z
                5'd7,    // or  x, y, z
                5'd8,    // not x, y
                5'd10,    // sll x, y, sc
                5'd19,    // incr x, c
                5'd20:    // decr x, c
                  begin
                     RF[IR[26:22]] = C;
                     PC            = PC + 1;
                     Phase         = 0;
                  end
                5'd11:    // load x, y
                  begin
                     MDR   = memBus;
                     rdMem = 0;
                     Phase = 5;
                  end
              endcase // case(IR[31:27])
            3'd5:
              begin
                 case (IR[31:27])
                   5'd11:   // load x, y
                     begin
                        RF[IR[26:22]] = MDR;
                        PC            = PC + 1;
                        Phase         = 0;
                     end
                 endcase // case(IR[31:27])
              end
          endcase // case(phase)
     end // always @ (negedge clk or reset)
endmodule // srp
```

Abb. 5.9: *Verhaltensbasierte Implementierung, 6. Teil.*

2. `address` gibt die Adresse im Speicher an, von der Daten gelesen bzw. an die Daten geschrieben werden sollen.

```
module memory(inout [31:0] data,
              input [31:0] address,
              input        wr, rd, reset, clk);
    ⋮
endmodule // memory
```

Abb. 5.10: *Interface des Moduls* `memory`*.*

3. `wr` wird gesetzt, wenn Daten in den Speicher geschrieben werden sollen.
4. `rd` wird gesetzt, wenn Daten aus dem Speicher gelesen werden sollen.
5. `clk` ist ein Takt-Signal. Der Speicher ist so gebaut, dass die Daten bei einer steigenden Flanke dieses Signals gelesen bzw. geschrieben werden.
6. `reset` kann dazu benutzt werden, um alle Speicherzellen im RAM auf den Wert 0 zurück zu setzen. Gleichzeitig werden die Speicherzellen im ROM initialisiert.

Abbildung 5.11 auf Seite 206 zeigt eine verhaltensbasierte Implementierung des Moduls `memory`.

1. In Zeile 4 deklarieren wir den eigentlichen Speicher als ein Feld von 1024 Registern, die jeweils eine Breite von 32 Bit haben.
2. In Zeile 5 deklarieren wir das Register `aux`. In dieses Register schreiben wir später den vom Speicher gelesenen Wert. Wir können den gelesenen Wert nicht direkt auf das Signal `data` schreiben, da es sich bei `data` um ein bidirektionales Signal handelt, auf das wir nur mit Hilfe eines `bufif1`-Gatters schreiben können. Dieses `bufif1`-Gatter finden Sie in Zeile 39.
3. In Zeile 6 deklarieren wir die Laufvariable `i`, die wir in Zeile 20 als Index in einer `for`-Schleife benutzen werden.
4. In Zeile 8 beginnt ein `always`-Block, der bis in die Zeile 37 reicht. In der Sensitivitäts-Liste dieses `always`-Blocks taucht das neue Schlüsselwort „`posedge`“ auf. Das Schlüsselwort `posedge` ist eine Abkürzung für *positive edge* und spezifiziert eine steigende Flanke des Signals, das hinter dem Schlüsselwort auftritt. In unserem Fall ist die Sensitivitäts-Liste wie folgt zu lesen: Die in dem `begin`-`end`-Block eingeschlossenen Befehle werden genau dann ausgeführt, wenn das Signal `clk` von 0 auf 1 ansteigt (positive Flanke) oder wenn das Signal `reset` gesetzt wird.
5. Die Zeilen 12 bis 22 befassen sich mit dem Fall, dass das Signal `reset` gesetzt ist. In diesem Fall muss der Speicher initialisiert werden. Nun ist es so, dass der untere Teil des Hauptspeichers ja den Programm-Lader enthält. Die ersten 36 Speicherzellen müssen also mit dem Programm-Code dieses Programm-Laders initialisiert werden. Aus Platzgründen zeigt Abbildung 5.11 nur die Initialisierung

```
module memory(inout [31:0] data,
              input [31:0] address,
              input        wr, rd, reset, clk);
   reg signed [31:0] mem [0:1023];
   reg        [31:0] aux;
   integer           i;

   always @(posedge clk or reset)
     begin
        if (reset)
          begin
             // The first part of the memory is the BIOS,
             // it contains the program loader.
             aux     = 0;
             mem[0]  =  1212153856;  // const  R1,    0
             mem[1]  =  1216348184;  // const  R2,   24
             :
             mem[34] =  1249902592;  // const  R10,   0
             mem[35] =  1220542464;  // const  R3,    0
             for (i = 36; i < 1024; i = i + 1)
                mem[i] = 32'b0;
          end
        else if (wr & (address > 35))
          begin
             mem[address] = data;
          end
        else if (wr & (address <= 35))
          begin
             $display("ERROR: segmentation fault: mem[%0d] = %b",
                      address, data);
             $stop;
          end
        else if (rd)
          begin
             aux = mem[address[9:0]];
          end
     end

   bufif1 bf[31:0] (data, aux, rd);
endmodule // memory
```

Abb. 5.11: *Implementierung des Moduls memory.v.*

der ersten und letzten beiden Speicherzellen des ROMs. Abbildung 5.12 auf Seite 208 zeigt die Details der Initialisierung. Das Programm, mit dem hier das ROM initialisiert wird, ist dasselbe Programm das wir bereits in Abbildung 2.24 auf Seite 41 als Programm-Lader kennengelernt haben.

Die Speicherzellen oberhalb des Programm-Laders werden in der Schleife in den Zeilen 20 und 21 mit 0 initialisiert.

6. In den Zeilen 23 bis 32 betrachten wir dann den Fall, dass Daten in den Speicher geschrieben werden sollen.

   Zunächst nehmen wir an, dass die Adresse, an die die Daten geschrieben werden sollen, größer als 35 ist. In diesem Fall können wir die Daten einfach an der durch `address` spezifizierte Stelle im Feld `mem` ablegen.

   Falls die Adresse, an die die Daten geschrieben werden sollen, kleiner oder gleich 35 ist, liegt ein Fehler vor, denn in diesem Bereich des Speichers liegt ja unser Programm-Lader und den dürfen wir nicht überschreiben. In diesem Fall wird mit dem `$display`-Befehl in Zeile 29 und 30 eine Fehlermeldung ausgegeben. Anschließend wird die Simulation mit dem Befehl „`$stop`" angehalten. Sollte es zu einem solchen Fehler kommen, so haben wir dadurch die Möglichkeit, die Situation mit dem Debugger zu analysieren.

7. Falls das Signal `rd` gesetzt ist, dann setzen wir in Zeile 35 das Signal `aux` auf den Wert der zu lesenden Speicherzelle. In Zeile 39 wird das Signal `aux` dann auf das Ausgabe-Signal `data` geschrieben, falls das Signal `rd` gesetzt ist.

Implementierung der Eingabe-Einheit

Abbildung 5.13 auf Seite 209 zeigt die Schnittstelle der Eingabe-Einheit. Die Signale haben die folgende Bedeutung:

1. `rd` wird gesetzt, wenn ein Byte von der Eingabe-Einheit gelesen werden soll. Das zu lesende Byte wird bei der nächsten steigenden Flanke des Takt-Signals `clk` ausgegeben.

2. `data` enthält das gelesene Byte.

3. `clk` ist das Takt-Signal.

4. `reset` dient dazu, die Eingabe-Einheit zu initialisieren.

Abbildung 5.14 auf Seite 209 zeigt eine Skizze einer verhaltensbasierten Implementierung der Eingabe-Einheit.

1. Zunächst enthält die Eingabe-Einheit intern einen Speicher, der den zu lesenden Lochstreifen repräsentiert. Diesen Speicher deklarieren wir in Zeile 4. Wir wollen den Prozessor mit einer Variante des Assembler-Programms `sum.asm` testen. Dieses Programm besteht aus 208 Bytes, die wir jetzt fest in der Eingabe-Einheit ablegen. Daher allokieren wir in Zeile 4 ein Feld von 208 Bytes.

```
begin
  aux     = 0;
  mem[0]  =  1212153856; // const  R1,    0
  mem[1]  =  1216348184; // const  R2,   24
  mem[2]  =  1220542500; // const  R3,   36
  mem[3]  =  1224736776; // const  R4,    8
  mem[4]  =  1228931073; // const  R5,    1
  mem[5]  =  1233125384; // const  R6,    8
  mem[6]  =  1237319696; // const  R7,   16
  mem[7]  =  1241514008; // const  R8,   24
  mem[8]  =   176295936; // add    R10,  R1,  R1
  mem[9]  = -1975517184; // in     R9
  mem[10] =   982687744; // or     R10,  R9, R10
  mem[11] = -1975517184; // in     R9
  mem[12] =  1381138432; // sll    R9,   R9,   8
  mem[13] =   982687744; // or     R10,  R9, R10
  mem[14] = -1975517184; // in     R9
  mem[15] =  1381171200; // sll    R9,   R9,  16
  mem[16] =   982687744; // or     R10,  R9, R10
  mem[17] = -1975517184; // in     R9
  mem[18] =  1381203968; // sll    R9,   R9,  24
  mem[19] =   982687744; // or     R10,  R9, R10
  mem[20] =  1887477760; // ifeq   R2,   R0, R10
  mem[21] =  1652948992; // store  R10,  R3
  mem[22] =   147214336; // add    R3,   R3,  R5
  mem[23] =  1761607680; // goto   R4
  mem[24] =  1207959552; // const  R0,    0
  mem[25] =  1212153856; // const  R1,    0
  mem[26] =  1216348160; // const  R2,    0
  mem[27] =   260440064; // add    R30,  R3,  R0
  mem[28] =  1224736768; // const  R4,    0
  mem[29] =  1228931072; // const  R5,    0
  mem[30] =  1233125376; // const  R6,    0
  mem[31] =  1237319680; // const  R7,    0
  mem[32] =  1241513984; // const  R8,    0
  mem[33] =  1245708288; // const  R9,    0
  mem[34] =  1249902592; // const  R10,   0
  mem[35] =  1220542464; // const  R3,    0
  for (i = 36; i < 1024; i = i + 1)
    mem[i] = 32'b0;
end
```

Abb. 5.12: *Initialisierung des Speichers.*

```
module inputReader(output [7:0] data,
                   input        clk, reset, rd);
    ⋮
endmodule // inputReader
```

Abb. 5.13: *Schnittstelle der Eingabe-Einheit.*

```
1  module inputReader(output reg [7:0] data,
2                     input            clk, reset, rd);
3
4     reg    [7:0] readBuffer [0:207];
5
6     integer      count;
7
8     always @(posedge clk or reset)
9       begin
10         if (reset)
11           begin
12             count          = 0;
13             readBuffer[0] = 0;
14             ⋮
15             readBuffer[207] = 0;
16           end
17         else if (rd & (count < 208))
18           begin
19              data  = readBuffer[count];
20              count = count + 1;
21           end
22         else if (rd & (count >= 208))
23           begin
24              $display("ERROR: out of input!");
25              $stop;
26           end
27      end
28 endmodule // inputReader
```

Abb. 5.14: *Implementierung der Eingabe-Einheit.*

2. Der Zähler `count`, den wir in Zeile 6 deklarieren, zählt mit, welches Byte als Nächstes ausgegeben werden muss.

3. Den internen Speicher instantiieren wir in den Zeilen 13 bis 15, wobei wir die

Details aus Platzgründen in der Abbildung unterdrückt haben.

4. Falls das Signal `rd` gesetzt ist und noch ungelesene Daten vorhanden sind, dann weisen wir dem Ausgang `data` in Zeile 19 das nächste zu lesende Byte zu. In Zeile 20 inkrementieren wir den Zähler `count`, damit die nächste Lese-Operation nicht wieder dasselbe Byte liest.

5. Falls das Signal `rd` gesetzt ist und keine ungelesene Daten mehr vorhanden sind, geben wir in Zeile 24 eine Fehlermeldung aus.

Um unseren Prozessor testen zu können, müssen wir aus einem gegebenen Assembler-Programm ein entsprechendes *Verilog*-Modul erzeugen können. Zu diesem Zwecke habe ich die modulare Version des Assemblers erweitert. Die *Java*-Klasse `RunVerilog-Assembler` bietet die erforderliche Funktionalität. Diese Klasse ist bereits ein Teil des Tar-Files `modularAssembler.tar`, das Sie auf meiner Webseite finden. Der Aufruf dieses Programms erfolgt in der Form

`java RunVerilogAssembler` *file*

Hier ist *file* der Name der Assembler-Datei ohne die Endung „`.asm`". Der Aufruf erzeugt eine Datei mit dem Namen „`input.v`". Diese Datei enthält das beschriebene Modul `inputReader`. Auf diese Weise können wir unseren Prozessor mit beliebigen Assembler-Programmen testen.

Implementierung der Ausgabe-Einheit

Abbildung 5.15 auf Seite 210 zeigt die Implementierung der Ausgabe-Einheit. Wenn das Kontroll-Signal `wrOut` gesetzt ist, dann wird bei der nächsten steigenden Takt-Flanke das Byte `dataOut` als ASCII-Zeichen ausgegeben. Der `$write`-Befehl in Zeile 7 funktioniert hier ähnlich wie ein `printf`-Befehl in der Sprache `C`. Das erste Argument spezifiziert das Ausgabe-Format und der String „`%c`" bewirkt die Ausgabe als ASCII-Zeichen.

```
1  module outputWriter(input [7:0] dataOut,
2                      input       clk, wrOut);
3
4     always @(posedge clk)
5       if (wrOut)
6         $write("%c", dataOut);
7
8  endmodule // outputWriter
```

Abb. 5.15: *Implementierung der Ausgabe-Einheit.*

Abschalten des Rechners

Der `halt`-Befehl soll den Rechner abschalten. Dazu implementieren wir ein Modul `powerSwitch`. Dieses Modul simuliert eine Einheit, mit deren Hilfe sich das System abschalten lässt. Abbildung 5.16 auf Seite 211 zeigt die Implementierung:

```
1  module powerSwitch(input powerOff, clk);
2
3     integer countTicks;
4
5     initial
6       countTicks = 0;
7
8     always @(posedge clk)
9       countTicks = countTicks + 1;
10
11    always @(posedge powerOff)
12      begin
13          #1;
14          if (powerOff)
15            begin
16              $display("\nNumber of clock cycles: %0d", countTicks);
17              $display("\nSystem shutting down ...");
18              $finish;
19            end
20      end
21 endmodule // powerSwitch
```

Abb. 5.16: *Implementierung des Moduls `powerSwitch`.*

1. Als Eingabe erhält dieses Modul das Signal `powerOff`. Sobald dieses Signal den Wert 1 annimmt, soll das System abgeschaltet werden.

2. Weiterhin wird das Takt-Signal als Eingabe in dieses Modul geführt. Dies geschieht lediglich, um die während der Simulation verstrichene Zeit messen zu können.

   Um die Anzahl der Takte zu zählen, deklarieren wir in Zeile 4 die Variable `countTicks`, die in Zeile 6 mit 0 initialisiert wird. Bei jeder steigenden Flanke des Takt-Signals `clk` erhöhen wir in Zeile 9 den Zähler `countTicks`.

3. Die eigentliche Arbeit des Moduls findet in dem `always`-Block in den Zeilen 11 – 20 statt. Eine naive Implementierung würde die Simulation mit dem Befehl `$finish` abbrechen, sobald das Signal `powerOff` gesetzt wird. In der gezeigten Implementierung wird, durch die Delay-Spezifikation „`#1`“ in Zeile 14 zunächst eine Zeiteinheit gewartet. Wenn das Signal `powerOff` dann immer noch den Wert 1 hat, halten wir die Simulation mit dem Befehl `$finish` an.

   Warum so kompliziert? Das hängt damit zusammen, dass infolge von Simulations-Artefakten[1] das Signal `powerOff` kurzfristig auf den Wert 1 springen kann. Es

[1] Diese Artefakte hängen damit zusammen, dass in einer *Verilog*-Simulation im Prinzip alle `always`-Blöcke aller Module gleichzeitig ausgeführt werden. Die Reihenfolge, in der die Befehle verschiedener Blöcke ausgeführt werden, ist nicht vorhersagbar. Insbesondere kann es gut sein, dass zunächst einige

springt dann zwar noch im selben Moment wieder auf 0 zurück, aber wenn wir den Rechner vorher schon abschalten, hilft das nichts mehr. Diese Simulations-Artefakte treten allerdings erst bei der strukturellen Implementierung auf.

5.3.2 Integration der Peripherie-Module

Wir haben jetzt alle Module zusammen, die wir zur Simulation eines Rechners benötigen. In Abbildung 5.17 auf Seite 212 zeigen wir, wie diese Module zusammengeschaltet werden können. Neben den bereits diskutierten Modulen benötigen wir noch einen Takt-Geber `clock`. In Abbildung 5.18 auf Seite 213 zeigen wir eine Test-Bench, mit der wir den Rechner in Aktion setzen können. Dazu halten wir zunächst das `reset`-Signal über einen Takt gesetzt und setzen es dann auf 0 zurück. Dadurch wird der Takt-Geber gestartet und der Rechner läuft los.

1. Zunächst wird das im ROM abgespeicherte Modul zum Laden des eigentlichen Programms ausgeführt.

2. Nachdem dann dieses Programm in den Hauptspeicher geladen worden ist, wird die Kontrolle an dieses Programm übergeben.

```
module computer(input reset);
   wire [31:0]  memBus, addrIn;

   wire [7:0]   dataIn, dataOut;
   wire         wrMem, rdMem, rdIn, wrOut;
   wire         clk, powerOff;

   clock        RLX (clk, ~reset);
   srp          SRP (memBus, addrIn, wrMem, rdMem, dataOut, wrOut,
                     rdIn, powerOff, dataIn, reset, clk);
   memory       Mem (memBus, addrIn, clk, reset, wrMem, rdMem);
   inputReader  IRD (dataIn, clk, reset, rdIn);
   outputWriter OWR (dataOut, clk, wrOut);
   powerSwitch  PWS (powerOff, clk);
endmodule // computer
```

Abb. 5.17: *Implementierung des Moduls* `computer`.

Befehle eines Blocks A ausgeführt werden, dann einige Befehle eines Blocks B und dann die restlichen Befehle des Blocks A. In unserer Simulation kann folgendes Szenario auftreten: Der Wert der obersten fünf Bits des Instruktions-Registers `IR` wechselt von 10010 = 18 auf 10100 = 20. Dazu wird zunächst das zweite Bit auf 0 gesetzt und anschließend wird das dritte Bit auf 1 gesetzt. Wenn nun, noch bevor das dritte Bit den Wert 1 angenommen hat, die Befehle des `always`-Blocks im Mikro-Kontroller ausgeführt werden, dann hat das Signal `opCode`, das ja aus den oberen fünf Bits des Mikro-Kontrollers besteht, den Wert 16, was dem OpCode des `halt`-Befehls entspricht. Damit wird dann das `powerOff`-Signal gesetzt.

```
module testBench;
   reg      reset;

   computer SRP (reset);

   initial
      begin
        #0     reset = 1;
        #20    reset = 0;
      end
endmodule // testBench
```

Abb. 5.18: *Implementierung des Moduls* `computer`.

5.4 Erstellung des Daten-Pfads

Um den Prozessor produzieren zu können, müssen wir die verhaltensbasierte Beschreibung in eine Implementierung auf RTL-Ebene umsetzen. Dazu müssen wir zunächst die Komponenten des Prozessors implementieren. Wir beginnen mit dem Register-File.

5.4.1 Das Register-File

```
`include "register.v"

module registerFile(output [31:0] dataOutA, dataOutB,
                    input  [31:0] dataIn,
                    input   [4:0] cntrlA, cntrlB, cntrlC,
                    input         wr, clk, reset);
   ⋮
endmodule
```

Abb. 5.19: *Interface des Moduls* `registerFile`.

Das Register-File enthält die 32 Register `R0`, `R1`, $\cdots$, `R31`. Abbildung 5.19 zeigt die Schnittstelle, über die dieses Modul mit der Umgebung kommuniziert:

1. `dataIn` enthält die Daten, die in dem Register-File abgespeichert werden sollen, falls das Signal `wr` gesetzt ist. Die fünf Bits des Eingangs-Signals `cntrlC` spezifizieren, in welches der 32 Register `R0`, `R1`, $\cdots$, `R31` die in dem Eingangs-Signals `dataIn` anliegenden Daten geschrieben werden sollen. Mathematisch können wir diesen Umstand durch drei Formeln beschreiben:

   (a) $\texttt{wr} \wedge \texttt{cntrlC} = i \rightarrow \texttt{R}'_i = \texttt{dataIn}$ für alle $i = 0, 1, \cdots, 31$.

Wenn das Signal `wr` gesetzt ist und `cntrlC` den Wert i hat, dann wird das i-te Register mit den Daten, die am Eingang `dataIn` anliegen, beschrieben.

(b) $\neg\mathtt{wr} \rightarrow \mathtt{R}'_i = \mathtt{R}_i$ für alle $i = 0, 1, \cdots, 31$.
Wenn das Signal `wr` nicht gesetzt ist, dann behalten alle Register ihren alten Wert.

(c) $\mathtt{cntrlC} \neq i \rightarrow \mathtt{R}'_i = \mathtt{R}_i$ für alle $i = 0, 1, \cdots, 31$.
Alle Register, deren Index i von `cntrlC` verschieden ist, bleiben unverändert.

2. `dataOutA` ist ein Ausgangs-Signal, an dem der Wert des Registers ausgegeben wird, dessen Index in dem Eingangs-Signal `cntrlA` spezifiziert wird:
   $\mathtt{cntrlA} = i \rightarrow \mathtt{dataOutA}' = R_i$ für alle $i = 0, 1, \cdots, 31$.

3. `dataOutB` ist ein Ausgangs-Signal, an dem der Wert des Registers ausgegeben wird, dessen Index in dem Eingangs-Signal `cntrlB` spezifiziert wird:
   $\mathtt{cntrlB} = i \rightarrow \mathtt{dataOutB}' = R_i$ für alle $i = 0, 1, \cdots, 31$.

4. `clk` ist das Takt-Signal, mit dem die Register der Schaltung getaktet werden. Die in dieser Schaltung verwendeten Register werden bei einer steigenden Flanke des Signals `clk` geladen.

5. `reset` dient dazu, alle Register auf den Wert 0 zu setzen:
   $\mathtt{reset} \rightarrow \mathtt{R}'_i = 0$ für alle $i = 0, 1, \cdots, 31$.

Die Implementierung des Moduls `registerFile` ist in Abbildung 5.20 auf Seite 215 gezeigt. Um die Schaltung übersichtlich spezifizieren zu können, haben wir *Turbo-Typing* verwendet. Neben den Deklarationen der Eingabe- und Ausgabe-Signale besteht die Schaltung aus vier Teilen:

1. In den Zeilen 8 bis 10 deklarieren wir die Ausgänge der 32 Register. Die Ausgänge haben die Namen `dataOut0`, `dataOut1`, $\cdots$, `dataOut31`.

2. In den Zeilen 11 bis 13 werden die Register `R0`, `R1`, $\cdots$, `R31` instantiiert. Alle diese Register werden über einen gemeinsamen Daten-Eingang `dataIn` gespeist, haben aber unterschiedliche Ausgänge $\mathtt{dataOut}_i$. Es wird genau dann ein Register geschrieben, wenn das Signal `wr` gesetzt ist. In diesem Fall wird das Register $\mathtt{R}_i$ geschrieben, dessen Index i die Gleichung $\mathtt{cntrlC} = i$ erfüllt.

3. In den Zeilen 14 bis 16 steuern wir, welcher der Ausgänge $\mathtt{dataOut}_i$ tatsächlich auf den Ausgang `dataOutA` geschrieben wird. Die Idee ist, dass für genau ein i aus der Menge der Indizes $\{0, \cdots, 31\}$ die Gleichung $\mathtt{cntrlA} = i$ wahr ist. Nur für dieses i wird das zugehörige Feld von `bufif1`-Gattern durchgeschaltet, alle anderen Felder von `bufif1`-Gatter bleiben hochohmig.

4. Analog steuern wir in den Zeilen 17 – 19, welcher der Ausgänge $\mathtt{dataOut}_i$ tatsächlich auf den Ausgang `dataOutB` geschrieben wird.

```
`include "register.v"

module registerFile(output [31:0] dataOutA, dataOutB,
                    input  [31:0] dataIn,
                    input   [4:0] cntrlA, cntrlB, cntrlC,
                    input         wr, clk, reset);

for (i = 0; i < 32; i = i + 1) {
  wire   [31:0] dataOut$i; // the output signal of each register
}
for (i = 0; i < 32; i = i + 1) {
register r$i (dataOut$i, clk, reset, wr & (cntrlC == 5'd$i), dataIn);
}
for (i = 0; i < 32; i = i + 1) {
    bufif1 bufifA$i[31:0] (dataOutA, dataOut$i, cntrlA == 5'd$i);
}
for (i = 0; i < 32; i = i + 1) {
    bufif1 bufifB$i[31:0] (dataOutB, dataOut$i, cntrlB == 5'd$i);
}
endmodule
```

Abb. 5.20: *Implementierung des Moduls* `registerFile`.

5.4.2 Das Modul zur Vorzeichen-Erweiterung

Das Modul erweitert eine vorzeichenbehaftete 22-Bit-Zahl auf eine Länge von 31 Bits. Dazu wird lediglich das Vorzeichen-Bit 10mal kopiert. Abbildung 5.21 zeigt die Implementierung.

```
module signExtend(output [31:0] dataOut, input [21:0] dataIn);
   buf b[21:0]  (dataOut[21:0], dataIn);
   buf c[31:22] (dataOut[31:22], dataIn[21]);
endmodule // signExtend
```

Abb. 5.21: *Das Modul zur Vorzeichen-Erweiterung.*

Was jetzt noch fehlt, ist die Implementierung des verwendeten Mikro-Kontrollers. Dessen Implementierung ist aber untrennbar mit der Implementierung des Prozessors selbst verbunden und wird daher erst im nächsten Abschnitt gegeben.

5.4.3 Implementierung des Datenpfads

Wir zeigen jetzt, wie wir den in der Abbildung 5.2 gezeigten Daten-Pfad des Prozessors aus den früher gegebenen Gleichungen ermitteln können. Betrachten wir zunächst das Register C. Um zu bestimmen, was an die Eingabe des Registers C angeschlossen werden muss, sammeln wir zunächst alle Zuweisungen, bei denen das Register C auf der linken Seite der Zuweisungen steht:

1. $\texttt{opCode} = 1 \wedge \texttt{Phase} = 3 \rightarrow \texttt{C}' = \texttt{A} + \texttt{B}$

   Für die OpCodes 2 bis 8 gibt es analoge Gleichungen, die alle dieselbe Struktur haben.

2. $\texttt{opCode} = 9 \wedge \texttt{Phase} = 2 \rightarrow \texttt{C}' = \texttt{signExtend}(\texttt{IR[21:0]})$

3. $\texttt{opCode} = 19 \wedge \texttt{Phase} = 3 \rightarrow \texttt{C}' = \texttt{A} + \texttt{B}$

4. $\texttt{opCode} = 20 \wedge \texttt{Phase} = 3 \rightarrow \texttt{C}' = \texttt{A} - \texttt{B}$

5. $\texttt{opCode} = 10 \wedge \texttt{Phase} = 3 \rightarrow \texttt{C}' = \texttt{A} \ll \texttt{IR[16:12]}$

Jetzt sehen wir, dass die Eingabe des Registers C einerseits aus der ALU stammen kann, aber auch aus der Einheit zur Vorzeichen-Erweiterung. Folglich müssen wir die Ausgänge der ALU und der Einheit zur Vorzeichen-Erweiterung über einen Multiplexer mit dem Eingang des Registers C verbinden. Führen wir dieses Verfahren fort, so sehen wir die Notwendigkeit der folgenden Verbindungen:

1. Der Eingang des Registers A ist nur mit dem Register-File verbunden.

2. Der Eingang des Registers B ist sowohl mit dem Register-File als auch mit der Einheit zur Vorzeichen-Erweiterung verbunden.

   Die Verbindung mit der Einheit zur Vorzeichen-Erweiterung wird für die Befehle `incr` und `decr` gebraucht.

3. Der Eingang des Registers C ist sowohl mit dem Register-File als auch mit der Einheit zur Vorzeichen-Erweiterung verbunden.

   Die Verbindung mit der Einheit zur Vorzeichen-Erweiterung wird für den Befehl `const` benötigt.

4. Der Eingang des Registers PC ist einerseits mit einer Einheit verbunden, die den aktuellen Wert dieses Registers um 1 inkrementiert, und andererseits gibt es auch eine Verbindung zum Register-File.

   Die Verbindung mit dem Inkrementierer brauchen wir beim Laden des nächsten Befehls und die Verbindung mit dem Register-File wird bei den Sprung-Befehlen benötigt.

5. Der Eingang des Registers MAR ist mit dem Register-File verbunden.

   Das Register MAR wird bei dem Befehl `store` mit einem Wert aus dem Register-File beschrieben.

6. Der Eingang des Registers `MDR` ist sowohl mit dem Register-File als auch mit dem Verbindungsbus zum Hauptspeicher verbunden.

   Die Verbindung mit dem Hauptspeicher brauchen wir zur Implementierung des `load`-Befehl, während die Verbindung mit dem Register-File bei der Implementierung des `store`-Befehls notwendig ist.

7. Der Eingang des Registers `IR` ist mit dem Verbindungsbus zum Hauptspeicher verbunden, denn wir laden jeden auszuführenden Befehl aus dem Hauptspeicher und schreiben diesen Befehl dann in das Register `IR`.

8. Der Ausgang `addrIn` ist sowohl mit dem Register `MAR` als auch mit dem Register `PC` verbunden.

   Bei dem Befehl `store` brauchen wir eine Verbindung von `MAR` zu `addrIn`, und beim Laden des nächsten Befehls benötigen wir eine Verbindung von `PC` nach `addrIn`.

9. Der Daten-Eingang des Register-Files ist mit dem Register `MDR`, dem Register `C` und dem Daten-Eingang `dataIn` verbunden.

   Die Verbindung von `MDR` zum Register-File wird für den `load`-Befehl benötigt, die Verbindung von `C` zum Register-File wird bei den arithmetisch-logischen Befehlen benutzt und die Verbindung von `dataIn` zum Register-File wird vom `in`-Befehl verwendet.

Überall da, wo ein Eingang mit mehreren Ausgängen verbunden ist, brauchen wir Multiplexer, um den Datenfluss zu steuern. Diese Multiplexer werden von einer Kontroll-Einheit angesteuert. Diese Kontroll-Einheit benötigt zur Steuerung einerseits den Op-Code des Befehls, der verarbeitet wird. Andererseits muss die Kontroll-Einheit wissen, in welcher Phase der Abarbeitung des Befehls sie sich befindet. Bei der Bearbeitung von bedingten Sprung-Befehlen benötigt die Kontroll-Einheit außerdem noch die von der ALU zur Verfügung gestellten Leitungen `eq` und `lt`, mit denen die ALU angibt, ob die beiden in den Registern `A` und `B` befindlichen Eingabe-Worte identisch sind bzw. ob der Wert von `A` kleiner als der Wert von `B` ist. Die beiden Abbildungen 5.22 und 5.23 auf den Seiten 218 und 219 zeigen die Umsetzung der obigen Überlegungen in *Verilog*. Eine etwas abstraktere Sicht dieser Schaltung findet sich in dem Schaltplan aus Abbildung 5.2 auf Seite 191.

Es gibt einige Eigenheiten der Implementierung des Moduls `srp`, die nicht unmittelbar aus den bisherigen Überlegungen folgen:

1. Die Zeilen 18 bis 25 enthalten die Definitionen der Register. Es fällt auf, das wir überall das Takt-Signal `clk` invertiert haben. Daher werden diese Register nur bei einer fallenden Flanke des Takt-Signals beschrieben.

   Der Grund ist, dass wir den Prozessor mit dem Speicher und der Eingabe-Einheit, die wir später noch anschließen werden, synchronisieren müssen. Wir erreichen die Synchronisation dadurch, dass Speicher und Eingabe-Einheit mit einer steigenden Takt-Flanke betrieben werden, während die Register mit einer fallenden Takt-Flanke betrieben werden. Dadurch sind die Eingänge der Register stabil, wenn die Register geladen werden, und die Eingänge des Speichers sind stabil, wenn der Speicher geschrieben wird.

```
module srp(inout  [31:0] memBus,
           output [31:0] addrIn,
           output        wrMem, rdMem,
           output  [7:0] dataOut,
           output        wrOut, rdIn, powerOff,
           input   [7:0] dataIn,
           input         reset, clk);

   wire   [31:0] ABus, BBus, CBus, dataA, dataB, dataC, Bin, pc,pcIn;
   wire   [31:0] instr, irIn, addr, mdr, mdrIn, inOrMdr;
   wire   [31:0] aluOut, extend, dataWrite;
   wire    [1:0] phase, nextPhase;
   wire    [4:0] cntrlA, cntrlB, cntrlC;
   wire          wrA, wrB, wrC, wrPC, wrIR, wrMAR, wrMDR, eq, lt;
   wire          wrRegFile, slctRegB, slctRegC, slctRegMDR;
   wire          slctRegPC, slctMemAddr, slctCntrlA, slctCntrlB;
   wire          slctCntrlC, slctDataC, slctInput;
   register A    ( dataA, ~clk, reset, wrA, ABus  );
   register B    ( dataB, ~clk, reset, wrB, Bin   );
   register C    ( dataC, ~clk, reset, wrC, CBus  );
   register PC   ( pc,    ~clk, reset, wrPC,  pcIn   );
   register MAR  ( addr,  ~clk, reset, wrMAR, ABus   );
   register MDR  ( mdr,   ~clk, reset, wrMDR, mdrIn  );
   register IR   ( instr, ~clk, reset, wrIR,  memBus    );
   reg2bit  PHASE ( phase, ~clk, reset, 1,     nextPhase );

   bufif1 bf[31:0]        ( memBus, mdr, wrMem );

   multiplexWord mpxB     ( Bin,     BBus,    extend, slctRegB    );
   multiplexWord mpxC     ( CBus,    aluOut,  extend, slctRegC    );
   multiplexWord mpxMAR   ( addrIn,  addr,    pc,     slctMemAddr );
   multiplexWord mpxMDR   ( mdrIn,   memBus,  BBus,   slctRegMDR  );
   multiplexWord mpxPC    ( pcIn,    pc + 1,  BBus,   slctRegPC   );
   multiplexFive mpxCtrlA ( cntrlA, instr[21:17],  instr[26:22],
                            slctCntrlA );
   multiplexFive mpxCtrlB ( cntrlB,    instr[16:12],  instr[26:22],
                            slctCntrlB );
   multiplexFive mpxCtrlC ( cntrlC,    instr[16:12],  instr[26:22],
                             slctCntrlC );
   multiplexWord mpxIorM  ( inOrMdr,  {24'd0,dataIn}, mdr,
                            slctInput  );
```

Abb. 5.22: *Implementierung des Moduls srp, Teil 1.*

```
42    multiplexWord mpxDW ( dataWrite, dataC, inOrMdr, slctDataC );
43
44    registerFile RF ( ABus, BBus,
45                      dataWrite, cntrlA, cntrlB, cntrlC, wrRegFile,
46                      clk, reset );
47
48    alu ALU ( aluOut, eq, lt,
49              dataA, dataB, instr[31:27], instr[16:12] );
50
51    signExtend SE ( extend, instr[21:0] );
52
53    microController CTRL ( wrA, wrB, wrC, wrPC, wrIR, wrMAR, wrMDR,
54                           rdIn, wrOut,
55                           slctRegB, slctRegC, slctRegMDR, slctRegPC,
56                           slctMemAddr, slctInput, slctCntrlA,
57                           slctCntrlB, slctCntrlC, slctDataC,
58                           wrMem, rdMem, wrRegFile, nextPhase,
59                           powerOff, instr[31:27], phase,
60                           eq, lt, clk, reset );
61
62    assign dataOut = BBus[7:0];
63 endmodule // srp
```

Abb. 5.23: *Implementierung des Moduls* `srp`, *Teil 2.*

2. Das Register-File hat zwei Ausgänge, `ABus` und `BBus`, über die Daten ausgegeben werden können. Die Eingänge `cntrlA` und `cntrlB` kontrollieren jeweils, welches der Register auszugeben ist. Je nachdem, welcher Befehl gerade ausgeführt wird, muss der Eingang `cntrlA` entweder mit `instr[26:22]` oder mit `instr[21:17]` angesteuert werden. Daher haben wir in Zeile 34 einen 5-Bit-Multiplexer, der zwischen den beiden Möglichkeiten auswählt. Die Zeilen 36 und 38 enthalten entsprechende 5-Bit-Multiplexer, um die Kontroll-Eingänge `cntrlB` und `cntrlC` zu versorgen.

3. Zeile 27 enthält ein Feld von `bufif1`-Gattern, mit denen wir den Ausgang des Registers `MDR` dann auf den Speicherbus legen, wenn das Kontroll-Signal `wrMem` gesetzt ist. Wir können den Ausgang des Registers nicht direkt auf die Leitung `memBus` legen, weil auf dieser Leitung unter Umständen Werte ankommen, die aus dem Speicher gelesen wurden.

4. Das Signal `dataIn`, über das wir Daten von der Eingabe-Einheit erhalten, besteht nur aus 8 Bit. Diese 8 Bit werden in Zeile 40 durch Anfügen von 24 Bit, die alle den Wert 0 haben, auf 32 Bit erweitert.

5. Umgekehrt müssen wir bei der Ausgabe eines Zeichens das auszugebende Wort auf 8 Bit reduzieren. Dies geschieht in Zeile 62.

5.4.4 Implementierung der Kontroll-Einheit

Jetzt fehlt nur noch die Implementierung des Moduls `microController`, das die Multiplexer ansteuert und damit den Datenfluss in dem SRP kontrolliert. Getreu der bisher verfolgten Methodik entwickeln wir zunächst eine verhaltensbasierte Implementierung, die wir dann später zu einer Implementierung auf RTL-Ebene verfeinern. Abbildung 5.24 auf Seite 221 zeigt die Struktur einer verhaltensbasierten Implementierung des Moduls `microController`.

Die verhaltensbasierte Implementierung des Mikro-Kontrollers besteht aus einem einzigen `always`-Block, der sich von Zeile 6 bis Zeile 36 erstreckt. Die Sensitivitäts-Liste dieses Blocks besteht aus den Eingangs-Signalen des Mikro-Kontrollers. Am Anfang des Blocks setzen wir in den Zeilen 8 bis 10 zunächst alle Kontroll-Signale, die von dem Mikro-Kontroller berechnet werden, auf 0. So stellen wir sicher, dass diese Signale immer einen definierten Wert haben. Es reicht dann hinterher aus, nur noch die Signale zu setzen, deren Wert von 0 verschieden ist. Durch dieses Vorgehen ist es möglich, den Mikro-Kontroller wesentlich platzsparender zu beschreiben, als wenn in jedem Fall der Wert jedes Aufgabe-Signals angegeben würde.

Der Rest des Always-Blocks besteht aus einem großen `case`-Block. In diesem `case`-Block wird eine Fall-Unterscheidung nach dem Wert der Variablen `phase` durchgeführt. Diese Variable kann nur die Werte aus der Menge $\{0, 1, 2, 3, 4, 5\}$ annehmen. In den ersten beiden Phasen lesen wir den Speicher an der Adresse `PC` und schreiben den gelesenen Wert in das Register `IR`. Dazu sind zwei Takt-Zyklen erforderlich.

1. Wir müssen sicherstellen, dass das Signal `addrIn`, das an den Speicher geschickt wird, den in dem Register `PC` gespeicherten Wert enthält. Das Signal `addrIn` wird über den Multiplexer `mpxMAR` (Zeile 30 in Abbildung 5.22) angesteuert. Dieser Multiplexer erhält den Wert von `PC` als zweitem Daten-Eingang. Also müssen wir das zugehörige Kontroll-Signal `slctMemAddr` auf 0 setzen, damit dieser Daten-Eingang gewählt wird. Das ist schon in den Zeilen 8 bis 10 geschehen, so dass hier jetzt nichts mehr zu tun ist.

2. Im ersten Takt-Zyklus (wenn `phase` den Wert 0 hat) setzen wir das Signal `rdMem` auf 1, um Daten aus dem Speicher auslesen zu können. Dies geschieht in Zeile 13.

3. Die gelesenen Daten kommen im nächsten Takt-Zyklus an. Damit diese Daten dann in das Register `IR` geschrieben werden können, muss das Signal `wrIR` in Zeile 15 auf 1 gesetzt werden. Außerdem bleibt das Signal `rdMem` in dieser Phase auf 1 gesetzt, denn die Datenleitung muss stabil bleiben während wir in das Register `IR` schreiben.

   Der aufmerksame Leser wird bemerken, dass wir an dieser Stelle von der verhaltensbasierten Implementierung abweichen. Die Notwendigkeit dieser Abweichung habe ich erst beim Testen der entwickelten Schaltung bemerkt.

In den Fällen, in denen `phase` größer als 1 ist, findet eine weitere Fallunterscheidung nach dem Wert des OpCodes statt. Dazu verwenden wir wieder ein `case`-Statement. Aus Platzgründen zeigen wir hier aber nur zwei Fälle. Wir betrachten zunächst die

```
module microController(output reg wrA, wrB, wrC, ···, powerOff,
                       input      [4:0] opCode,
                       input      [2:0] phase,
                       input      eq, lt);

   always @(opCode, phase, eq, lt)
     begin
        wrA = 0;
        ⋮
        powerOff = 0;
        case (phase)
          3'd0: // IR = Mem[PC]; part 1
            begin  rdMem = 1; nextPhase = 1;  end
          3'd1: // IR = Mem[PC]; part 2
            begin  rdMem = 1; wrIR = 1; nextPhase = 2;   end
          3'd2: // begin execution of instruction
            case (opCode)
              5'd1:   // add x, y, z
                begin // A=RF[instr[21:17]]; B=RF[instr[16:12]];
                   slctRegB = 1; slctCntrlA = 1; slctCntrlB = 1;
                   wrA      = 1; wrB        = 1; nextPhase  = 3;
                end
                ⋮
            endcase
            ⋮
          3'd5: // store data loaded from memory, increment PC
            case (opCode)
              5'd11:  // load x, y
                begin // RF[IR[26:22]] = MDR;
                   wrRegFile  = 1;
                   slctRegPC  = 1;
                   wrPC       = 1;
                end
            endcase // case(opCode)
        endcase // case(phase)
     end // always @ (opCode, phase, eq, lt)
endmodule
```

Abb. 5.24: *Struktur des Moduls microController.*

Abarbeitung eines Befehls der Form

add x, y, z

falls phase den Wert 2 hat. In diesem Fall sollen die Werte der durch y und z spezifizierten Register in die Eingabe-Register der ALU geladen werden, damit diese Zahlen dann im nächsten Schritt addiert werden können. Da `add` den OpCode 1 hat, lautet die mathematische Formel, die diesen Vorgang beschreibt

$$\texttt{opCode} = 1 \wedge \texttt{Phase} = 2 \rightarrow \texttt{A}' = \texttt{RF}[\texttt{IR[21:17]}] \wedge \texttt{B}' = \texttt{RF}[\texttt{IR[16:12]}] \wedge \texttt{Phase}' = 3.$$

Wir müssen also die Register `A` und `B` mit `RF[IR[21:17]]` bzw. `RF[IR[16:12]]` laden. Dazu sind im Einzelnen die folgenden Maßnahmen nötig:

1. Zunächst stellen wir sicher, dass der Eingang `cntrlA` des Register-Files mit dem Wert `IR[21:17]` beschrieben wird. Dieser Eingang wird über den Multiplexer `mpxCtrlA` gesteuert und wählt zwischen den Bits `[21:17]` und `[26:22]` des Instruktions-Registers aus. Um die Bits `[21:17]` auszuwählen, setzen wir das Steuer-Signal `slctCntrlA` des Multiplexer `mpxCtrlA` auf 1.
2. Dann stellen wir sicher, dass der Eingang `cntrlB` des Register-Files mit dem Wert `IR[16:12]` beschrieben wird. Dieser Eingang wird über den Multiplexer `mpxCtrlB` gesteuert und wählt zwischen den Bits `[16:12]` und `[26:22]` des Instruktions-Registers aus. Um die Bits `[16:12]` auszuwählen, setzen wir das Steuer-Signal `slctCntrlB` des Multiplexers `mpxCtrlB` auf 1.
3. Das Register `A` ist direkt mit dem Datenausgang `ABus` verbunden und wird daher jetzt mit `RF[IR[21:17]]` geladen.
4. Das Register `B` ist mit dem Datenausgang `BBus` des Register-Files verbunden. Allerdings ist diese Verbindung nicht direkt, denn dazwischen liegt noch der Multiplexer `mpxB`, der zwischen dem Ausgang `BBus` des Register-Files und dem Ausgang `extend` der Sign-Extension-Unit auswählt. Damit der Multiplexer das Signal `BBus` auswählt, setzen das Steuer-Signal `slctRegB` auf 1.
5. Damit die Register `A` und `B` geschrieben werden, setzen wir außerdem die Signale `wrA` und `wrB`.
6. Schließlich setzen wir `nextPhase` auf 3, um in die nächste Phase überzugehen.

Die Umsetzung dieser Überlegungen sehen Sie in den Zeilen 20 und 21 der Abbildung 5.24. Die Abbildung zeigt noch einen weiteren Fall. Es handelt sich um die Bearbeitung eines Befehls der Form

`load` x, y

für den Fall, dass `phase` den Wert 5 hat. Dieser Fall wird in den Zeilen 28 bis 33 behandelt. In dieser Phase der Abarbeitung des Befehls `load` liegt der Wert aus dem Speicher bereits in dem Register `MDR` vor und muss nun in das Register-File an die durch x spezifizierte Stelle geschrieben werden. Außerdem wird in dieser Phase der Programm-Zähler inkrementiert. Insgesamt hatten wir diese Aktionen durch die folgende bedingte Gleichung spezifiziert:

$$\texttt{opCode} = 11 \wedge \texttt{Phase} = 5 \rightarrow \texttt{RF[IR[26:22]]}' = \texttt{MDR} \wedge \texttt{PC}' = \texttt{PC} + 1 \wedge \texttt{Phase}' = 0.$$

1. Der Daten-Eingang des Register-Files wird über das Signal `cntrlC` gesteuert. Dieses Signal wird von dem Multiplexer `mpxCtrlC` gesetzt. Dieser Multiplexer

wählt zwischen den Bits `[16:12]` und `[26:22]` des Registers `IR` aus. Damit die Bits `[26:22]` gewählt werden, muss das Kontroll-Signal `slctCntrlC` auf 0 gesetzt werden. Das ist schon in den Zeilen 8 bis 10 passiert.

2. Zwischen dem Daten-Eingang `dataWrite` und dem Ausgang des Memory-Data-Registers `MDR` liegt der Multiplexer `mpxDW`. Das Kontroll-Signal dieses Multiplexers ist `slctDataC` und muss auf 0 gesetzt werden, damit das Signal `inOrMdr` an `dataWrite` weitergegeben wird. Auch das ist schon in den Zeilen 8 bis 10 passiert.
3. Das Signal `inOrMdr` stammt von dem Multiplexer `mpxIorM`, der zwischen dem Dateneingang `dataIn` und dem Ausgang des Registers `MDR` auswählt. Das Kontroll-Signal dieses Multiplexers muss ebenfalls auf 0 gesetzt werden.
4. Damit das Register-File geschrieben wird, setzen wir in Zeile 30 `wrRegFile` auf 1.
5. Außerdem muss der Programm-Zähler inkrementiert werden. Daher setzen wir das Signal `slctRegPC`, das den Multiplexer `mpxPC` in Zeile 33 der Abbildung 5.22 ansteuert, auf 1 und verbinden damit den Ausgang des Inkrementierers mit dem Eingang des Registers `PC`.
6. Schließlich setzen wir das Signal `wrPC` auf 1, damit der neue Wert auch in das Register geschrieben wird.

Die Abbildungen 5.25, 5.26, 5.27 und 5.28, zeigen die vollständige Implementierung der verhaltensbasierten Implementierung des Mikro-Kontrollers. In Abbildung 5.25 behandeln wir die Fälle, in denen `phase` die Werte 0 und 1 hat, Abbildung 5.26 behandelt den Fall `phase` = 2, Abbildung 5.27 zeigt den Fall `phase` = 3 und Abbildung 5.28 behandelt die Fälle `phase` = 4 und `phase` = 5. Die in diesen Abbildungen gezeigten Details ergeben sich aus den bedingten Gleichungen, die auch die Grundlage der verhaltensbasierten Implementierung des Moduls `srp` waren. Wir müssen uns nur jedesmal überlegen, wie die einzelnen Multiplexer zu steuern sind, damit sich der gewünschte Datenfluss ergibt. Wir haben dieses Verfahren bereits oben bei der Diskussion von Abbildung 5.24 exemplarisch vorgeführt.

5.4.5 Implementierung des Mikro-Kontrollers auf RTL-Ebene

Um den Prozessor wirklich bauen zu können, reicht eine verhaltensbasierte Implementierung des Mikro-Kontrollers nicht aus. Wir zeigen daher in diesem Abschnitt wie die verhaltensbasierte Beschreibung in eine Beschreibung auf RTL-Ebene umgesetzt werden kann. Die Idee besteht darin, dass wir die bedingten Gleichungen, die wir in Abschnitt 5.2.1 aufgestellt haben, mit Hilfe von Feldern von `bufif1`-Gattern implementieren. Die Umsetzung dieser Idee sehen Sie in den Abbildungen 5.29, 5.30 und 5.31 auf den folgenden Seiten. Da das Modul `microController` insgesamt 26 verschiedene Ausgabe-Signale hat, fassen wir diese der Übersichtlichkeit halber zu einem Bit-Vektor zusammen. Diesen Bit-Vektor nennen wir `out`. Er ist in Zeile 13 deklariert. Die einzelnen Ausgabe-Signale leiten wir dann durch die `assign`-Befehle in den Zeilen 15 bis 38 aus dem Signal `out` ab.

```
1  module microController(
2        output reg         wrA, wrB, wrC, wrPC, wrIR, wrMAR, wrMDR,
3        output reg         rdIn, wrOut, slctRegB, slctRegC, slctRegMDR,
4        output reg         slctRegPC, slctMemAddr, slctInput, slctCntrlA,
5        output reg         slctCntrlB, slctCntrlC, slctDataC,
6        output reg         wrMem, rdMem, wrRegFile,
7        output reg [2:0] nextPhase,
8        output reg         powerOff,
9        input      [4:0] opCode,
10       input      [2:0] phase,
11       input              eq, lt);
12
13     always @(opCode, phase, eq, lt)
14       begin
15          wrA = 0; wrB = 0; wrC = 0; wrPC = 0; wrIR = 0; wrMAR = 0;
16          wrMDR = 0; rdIn = 0; wrOut = 0; slctRegB = 0;
17          slctRegC = 0; slctRegMDR = 0; slctRegPC = 0;
18          slctMemAddr = 0; slctInput = 0; slctCntrlA = 0;
19          slctCntrlB  = 0; slctCntrlC = 0; slctDataC = 0;
20          wrMem = 0; rdMem = 0; wrRegFile = 0; powerOff = 0;
21          nextPhase = 0;
22          case (phase)
23            3'd0: // IR = Mem[PC]; part 1
24              begin
25                 rdMem     = 1;
26                 nextPhase = 1;
27              end
28            3'd1: // IR = Mem[PC]; part 2
29              begin
30                 rdMem     = 1;
31                 wrIR      = 1;
32                 nextPhase = 2;
33              end
```

Abb. 5.25: *Verhaltensbasierte Implementierung des Mikro-Kontrollers, 1. Teil.*

Versuchen wir zu verstehen, wie das in Zeile 39 der Abbildung 5.30 auf Seite 229 beschriebene Feld von `bufif1`-Gatter erhalten wurde. Ausgangspunkt sind hier die Zeilen 25 und 26 aus der Abbildung 5.25, die wir noch einmal im Kontext zeigen:

```
case (phase)
  3'd0: // IR = Mem[PC]; part 1
    begin
       rdMem     = 1;
       nextPhase = 1;
    end
```

```
          3'd2: // begin execution of instruction
            case (opCode)
              5'd1, 5'd2, 5'd3,  5'd4,  5'd5, 5'd6,
              5'd7, 5'd8, 5'd10, 5'd14, 5'd15:
                begin // A = RegFile(instr[21:17]);
                      // B = RegFile(instr[16:12]);
                   slctRegB    = 1; slctCntrlA = 1;
                   slctCntrlB = 1; wrA        = 1;
                   wrB         = 1; nextPhase  = 3;
                end
              5'd9:   // const x, c
                begin // C = signExtend(IR[21:0]);
                   wrC = 1; nextPhase = 3;
                end
              5'd11:  //  load x, y
                begin //  MAR = RegFile[IR[21:17]];
                   slctCntrlA = 1; wrMAR = 1; nextPhase = 3;
                end
              5'd12:  // store x, y
                begin // MAR = RegFile[IR[21:17]];
                      // MDR = RegFile[IR[26:22]];
                   slctCntrlA = 1; wrMAR      = 1;
                   wrMDR      = 1; nextPhase  = 3;
                end
              5'd13:  // goto x: PC = RegFile[IR[26:22]];
                begin wrPC = 1; end
              5'd16:  // halt
                begin powerOff = 1; nextPhase = 2; end
              5'd17:  // in x
                begin // rdIn = 1;
                   rdIn = 1; nextPhase = 3;
                end
              5'd18:  // out x
                begin // out = RegFile[IR[26:22]]; PC = PC + 1;
                   wrOut = 1; slctRegPC = 1; wrPC = 1;
                end
              5'd19, 5'd20:  // incr x, c;  decr x, c
                begin // B = signExtend(IR[21:0]);
                   wrA = 1; wrB = 1; nextPhase  = 3;
                end
            endcase // case(opCode)
```

Abb. 5.26: *Verhaltensbasierte Implementierung des Mikro-Kontrollers, 2. Teil.*

```
          3'd3: // let the ALU (or memory) work
            case (opCode)
              5'd1, 5'd2, 5'd3, 5'd4, 5'd5, 5'd6, 5'd7,
              5'd8, 5'd10, 5'd19, 5'd20:
                begin // C = A op B
                   slctRegC  = 1; wrC = 1; nextPhase = 4;
                end
              5'd9:   // const x, c
                begin // RegFile[IR[26:22]] = C; PC = PC + 1;
                   slctDataC  = 1; wrRegFile  = 1;
                   slctRegPC  = 1; wrPC       = 1;
                end
              5'd11:  // load x, y
                begin // addrIn = MAR;
                   slctMemAddr = 1; rdMem = 1; nextPhase = 4;
                end
              5'd12:  // store x, y
                begin // Mem[MAR] = MDR; PC = PC + 1;
                   slctMemAddr = 1; wrMem     = 1;
                   wrPC        = 1; slctRegPC = 1;
                end
              5'd14:  // ifeq x, y, z
                begin // PC = (A == B) ? RegFile[IR[26:22]] : PC + 1;
                   slctRegPC  = ~eq; wrPC =   1;
                end
              5'd15:  // iflt x, y, z
                begin // PC = (A < B) ? RegFile[IR[26:22]] : PC + 1;
                   slctRegPC  = ~lt; wrPC =   1;
                end
              5'd17:  // in x
                begin // RegFile[IR[26:22]] = in; PC = PC + 1;
                   slctInput  = 1; wrRegFile  = 1;
                   slctRegPC  = 1; wrPC       = 1;
                end
            endcase // case(opCode)
```

Abb. 5.27: *Verhaltensbasierte Implementierung des Mikro-Kontrollers, 3. Teil.*

Die Bedingung `phase` = 0 liefert unmittelbar das Kontroll-Signal des Feldes von `bufif1`-Gatter in Zeile 39. Wir erläutern die Berechnung des Daten-Eingangs, der in Zeile 39 den Wert

`26'b00000000000000000000100010`

hat: Um zu erreichen, dass der Hauptspeicher ausgelesen wird, müssen wir das Signal `rdMem` auf 1 setzen. Außerdem muss noch das Signal `nextPhase` auf 1 gesetzt werden.

```
110            3'd4: // store the result, increment PC
111              case (opCode)
112                5'd1, 5'd2, 5'd3,  5'd4, 5'd5, 5'd6,
113                5'd7, 5'd8, 5'd10, 5'd19, 5'd20:
114                  begin // RegFile[IR[26:22]] = C; PC = PC + 1;
115                     slctDataC  = 1; wrRegFile  = 1;
116                     slctRegPC  = 1; wrPC       = 1;
117                  end
118                5'd11:  // load x, y
119                  begin // MDR = memBus;
120                     slctMemAddr = 1; rdMem = 1; slctRegMDR  = 1;
121                     wrMDR       = 1; nextPhase = 5;
122                  end
123              endcase // case(opCode)
124            3'd5: // store data loaded from memory, increment PC
125              case (opCode)
126                5'd11:  // load x, y
127                  begin // RF[IR[26:22]] = MDR;
128                     wrRegFile  = 1;
129                     slctRegPC  = 1;
130                     wrPC       = 1;
131                  end
132              endcase // case(opCode)
133          endcase // case(phase)
134       end
135    endmodule
```

Abb. 5.28: *Verhaltensbasierte Implementierung des Mikro-Kontrollers, 4. Teil.*

Die restlichen Signale setzen wir auf 0. Wir müssen also nur die Signale

`rdMem` und `nextPhase`

setzen und zwar beide auf 1. Dabei ist noch zu berücksichtigen, dass das Signal `nextPhase` aus drei Bits besteht. Um dieses Signal auf 1 zu setzen, muss das untere dieser beiden Bits den Wert 1 haben, während die oberen beiden Bits auf 0 gesetzt werden. Gemäß der in den Zeilen 15 bis 38 gezeigten Zuordnung der Signale zu den Bits in dem Vektor `out` haben wir die folgende Zuordnung der Signale zu den Bits des Vektors `out`:

Signal	Zuordnung
`rdMem`	`out[5]`
`nextPhase`	`out[3:1]`

Also müssen wir in dem Vektor `out` das Bit mit dem Index 5 und das Bit mit dem Index 1 auf 1 setzen, die restlichen Bits bleiben 0. Da die Indizierung mit 0 beginnt, erhalten

```
module microController(
    output          wrA, wrB, wrC, wrPC, wrIR, wrMAR, wrMDR,
    output          rdIn, wrOut, slctRegB, slctRegC, slctRegMDR,
    output          slctRegPC, slctMemAddr, slctInput, slctCntrlA,
    output          slctCntrlB, slctCntrlC, slctDataC,
    output          wrMem, rdMem, wrRegFile,
    output [2:0] nextPhase,
    output          powerOff,
    input  [4:0] opCode,
    input  [2:0] phase,
    input           eq, lt);

   wire    [25:0] out;

   assign         wrA         = out[25];
   assign         wrB         = out[24];
   assign         wrC         = out[23];
   assign         wrPC        = out[22];
   assign         wrIR        = out[21];
   assign         wrMAR       = out[20];
   assign         wrMDR       = out[19];
   assign         rdIn        = out[18];
   assign         wrOut       = out[17];
   assign         slctRegB    = out[16];
   assign         slctRegC    = out[15];
   assign         slctRegMDR  = out[14];
   assign         slctRegPC   = out[13];
   assign         slctMemAddr = out[12];
   assign         slctInput   = out[11];
   assign         slctCntrlA  = out[10];
   assign         slctCntrlB  = out[ 9];
   assign         slctCntrlC  = out[ 8];
   assign         slctDataC   = out[ 7];
   assign         wrMem       = out[ 6];
   assign         rdMem       = out[ 5];
   assign         wrRegFile   = out[ 4];
   assign         nextPhase   = out[3:1];
   assign         powerOff    = out[ 0];
```

Abb. 5.29: *RTL-Implementierung des Moduls `microController`, 1. Teil.*

wir so den Bit-Vektor

`26'b00000000000000000000100010.`

Die Bit-Vektoren der übrigen `bufif1`-Gatter werden auf dieselbe Art berechnet. Kon-

```
bufif1 bf01[25:0] (out, 26'b00000000000000000000100010, phase == 0);
bufif1 bf02[25:0] (out, 26'b00001000000000000000100100, phase == 1);
bufif1 bf03[25:0] (out, 26'b00010000000010000000000000,
                   phase == 2 && opCode == 0 );
bufif1 bf04[25:0] (out, 26'b11000000001000001100000110,
                   phase == 2 &&
                   ( opCode == 1  || opCode == 2  || opCode == 3  ||
                     opCode == 4  || opCode == 5  || opCode == 6  ||
                     opCode == 7  || opCode == 8  || opCode == 10 ||
                     opCode == 14 || opCode == 15 )
                  );
bufif1 bf05[25:0] (out, 26'b00100000000000000000000110,
                   phase == 2 && opCode ==  9 );
bufif1 bf06[25:0] (out, 26'b00000100000000010000000110,
                   phase == 2 && opCode == 11 );
bufif1 bf07[25:0] (out, 26'b00000110000000010000000110,
                   phase == 2 && opCode == 12 );
bufif1 bf08[25:0] (out, 26'b00010000000000000000000000,
                   phase == 2 && opCode == 13 );
bufif1 bf09[25:0] (out, 26'b00000000000000000000000101,
                   phase == 2 && opCode == 16 );
bufif1 bf10[25:0] (out, 26'b00000001000000000000000110,
                   phase == 2 && opCode == 17 );
bufif1 bf11[25:0] (out, 26'b00010000100010000000000000,
                   phase == 2 && opCode == 18 );
bufif1 bf12[25:0] (out, 26'b11000000000000000000000110,
                   phase == 2 && (opCode == 19 || opCode == 20) );
bufif1 bf13[25:0] (out, 26'b00100000001000000000001000,
                   phase == 3 &&
                   ( opCode == 1  || opCode == 2  || opCode == 3  ||
                     opCode == 4  || opCode == 5  || opCode == 6  ||
                     opCode == 7  || opCode == 8  || opCode == 10 ||
                     opCode == 19 || opCode == 20 )
                  );
```

Abb. 5.30: *RTL-Implementierung des Moduls `microController`, 2. Teil.*

zeptuell ist das sehr einfach, praktisch aber ziemlich mühsam, da die Berechnung der einzelnen Bits mit äußerster Sorgfalt erfolgen muss. Das liegt daran, dass es sehr aufwendig ist, eine Schaltung dieser Komplexität zu debuggen. Es ist wesentlich lohnender, hier eine halbe Stunde in Sorgfalt zu investieren, als später eine Woche lang zu debuggen.

Sie finden den Prozessor `SRP` auf meiner Webseite in der Datei

`Oldenbourg-GRT/srp-verilog.tar`.

```
  bufif1 bf14[25:0] (out, 26'b00010000000010000010010000,
                     phase == 3 && opCode ==  9 );
  bufif1 bf15[25:0] (out, 26'b00000000000001000000101000,
                     phase == 3 && opCode == 11 );
  bufif1 bf16[25:0] (out, 26'b00010000000011000001000000,
                     phase == 3 && opCode == 12 );
  bufif1 bf17[25:0] (out, { 12'b000100000000, ~eq, 13'b0000000000000 },
                     phase == 3 && opCode == 14 );
  bufif1 bf18[25:0] (out, { 12'b000100000000, ~lt, 13'b0000000000000 },
                     phase == 3 && opCode == 15 );
  bufif1 bf19[25:0] (out, 26'b00010000000010100000010000,
                     phase == 3 && opCode == 17 );
  bufif1 bf20[25:0] (out, 26'b00010000000010000010010000,
                     phase == 4 &&
                     ( opCode == 1  || opCode == 2  || opCode == 3  ||
                       opCode == 4  || opCode == 5  || opCode == 6  ||
                       opCode == 7  || opCode == 8  || opCode == 10 ||
                       opCode == 19 || opCode == 20 )
                     );
  bufif1 bf21[25:0] (out, 26'b00000010000101000000101010,
                     phase == 4 && opCode == 11 );
  bufif1 bf21[25:0] (out, 26'b00010000000010000000010000,
                     phase == 5 && opCode == 11 );
endmodule
```

Abb. 5.31: *RTL-Implementierung des Moduls `microController`, 3. Teil.*

Aufgabe 18: Erweitern Sie den Prozessor um einen Befehl der Form

`move` x, y.

Die Argumente x und y spezifizieren Register. Der Befehl überschreibt den Inhalt des Registers x mit dem Inhalt des Registers y. Nehmen sie an, dass der OpCode für `move` den Wert 21 hat und dass der Befehl in dem R-Format abgespeichert wird.

Hinweis: Gehen Sie in folgenden Schritten vor:

1. Stellen Sie bedingte Gleichungen auf, die die Abarbeitung des Befehls beschreiben.
2. Erweitern Sie die verhaltensbasierte Implementierung des Prozessors, so dass der `move`-Befehl verarbeitet werden kann, und testen Sie die Implementierung. Dazu ist es erforderlich, dass Sie ein kurzes Assembler-Programm schreiben, das den `move`-Befehl verwendet. Damit das nicht zu schwierig wird, ist der Befehl `move` in dem Assembler-Programm, dass Sie in der Tar-Datei `modularAssembler.tar` finden, bereits implementiert.

3. Führen Sie anschließend die entsprechenden Erweiterungen in der verhaltensbasierten Implementierung des Mikro-Kontrollers durch.
4. Übertragen Sie diese Erweiterungen auf die strukturelle Implementierung des Mikro-Kontrollers.

6 Die IJVM

Wir wollen im nächsten Kapitel einen weiteren Prozessor kennen lernen, den Prozessor *Mic-1*. Bei diesem Prozessor handelt es sich um einen CISC-Prozessor (*complex instruction set computer*), der in dem Buch von Tanenbaum [Tan05] definiert wird. In diesem Kapitel stellen wir die Maschinensprache des Prozessors *Mic-1* vor. Diese Maschinensprache ist an die Maschinensprache angelehnt, die auch der Programmiersprache *Java* zu Grunde liegt. *Java*-Programme werden von dem *Java*-Compiler in so genannten *Byte-Code* übersetzt. Dieser Byte-Code wird in dem Buch von Lindholm und Yellin detailiert beschrieben [LY96]. Die Semantik des Byte-Codes wird dort durch einen virtuellen Rechner definiert, der diesen Byte-Code verarbeitet. Dieser Rechner wird als JVM (*Java virtual machine*) bezeichnet.

Der Prozessor *Mic-1* interpretiert eine Teilmenge des *Java*-Byte-Codes. Diese Teilmenge ist im Wesentlichen dadurch charakterisiert, dass nur der Daten-Typ `int` verwendet wird. Die entsprechend eingeschränkte Maschinensprache bezeichnen wir als IJVM-Bytecode. Dabei steht IJVM für *Integer Java Virtual Machine*. Natürlich wollen wir nicht in Maschinensprache programmieren, sondern in Assembler. Den Assembler-Dialekt, den wir in diesem Kapitel einführen, bezeichnen wir als IJVM-Assembler. Bevor wir jedoch Programme in IJVM-Assembler schreiben können, müssen wir einige Werkzeuge installieren. Dazu finden Sie auf meiner Webseite unter

`Oldenbourg-GRT/mic1.tar.gz`

eine gepackte Tar-Datei, in welcher alle benötigten Werkzeuge zusammengestellt sind. Nachdem Sie alle Dateien aus der Tar-Datei extrahiert haben, können Sie die Dateien durch den Aufruf von `make` übersetzen.

6.1 Einführung in IJVM-Assembler

Der Bytecode der JVM ist mit dem Ziel der Portabilität entwickelt worden: Die abstrakte *Java Virtual Machine* lässt sich auf fast jedem Prozessor einigermaßen effizient simulieren. Damit dies möglich ist, darf die JVM keine Annahmen machen, die für bestimmte Prozessoren falsch sind. Daraus erklärt sich, dass die JVM dem Benutzer keine Register zur Verfügung stellt. Daher holen die einzelnen Instruktionen ihre Argumente immer vom Stack und legen auch das Ergebnis auf dem Stack ab. Wollen wir zum Beispiel ein Byte am Bildschirm ausgeben, so müssen wir diese Byte vorher auf dem Stack ablegen. Dazu stellt die IJVM den Befehl `bipush` zur Verfügung. Dieser Befehl hat die Syntax

`bipush` *Byte*.

Dabei steht *Byte* für eine ganze Zahl, die sich mit 8 Bits darstellen lässt und die gemäß dem in den Tabellen 2.5 und 2.6 auf Seite den 11 und 12 als Zeichen interpretiert wird. In dem IJVM-Assembler kann die Zahl *Byte* sowohl dezimal als auch hexadezimal angegeben werden, wobei Hexadezimalzahlen an dem Präfix „`0x`“ erkannt werden.

Für die Ausgabe gibt es im IJVM-Assembler die Instruktion `out`, die ein Byte als ASCII-Zeichen am Bildschirm ausgibt. Dieser Befehl hat die Syntax

```
out
```

Der Befehl erhält kein Argument, denn das Byte, das am Bildschirm ausgegeben wird, wird ja vom Stack genommen.

Damit können wir nun unser erstes Programm in IJVM-Assembler erstellen. Einem altem Brauch folgend erstellen wir zunächst ein Assembler-Programm, das den Text „*Hello World!*“ gefolgt von einem Zeilenumbruch am Bildschirm ausgibt. Abbildung 6.1 auf Seite 235 zeigt dieses Programm. Die erste Zeile dieses Programms enthält die Direktive „`.main`“, mit der wir den Beginn des Hauptprogramms markieren. Dann folgen abwechselnd immer ein **`bipush`**-Befehl, der ein Byte auf dem Stack ablegt, und ein `out`-Befehl, der dieses Byte vom Stack herunternimmt und ausgibt. Der Befehl „`halt`“ in Zeile 28 hält schließlich den Prozessor an. Das Programm wird mit der Direktive „`.end-main`“ abgeschlossen. Diese Direktive signalisiert das Ende der Methode `main()`. Komplexere Programme enthalten neben der Methode `main()` noch weitere Methoden, die im Programm-Text auf die Methode `main()` folgen würden. Die Abbildung zeigt ebenfalls, dass sich Kommentare in IJVM-Assembler wie in *Java* mit Hilfe der Zeichenreihe „`//`“ setzen lassen. Kommentare der Form

```
/* ··· */
```

funktionieren allerdings nicht.

Bevor wir das obige Programm assemblieren können, müssen wir noch die Datei „`ijvm.conf`“, die in der Tar-Datei `mic1.tar.gz` enthalten ist, in das aktuelle Arbeitsverzeichnis kopieren. Wenn wir anschließend das Programm aus Abbildung 6.1 in einer Datei mit dem Namen „`hello.jas`“ in das Arbeitsverzeichnis abspeichern, dann können wir das Assembler-Programm mit dem Befehl

```
java ijvmasm hello.jas
```

in Bytecode übersetzen. Dabei entsteht die Binär-Datei „`hello.ijvm`“. Um das Programm laufen zu lassen, starten wir den Simulator mit dem Befehl:

```
ijvm-sim hello.ijvm
```

Wir erhalten dann am Bildschirm die Ausgabe

```
Hello World!
Good Bye!
```

Dabei stammt die zweite Zeile von dem Befehl `halt`.

6.2 Die Instruktionen der IJVM

Wir stellen nun die Instruktionen vor, die von der IJVM zur Verfügung gestellt werden. Dazu erläutern wir zunächst die Struktur der IJVM: Der Arbeits-Speicher der IJVM ist

```
.main
bipush  0x48  // ascii(0x48) = 'H'
out
bipush  0x65  // ascii(0x65) = 'e'
out
bipush  0x6c  // ascii(0x6c) = 'l'
out
bipush  0x6c  // ascii(0x6c) = 'l'
out
bipush  0x6f  // ascii(0x6f) = 'O'
out
bipush    32  // ascii(32)   = ' '
out
bipush  0x57  // ascii(0x57) = 'W'
out
bipush  0x6f  // ascii(0x6f) = 'o'
out
bipush  0x72  // ascii(0x72) = 'r'
out
bipush  0x6c  // ascii(0x6c) = 'l'
out
bipush  0x64  // ascii(0x64) = 'd'
out
bipush  0x21  // ascii(0x21) = '!'
out
bipush  0x0a  // ascii(0x0a) = '\n'
out
halt
.end-main
```

Abb. 6.1: „Hello World“ *in* IJVM-*Assembler.*

in drei Bereiche unterteilt:

1. Der Programm-Speicher enthält das Programm als Folge von einzelnen Bytes.

   Das Register PC enthält die Adresse des nächsten auszuführenden Bytes im Programm-Speicher.

2. Der Stack enthält die Operanden der auszuführenden Befehle. Außerdem liegen hier die lokalen Variablen und die Argumente von Prozeduren, die aber jetzt nicht Prozeduren heißen, sondern *Methoden.*

   Das Register SP zeigt auf das obere Ende des Stacks. Weiter gibt es noch das Register LV (*local variables*), das auf das erste Argument der als Letzte aufgerufenen Methode zeigt. Wir werden die Funktion des Registers LV näher erläutern, wenn wir den Aufruf von Methoden diskutieren.

3. Der *Konstanten-Pool* enthält einerseits die Definition von Konstanten und andererseits die Adressen der Methoden im Programm-Speicher.

Da der Stack aus Worten einer Größe von 32 Bit besteht, sind die Adressen, die in den Registern `SP` und `LV` abgelegt sind, Wort-Adressen. Im Gegensatz dazu ist die Adresse, die in dem Register `PC` abgelegt ist, eine Byte-Adresse, mit der einzelne Bytes adressiert werden können.

Wir stellen im Folgenden alle Instruktionen der IJVM vor und werden dann in einem späteren Abschnitt Beispiele für IJVM-Assembler-Programme geben. Wir beginnen mit den arithmetischen und logischen Befehlen.

6.2.1 Der Befehl „`iadd`"

Der Befehl `iadd` addiert die beiden Werte, die zuoberst auf dem Stack liegen. Konzeptuell werden diese Werte dann vom Stack entfernt und das Ergebnis wird auf den Stack gelegt. Abbildung 6.2 zeigt die Wirkung des Befehls `iadd` graphisch. Beachten Sie, dass der Wert b, der vorher zuoberst auf dem Stack liegt, auch nach der Ausführung des Befehls `iadd` auf dem Stack liegen bleibt. Allerdings zeigt der Stack-Pointer jetzt auf den Wert, der unter b liegt, so dass der Wert b *de facto* nicht mehr vom Benutzer verwendet werden kann, denn es gibt keinen Befehl, der den Stack-Pointer erhöht ohne dass dabei ein neuer Wert auf dem Stack abgelegt wird.

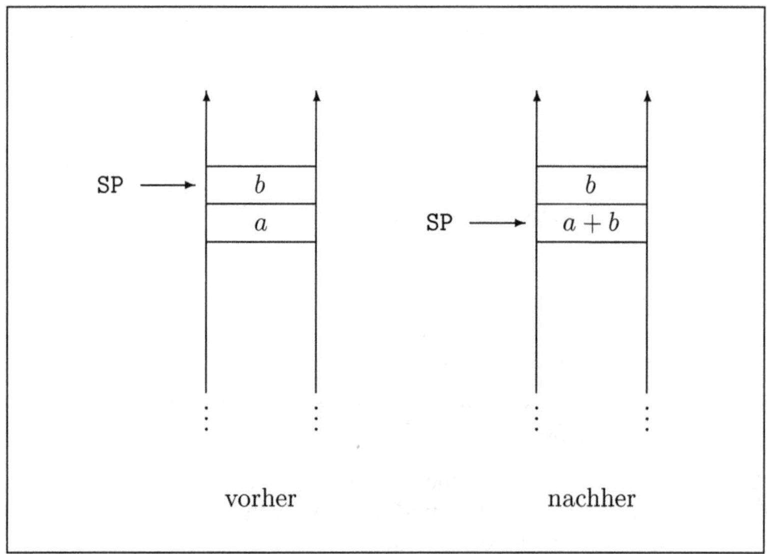

Abb. 6.2: *Wirkung des Befehls `iadd`.*

Die obere Abbildung veranschaulicht den Befehl `iadd`. Formal können wir die Semantik des Befehls `iadd` am besten durch Gleichungen beschreiben:

$$\begin{aligned}
\texttt{Mem}[\texttt{SP}-1]' &= \texttt{Mem}[\texttt{SP}-1] + \texttt{Mem}[\texttt{SP}] \\
\texttt{SP}' &= \texttt{SP} - 1 \\
\texttt{PC}' &= \texttt{PC} + 1
\end{aligned}$$

Hier bezeichnet das Feld `Mem` den Hauptspeicher. Die mit einem Strich versehenen Variablen bezeichnen die Werte, die die Variablen nach Ausführung des Befehls haben. Der Programm-Zähler `PC` wird bei dem Befehl `iadd` um 1 erhöht, weil dieser Befehl aus genau einem Byte besteht.

Eine Nebenbemerkung: Die IJVM-Assembler-Befehle können sowohl groß als auch klein geschrieben werden. Aus Bequemlichkeit schreibe ich die Befehle alle mit kleinen Buchstaben.

6.2.2 Der Befehl „`isub`“

Der Befehl `isub` subtrahiert den Wert, der oben auf dem Stack liegt, von dem darunter liegenden Wert. Konzeptuell werden diese Werte dann vom Stack entfernt und das Ergebnis wird auf den Stack gelegt. Abbildung 6.3 zeigt die Wirkung des Befehls `isub` graphisch.

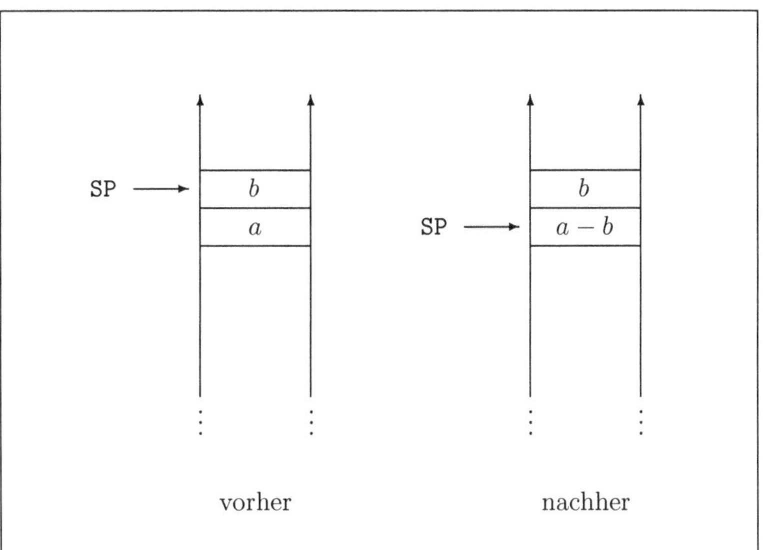

Abb. 6.3: *Wirkung des Befehls `isub`.*

Formal definieren wir die Semantik des Befehls `isub` durch Gleichungen:

$$\begin{aligned}
\texttt{Mem}[\texttt{SP}-1]' &= \texttt{Mem}[\texttt{SP}-1] - \texttt{Mem}[\texttt{SP}] \\
\texttt{SP}' &= \texttt{SP} - 1 \\
\texttt{PC}' &= \texttt{PC} + 1
\end{aligned}$$

6.2.3 Der Befehl „`iand`“

Der Befehl `iand` bildet eine bitweise Und-Verknüpfung der beiden Werte, die oben auf dem Stack liegen. Konzeptuell werden diese Werte dann vom Stack entfernt und das Ergebnis wird auf den Stack gelegt. Abbildung 6.4 zeigt die Wirkung des Befehls `iand` graphisch.

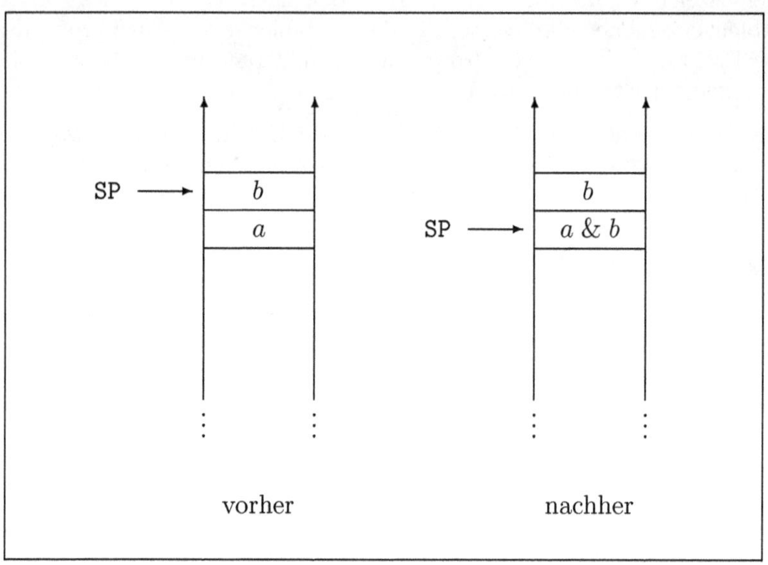

Abb. 6.4: *Wirkung des Befehls* `iand`.

Formal definieren wir die Semantik des Befehls `iand` durch Gleichungen:

$$\begin{aligned} \texttt{Mem}[\texttt{SP}-1]' &= \texttt{Mem}[\texttt{SP}-1] \mathbin{\&} \texttt{Mem}[\texttt{SP}] \\ \texttt{SP}' &= \texttt{SP}-1 \\ \texttt{PC}' &= \texttt{PC}+1 \end{aligned}$$

Hier steht der Operator & für die bitweise Und-Verknüpfung.

6.2.4 Der Befehl „`ior`“

Der Befehl `ior` bildet eine bitweise Und-Verknüpfung der beiden Werte, die oben auf dem Stack liegen. Konzeptuell werden diese Werte dann vom Stack entfernt und das Ergebnis wird auf den Stack gelegt. Abbildung 6.5 zeigt die Wirkung des Befehls `ior` graphisch.

Formal definieren wir die Semantik des Befehls `ior` durch Gleichungen:

$$\begin{aligned} \texttt{Mem}[\texttt{SP}-1]' &= \texttt{Mem}[\texttt{SP}-1] \mid \texttt{Mem}[\texttt{SP}] \\ \texttt{SP}' &= \texttt{SP}-1 \\ \texttt{PC}' &= \texttt{PC}+1 \end{aligned}$$

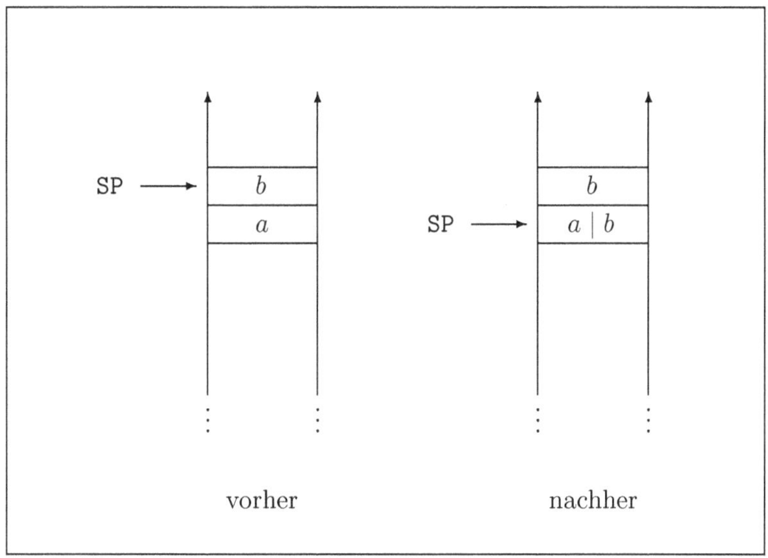

Abb. 6.5: *Wirkung des Befehls* `ior`.

Hier steht der Operator | für die bitweise Oder-Verknüpfung.

6.2.5 Der Befehl „`sll8`“

Der Befehl `sll8` schiebt die Bits des obersten Worts auf dem Stack um 8 Bits nach links. Dabei gehen die obersten 8 Bits verloren und an die Stelle der untersten 8 Bits werden Nullen geschoben. Der String „`sll8`“ ist als Abkürzung für *„shift left logical by 8“* zu lesen. Abbildung 6.6 zeigt die Wirkung des Befehls `sll8` auf den Stack.

Formal definieren wir die Semantik des Befehls `sll8` durch Gleichungen:

$$\begin{aligned} \texttt{Mem}[\texttt{SP}]' &= \texttt{Mem}[\texttt{SP}] \ll 8 \\ \texttt{PC}' &= \texttt{PC} + 1 \end{aligned}$$

6.2.6 Der Befehl „`sra1`“

Der Befehl `sra1` schiebt die Bits des obersten Worts auf dem Stack um 1 Bit nach rechts. Dabei bleibt das Vorzeichen-Bit des Wortes unverändert. Deshalb sprechen wir auch von einem arithmetischen Shift. Der String „`sra1`“ ist die Abkürzung von *„shift right arithmetic by 1“*. Abbildung 6.7 zeigt die Wirkung des Befehls `sra1` auf den Stack.

Formal definieren wir die Semantik des Befehls `sra1` durch Gleichungen:

$$\begin{aligned} \texttt{Mem}[\texttt{SP}]' &= \texttt{Mem}[\texttt{SP}] \gg 1 \\ \texttt{PC}' &= \texttt{PC} + 1 \end{aligned}$$

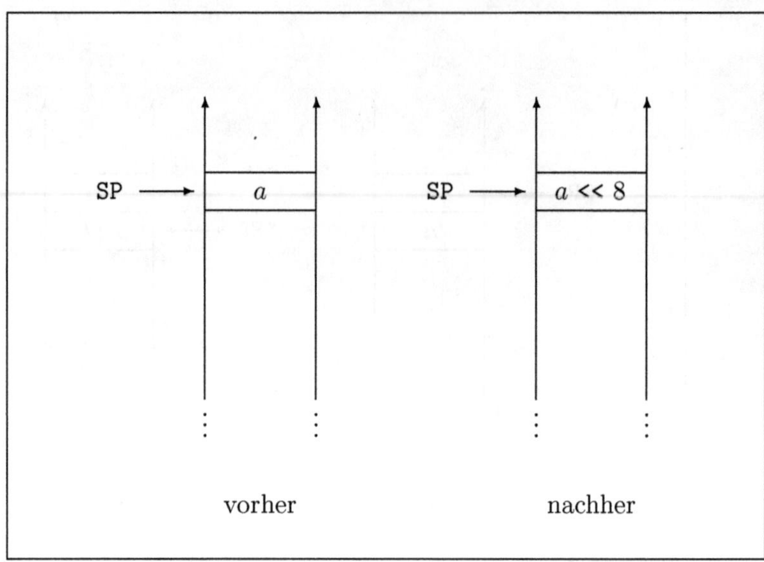

Abb. 6.6: *Wirkung des Befehls* `sll8`.

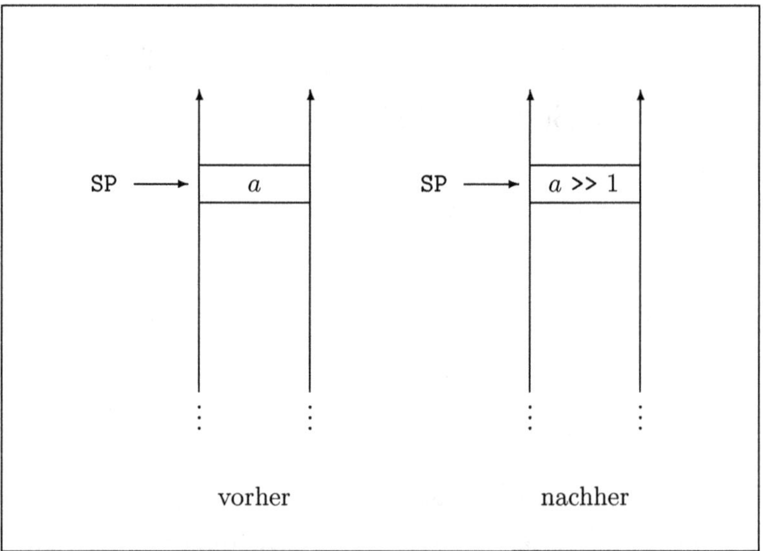

Abb. 6.7: *Wirkung des Befehls* `sra1`.

6.2.7 Der Befehl „`dup`“

Der Befehl `dup` verdoppelt den Wert, der oben auf dem Stack liegt. Einen solchen Befehl benötigen wir dann, wenn wir ein Argument mehrfach in einer Berechnung verwenden wollen, denn die arithmetischen und logischen Befehle, die wir bisher diskutiert haben, überschreiben ja das erste Argument. Abbildung 6.8 zeigt die Wirkung des Befehls `dup` graphisch.

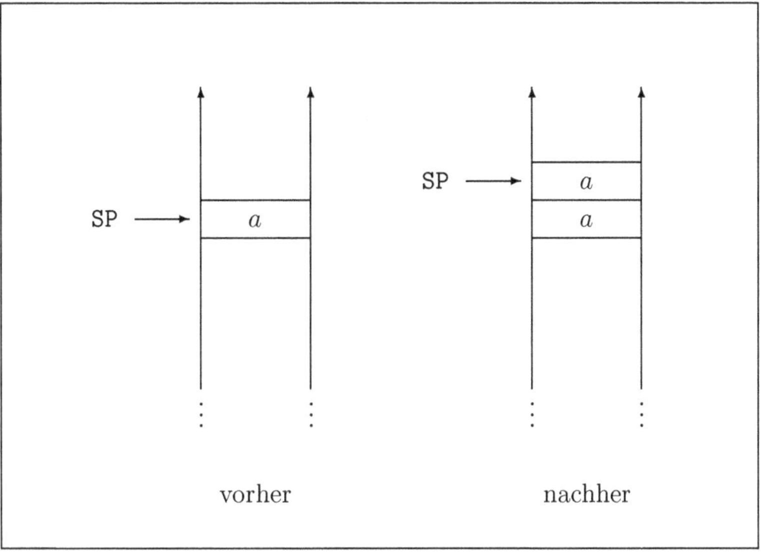

Abb. 6.8: *Wirkung des Befehls* `dup`*.*

Formal definieren wir die Semantik des Befehls `dup` durch Gleichungen:

$$\begin{aligned} \texttt{Mem}[\texttt{SP}+1]' &= \texttt{Mem}[\texttt{SP}] \\ \texttt{SP}' &= \texttt{SP}+1 \\ \texttt{PC}' &= \texttt{PC}+1 \end{aligned}$$

6.2.8 Der Befehl „`pop`“

Der Befehl `pop` entfernt den obersten Wert auf dem Stack, indem der Stack-Pointer dekrementiert wird. Abbildung 6.9 zeigt die Wirkung des Befehls `pop` graphisch.

Formal definieren wir die Semantik des Befehls `isub` durch Gleichungen:

$$\begin{aligned} \texttt{SP}' &= \texttt{SP}-1 \\ \texttt{PC}' &= \texttt{PC}+1 \end{aligned}$$

6.2.9 Der Befehl „`swap`“

Der Befehl `swap` vertauscht die beiden Werte, die oben auf dem Stack liegen. Abbildung 6.10 zeigt die Wirkung des Befehls `swap` graphisch.

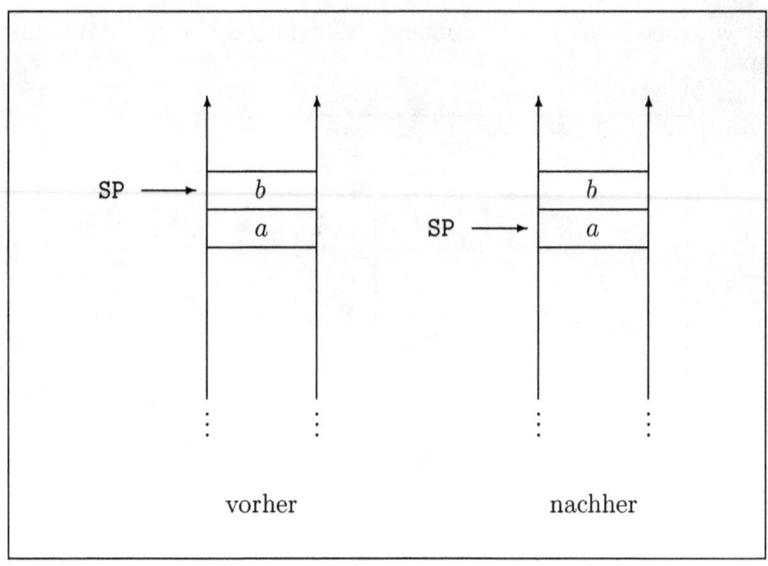

Abb. 6.9: *Wirkung des Befehls* `pop`.

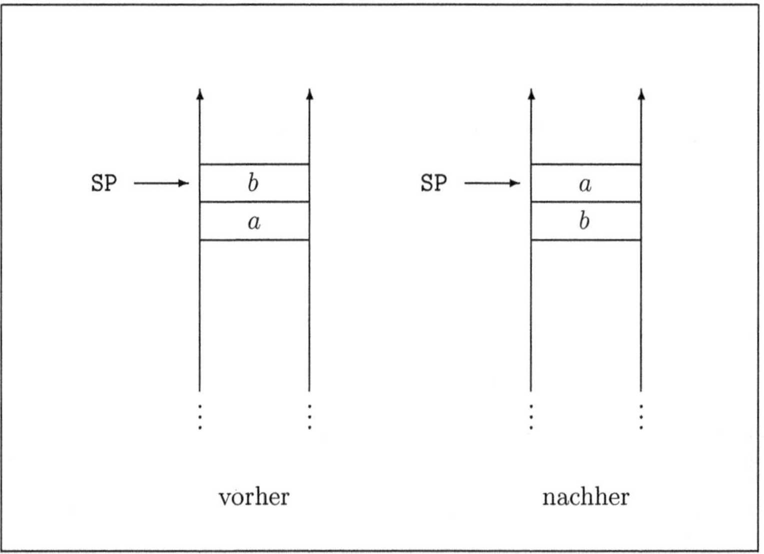

Abb. 6.10: *Wirkung des Befehls* `swap`.

Formal definieren wir die Semantik des Befehls `swap` durch Gleichungen:

$$\begin{aligned} \texttt{Mem}[\texttt{SP}]' &= \texttt{Mem}[\texttt{SP}-1] \\ \texttt{Mem}[\texttt{SP}-1]' &= \texttt{Mem}[\texttt{SP}] \\ \texttt{PC}' &= \texttt{PC}+1 \end{aligned}$$

An dieser Stelle sind die Striche wichtig: Die rechten Seiten der Gleichungen bezeichnen den Wert, den die Ausdrücke vor Ausführung des Befehls haben, während die gestrichenen linken Seiten den Wert nach der Ausführung bezeichnen. Deswegen beschreiben die ersten beiden Gleichungen die Vertauschung der beiden obersten Werte auf dem Stack korrekt. Wenn wir diese Gleichungen in ein Programm übersetzen wollten, weil wir beispielsweise einen Simulator für die IJVM implementieren wollen, dann müssten wir natürlich den Wert Mem[SP] zwischenspeichern, damit er uns in der zweiten Gleichung noch zur Verfügung steht.

6.2.10 Der Befehl „nop“

Der Befehl nop erhöht lediglich den Programm-Zähler um 1 und ändert den Stack nicht. Der Name „nop“ steht daher für „*no operation*“. Folglich reicht eine Gleichung aus, um die Semantik zu beschreiben:

$$\texttt{PC}' = \texttt{PC} + 1.$$

6.2.11 Der Befehl „bipush *b*“

Der Befehl „bipush *b*“ legt das als Argument angegebene Byte oben auf den Stack. Abbildung 6.11 zeigt die Wirkung des Befehls bipush graphisch.

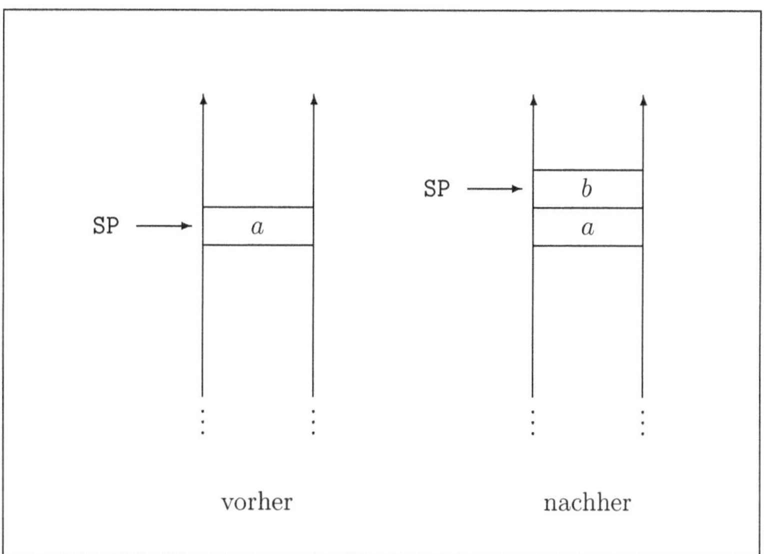

Abb. 6.11: *Wirkung des Befehls bipush b.*

Formal definieren wir die Semantik des Befehls „bipush *b*“ durch Gleichungen:

$$\begin{aligned} \texttt{Mem[SP} + 1]' &= \mathit{signExtend}(b) \\ \texttt{SP}' &= \texttt{SP} + 1 \\ \texttt{PC}' &= \texttt{PC} + 2 \end{aligned}$$

Die Funktion *signExtend* erweitert das Byte b so zu einer 32-Bit-Zahl, dass das Vorzeichen erhalten bleibt. Falls das oberste Bit von b eine Eins ist, werden vorne an b 24 Bits mit dem Wert 1 angehängt, andernfalls werden 24 Bits mit dem Wert 0 angehängt.

Wir müssen den Programm-Zähler bei einem Befehl der Form „`bipush` b“ um zwei erhöhen, weil ein solcher Befehl aus zwei Bytes besteht: aus dem OpCode für `bipush` und dem Byte b.

6.2.12 Der Befehl „`iinc` v b“

Der Befehl „`iinc` v b“ inkrementiert die lokale Variable v um das Byte b. Der Stack wird dabei nicht verändert. Im Bytecode ist das Argument v ein Byte, das als Index in die Tabelle der lokalen Variablen interpretiert wird. Das Register `LV` zeigt auf die erste lokale Variable und folglich wird die Variable an der Stelle $\texttt{LV} + v$ um das Byte b inkrementiert. Dabei ist b vorzeichenbehaftet und stellt folglich eine Zahl aus dem Intervall $\{-128, \cdots, 127\}$ dar. Abbildung 6.12 zeigt die Wirkung des Befehls `iinc` graphisch.

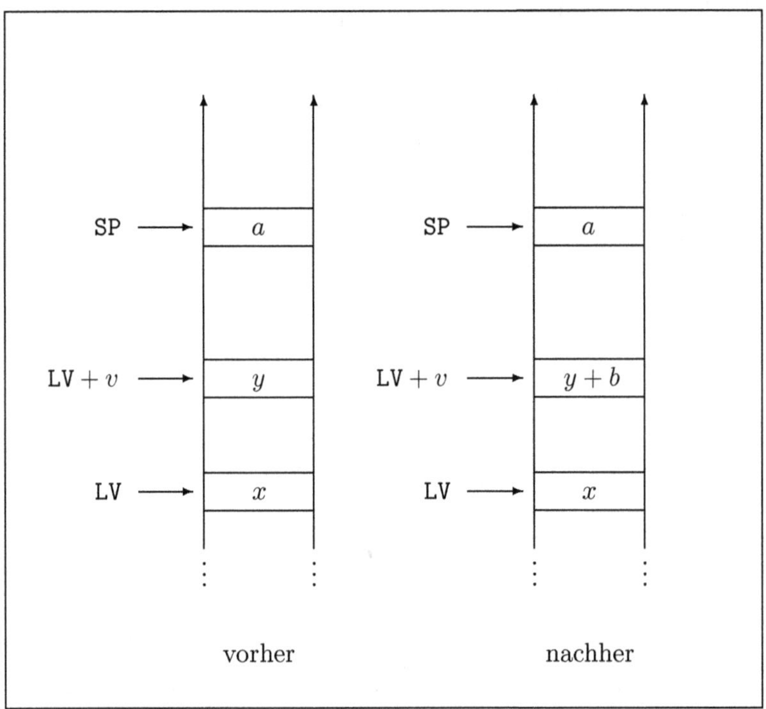

Abb. 6.12: *Wirkung des Befehls* `iinc` *v b.*

Formal definieren wir die Semantik des Befehls „`iinc` v b“ durch Gleichungen:

$$\begin{aligned} \texttt{Mem}[\texttt{LV} + v]' &= \texttt{Mem}[\texttt{LV} + v] + b \\ \texttt{PC}' &= \texttt{PC} + 3 \end{aligned}$$

Wir müssen den Programm-Zähler bei einem Befehl der Form „`iinc` v b“ um drei erhöhen, weil ein solcher Befehl aus insgesamt drei Bytes besteht: aus dem OpCode für `iinc`, dem Byte v und dem Byte b.

6.2.13 Der Befehl „`iload` v“

Der Befehl „`iload` v“ liest die lokale Variable v und legt diese oben auf den Stack. Die lokale Variable v muss dazu am Anfang der Methode, in der Sie verwendet wird, deklariert werden. Im Bytecode wird v dann durch ein Byte kodiert, das als Index in die Tabelle der lokalen Variablen interpretiert wird. Abbildung 6.13 zeigt die Wirkung des Befehls `iload` graphisch.

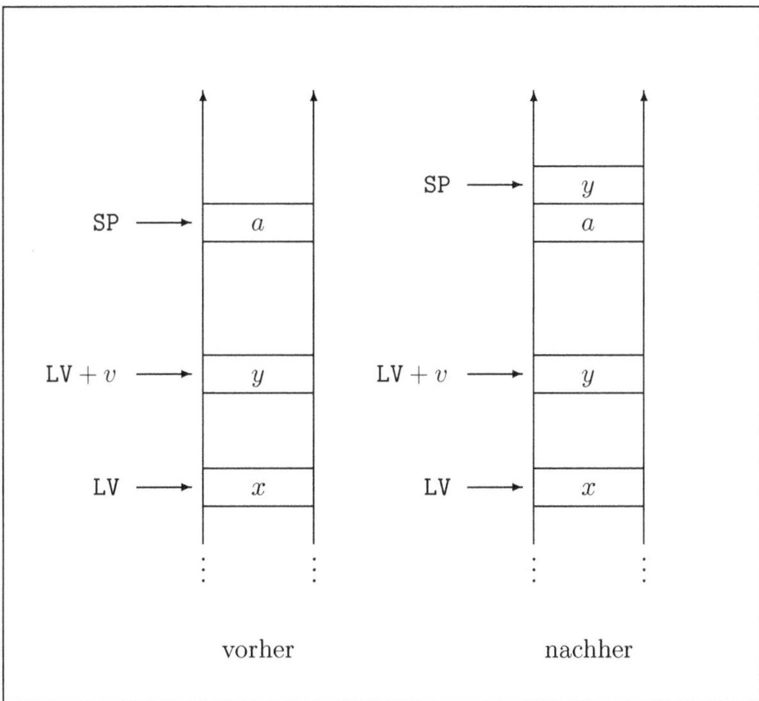

Abb. 6.13: *Wirkung des Befehls `iload` v.*

Formal definieren wir die Semantik des Befehls „`iload` v“ durch Gleichungen:

$$\begin{aligned} \texttt{Mem}[\texttt{SP}+1]' &= \texttt{Mem}[\texttt{LV}+v] \\ \texttt{SP}' &= \texttt{SP}+1 \\ \texttt{PC}' &= \texttt{PC}+2 \end{aligned}$$

Wir müssen den Programm-Zähler bei einem Befehl der Form „`iload` v“ um zwei erhöhen, weil ein solcher Befehl aus zwei Bytes besteht: aus dem OpCode für `iload` und dem Byte v.

6.2.14 Der Befehl „`istore` v“

Der Befehl „`istore` v“ liest den oben auf dem Stack liegenden Wert und weist diesen Wert der lokalen Variablen v zu. Der Stack-Pointer wird dabei dekrementiert. Im Bytecode ist das Argument v ein Byte, das als Index in die Tabelle der lokalen Variablen interpretiert wird. Abbildung 6.14 zeigt die Wirkung des Befehls `istore` graphisch.

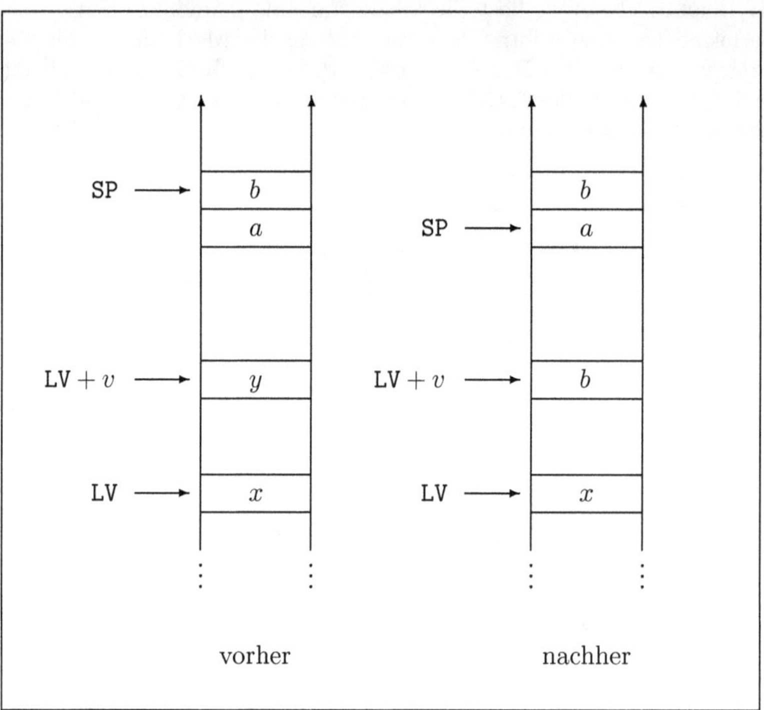

Abb. 6.14: *Wirkung des Befehls* `istore` *v.*

Formal definieren wir die Semantik des Befehls „`istore` v“ durch Gleichungen:

$$\begin{aligned} \texttt{Mem}[\texttt{LV}+v]' &= \texttt{Mem}[\texttt{SP}] \\ \texttt{SP}' &= \texttt{SP}-1 \\ \texttt{PC}' &= \texttt{PC}+2 \end{aligned}$$

Wir müssen den Programm-Zähler bei einem Befehl der Form „`istore` v“ um zwei erhöhen, weil ein solcher Befehl aus zwei Bytes besteht: aus dem OpCode für `istore` und dem Byte v.

6.2.15 Der Befehl „`ldc_w` i“

Der Befehl „`ldc_w` i“ liest die Konstante i aus dem Konstanten-Pool und legt diese oben auf den Stack. Dabei steht i für den Namen einer Konstanten, die zu Beginn des

Assembler-Programms deklariert sein muss. Im Bytecode wird die Konstanten i durch zwei Bytes kodiert, die als Index in die Tabelle der Konstanten interpretiert werden. Der Name „`ldc_w`“ steht für *load constant wide*. Der Name hat den Zusatz „*wide*“ weil das Argument i aus zwei Bytes besteht. Abbildung 6.15 zeigt die Wirkung des Befehls `ldc_w` graphisch. `CPP` bezeichnet hier den Zeiger auf den Anfang des Konstanten-Pools. Der Konstanten-Pool ist eine Tabelle, in der Konstanten abgelegt werden. Das Argument i gibt den Index an, unter dem die Konstante in der Tabelle abgelegt ist.

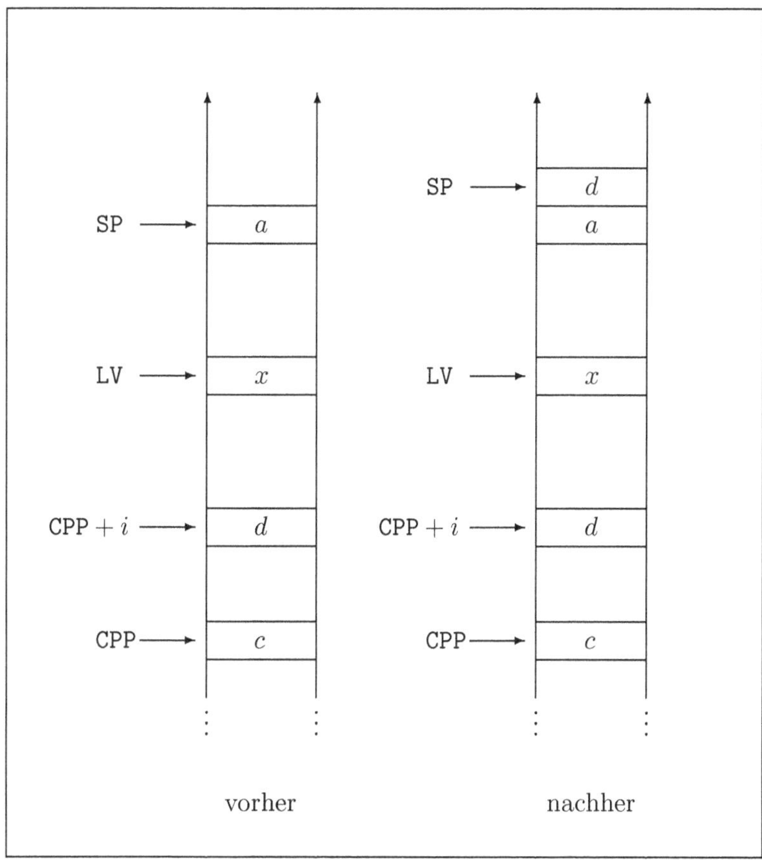

Abb. 6.15: *Wirkung des Befehls* `ldc_w` *i.*

Formal definieren wir die Semantik des Befehls „`ldc_w` v“ durch Gleichungen:

$$\begin{aligned}
\texttt{Mem[SP} + 1]' &= \texttt{Mem[CPP} + i] \\
\texttt{SP}' &= \texttt{SP} + 1 \\
\texttt{PC}' &= \texttt{PC} + 3
\end{aligned}$$

Wir müssen den Programm-Zähler bei einem Befehl der Form „`ldc_w` i“ um drei erhöhen, weil ein solcher Befehl aus drei Bytes besteht: aus dem OpCode für `ldc_w` und zwei Bytes für den Index i. Der Index i besteht aus zwei Bytes, weil wir mit einem Byte nur zwischen maximal $2^8 = 256$ verschiedenen Konstanten unterscheiden könnten. Das wäre für große Programme nicht ausreichend.

6.2.16 Der Befehl „out“

Der Befehl `out` gibt das unterste Byte des oben auf dem Stack liegenden Wortes aus und dekrementiert den Stack-Pointer. Abbildung 6.16 zeigt die Wirkung des Befehls `out` graphisch.

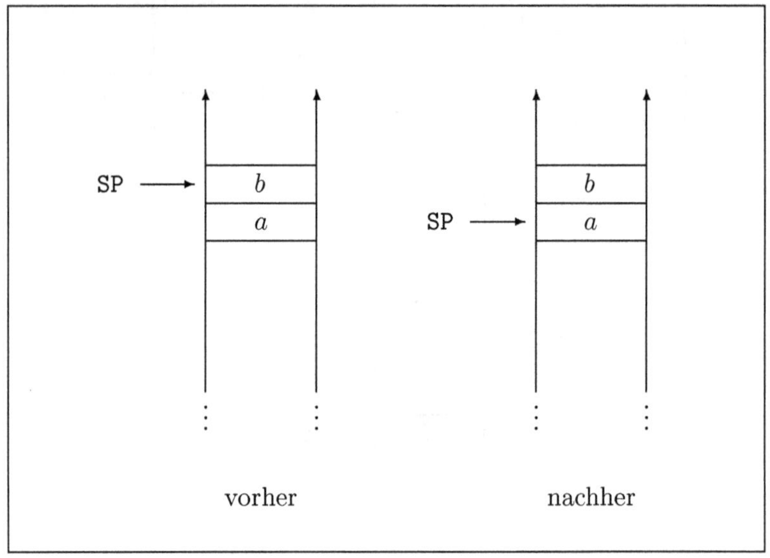

Abb. 6.16: *Wirkung des Befehls* `out`.

Formal können wir die Semantik des Befehls `out` durch Gleichungen beschreiben:

$$\begin{aligned} \texttt{stdout}' &= \texttt{Mem[SP]} \,\&\, \texttt{0xFF} \\ \texttt{SP}' &= \texttt{SP} - 1 \\ \texttt{PC}' &= \texttt{PC} + 1 \end{aligned}$$

Dabei soll die erste Gleichung ausdrücken, dass das unterste Byte des oben auf dem Stack liegenden Wortes auf die Ausgabe geschrieben wird.

6.2.17 Der Befehl „in“

Der Befehl `in` liest ein Byte von außen ein und legt dieses Byte oben auf dem Stack ab. Abbildung 6.17 zeigt die Wirkung des Befehls `in` graphisch.

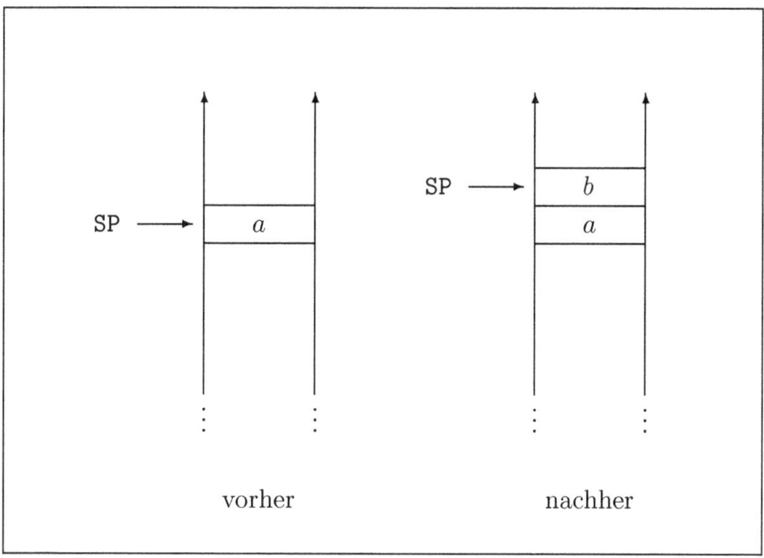

Abb. 6.17: *Wirkung des Befehls* `in`.

Formal können wir die Semantik des Befehls `in` durch Gleichungen beschreiben:

$$\begin{aligned} \mathtt{Mem}[\mathtt{SP}+1]' &= \mathtt{stdin} \\ \mathtt{SP}' &= \mathtt{SP}+1 \\ \mathtt{PC}' &= \mathtt{PC}+1 \end{aligned}$$

Dabei soll die erste Gleichung ausdrücken, dass ein Byte von der Eingabe gelesen und anschließend auf dem Stack abgelegt wird.

6.2.18 Der Befehl „`goto` o“

Der Befehl „`goto` o“ springt zu dem Label o. Das Label o bezeichnet dabei ein Sprungziel, das in dem Assembler-Programm deklariert ist. Im Bytecode wird das Label o später durch zwei Bytes kodiert. Diese beiden Bytes werden zusammen als vorzeichenbehaftete Zahl interpretiert. Das erste Byte enthält die Bits 15 – 8, während die niederwertigen Bits 7 – 0 im zweiten Byte enthalten sind. Die Zahl o wird dann als Offset interpretiert, der zu dem Programmzähler hinzuaddiert wird. Daher beschreiben wir die Semantik des Befehls „`goto` o“ durch folgende Gleichung:

$$\mathtt{PC}' = \mathtt{PC} + o.$$

Da der Stack bei diesem Befehl nicht verändert wird, ist es nicht sinnvoll, eine Abbildung anzugeben, die die Semantik dieses Befehls beschreibt.

6.2.19 Der Befehl „`ifeq` *o*“

Der Befehl „`ifeq` *o*“ prüft, ob das oben auf dem Stack liegende Wort den Wert 0 hat. Wenn dieses Wort den Wert 0 hat, dann verzweigt das Programm zu dem Label *o*, andernfalls wird der Programm-Zähler um 3 erhöht und zeigt dann auf den nächsten Bytecode-Befehl. Im Bytecode besteht *o* wie beim Befehl „`goto` *o*“ aus zwei Bytes, die als vorzeichenbehaftete Zahl interpretiert werden. Gegebenenfalls wird diese Zahl zu dem Programm-Zähler PC hinzuaddiert. Die Abkürzung „`ifeq`“ steht für *if equal.* Die Wirkung des Befehls auf den Stack wird in Abbildung 6.18 gezeigt.

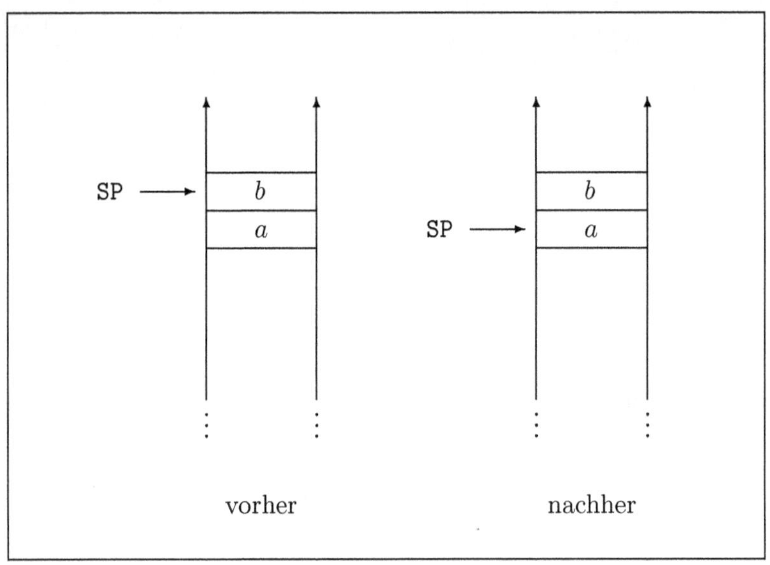

Abb. 6.18: *Wirkung der Befehle* `ifeq` *und* `iflt` *auf den Stack.*

Formal können wir die Semantik des Befehls „`ifeq` *o*“ durch bedingte Gleichungen beschreiben:

$$\begin{aligned} \texttt{Mem[SP]} = 0 &\to \texttt{PC}' = \texttt{PC} + o \\ \texttt{Mem[SP]} \neq 0 &\to \texttt{PC}' = \texttt{PC} + 3 \\ & \quad \texttt{SP}' = \texttt{SP} - 1 \end{aligned}$$

6.2.20 Der Befehl „`iflt` *o*“

Der Befehl „`iflt` *o*“ prüft, ob das oben auf dem Stack liegende Wort negativ ist. Falls der Wert negativ ist, dann verzweigt das Programm zu dem Label *o*, andernfalls wird der Programm-Zähler um 3 erhöht und zeigt dann auf den nächsten Bytecode-Befehl. Im Bytecode besteht *o* wie beim Befehl „`goto` *o*“ aus zwei Bytes, die als vorzeichenbehaftete Zahl interpretiert werden. Gegebenenfalls wird diese Zahl zu dem Programm-Zähler hinzuaddiert. Die Abkürzung „`iflt`“ steht für *if less than.* Die Wirkung des Befehls auf den Stack wird in Abbildung 6.18 gezeigt.

Formal können wir die Semantik des Befehls „`iflt` o" durch bedingte Gleichungen beschreiben:

$$\begin{aligned} \texttt{Mem[SP]} < 0 &\rightarrow \texttt{PC}' = \texttt{PC} + o \\ \texttt{Mem[SP]} \geq 0 &\rightarrow \texttt{PC}' = \texttt{PC} + 3 \\ \texttt{SP}' &= \texttt{SP} - 1 \end{aligned}$$

6.2.21 Der Befehl „`if_icmpeq` o"

Der Befehl „`if_icmpeq` o" prüft, ob die beiden oben auf dem Stack liegenden Worte gleich sind. In diesem Fall verzweigt das Programm zu dem Label o, andernfalls wird der Programm-Zähler um 3 erhöht und zeigt dann auf den nächsten Bytecode-Befehl. Im Bytecode besteht o wie beim Befehl „`goto` o" aus zwei Bytes, die als vorzeichenbehaftete Zahl interpretiert werden. Gegebenenfalls wird diese Zahl zu dem Programm-Zähler hinzuaddiert. Die Abkürzung „`if_icmpeq`" steht für *if integer compare equal.* Die Wirkung des Befehls auf den Stack wird in Abbildung 6.19 gezeigt.

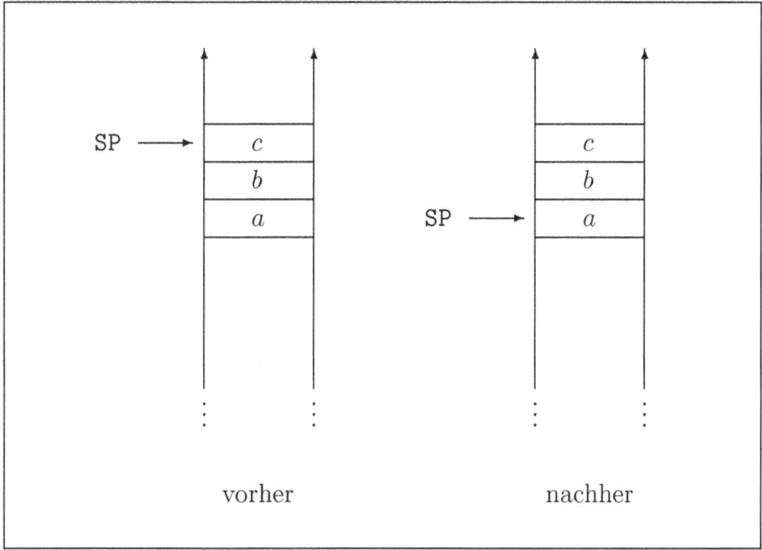

Abb. 6.19: *Wirkung des Befehls `if_icmpeq` auf den Stack.*

Formal können wir die Semantik des Befehls „`if_icmpeq` o" durch bedingte Gleichungen beschreiben:

$$\begin{aligned} \texttt{Mem[SP]} = \texttt{Mem[SP} - 1] &\rightarrow \texttt{PC}' = \texttt{PC} + o \\ \texttt{Mem[SP]} \neq \texttt{Mem[SP} - 1] &\rightarrow \texttt{PC}' = \texttt{PC} + 3 \\ \texttt{SP}' &= \texttt{SP} - 2 \end{aligned}$$

6.2.22 Der Befehl „`invokevirtual` m"

Der Befehl „`invokevirtual` m" dient dazu, die Methode m aufzurufen. Im Bytecode wird m durch zwei Bytes dargestellt. Diese beiden Bytes werden als Index in den

Konstanten-Pool interpretiert. An der durch m bezeichneten Stelle liegt aber nicht der Bytecode der aufzurufenden Methode, sondern die Adresse, an der dieser Bytecode zu finden ist. Warum so kompliziert? Wenn der Konstanten-Pool an der Stelle m den Code der Methode enthalten würde, müssten der Bytecode aller Methoden im Konstanten-Pool untergebracht werden. Der Konstanten-Pool wird aber nur mit zwei Bytes adressiert. Folglich wäre der Programm-Speicher auf eine Größe von 2^{16} Wörtern beschränkt, und das ist zu wenig. Warum erhält der Befehl `invokevirtual` nicht die Adresse des Bytecodes der aufzurufenden Methode? Dies wäre dann eine Zahl, die aus 4 Bytes besteht, und der Befehl hätte insgesamt eine Länge von 5 Bytes. So kommen wir aber mit 3 Bytes aus.

Wie arbeitet nun der Befehl `invokevirtual`? Wenn der Befehl `invokevirtual` aufgerufen wird, ist die Situation so, wie im linken Teil der Abbildung 6.20 auf Seite 253 gezeigt. Auf dem Stack liegen die Argumente, mit denen die Methode aufgerufen werden soll. In der Abbildung sind diese Argumente grau schattiert. Das erste Argument, das in der Abbildung mit `OBJREF` bezeichnet wird, hat eine besondere Funktion. In der JVM gibt dieses Argument die Adresse des Objektes an, dessen Methode aufgerufen werden soll. In der IJVM, die ja eine abgespeckte Version der JVM ist, hat dieses Argument nur noch die Funktion eines Platzhalters auf dem Stack, der Wert, der hier abgelegt ist, spielt also keine Rolle mehr. Bevor der Bytecode der aufgerufenen Methode abgearbeitet werden kann, sind einige Dinge zu erledigen:

1. Wir müssen auf dem Stack Platz schaffen für die lokalen Variablen der aufzurufenden Prozedur. Dazu müssen wir wissen, wie viele lokale Variablen es gibt und wie viele Parameter die Prozedur hat. Diese Information ist in dem Bytecode der aufgerufenen Methode hinterlegt: Die ersten zwei Bytes enthalten die Anzahl der Argumente, die nächsten beiden Bytes enthalten die Anzahl der lokalen Variablen.
2. Der Wert des Programm-Zählers muss gesichert werden, damit wir bei der Beendigung der Methode an die Stelle zurückspringen können, von der aus die Methode aufgerufen worden ist.
3. Der aktuelle Wert des Registers `LV`, das den Beginn der lokalen Variablen der aufrufenden Prozedur angibt, muss gesichert werden, denn bei der Beendigung der Prozedur muss dieses Register wieder seinen alten Wert haben.

Wir erreichen dies, indem wir zunächst durch Erhöhen des Stack-Pointer Platz für die lokalen Variablen auf dem Stack schaffen. Wir erhöhen den Stack-Pointer dabei gleich so, dass wir auch noch Platz haben, um die aktuellen Werte von `PC` und `LV` abzuspeichern. Anschließend setzen wir das Register `LV` so, dass es auf das Argument `OBJREF` zeigt. An diese Stelle schreiben wir dann einen so genannten Link-Zeiger, der auf die Stelle im Stack zeigt, wo der alte Wert des Programm-Zählers abgelegt ist. Unmittelbar über diese Stelle legen wir dann noch den alten Wert des Registers `LV`. Die rechte Seite der Abbildung 6.20 zeigt die Situation, die dann entstanden ist.

6.2.23 Der Befehl „`ireturn`"

Der Befehl `ireturn` dient dazu, die Kontrolle von einer aufgerufenen Methode an die aufrufende Methode zurückzugeben. Wenn der Befehl `ireturn` aufgerufen wird, ist die

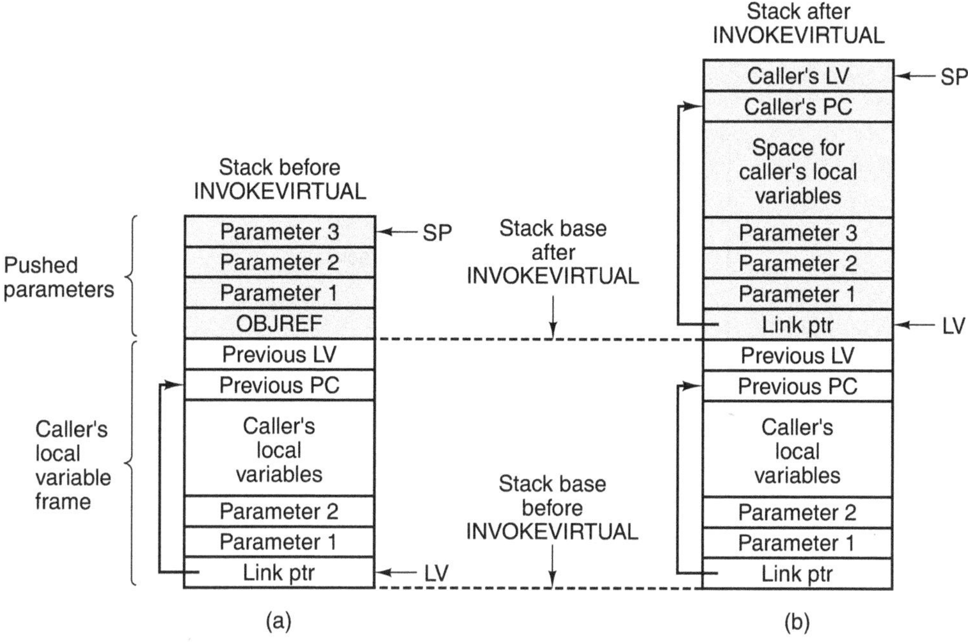

Abb. 6.20: *Wirkung des Befehls „`invokevirtual` m" auf den Stack.*

Situation so, wie im linken Teil der Abbildung 6.21 auf Seite 254 gezeigt. Der Stack-Pointer zeigt auf den Rückgabe-Wert. (Bei der IJVM muss jede Methode einen Wert zurückgeben.) Unmittelbar unter diesem Wert liegen die Werte, welche die Register `LV` und `PC` beim Aufruf der Methode hatten. Darunter liegen die lokalen Variablen der aufgerufenen Methode inklusive der Argumente, mit denen die Methode aufgerufen wurde. Alle diese Werte werden durch den Aufruf von `ireturn` vom Stack entfernt und der Rückgabe-Wert wird jetzt an die Stelle im Stack gelegt, an der beim Aufruf der Methode das Dummy-Argument `OBJREF` abgelegt worden ist. Das Register `LV` wird auf den Wert zurückgesetzt, den es vor dem Aufruf der Methode hatte. Schließlich wird `PC` so gesetzt, dass es auf den Bytecode zeigt, der dem Aufruf der Methode unmittelbar folgt.

6.3 Beispiel-Programme

Es ist nun an der Zeit, Beispiele zu präsentieren. Wir beginnen mit einem Programm, das eine Zahl n einliest und anschließend die Summe

$$\sum_{i=1}^{n} i$$

berechnet. Wir gehen bei der Entwicklung dieses Programms nach derselben Methode vor, die wir schon bei der Entwicklung von SRP-Assembler-Programmen verwendet ha-

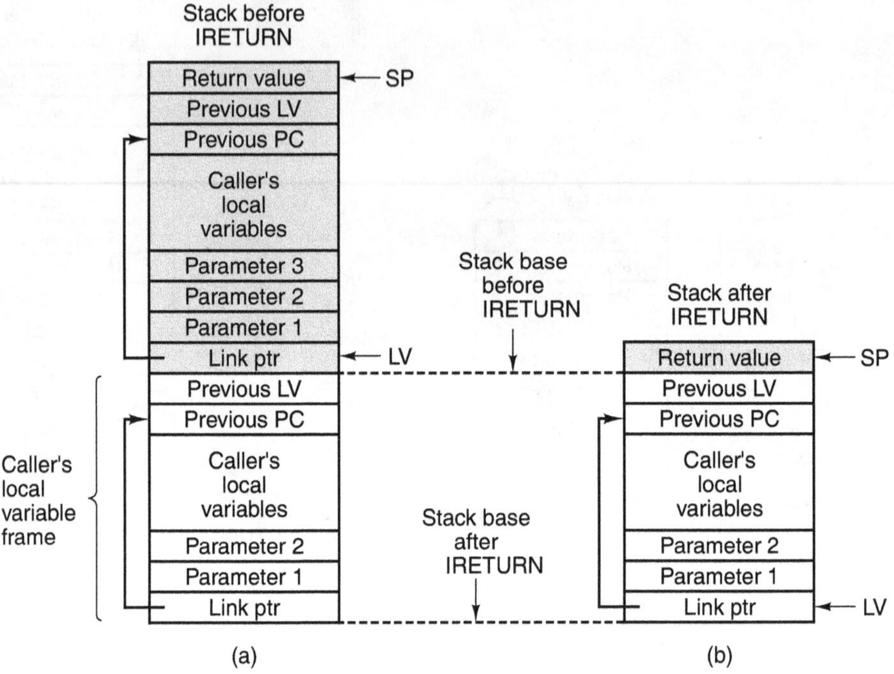

Abb. 6.21: *Wirkung des Befehls* `ireturn` *auf den Stack.*

ben. Wir entwickeln also zunächst ein C-Programm, überführen dieses in ein Assembler-ähnliches C-Programm und setzen letzteres Programm schließlich in ein IJVM-Assembler-Programm um.

```
#include <stdio.h>

int main() {
    int  n, i, s;
    scanf("%d", &n);
    s = 0;
    for (i = 1; i <= n; ++i)
        s += i;
    printf("%d", s);
}
```

Abb. 6.22: *Berechnung der Summe* $\sum_{i=1}^{n} i$ *in C.*

Abbildung 6.22 zeigt ein einfaches C-Programm zur Berechnung der Summe $\sum_{i=1}^{n} i$. Die Umsetzung dieses Programms in IJVM-Assembler-ähnliches C ist allerdings schwerer als die Umsetzung in SRP-Assembler-ähnliches `C`, denn in dem IJVM-Assembler gibt es einige Befehle nicht, die uns im SRP-Assembler zur Verfügung standen. Beispielsweise können wir nicht die Größe zweier Zahlen vergleichen, denn der Befehl `iflt` überprüft nur, ob die oben auf dem Stack liegende Zahl kleiner ist als 0. Um trotzdem zwei Zahlen a und b vergleichen zu können, bedienen wir uns der mathematischen Äquivalenz

$$a < b \Leftrightarrow a - b < 0. \qquad (\star)$$

Leider ist diese Formel zwar mathematisch korrekt, aber da die Implementierung der Subtraktion zu Überlauf führen kann, liefert diese Formel nicht in allen Fällen das richtige Ergebnis: Ist a eine sehr große positive Zahl, z.B. $a = 2^{31} - 1$, und b eine sehr kleine negative Zahl, z.B. $b = -2^{31} + 1$, so erhalten wir bei einer auf 32 Bit beschränkten Rechnung

$$a - b = 2^{31} - 1 - (-2^{31} + 1) = 2^{31} - 1 + 2^{31} - 1 = 2^{32} - 2 = -2 \quad (mod\ 2^{32}).$$

In diesem Fall gilt also bei 32-Bit-Rechnung $a - b < 0$, obwohl a positiv und b negativ ist! Wenn die Zahlen a und b beide nicht negativ sind, dann gibt es erfreulicherweise keine Probleme, denn dann kann bei der Berechnung von $a - b$ kein Überlauf auftreten. Dies ist bei unserem Programm der Fall, daher ist das in Abbildung 6.23 angegebene Assembler-ähnliche `C`-Programm korrekt.

```
#include <stdio.h>

int main() {
    int  n, i, s;
    scanf("%d", &n);
    s = 0;
    i = 1;
loop:
    if (n - i < 0) goto finish;
    s = s + i;
    ++i;
    goto loop;
finish:
    printf("%d", s);
}
```

Abb. 6.23: *Berechnung der Summe* $\sum_{i=1}^{n} i$ *in Assembler-ähnlichem* `C`*.*

Die Umsetzung des Assembler-ähnlichen `C`-Programms in IJVM-Assembler wird in Abbildung 6.24 gezeigt. Gegenüber dem Programm `hello.jas` haben wir nun in den Zeilen 3–7 einen zusätzlichen Abschnitt, in dem wir die lokalen Variablen `n`, `i` und `s` deklarieren. Dieser Abschnitt wird durch die Direktive „`.var`" eingeleitet und durch die Direktive „`.end-var`" beendet. Bei den Befehlen `iload`, `istore` und `iinc` können wir dann auf diese lokalen Variablen zurückgreifen. Zu beachten ist noch die Syntax der Label in Zeile 15 und 26: Die Syntax ist dieselbe wie in `C`, es gibt also kein Schlüsselwort „`label`" wie beim SRP-Assembler, sondern stattdessen wird hinter den Namen des Labels einfach ein Doppelpunkt gesetzt.

```
.main

.var
    n
    i
    s
.end-var

    in
    istore n        // scanf("%d", &n);
    bipush 0
    istore s        // s = 0;
    bipush 1
    istore i        // i = 1;
loop:
    iload  n
    iload  i
    isub
    iflt   finish    // if (n - i < 0) goto finish;
    iload  s
    iload  i
    iadd
    istore s         // s = s + i;
    iinc   i 1       // ++i;
    goto   loop      // goto loop;
finish:
    iload  s
    out              // printf("%d", s);
    bipush 10
    out              // printf("Nl ");
    halt
.end-main
```

Abb. 6.24: *Berechnung der Summe* $\sum_{i=1}^{n} i$ *in* IJVM-*Assembler.*

Das Assembler-Programm hat noch einen Schönheitsfehler: Der Befehl `in` liest keine Zahl sondern ein ASCII-Zeichen ein und genauso gibt der Befehl `out` auch keine Zahl, sondern ein ASCII-Zeichen aus. Leider ist es gar nicht so einfach diesen Schönheitsfehler zu reparieren, denn die IJVM hat keine Befehle zur Berechnung der Division oder des Restes bei der Division. Wir vereinfachen uns daher das Leben und implementieren zunächst eine Methode, die Zahlen im Binärsystem ausgibt. Abbildung 6.25 auf Seite 257 zeigt die Implementierung einer solchen Funktion in C. Die wesentliche Idee besteht darin, die Zahl

$$2^{31} = 1\underbrace{0000000000000000000000000000000}_{31}{}_2$$

als Maske zu verwenden. Wenn wir die Maske mit einer Zahl n bitweise Verunden, dann ist das Ergebnis genau dann von 0 verschieden, wenn das oberste Bit der Zahl n gesetzt ist. Um das nächsthöhere Bit von n zu bestimmen, schieben wir zunächst n um 1 Bit nach links und bilden dann wieder die bitweise Verundung von n und der obigen Maske.

```
void binary_print(int n) {
    int i;
    int mask = 0x80000000; // 2^31
    for (i = 0; i < 32; ++i) {
        if (n & mask) {
            printf("1");
        } else {
            printf("0");
        }
        n << 1;
    }
}
```

Abb. 6.25: *Binäre Ausgabe einer Zahl in* `C`.

Abbildung 6.26 auf Seite 258 zeigt eine Assembler-ähnliche Variante dieses Programms. Da es in der IJVM keinen Befehl gibt, mit dem wir n um ein Bit nach links schieben können, behelfen wir uns damit, dass wir in Zeile 13 den Wert von n verdoppeln.

Abbildung 6.27 zeigt die Umsetzung des Assembler-ähnlichen C-Programms in IJVM-Assembler.

1. Zeile 1 – 4 enthält die *Konstanten-Deklarationen*, die später im Konstanten-Pool abgelegt werden. Die Konstanten-Deklaration wird durch die Direktive „`.constant`“ eingeleitet und durch die Direktive „`.end-constant`“ beendet.

   Da die Zahl 2^{31} nicht mehr mit 32 Bits im Zweierkomplement darstellbar ist, behelfen wir uns, indem wir stattdessen die Zahl -2^{31} verwenden. Im Zweierkomplement wird diese Zahl durch das Bitmuster

   $$1\underbrace{0000000000000000000000000000000}_{31}{}_2$$

   dargestellt. Die Definition in Zeile 2 von `OBJREF` als `0x40` ist absolut willkürlich, jede andere Definition von `OBJREF` würde auch funktionieren.

2. Die Methode `main` haben wir gegenüber der alten Version an zwei Stellen geändert:

   (a) In Zeile 14 ziehen wir von dem mit `in` gelesenen Wert den Wert `48` ab. Das hat den Effekt, dass wir den Wert einer Ziffer in die Zahl transformieren, die durch diese Ziffer im ASCII-Code dargestellt wird.

```
void binary_print(int n) {
    int i;
    int mask = 0x80000000; // 2^31
    i = 0;
loop:
    if (i == 32) goto finish;
    if ((n & mask) == 0) goto zero;
    printf("1");
    goto next;
zero:
    printf("0");
next:
    n = n + n;
    ++i;
    goto loop;
finish:
    return;
}
```

Abb. 6.26: *Binäre Ausgabe einer Zahl in Assembler-ähnlichem* `C`*.*

   (b) In Zeile 34 rufen wir nun die Methode `binary_print` auf. Dazu legen wir zunächst in Zeile 32 den obligatorischen Parameter `OBJREF` auf den Stack. Anschließend wird in Zeile 33 das Argument *s* auf den Stack gelegt.

3. Zeile 39 – 69 der Abbildung 6.28 enthält die Definition der Methode `binary_print`. Die Definition wird in Zeile 39 durch die Direktive „`.method`“ eingeleitet. Hinter dem Schlüsselwort „`.method`“ steht der Name „`binary_print`“, mit dem die Methode später aufgerufen werden kann. In Zeile 69 wird die Definition der Methode `binary_print` durch die Direktive „`.end-method`“ beendet.

   Wir sehen, dass wir das Argument *n* dieser Methode wie eine lokale Variable mit den Befehlen `iload` und `istore` ansprechen können. Dies geschieht zum Beispiel in der Zeile 60, wo wir dieses Argument auf dem Stack ablegen, und in der Zeile 63, wo wir den auf dem Stack liegenden Wert in der Variablen *n* abspeichern.

   Wichtig ist noch, dass wir vor dem Verlassen der Methode den Rückgabe-Wert auf dem Stack ablegen. An dieser Stelle wundern Sie sich vielleicht, weil die Methode `binary_print` ja eigentlich gar keinen Wert berechnet, der zurückgegeben werden müsste. Die Spielregeln für IJVM-Assembler lauten allerdings, dass jede Methode einen Wert zurück geben muss. Daher legen wir als Default-Wert in Zeile 67 die Konstante `OBJREF` auf dem Stack ab, bevor wir in Zeile 68 die Methode mit `ireturn` verlassen. Jede andere Konstante hätte es natürlich auch getan.

Aufgabe 19: Implementieren Sie eine Methode `binary_read()`, die eine Binärzahl einliest. Gehen Sie dabei in drei Schritten vor:

```
.constant
    OBJREF 0x40             // The value 0x40 is arbitrary.
    mask   -2147483648      // 2^31
.end-constant

.main
.var
    n
    i
    s
.end-var
    in
    bipush 48
    isub
    istore n                    // scanf("%d", &n);
    bipush 0
    istore s                    // s = 0;
    bipush 1
    istore i                    // i = 1;
loop:
    iload  n
    iload  i
    isub
    iflt   finish                // if (n - i < 0) goto finish;
    iload  s
    iload  i
    iadd
    istore s                     // s = s + i;
    iinc   i 1                   // ++i;
    goto   loop                  // goto loop;
finish:
    ldc_w  OBJREF                // push dummy object parameter
    iload  s
    invokevirtual binary_print  // binary_print(s);;
    bipush 10
    out                          // printf("Nl ");
    halt
.end-main
```

Abb. 6.27: *Binäre Ausgabe der Summe* $\sum_{i=1}^{n} i$*, Teil 1.*

1. Implementieren Sie eine C-Funktion, die eine Binärzahl liest.

2. Transformieren Sie diese C-Funktion in IJVM-Assembler-ähnliches C.

```
.method binary_print(n)
.var
    i
.end-var
    bipush 0
    istore    i         // i = 0;
loop:
    iload     i
    bipush    32
    if_icmpeq finish    // if (i == 32) goto finish;
    iload     n
    ldc_w     mask
    iand
    ifeq      zero      // if ((n & mask) == 0) goto zero;
    bipush    49        // ascii(49) = '1'
    out                 // printf("1");
    goto      next
zero:
    bipush    48        // ascii(48) = '1'
    out                 // printf("0");
next:
    iload     n
    dup
    iadd
    istore    n         // n = n + n;
    iinc      i 1       // ++i;
    goto loop
finish:
    ldc_w     OBJREF
    ireturn
.end-method
```

Abb. 6.28: *Binäre Ausgabe der Summe* $\sum_{i=1}^{n} i$*, Teil 2.*

3. Übersetzen Sie diese Funktion in eine `IJVM`-Assembler-Methode.

6.4 Eine Grammatik für IJVM-Assembler

Tabelle 6.1 zeigt eine Grammatik für IJVM-Assembler. Im Vergleich zu höheren Programmiersprachen ist Assembler zeilenorientiert, daher haben Zeilen-Umbrüche eine Bedeutung und tauchen auch in der Grammatik als Token der Form `Nl` auf. Dieses Token steht für einen oder mehrere Zeilen-Umbrüche. Zeichenreihen, die in doppelten Anführungszeichen eingeschlossen sind, stehen für die entsprechenden Terminale. Des

Tabelle 6.1: *Grammatik des IJVM-Assemblers.*

Program	←	*ConstantSection MainMethod MethodList* ;
ConstantSection	←	ε
	|	„`.constant`“ **Nl** *ConstDeclList* „`.end-constant`“ **Nl** ;
ConstDeclList	←	ε
	|	*ConstDecl ConstDeclList* ;
ConstDecl	←	**Identifier Number Nl** ;
MainMethod	←	„`.main`“ **Nl** *VarDeclList InstructionList* „`.end-main`“ **Nl** ;
VarDeclList	←	ε
	|	„`.var`“ **Nl** *VarList* „`.end-var`“ **Nl** ;
VarList	←	**Identifier Nl**
	|	**Identifier Nl** *VarList* ;
MethodList	←	ε
	|	*Method MethodList* ;
Method	←	*MethodHead MethodBody* ;
MethodHead	←	„`.method`“ **Identifier** `'('` *ParamList* `')'` **Nl** ;
MethodBody	←	*VarDeclList InstructionList* „`.end-method`“ **Nl** ;
ParamList	←	ε
	|	*ParamListRest* ;
ParamListRest	←	**Identifier**
	←	**Identifier** `','` *ParamListRest* ;
InstructionList	←	*Instruction* **Nl**
	←	*Instruction* **Nl** *InstructionList* ;

Weiteren enthält die obige Grammatik noch die Token **Identifier** und **Number**.

1. **Identifier** steht für eine Folge von Buchstaben und Ziffern, die mit einem Buchstaben beginnt. Im Assembler werden **Identifier** für folgende Zwecke benutzt:
   (a) Als Namen von Konstanten und Variablen,
   (b) als Namen von Methoden,
   (c) als Namen von Methoden-Parametern und
   (d) als Sprungziele.

2. **Number** steht für eine Dezimal-Zahl oder für eine Hexadezimal-Zahl. Hexadezimal-Zahlen werden durch das Präfix „`0x`" als solche gekennzeichnet.

Die Grammatik-Regel

$$Program \leftarrow ConstantSection\ MainMethod\ MethodList$$

in der ersten Zeile der Tabelle 6.1 ist wie folgt zu interpretieren: Ein Programm besteht aus

1. einem Abschnitt von Konstanten-Deklarationen, in der Grammatik-Regel als *ConstantSection* bezeichnet,
2. einer Methode `main`, in der Grammatik-Regel als *MainMethod* bezeichnet, und
3. einer Liste weiterer Methoden, in der Grammatik-Regel mit *MethodList* bezeichnet.

Die Definition der *ConstantSection* hat zwei Fälle.

1. Der erste Fall besagt, dass der Abschnitt zur Konstanten-Deklaration leer sein kann, denn ε steht für den leeren String. Das heißt im Klartext, dass dieser Abschnitt optional ist und somit auch entfallen kann.
2. Der zweite Fall besagt, dass der Abschnitt zur Konstanten-Deklaration
   (a) durch das Schlüsselwort„`.constant`" eingeleitet wird.
   (b) Hinter diesem Schlüsselwort muss mindestens ein Zeilen-Umbruch folgen.
   (c) Danach kommt eine Liste von Deklarationen von Konstanten.
   (d) Darauf folgt das Schlüsselwort „`.end-constant`".
   (e) Der Abschnitt wird durch mindestens einen Zeilen-Umbruch abgeschlossen.

Die restlichen Regeln der Tabelle 6.1 sind analog zu interpretieren. In der Tabelle 6.1 fehlt eine Regel für das Nicht-Terminal *Instruction*. Tabelle 6.2 zeigt diese Regel.

6.5 Debugging von IJVM-Assembler-Programmen

Assembler-Programme zu erstellen ist deutlich schwieriger als das Programmieren in einer Hochsprache wie `C` oder *Java*. Zusätzlich sind IJVM-Assembler-Programme komplexer als SRP-Assembler-Programme, denn viele Operationen, die in SRP-Assembler-Programmen relativ einfach über Register erledigt werden können, müssen in IJVM-Assembler in mehrere Befehle zerlegt werden, die dann ihre Argumente vom Stack herunternehmen und ihr Ergebnis wieder auf dem Stack ablegen. Aus diesem Grunde kommen wir bei der Erstellung komplexer Programme nicht um die Verwendung eines Debuggers herum. Wir wollen die Verwendung des Debuggers an einem Beispiel erläutern und entwickeln dazu in diesem Abschnitt ein Assembler-Programm zum Einlesen einer

Tabelle 6.2: *Die verschiedenen Instruktionen des* IJVM*-Assemblers.*

Instruction	←	**Identifier** ':'
	|	**Identifier** ':' *SimpleInstr*
	|	*SimpleInstr*
SimpleInstr	←	„`iload`“ **Identifier**
	|	„`istore`“ **Identifier**
	|	„`iadd`“
	|	„`isub`“
	|	„`iand`“
	|	„`ior`“
	|	„`sll8`“
	|	„`sra1`“
	|	„`dup`“
	|	„`pop`“
	|	„`swap`“
	|	„`nop`“
	|	„`bipush`“ **Number**
	|	„`iinc`“ **Identifier Number**
	|	„`ldc_w`“ **Identifier**
	|	„`out`“
	|	„`in`“
	|	„`goto`“ **Identifier**
	|	„`ifeq`“ **Identifier**
	|	„`iflt`“ **Identifier**
	|	„`if_icmpeq`“ **Identifier**
	|	„`invokevirtual`“ **Identifier**
	|	„`ireturn`“
	|	„`halt`“
	|	**Identifier**
	;	

Binärzahl, wir stellen es als die Lösung von Aufgabe 19 vor. Zunächst entwickeln wir eine `C`-Funktion, die eine Binärzahl einliest. Abbildung 6.29 zeigt die Implementierung und Abbildung 6.30 zeigt die Umsetzung in IJVM-Assembler-ähnliches `C`.

In Abbildung 6.31 sehen wir schließlich die Umsetzung in IJVM-Assembler, allerdings ist diese Umsetzung noch fehlerhaft. Binden wir diese Methode in das Assembler-Programm aus Abbildung 6.27 zur Berechnung der Summe ein, so hat dieses Programm nun die Form aus Abbildung 6.32. Vorher stand dort in Zeile 12 der Befehl „`in`“, jetzt

```
int binary_read() {
    int c, result;
    result = 0;
    while (1) {
        c = getchar();
        if (c == '\n')
            return result;
        result = 2 * result + (c - 48);
    }
}
```

Abb. 6.29: *Einlesen einer Binärzahl in* C*.*

```
int binary_read() {
    int c, result;
    result = 0;
loop:
    c = getchar();
    if (c == '\n') goto finish;
    c = c - 48;
    result = result + result;
    result = result + c;
    goto loop;
finish:
    return result;
}
```

Abb. 6.30: *Einlesen einer Binärzahl in Assembler-ähnlichem* C*.*

bereiten wir dort den Aufruf der Methode `binary_read()` vor, die wir dann in Zeile 13 aufrufen. Danach geht es wie in Abbildung 6.27 weiter. Übersetzen wir dieses Programm und führen es anschließend mit dem Simulator `ijvm-sim` aus, so erhalten wir nach Eingabe einer Zahl kein Ergebnis sondern die Fehlermeldung

`Segmentation fault.`

Ist der Bytecode des oben gezeigten Programms in der Datei „`binary-read-buggy.ijvm`" abgelegt, so können wir den Debugger mit dem Befehl

`ijvm-debug binary-read-buggy.ijvm`

starten. Am Bildschirm erscheint die Begrüßung:

```
Welcome to the IJVM debugger.
Loaded binary-read-buggy.ijvm.
dbg>
```

```
.method binary_read()
.var
    c
    result
.end-var
    bipush    0
    istore    result    // result = 0;
loop:
    in
    istore    c         // c = getchar();
    iload     c
    bipush    10
    if_icmpeq finish    // if (c == '\n') goto finish;
    iinc      c  -48    // c = c - 48;
    iload     result
    dup
    iadd                // result = result + result;
    iload     c
    iadd                // result = result + c;
    goto      loop      // goto loop;
finish:
    iload     result
    ireturn             // return result;
.end-method
```

Abb. 6.31: *Fehlerhafte Methode zum Einlesen einer Binärzahl in* IJVM.

Der String „`dbg>`“ ist der Prompt des Debuggers. Um uns eine Übersicht über die Befehle des Debuggers zu verschaffen, geben wir den Befehl `help` ein und erhalten die in Abbildung 6.33 gezeigte Ausgabe. Hier finden wir eine Auflistung aller Befehle, die der Debugger zur Verfügung stellt. Wir diskutieren diese Befehle jetzt in der Reihenfolge, in der wir sie beim Debuggen des Programms einsetzen werden.

1. `trace_cmds` schaltet das Beobachten der einzelnen Bytecode-Instruktionen ein. Wir geben diesen Befehl als Erstes ein.

2. `step` führt den nächsten Befehl aus. Da wir vorher mit dem Befehl `trace_cmds` die Beobachtung des einzelnen Instruktionen aktiviert haben, erhalten wir die Ausgabe:

   ```
   LDC_W 0
   ```

   Damit wissen wir also, dass der letzte ausgeführte Befehl der Befehl „`ldc_w 0`“ ist. Dieser Befehl legt die Konstante, die in dem Konstanten-Pool den Index 0 hat, auf den Stack.

```
.constant
OBJREF 0x40                 // The value 0x40 is arbitrary.
mask   -2147483648          // 2^31
.end-constant

.main
.var
    n
    i
    s
.end-var
    ldc_w  OBJREF
    invokevirtual binary_read
    istore n                        // n = binary_read();
    bipush 0
    istore s                        // s = 0;
    bipush 1
    istore i                        // i = 1;
loop:
    ⋮
.end-main
```

Abb. 6.32: *Programm zur Berechnung der Summe* $\sum_{i=1}^{n} i$.

3. `show_regs` zeigt die Werte der Register `LV`, `SP`, `CPP` und `PC`. Führen wir diesen Befehl jetzt aus, so erhalten wir folgende Information:

```
LV   :      4
SP   :      9
CPP  :      0
PC   :      3
```

4. `show_stack` zeigt den Inhalt des Stacks. Der Befehl liefert:

```
9:     64
8:      0
7:      0
6:      0
5:      0
4:      0
```

Um den Stack und die Werte der Register interpretieren zu können, disassemblieren wir als Nächstes in einer zweiten Shell unser Bytecode-Programm mit dem Befehl

```
Unkown command: "help".
Available commands are:

  trace_regs
  untrace_regs
  trace_stack
  untrace_stack
  trace_cmds
  untrace_cmds
  show_regs
  show_stack
  step
  run
  break

  Have fun.
dbg>
```

Abb. 6.33: *Ausgabe des Kommandos* `help`*.*

```
disassemble binary-read-buggy.ijvm > binary-read.dis
```

Wir zeigen den Inhalt der dabei erzeugten Datei `binary-read.dis` in drei Abbildungen. Abbildung 6.34 zeigt, wie die Konstanten-Deklarationen im Bytecode aussehen. Insgesamt gibt es vier Konstanten:

(a) Die Konstante mit dem Index 0 hat im Dezimal-System den Wert 64. Dies entspricht im Hexadezimal-System dem Wert `0x40`. Diese Konstante hat ihren Ursprung in der Deklaration

```
OBJREF 0x40
```

in Zeile 2 in Abbildung 6.32.

(b) Die Konstante mit dem Index 1 entspricht im Assembler-Programm der Zeile `mask -2147483648`.

(c) Die Konstante 49 bezeichnet den Beginn des Bytecodes der Methode `binary-read()`.

(d) Die Konstante 83 bezeichnet den Beginn des Bytecodes der Methode `binary-write()`.

Abbildung 6.35 zeigt die Umsetzung der Methode `main()` in Bytecode. Dabei gibt die Zahl vor den einzelnen Befehlen an, an welcher Byte-Adresse dieser Befehl im Bytecode steht. Wir sehen beispielsweise, dass der Befehl

```
ISTORE n
```

aus Zeile 14 in Abbildung 6.32 übersetzt worden ist in den Bytecode

```
6: ISTORE 0.
```

```
Number of constants: 4

  0. constant:          64
  1. constant: -2147483648
  2. constant:          49
  3. constant:          83

End of constant section.
```

Abb. 6.34: *Konstanten-Deklarationen im Bytecode.*

Daraus können wir schließen, dass die Variable `n` die 0te lokale Variable der Methode `main()` ist und dass dieser Befehl an der Byte-Adresse 6 steht.

```
Length of program in bytes: 132

Program bytes:

     0:  LDC_W         0
     3:  INVOKEVIRTUAL 2
     6:  ISTORE        0
     8:  BIPUSH        0
    10:  ISTORE        2
    12:  BIPUSH        1
    14:  ISTORE        1
    16:  ILOAD         0
    18:  ILOAD         1
    20:  ISUB
    21:  IFLT         37
    24:  ILOAD         2
    26:  ILOAD         1
    28:  IADD
    29:  ISTORE        2
    31:  IINC          1       1
    34:  GOTO         16
    37:  LDC_W         0
    40:  ILOAD         2
    42:  INVOKE...     3
    45:  BIPUSH       10
    47:  OUT
    48:  HALT
```

Abb. 6.35: *Die Methode* `main()` *im Bytecode.*

Abbildung 6.36 zeigt schließlich die Umsetzung der Methode `binary-read()`. An den Byte-Adressen 49 und 50 werden die Bytes 0 und 1 abgelegt. Da 0 auch der Opcode des Befehls `nop` ist, sieht es auf den ersten Blick so aus, als ob die Methode mit einem `nop`-Befehl anfängt. Dies ist aber nicht der Fall. In Wahrheit enthalten die ersten beiden Bytes einer Methode die Anzahl der Parameter, mit denen die Methode aufgerufen wird. Die Methode `binary-read()` wird nur mit dem impliziten Argument `OBJREF` aufgerufen, daher ist die Zahl der Parameter 1. Diese 1 wird mit zwei Bytes als `0x00 0x01` dargestellt, und das erklärt die ersten beiden Zeilen der Abbildung 6.36.

Die nächsten beiden Bytes geben die Anzahl der lokalen Variablen an. Bei der Methode `binary-read()` gibt es zwei lokale Variablen, das Zeichen `c` und die Variable `result`. Der erste ausführbare Befehl der Methode ist schließlich der Befehl `bipush`, der an der Byte-Adresse `53` steht.

```
49:  NOP
50:  1
51:  NOP
52:  2
53:  BIPUSH      0
55:  ISTORE      2
57:  IN
58:  ISTORE      1
60:  ILOAD       1
62:  BIPUSH     10
64:  IF_ICMPEQ  80
67:  IINC        1      -48
70:  ILOAD       2
72:  DUP
73:  IADD
74:  ILOAD       1
76:  IADD
77:  GOTO       57
80:  ILOAD       2
82:  IRETURN
```

Abb. 6.36: *Die Methode `binary-read()` im Bytecode.*

5. `break` kann einen Haltepunkt an einer festgelegten Byte-Adresse setzen. Unsere Idee ist es, zunächst das Programm bis zum Beginn der Methode `binary-read()` laufen zu lassen. Dazu müssen wir dort eine Haltepunkt setzen. Abbildung 6.36 zeigt, dass der erste ausführbare Befehl der Methode `binary-read()` die Byte-Adresse 53 hat. Wir geben also den Befehl

   ```
   break
   ```

   ein. Wir werden dann nach der Byte-Adresse gefragt und geben 53 ein.

Der Befehl `break` ist insofern untypisch implementiert, als immer nur ein Haltepunkt gesetzt sein kann. Wenn Sie also einen Haltepunkt mit `break` setzen, dann wird ein eventuell vorher gesetzter Haltepunkt gelöscht.

6. `run` lässt das Programm bis zum nächsten Haltepunkt laufen. Geben wir dieses Kommando ein, so erhalten wir die die Meldung

   ```
   INVOKEVIRTUAL 2.
   ```

   Dies zeigt uns, dass der Befehl `invokevirtual` ausgeführt worden ist. Um den Fehler zu finden, geben wir nun den Befehl `show_stack` ein und erhalten:

   ```
   13:     4
   12:     6
   11:     0
   10:     0
    9:    64
   ```

   Dies ist wie folgt zu interpretieren:

   (a) An der Adresse 9 liegt der implizite Parameter `OBJREF` als erstes Argument auf dem Stack.

   (b) An den Adressen 10 und 11 liegen die beiden lokalen Variablen `c` und `result` auf dem Stack. Zu Beginn sind diese lokalen Variablen mit 0 initialisiert.

   (c) An der Adresse 12 wird der alte Wert von `PC` gespeichert.

   (d) An der Adresse 13 wird der alte Wert von `LV` gespeichert.

7. `trace_stack` schaltet die Beobachtung des Stacks ein. Wir verschieben mit dem Befehl `break` den Haltepunkt an das Ende der Schleife in der Methode `binary-read()`, die Zeilennummer hat nach Abbildung 6.36 den Wert 77. Anschließend geben wir wieder `run` ein. Da dann irgendwann der Befehl `in` abgearbeitet wird, fordert uns der Debugger auf, ein Zeichen einzugeben. Wir geben 1 ein. Schließlich hält der Debugger in Zeile 77. Der Stack hat jetzt die folgende Gestalt:

   ```
   14:     1
   13:     4
   12:     6
   11:     0
   10:     1
    9:    64
   ```

   Wir geben wieder „`run`" ein und bei der Eingabe-Aufforderung eine 0. Wenn der Debugger danach in Zeile 77 anhält, dann hat der Stack die Form:

   ```
   15:     0
   14:     1
   13:     4
   ```

```
12:        6
11:        0
10:        0
 9:       64
```

Das ist verdächtig, denn der Stack ist nun gewachsen. Normalerweise sollte der Stack nach jedem Durchlauf einer Schleife dieselbe Höhe haben, denn wenn wir hinterher von der Methode zurückkehren wollen, dann darf auf dem Stack über dem alten Wert des Registers `LV` ja nur der Rückgabewert liegen. Wenn wir den Stack genauer inspizieren, stellen wir außerdem fest, dass die lokale Variable `result`, die ja an der Position 11 im Stack liegt, immer noch den Wert 0 hat. Damit haben wir aber den Fehler gefunden: Wir haben vergessen, am Ende der Schleife die lokale Variable `result` abzuspeichern. Dadurch bleibt dann auch der Wert von `result` bei jedem Schleifen-Durchlauf auf dem Stack liegen und folglich wächst der Stack. Fügen wir in das Programm in Abbildung 6.31 hinter dem Befehl `iadd` in Zeile 19 den Befehl

```
ISTORE result
```

ein, dann funktioniert das Programm.

Wir diskutieren noch die Befehle, die wir bisher nicht benutzt haben.

8. `trace_regs` aktiviert die Beobachtung aller Register.
9. `untrace_regs` deaktiviert die Beobachtung aller Register.
10. `untrace_stack` deaktiviert die Beobachtung des Stacks.
11. `untrace_cmds` deaktiviert die Beobachtung der Kommandos.

Der IJVM-Debugger ist sehr spartanisch, aber besser als nichts. Auf meiner Webseite finden Sie einen IJVM-Debugger, der eine graphische Benutzeroberfläche hat und wesentlich komfortabler ist.

Aufgabe 20: Entwickeln Sie ein Programm zum Einlesen einer Dezimal-Zahl. Gehen Sie in folgenden Schritten vor:

1. Entwickeln Sie ein `C`-Programm, das die Aufgabe löst.
2. Transformieren Sie dieses Programm in ein Assembler-ähnliches `C`-Programm.
3. Schreiben Sie das Assembler-ähnliche `C`-Programm in ein IJVM-Assembler-Programm um.

6.6 Multiplikation und Division in Assembler

Wollen wir nicht-triviale Assembler-Programme erstellen, so kommen wir nicht ohne Multiplikation und Division aus. Da uns der IJVM-Assembler diese Operationen nicht zur Verfügung stellt, bleibt uns nur die Möglichkeit, Unterprogramme zu entwickeln, mit deren Hilfe wir multiplizieren und dividieren können.

6.6.1 Division

Wir beginnen mit der Division. Abbildung 3.31 auf Seite 123 zeigt ein C-Programm, das wir damals entwickelt hatten, um die Division als Hardware zu implementieren. In Abbildung 6.37 zeigen wir das Programm noch einmal, aber diesmal für 31-Bit-Zahlen. Warum 31-Bit-Zahlen und nicht 32-Bit-Zahlen? Der Grund ist, dass wir uns auf die Division natürlicher Zahlen beschränken wollen. Bei der IJVM ist der grundlegende Datentyp aber `int` und nicht `unsigned`. Um dort immer mit natürlichen Zahlen zu rechnen, fordern wir, dass das Vorzeichen-Bit für die Zahlen, mit denen wir rechnen wollen, den Wert 0 haben soll.

Leider funktioniert das Programm für 31-Bit-Zahlen in der Form, wie es in Abbildung 6.37 angegeben ist, nicht. Der Grund ist die Zeile 8, denn bei der Berechnung des Ausdrucks `(p << i)` nimmt der Index i nacheinander die Werte 30, 29, $\cdots$, 0 an. Da die Zahl p selber aus 31 Bits bestehen kann, würde ein Links-Shift dazu führen, dass Bits abgeschnitten werden. Dann würde aber nicht mehr die Gleichung

$$\texttt{(p << i)} = p * 2^i$$

gelten und das Programm würde falsche Ergebnisse liefern.

```
1  unsigned divide(unsigned d, unsigned p) {
2      unsigned n = 31;    // n is the number of bits
3      unsigned q = 0;     // q is the quotient
4      unsigned r = d;     // r is the rest
5      unsigned i, qi;
6      for (int k = 0; k < n; ++k) {
7          i  = n - 1 - k;
8          qi = ((p << i) <= r);  // (p << i) = p * 2 ** i
9          r -= (p * qi << i);
10         q += (qi << i);        // q += qi * 2 ** i
11         assert(d == q * p + r);
12         assert((r >> i) < p);
13     }
14     assert(r < p);
15     return q;
16 }
```

Abb. 6.37: *Die Funktion* ***`divide()`*****, Buggy!**.

Die Gleichung `(p << i)` $= p * 2^i$ wird genau für die Indizes i verletzt, für die `(p << i)` aus mehr als 31 Bits bestehen würde. In diesem Fall gilt aber sicher die Ungleichung

$$\texttt{p} * 2^i > \texttt{r},$$

denn `r` besteht ja aus maximal 31 Bits. Also hätte in einem solchen Fall die Variable `qi` in Zeile 8 den Wert 0. Wenn `qi` $= 0$ ist, dann passiert in den Zeilen 9 und 10 nichts. Unsere Idee, das Programm zu reparieren, besteht daher darin, dass wir zunächst in einer separaten Schleife das größte `i` bestimmen, für dass wir noch den Ausdruck `(p << i)` berechnen können, ohne dass dabei das oberste Bit von p verloren geht. In dieser Schleife können wir auch pi = (p << i) berechnen, indem wir pi mit p initialisieren und dann in jedem Schleifen-Durchlauf pi um ein Bit nach links schieben. In der folgenden Schleife zählen wir den Index i wieder nach unten. Abbildung 6.38 zeigt die Realisierung dieser Idee.

```
1   unsigned divide(unsigned d, unsigned p) {
2       unsigned q = 0;    // q is the quotient
3       unsigned r = d;    // r is the rest
4       int      i = 0;
5       unsigned pi = p;  // pi = p * 2 ** i
6       unsigned mask = 1073741824;  // 1073741824 = 2 ** 30
7       while ((pi & mask) == 0) {
8           ++i;
9           pi = (pi << 1);
10      }
11      for (; i >= 0; --i) {
12          q = q << 1;
13          if (pi <= r) {
14              r -= pi;
15              q += 1;
16          }
17          pi = (pi >> 1);
18      }
19      assert(r < p);
20      assert(d == q * p + r);
21      return q;
22  }
```

Abb. 6.38: *Division von 32-Bit-Zahlen.*

Wir definieren in Zeile 6 mask als 2^{30}. Die Binär-Darstellung dieser Zahl hat gerade das Bit Nummer 31 gesetzt, alle anderen Bits sind 0. Daher ist der Ausdruck (pi & mask) in Zeile 7 genau dann von 0 verschieden, wenn das Bit mit der Nummer 31 in der Zahl pi gesetzt ist. Wir schieben also in Zeile 9 pi so lange um ein Bit nach links, wie dabei keine Bits von pi verloren gehen. Am Ende der Schleife gilt

$$\texttt{pi} = \texttt{p} * 2^i$$

und außerdem ist das Bit Nummer 31 von pi gesetzt, denn sonst hätten wir ja pi noch um ein Bit weiter nach links geschoben. In der for-Schleife, die in Zeile 11 beginnt, schauen wir in Zeile 13, ob

$$p * 2^i \leq r$$

gilt, wobei r der Rest ist, den wir zu Beginn in Zeile 3 mit d initialisiert haben. In diesem Fall ziehen wir in Zeile 14 von r den Wert $p * 2^i$ ab. In Zeile 15 erhöhen wir den Quotienten q zunächst um 1. Da wir q aber anschließend noch i-mal um 1 Bit nach links schieben (Zeile 12), hat das denselben Effekt, als ob wir

$$\mathtt{q} = \mathtt{q} + 2^i$$

rechnen und uns das Shiften sparen würden. Wir wählen den oberen Weg, weil es im IJVM-Assembler keinen Befehl gibt, um eine Zahl n um eine variable Anzahl Bits nach links zu schieben.

```
1  unsigned divide(unsigned d, unsigned p) {
2      int q = 0;    // q is the quotient
3      int r = d;    // r is the rest
4      int i = 0;
5      int pi = p;   // p * 2 ** i
6      int mask = 1073741824;
7  loop1:
8      if ((pi & mask) == mask) goto loop2;
9      ++i;
10     pi = pi + pi;
11     goto loop1;
12 loop2:
13     if (i < 0) goto finish;
14     q = q + q;
15     if (r - pi < 0) goto next;
16     r = r - pi;
17     q += 1;
18 next:
19     pi = (pi >> 1);
20     --i;
21     goto loop2;
22 finish:
23     assert(r < p);
24     assert(d == q * p + r);
25     return q;
26 }
```

Abb. 6.39: *Assembler-ähnliche Division von 32-Bit-Zahlen.*

Als Nächstes setzen wir das Programm aus Abbildung 6.38 in Assembler-ähnliches `C` um. Abbildung 6.39 zeigt das Ergebnis. Ein wesentlicher Unterschied zwischen dem Programm in Abbildung 6.38 und dem Programm in Abbildung 6.39 besteht darin, dass das Assembler-ähnliche Programm nur den Datentyp `int` verwendet. Einerseits reflektiert dies die Tatsache, dass `int` der einzige Datentyp ist, der von der IJVM unterstützt wird. Andererseits würde auch der Test `r - pi < 0` in Zeile 15 nicht funktionieren, wenn wir dort mit dem Datentyp `unsigned` arbeiten würden, denn dann würde die Differenz `r - pi` als Ergebnis ein `unsigned` berechnet und ein `unsigned` ist nie negativ!

Die Abbildungen 6.40 und 6.41 zeigen die Umsetzung des Assembler-ähnlichen Programms in IJVM-Assembler.

Aufgabe 21: Entwickeln Sie ein Programm zur Multiplikation zweier natürlicher Zahlen

```
.method divide(d, p)
.var
    q
    r
    i
    pi
.end-var
        bipush 0
        istore q        // q = 0;
        iload  d
        istore r        // int r = d;
        bipush 0
        istore i        // int i = 0;
        iload  p
        istore pi       // int pi = p;
loop1:  ldc_w  mask
        dup
        iload  pi
        iand
        if_icmpeq loop2 // if ((pi & mask) == mask) goto loop2;
        iinc   i  1     // ++i;
        iload  pi
        dup
        iadd            // pi = pi + pi;
        istore pi
        goto   loop1
loop2:  iload  i
        iflt   finish   // if (i < 0) goto finish;
        iload  q
        dup
        iadd
        istore q        // q = q + q;
        iload  r
        iload  pi
        isub
        iflt   next     // if (r - pi < 0) goto next;
        iload  r
        iload  pi
        isub
        istore r        // r = r - pi;
        iinc   q  1     // q += 1;
```

Abb. 6.40: *Division in Assembler, 1. Teil.*

```
next:   iload  pi
        sra1
        istore pi           // pi = (pi >> 1);
        iinc   i -1         // --i;
        goto loop2
finish: iload  q
        ireturn             // return q;
.end-method
```

Abb. 6.41: *Division in Assembler, 2. Teil.*

a und b, die sich mit 31 Bits darstellen lassen. Sie dürfen davon ausgehen, dass zur Darstellung des Produktes $a * b$ ebenfalls nur 31 Bits benötigt werden. Gehen Sie bei der Entwicklung des Programms von der Formel

$$a = \sum_{i=0}^{30} a_i * 2^i$$

aus und gehen Sie in folgenden Schritten vor:

1. Entwickeln Sie ein C-Programm, das die Aufgabe löst.
2. Transformieren Sie dieses Programm in ein Assembler-ähnliches C-Programm.
3. Schreiben Sie das Assembler-ähnliche C-Programm in ein IJVM-Assembler-Programm um.

6.6.2 Multiplikation

Wir zeigen nun, wie sich die Multiplikation in IJVM-Assembler realisieren lässt. Es gilt

$$a * b = \left(\sum_{i=0}^{30} a_i * 2^i \right) * b = \sum_{i=0}^{30} a_i * \left(b * 2^i \right).$$

Da $a_i \in \{0, 1\}$ ist, haben wir mit der obigen Gleichung die Multiplikation auf eine Folge von Additionen zurückgeführt. Den Ausdruck $b * 2^i$ können wir durch Links-Shifts berechnen. Das Bit a_0 berechnen wir, indem wir a mit der Maske 1 bitweise Verunden. Anschließend schieben wir a um ein Bit nach rechts und können dann das Bit a_1 durch bitweises Verunden von a und der Maske 1 berechnen. Die weiteren Bits a_i werden analog berechnet. Abbildung 6.42 zeigt ein C-Programm, das diese Überlegungen umsetzt.

Abbildung 6.43 zeigt eine Assembler-ähnliche Version des Programms zur Multiplikation.

```
int multiply(int a, int b) {
    int product = 0;
    int i;
    for (i = 0; i < 31; ++i) {
        if ((a & 1) == 1) {
            product = product + b;
        }
        b = b << 1;
        a = a >> 1;
    }
    return product;
}
```

Abb. 6.42: *Multiplikation von natürlichen Zahlen.*

```
int multiply(int a, int b) {
    int product = 0;
    int i       = 0;
loop:
    if (i == 31) goto finish;
    if ((a & 1) == 0) goto next;
    product  = product + b;
next:
    b = b + b;
    a = a >> 1;
    ++i;
    goto loop;
finish:
    return product;
}
```

Abb. 6.43: *Assembler-ähnliche Multiplikation von natürlichen Zahlen.*

Die Umsetzung des Assembler-ähnlichen C-Programms in IJVM-Assembler ist in Abbildung 6.44 gezeigt.

6.6.3 Ausdrucken von Zahlen im Dezimal-System

Nachdem wir im vorletzten Abschnitt eine Methode zur Division entwickelt haben, können wir nun eine Methode entwickeln, um Zahlen dezimal auszudrucken. Wir orientieren uns an dem in Abbildung 2.42 gezeigten C-Programm.

Abbildung 6.45 zeigt eine Assembler-ähnliche Version dieses Programms. Wollen wir dieses Programm in IJVM-Assembler übertragen, so müssen wir uns noch überlegen,

```
.method multiply(a, b)
.var
    product
    i
.end-var
    bipush    0
    istore    product               // product = 0;
    bipush    0
    istore    i                     // i = 0;
loop:
    iload     i
    bipush    31
    if_icmpeq finish                // if (i == 31) goto finish;
    iload     a
    bipush    1
    iand
    ifeq      next                  // if ((a & 1) == 0) goto next;
    iload     product
    iload     b
    iadd
    istore    product               // product  = product + b;
next:
    iload     b
    dup
    iadd
    istore    b                     // b = b + b;
    iload     a
    sra1
    istore    a                     // a = a >> 1;
    iinc      i  1                  // ++i;
    goto      loop
finish:
    iload     product
    ireturn                         // return product;
.end-method
```

Abb. 6.44: *Multiplikation von natürlichen Zahlen in Assembler.*

wie wir das Feld `digits` modellieren können. Als wir das analoge Programm in SRP-Assembler geschrieben hatten, konnten wir dieses Feld im Speicher anlegen. Wir hatten seinerzeit nur darauf achten müssen, dass wir das Feld so im Speicher plazieren, dass keine anderen Daten überschrieben wurden. Wir haben bei dem SRP-Assembler die Befehle `store` und `load`, mit denen wir beliebig im Speicher schreiben und lesen können. Der IJVM-Assembler ist hier wesentlich eingeschränkter, denn die Befehle `istore` und `iload` lesen und schreiben nur auf dem Stack. Also bleibt uns nichts anderes übrig, als die Ziffern auf dem Stack abzulegen. Dabei haben wir insofern Glück, als der Algorith-

```
void writeInt(int n) {
    int count, i;
    int digits[10];
    count = 0;
loop:
    ++count;
    digits[count-1] = n % 10 + '0';
    n = n / 10;
    if (n == 0) goto write;
    goto loop;
write:
    i = count;
forLoop:
    if (i == 0) goto finish;
    putchar(digits[i-1]);
    --i;
    goto forLoop;
finish:
    return;
}
```

Abb. 6.45: *Assembler-ähnliche Ausgabe einer Dezimal-Zahl.*

mus ja zunächst die unterste Ziffer berechnet und diese als Letztes ausgegeben wird: Wenn die Ziffern in der Reihenfolge d_0, d_1, d_2, $\cdots$, d_{n-1}, d_n auf dem Stack abgelegt werden, dann können Sie in der Reihenfolge d_n, d_{n-1}, $\cdots$, d_1, d_0 ausgegeben werden. Abbildung 6.46 zeigt die Umsetzung dieser Idee in IJVM-Assembler. Wir haben dabei eine Methode `modulo` benutzt, die sehr einfach aus der Methode `divide` abgeleitet werden kann. Dazu ist lediglich Zeile 47 der Abbildung 6.41 auf Seite 276 zu ändern. In Abbildung 6.41 steht dort

`finish: iload q`.

Dies ist zu ersetzen durch die Zeile

`finish: iload r`,

denn die Variable `r` enthält gerade den Rest bei der Division von `d` durch `p`.

Aufgabe 22: Entwickeln Sie ein Programm, das alle Primzahlen, die kleiner als 100 sind, am Bildschirm ausgibt. Verwenden Sie dabei die in diesem Kapitel vorgestellten Methoden und gehen Sie in folgenden Schritten vor:

1. Entwickeln Sie ein C-Programm, dass die Aufgabe löst.
2. Transformieren Sie dieses Programm in ein Assembler-ähnliches C-Programm.
3. Schreiben Sie das Assembler-ähnliche C-Programm in ein IJVM-Assembler-Programm um.

```
.method writeInt(n)
.var
    count
    i
.end-var
    bipush        0
    istore        count        // count = 0;
loop:
    iinc          count 1      // ++count;
    ldc_w         OBJREF
    iload         n
    bipush        10
    invokevirtual modulo
    bipush        48
    iadd                       // digits[count-1] = n % 10 + '0';
    ldc_w         OBJREF
    iload         n
    bipush        10
    invokevirtual divide       // n = n / 10;
    dup
    istore        n
    ifeq          write        // if (n == 0) goto write;
    goto          loop
write:
    iload         count
    istore        i            // i = count;
forLoop:
    iload         i
    ifeq          finish       // if (i == 0) goto finish;
    out                        // putchar(digits[i-1]);
    iinc          i  -1      --i;
    goto          forLoop
finish:
    ldc_w         OBJREF
    ireturn
.end-method
```

Abb. 6.46: *Ausgabe einer Dezimal-Zahl in* IJVM*-Assembler.*

7 Der Prozessor *Mic-1*

In diesem Kapitel betrachten wir den Prozessor *Mic-1*. Dieser Prozessor ist ein CISC-Prozessor und lässt sich über *Micro-Code* programmieren. Insbesondere lässt er sich so programmieren, dass mit dem Prozessor IJVM-Bytecode-Programme verarbeitet werden können. Wir diskutieren zunächst den *Datenweg*, der im Angelsächsischen als *data path* bezeichnet wird. Um diesen Datenweg zu steuern ist der Prozessor mit einer programmierbaren Kontroll-Einheit ausgestattet, die wir anschließend vorstellen. Die Programmierung dieser Kontroll-Einheit geschieht mit Hilfe eines *Mikro-Assemblers*. Wir werden zeigen, wie sich der Befehlssatz der IJVM durch ein geeignetes Mikro-Assembler-Programm implementieren lässt. Außerdem zeigen wir, wie wir den Befehlssatz der IJVM erweitern können.

7.1 Der Datenweg des Prozessors *Mic-1*

Abbildung 7.1 auf Seite 282 zeigt den Datenweg des Prozessors. Der Datenweg besteht aus den Elementen, die Programm-Daten verarbeiten. Konkret sind dies die ALU, mit der Berechnungen durchgeführt werden können, die Register, in denen wir Daten speichern, und die Daten-Busse, die die ALU mit den Registern verbindet. Bevor wir die Details diskutieren können, sind noch einige Vorbemerkungen erforderlich. Bei dem Prozessor *Mic-1* sind Daten-Speicher und Programm-Speicher getrennt. Der Daten-Speicher enthält den Stack und die Konstanten, während der Programm-Speicher den Bytecode des auszuführenden IJVM-Programms enthält. Hierbei ist wichtig, dass der Programm-Speicher byteweise adressiert wird, während der Daten-Speicher wortweise adressiert wird. Der Programm-Speicher liefert beim Lesen also ein einzelnes Byte, während der Daten-Speicher beim Lesen ein Wort, das aus vier Bytes besteht, zurückgibt. Wir können nun die einzelnen Elemente des Datenwegs im Detail diskutieren.

1. Der Datenweg enthält drei Daten-Busse: Der A-Bus verbindet das Register `H` mit dem ersten Eingang der ALU, der B-Bus verbindet die restlichen Register mit dem zweiten Eingang der ALU und der C-Bus verbindet den Ausgang der ALU mit den Eingängen der verschiedenen Register.

2. Die beiden Register `MAR` und `MDR` bilden die Schnittstelle zum Daten-Speicher.

   Das Register `MAR` ist das *Memory Address Register*. Wenn Daten aus dem Daten-Speicher gelesen oder in den Daten-Speicher geschrieben werden sollen, dann gibt das Register `MAR` die jeweilige Speicher-Adresse an, von der die Daten gelesen oder an die die Daten geschrieben werden sollen.

   Das Register `MDR` hat eine bidirektionale Verbindung zum Daten-Speicher. Werden Daten aus dem Daten-Speicher gelesen, so werden diese Daten vom Daten-

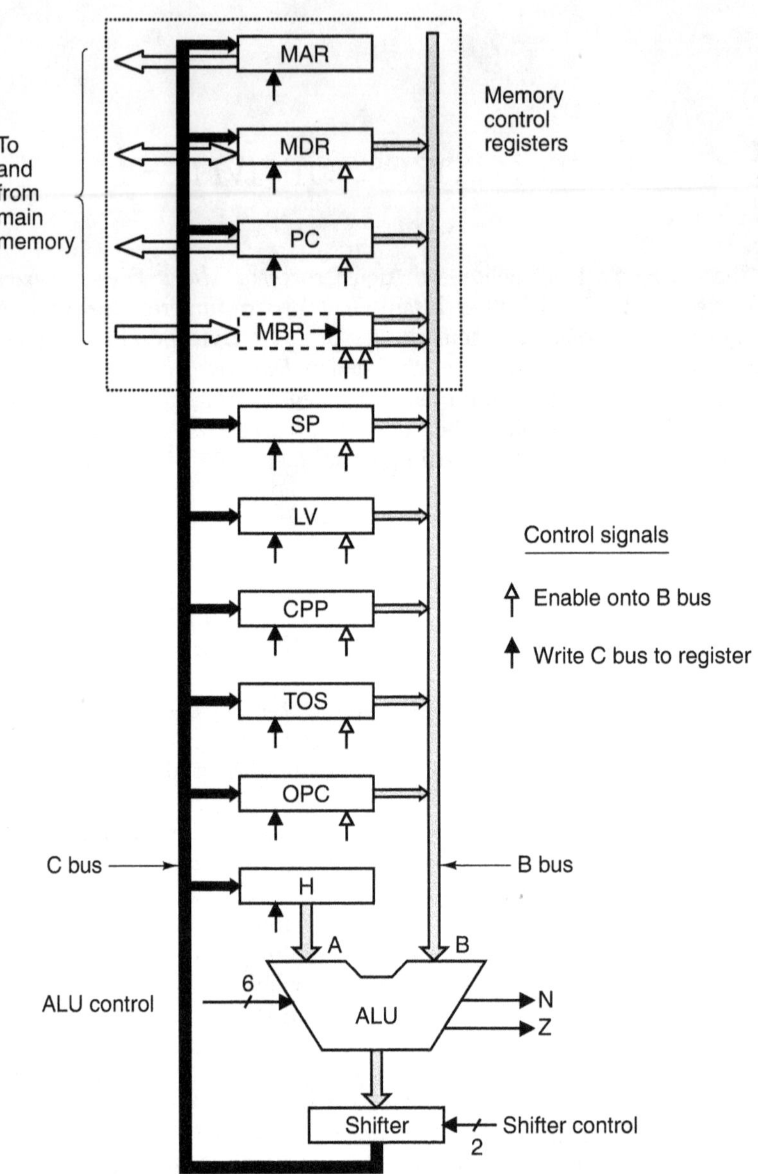

Abb. 7.1: *Datenweg der Mic-1.*

Speicher in das Register `MDR` geschrieben, und wenn Daten in den Daten-Speicher geschrieben werden sollen, so werden diese Daten vorher im Register `MDR` abgelegt.

3. Die Register `PC` und `MBR` bilden die Schnittstelle zum Programm-Speicher. Im Gegensatz zu der Schnittstelle zum Daten-Speicher ist diese Schnittstelle *unidi-*

rektional: Es können nur Daten aus dem Programm-Speicher gelesen werden und es besteht keine Möglichkeit, Daten in diesen Speicher zu schreiben. Der Grund dafür liegt in dem Sicherheitskonzept von *Java*. Dieses Konzept schließt aus, dass Programme sich zur Laufzeit selbst verändern.

Das Register `PC` (*program counter*) enthält die Byte-Adresse des nächsten auszuführenden Byte-Codes. Dieser Byte-Code wird dann in das Register `MBR` (*memory byte register*) geschrieben. Im SRP entspricht dieses Register dem Register `IR`. Da die einzelnen Instruktionen nur eine Größe von einem Byte haben, ist dieses Register ein 8-Bit-Register, alle anderen Register sind 32-Bit-Register. Da der B-Bus eine Breite von 32 Bits hat, gibt es zwei Möglichkeiten dieses Register auf den B-Bus zu schreiben: Entweder werden die oberen 24 Bits mit Nullen aufgefüllt oder sie werden mit dem Vorzeichen-Bit aufgefüllt.

4. Das Register `SP` enthält den *Stack Pointer*.

5. Das Register `LV` zeigt auf die erste lokale Variable einer Methode.

6. Das Register `CPP` zeigt auf den Beginn des Konstanten-Pools.

7. Das Register `TOS` enthält das Wort, das oben auf dem Stack liegt. Dieser Wert wird aus Effizienz-Gründen in einem Register abgespeichert.

8. Das Register `OPC` ist ein Hilfsregister, das verschiedene Werte enthält. Der Name `OPC` steht für *Old Program Counter* und rührt daher, dass dieses Register bei der Implementierung von Sprung-Befehlen dazu benutzt wird, den Wert zu sichern, den das Register `PC` vor der Ausführung des Sprung-Befehls hat.

9. Das Register `H` enthält das erste Argument für die ALU.

Neben den Daten-Bussen und den Registern enthält der Datenweg noch die ALU und einen Shifter, der an den Ausgang der ALU angeschlossen ist. Der Shifter wird über zwei Kontroll-Leitungen gesteuert. Diese Kontroll-Leitungen haben die Namen `SLL8` und `SRA1`. Je nachdem, wie diese beiden Kontroll-Leitungen gesetzt sind, führt der Shifter die folgenden Operationen aus:

1. `SLL8` = 0 und `SRA1` = 0:

   In diesem Fall wird der am Eingang anliegende Wert unverändert am Ausgang ausgegeben.

2. `SLL8` = 0 und `SRA1` = 1:

   In diesem Fall wird der am Eingang anliegende Wert arithmetisch um 1 Bit nach rechts geschoben.

3. `SLL8` = 1 und `SRA1` = 0:

   In diesem Fall wird der am Eingang anliegende Wert logisch um 8 Bits nach links geschoben.

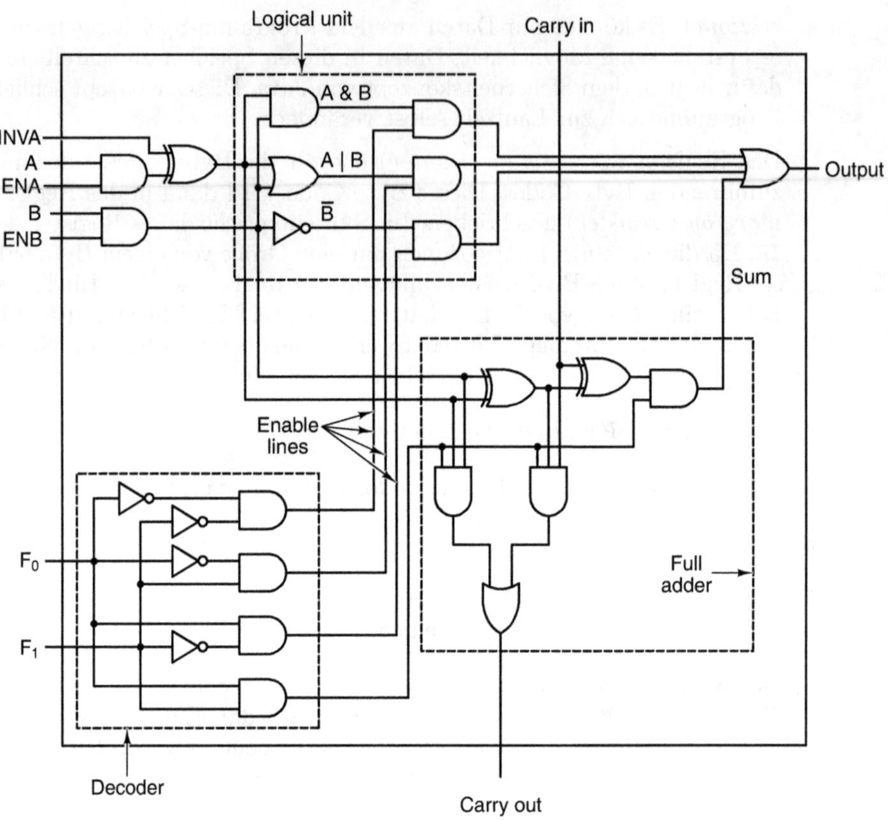

Abb. 7.2: *Eine 1-Bit-*ALU.

4. SLL8 = 1 und SRA1 = 1:

   Dieser Fall tritt nicht auf, das Verhalten des Shifters ist daher undefiniert.

Die ALU entsteht durch Zusammenschaltung von 1-Bit-ALUs. Eine solche 1-Bit-ALU ist in Abbildung 7.2 gezeigt. Konzeptuell besteht diese 1-Bit-ALU aus drei Komponenten: einem Voll-Addierer, einer Schaltung zur Berechnung der logischen Verknüpfungen (Und, Oder, Nicht) und einem Decoder mit dessen Hilfe wir auswählen können, welche Operation die ALU tatsächlich ausführen soll. Der Decoder wird über zwei Steuerleitungen F0 und F1 wie folgt angesteuert:

1. F0 = 0, F1 = 0: Die Ausgabe des Und-Gatters wird an den Ausgang der ALU weitergegeben.

2. F0 = 0, F1 = 1: Die Ausgabe des Oder-Gatters wird an den Ausgang der ALU weitergegeben.

3. `F0` = 1, `F1` = 0: Die Ausgabe des Nicht-Gatters wird an den Ausgang der ALU weitergegeben.

4. `F0` = 1, `F1` = 1: Die Ausgabe des Voll-Addierers wird an den Ausgang der ALU weitergegeben. Dies wird dadurch erreicht, dass in den Voll-Addierer ein zusätzliches Signal eingespeist wird. Dieses Signal schaltet den Voll-Addierer ab, wenn es auf 0 gesetzt ist. Wenn das Signal den Wert 1 hat, arbeitet der Voll-Addierer ganz normal.

Die 1-Bit-ALU verfügt über die beiden Daten-Eingänge `A` und `B`, die allerdings noch durch die Signale `INVA` (*invert A*), `ENA` (*enable A*) und `ENB` (*enable B*) modifiziert werden können. Falls `ENA` nicht gesetzt ist, so wird der Eingang `A` auf 0 gesetzt, und genauso wird der Eingang `B` auf 0 gesetzt, wenn `ENB` nicht gesetzt ist. Das Signal `INVA` dient dazu, den Eingang `A` zu invertieren. Schließlich gibt es noch ein Signal `CarryIn`, das als Eingang am Voll-Addierer anliegt. Die 1-Bit-ALU lässt sich sofort in *Verilog* implementieren. Abbildung 7.3 zeigt die Implementierung einiger Hilfsmodule und Abbildung 7.4 auf Seite 287 zeigt, wie sich diese Module zu der in Abbildung 7.2 gezeigten ALU zusammen schalten lassen.

Um aus den 1-Bit-ALUs eine 32-Bit-ALU zu konstruieren, werden die 32 Instanzen der 1-Bit-ALU im Wesentlichen parallel geschaltet. Abbildung 7.5 zeigt die Details. Wichtig ist hier, dass die Carry-Signale sequentiell die verschiedenen 1-Bit-ALUs durchlaufen: Das Signal `CarryOut` der i-ten 1-Bit-ALU dient als das Signal `CarryIn` der $i+1$-ten 1-Bit-ALU. Um die Details, die wir in Abbildung 7.5 unterdrückt haben, konkret zu machen, zeigen wir in Abbildung 7.6 auf Seite 288 die Implementierung einer 32-Bit-ALU, die aus den oben diskutierten 1-Bit-ALUs zusammengesetzt ist. In Abbildung 7.1 sind neben dem Daten-Ausgang der ALU noch zwei weitere Ausgänge gezeigt: Der Ausgang `N` (*negative*) ist gesetzt, wenn der von der ALU berechnete Wert negativ ist. Der Ausgang `Z` (*zero*) ist gesetzt, wenn der von der ALU berechnete Wert gleich null ist. Diese Ausgänge berechnen wir in den Zeilen 14 und 15 der Abbildung 7.6. Der Ausgang `N` ist genau das Vorzeichenbit des von der ALU berechneten Ergebnisses.

Als Nächstes überlegen wir uns, welche Funktionen wir mit der ALU berechnen können. Tabelle 7.1 zeigt, wie die Kontroll-Leitungen der ALU gesetzt werden müssen, um verschiedene nützliche Funktionen berechnen zu können. Wir diskutieren diese Tabelle nun Zeile für Zeile.

1. Um das erste Argument `A` als Ausgabe auszugeben, selektieren wir zunächst durch die Kombination `F0` = 0, `F1` = 1 das Oder-Gatter des Moduls `logic_unit`. Durch Setzen von `ENA` = 1 schalten wir den Eingang `A` an. Den Eingang `B` schalten wir durch Setzen von `ENB` = 0 ab. Damit der Eingang `A` nicht invertiert wird, muss `INVA` auf 0 gesetzt werden. Das Signal `INC` ist das Carry-Signale des ersten Voll-Addierers. Da der Voll-Addierer in diesem Fall nicht gebraucht wird, ist der Wert des Signals `INC` unwichtig. Diesen Umstand drücken wir in der Tabelle 7.1 durch ein „?“ aus.

   Die erste Zeile der Tabelle zeigt diesen Fall.

2. Um das zweite Argument `B` als Ausgabe auszugeben, selektieren wir zunächst durch die Kombination `F0` = 0, `F1` = 1 das Oder-Gatter des Moduls `logic_unit`.

```
module decoder_2_4(output SlctAnd, SlctOr, SlctNot, SlctSum,
                   input  F0, F1);
  and (SlctAnd, ~F0, ~F1);
  and (SlctOr,  ~F0,  F1);
  and (SlctNot,  F0, ~F1);
  and (SlctSum,  F0,  F1);
endmodule // decoder_2_4

module logical_unit(output And, Or, Not,
                    input  A, B, SlctAnd, SlctOr, SlctNot);
  wire   A_and_B, A_or_B, Not_B;
  and (A_and_B, A, B);
  or  ( A_or_B, A, B);
  not (  Not_B,    B);
  and (And, A_and_B, SlctAnd);
  and (Or,  A_or_B,  SlctOr );
  and (Not, Not_B,   SlctNot);
endmodule // logical_unit

module full_adder(output Sum, CarryOut,
                  input  A, B, CarryIn, Slct);
  wire   S1, S2, C1, C2;
  xor (S1, A, B);
  xor (S2, S1, CarryIn);
  and (Sum, Slct, S2);
  and (C1, A, B, Slct);
  and (C2, S1, CarryIn, Slct);
  or  (CarryOut, C1, C2);
endmodule
```

Abb. 7.3: *Hilfsmodule zur Implementierung der 1-Bit-*ALU.

Durch Setzen von `ENB` = 1 schalten wir den Eingang `B` an. Den Eingang `A` schalten wir durch Setzen von `ENA` = 0 ab. Damit der Eingang `A` nicht invertiert wird, muss außerdem `INVA` auf 0 gesetzt werden. Der Eingang `INC` spielt keine Rolle.

Die zweite Zeile der Tabelle zeigt diesen Fall.

3. Um die Negation `~A` des ersten Arguments `A` als Ausgabe auszugeben, selektieren wir zunächst durch die Kombination `F0` = 0, `F1` = 1 das Oder-Gatter des Moduls `logic_unit`. Durch Setzen von `ENA` = 1 schalten wir den Eingang `A` an. Den Eingang `B` schalten wir durch Setzen von `ENB` = 0 ab. Diesmal soll der Eingang `A` invertiert werden, wir setzen also `INVA` auf 0. Der Eingang `INC` spielt auch diesmal keine Rolle.

   Dieser Fall ist in der dritten Zeile der Tabelle gezeigt.

```
module one_bit_alu(output Out, CarryOut,
                   input  A, B, F0, F1, ENA, ENB, INVA, CarryIn);
   wire   SlctAnd, SlctOr, SlctNot, SlctSum, A_ena, B_ena, A_inv;
   wire   And, Or, Not, Sum;
   decoder_2_4 dcdr  (SlctAnd, SlctOr, SlctNot, SlctSum, F0, F1);
   and               (A_ena, A, ENA);
   xor               (A_inv, A_ena, INVA);
   and               (B_ena, B, ENB);
   logical_unit lgcl (And, Or, Not,
                      A_inv, B_ena, SlctAnd, SlctOr, SlctNot);
   full_adder   fa   (Sum, CarryOut,
                      A_inv, B_ena, CarryIn, SlctSum);
   or                (Out, And, Or, Not, Sum);
endmodule
```

Abb. 7.4: *Implementierung der 1-Bit-*ALU *aus Abbildung 7.2 in Verilog.*

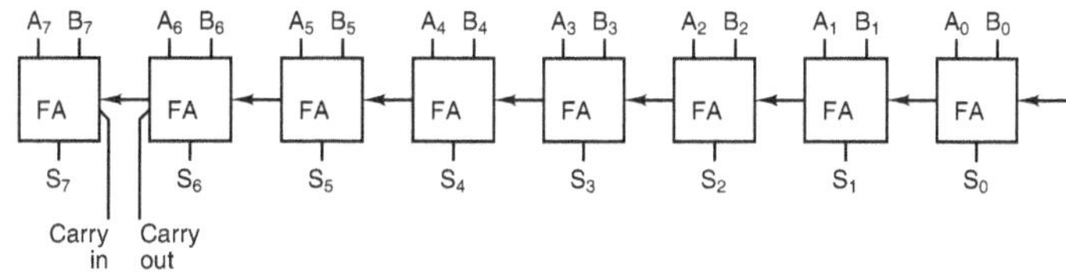

Abb. 7.5: *Zusammenschaltung von acht 1-Bit-*ALU*s.*

4. Um die Negation `~B` des zweiten Arguments `B` als Ausgabe auszugeben, selektieren wir durch die Kombination `F0` $= 1$, `F1` $= 0$ das Nicht-Gatter des Moduls `logic_unit`. Außerdem schalten wir den Eingang `B` durch Setzen von `ENB` $= 1$ an. Die Signale `ENA` und `INVA` sind in diesem Fall unwichtig und können beliebige Werte annehmen. Dies gilt auch für den Eingang `INC`.

   Dieser Fall ist in der vierten Zeile der Tabelle gezeigt.

5. Um die Summe `A` + `B` der beiden Argumente `A` und `B` als Ausgabe auszugeben, selektieren wir durch die Kombination `F0` $= 1$, `F1` $= 1$ den Voll-Addierer. Außerdem schalten wir die Eingänge `A` und `B` durch Setzen von `ENA` $= 1$ und `ENB` $= 1$ an. Das Signal `INVA` muss auf 0 gesetzt werden, damit `A` nicht invertiert wird. Außerdem muss das Signal `INC` auf 0 gesetzt werden.

   Dieser Fall ist in der fünften Zeile der Tabelle gezeigt.

6. Um die Summe `A` + `B` + 1 zu berechnen, sind die Signale genauso zu setzen wie im letzten Fall. Der einzige Unterschied ist, dass wir nun `INC` $= 1$ setzen, um noch eine 1 zu addieren.

   Dieser Fall ist in der sechsten Zeile der Tabelle gezeigt.

```
module alu(output [31:0] Out,
           output        N, Z,
           input  [31:0] A, B,
           input         F0, F1, A, B, ENA, ENB, INVA, INC);

   wire   [32:0] Carry;

   assign        Carry[0] = INC;

   one_bit_alu oba[31:0] (Out, Carry[32:1],
                          F0, F1, A, B,
                          ENA, ENB, INVA, Carry[31:0]);

   assign        Z = (Out == 0);
   assign        N = Out[31];
endmodule // alu
```

Abb. 7.6: *Zusammenschaltung der 1-Bit-*ALUs *zu einer 32-Bit-*ALU.

Tabelle 7.1: *Von der* ALU *berechenbare Funktionen.*

Zeilen-Nr.	F0	F1	ENA	ENB	INVA	INC	Out
1	0	1	1	0	0	?	A
2	0	1	0	1	0	?	B
3	0	1	1	0	1	?	~A
4	1	0	?	1	?	?	~B
5	1	1	1	1	0	0	A + B
6	1	1	1	1	0	1	A + B + 1
7	1	1	1	0	0	1	A + 1
8	1	1	0	1	0	1	B + 1
9	1	1	1	1	1	1	B − A
10	1	1	0	1	1	0	B − 1
11	1	1	1	0	1	1	−A
12	0	0	1	1	0	?	A & B
13	0	1	1	1	0	?	A | B
14	0	0	?	0	?	?	0
15	1	1	0	0	0	1	1
16	0	1	0	0	1	?	-1

7. Um die Summe A + 1 zu berechnen, selektieren wir durch die Kombination F0 = 1, F1 = 1 den Voll-Addierer. Durch Setzen von ENA = 1 und ENB = 0 schalten wir A an und B ab. Weiter muss das Signal INVA auf 0 gesetzt werden, damit A nicht invertiert wird. Damit eine 1 addiert wird, muss schließlich das Signal INC auf 1

gesetzt werden.

Dieser Fall ist in der siebten Zeile der Tabelle gezeigt.

8. Um die Summe $\texttt{B}+1$ zu berechnen, selektieren wir durch die Kombination $\texttt{F0} = 1$, $\texttt{F1} = 1$ den Voll-Addierer. Durch Setzen von $\texttt{ENA} = 0$ und $\texttt{ENB} = 1$ schalten wir A ab und B an. Weiter muss das Signal INVA auf 0 gesetzt werden, damit A nicht invertiert wird. Damit eine 1 addiert wird, muss schließlich das Signal INC auf 1 gesetzt werden.

   Dieser Fall ist in der achten Zeile der Tabelle gezeigt.

9. Um die Differenz $\texttt{A}-\texttt{B}$ zu berechnen, selektieren wir durch die Kombination $\texttt{F0} = 1$, $\texttt{F1} = 1$ den Voll-Addierer. Durch Setzen von $\texttt{ENA} = 1$ und $\texttt{ENB} = 1$ schalten wir A und B an. Weiter setzen wir das Signal INVA auf 1, so dass A nun invertiert wird. Außerdem setzen wir das Signal INC auf 1 und addieren dadurch eine 1. Damit berechnet die Schaltung nun

   $$\overline{\texttt{A}} + \texttt{B} + 1,$$

   denn A wird ja invertiert. In der Zweier-Komplement-Darstellung gilt aber

   $$-\texttt{A} = \overline{\texttt{A}} + 1$$

   und folglich berechnet die Schaltung jetzt den Wert $\texttt{B} - \texttt{A}$.

   Dieser Fall ist in der neunten Zeile der Tabelle gezeigt.

10. Um die Differenz $\texttt{B}-1$ zu berechnen, setzen wir $\texttt{F0} = 1$ und $\texttt{F1} = 1$ und selektieren damit den Voll-Addierer. Durch Setzen von $\texttt{ENA} = 0$ und $\texttt{ENB} = 1$ schalten wir A ab und B an. Weiter setzen wir das Signal INVA auf 1, so dass A nun invertiert wird. Da A aber abgeschaltet ist, heißt dies, dass die Zahl 0 invertiert wird und das liefert eine Zahl, bei der alle Bits gesetzt sind. Diese Zahl hat aber gerade den Wert -1 in der Zweier-Komplement-Darstellung. Schließlich setzen wir das Signal INC auf 0. Insgesamt berechnet die Schaltung also

    $$\underbrace{\overline{0}\cdots\overline{0}}_{32} + \texttt{B} = \underbrace{1\cdots1}_{32} + \texttt{B} = -1 + \texttt{B}.$$

    Dieser Fall ist in der zehnten Zeile der Tabelle gezeigt.

11. Um $-\texttt{A}$ zu berechnen, selektieren wir durch die Kombination $\texttt{F0} = 1$, $\texttt{F1} = 1$ den Voll-Addierer. Durch Setzen von $\texttt{ENA} = 1$ und $\texttt{ENB} = 0$ schalten wir A an und B ab. Weiter setzen wir das Signal INVA auf 1, so dass A nun invertiert wird. Schließlich setzen wir INC auf 1. Insgesamt berechnet die Schaltung also

    $$\overline{\texttt{A}} + 1 = -\texttt{A}.$$

    Dieser Fall ist in der elften Zeile der Tabelle gezeigt.

12. Um die bitweise Und-Verknüpfung A & B zu berechnen, selektieren wir durch die Kombination $\texttt{F0} = 0$, $\texttt{F1} = 0$ das Und-Gatter der logischen Einheit. Außerdem schalten wir die Eingänge A und B durch Setzen von $\texttt{ENA} = 1$ und $\texttt{ENB} = 1$ an. Das Signal INVA muss auf 0 gesetzt werden, damit A nicht invertiert wird. Der Wert des Signals INC ist unwichtig.

    Dieser Fall ist in der zwölften Zeile der Tabelle gezeigt.

13. Um die bitweise Oder-Verknüpfung `A | B` zu berechnen, selektieren wir durch die Kombination `F0` = 0, `F1` = 1 das Oder-Gatter der logischen Einheit. Außerdem schalten wir die Eingänge `A` und `B` durch Setzen von `ENA` = 1 und `ENB` = 1 an. Das Signal `INVA` muss auf 0 gesetzt werden, damit `A` nicht invertiert wird. Der Wert des Signals `INC` ist unwichtig.

    Dieser Fall ist in der dreizehnten Zeile der Tabelle gezeigt.

14. Um die Konstante 0 zu berechnen, selektieren wir durch die Kombination `F0` = 0, `F1` = 0 das Und-Gatter der logischen Einheit. Außerdem schalten wir den Eingang `B` durch Setzen von `ENB` = 0 ab. Der Wert der restlichen Signale ist unwichtig.

    Dieser Fall ist in der vierzehnten Zeile der Tabelle gezeigt.

15. Um die Konstante 1 zu berechnen, selektieren wir durch die Kombination `F0` = 1, `F1` = 1 den Voll-Addierer. Außerdem schalten wir die Eingänge `A` und `B` durch Setzen von `ENA` = 0 und `ENB` = 0 ab. Schließlich setzen wir `INC` auf 1.

    Dieser Fall ist in der fünfzehnten Zeile der Tabelle gezeigt.

16. Um die Konstante −1 zu berechnen, selektieren wir durch die Kombination `F0` = 0, `F1` = 1 das Oder-Gatter der logischen Einheit. Außerdem schalten wir die Eingänge `A` und `B` durch Setzen von `ENA` = 0 und `ENB` = 0 ab. Weiter setzen wir `INVA` = 1. Da `ENA` den Wert 0 hat, wird 0 invertiert, so dass die Schaltung eine invertierte 0 berechnet. Im Zweier-Komplement ist dies aber gerade −1. Der Wert von `INC` ist unwichtig.

    Dieser Fall ist in der letzten Zeile der Tabelle gezeigt.

Aufgabe 23: Welche Funktionen werden bei den folgenden Kombinationen der Steuerleitungen der ALU berechnet?

1. `F0` = 0, `F1` = 0, `ENA` = 1, `ENB` = 1, `INVA` = 1, `INC` = 0.
2. `F0` = 1, `F1` = 1, `ENA` = 1, `ENB` = 1, `INVA` = 1, `INC` = 0.

7.2 Steuerung des Datenwegs

In der Abbildung 7.1 sind die verschiedenen Register mit zwei Arten von Pfeilen dekoriert.

1. Die hellen Pfeile, die rechts unten an den Registern stehen, repräsentieren Steuerleitungen, mit denen festgelegt wird, ob das entsprechende Register auf den B-Bus geschrieben wird.

    Da das Register `MAR` nicht auf den B-Bus geschrieben werden kann, fehlt hier der helle Pfeil. Da das Register `MBR` auf zwei verschiedene Weisen auf den B-Bus geschrieben werden kann, nämlich mit Vorzeichen-Erweiterung und mit 0-Erweiterung, zeigt die Abbildung hier zwei helle Pfeile.

2. Die dunklen Pfeile, die links unten an den Registern stehen, repräsentieren Steuerleitungen, mit denen festgelegt wird, ob die auf dem C-Bus befindlichen Daten in das jeweilige Register geschrieben werden sollen.

   Da das Register `MBR` seine Daten nur vom Programm-Speicher erhalten kann, fehlt hier der dunkle Pfeil.

Neben den Kontroll-Leitungen, die das Lesen und Schreiben der Register steuern, gibt es noch die 6 Kontroll-Leitungen `F0`, `F1`, `ENA`, `ENB`, `INVA` und `INC`, mit denen die ALU gesteuert wird. Außerdem gibt es noch die beiden Kontroll-Leitungen `SLL8` und `SRA1`, mit denen die Operation des Shifters gesteuert wird. Wir müssen uns nun überlegen, wie diese Kontroll-Leitungen angesteuert werden können. Abbildung 7.7 auf Seite 292 zeigt eine Darstellung des Prozessors *Mic-1*, die auch die Kontroll-Einheit enthält. Die Steuerung des Prozessors erfolgt durch das Register `MIR` (*micro instruction register*). Dieses Register enthält insgesamt 36 Bits, deren Funktion wir jetzt im Detail diskutieren.

1. Die untersten vier Bits des Registers `MIR` (also die Bits `MIR[3:0]`) steuern, welches Register auf den B-Bus geschrieben wird. In der Abbildung 7.7 wird diese Gruppe von Bits mit B bezeichnet. Es ist offenbar nur sinnvoll, zu einem Zeitpunkt maximal ein Register auf den B-Bus zu schreiben, denn wenn wir versuchen würden, zwei Register gleichzeitig auf den B-Bus zu schreiben, so wäre der Zustand des B-Busses danach undefiniert. Insgesamt gibt es 8 Register, die auf den B-Bus geschrieben werden können. Davon kann das Register `MBR` als 8-Bit-Register auf zwei verschiedene Weisen auf den B-Bus geschrieben werden, nämlich entweder mit Vorzeichen-Erweiterung oder durch Auffüllen der oberen 24 Bits mit Nullen. Insgesamt gibt es also 10 verschiedene Möglichkeiten, denn es kann ja auch sein, dass gar kein Register auf den B-Bus geschrieben werden soll. Um aus 10 verschiedenen Möglichkeiten auszuwählen, reichen 4 Bits aus, denn mit 4 Bits kann eine beliebige Zahl zwischen 0 und 15 inklusive dargestell werden. Dazu werden die untersten vier Bits des Registers `MIR` in einen Decoder eingespeist. Dieser Decoder hat 16 Ausgänge, von denen immer genau ein Ausgang gesetzt ist. Die obersten 7 Ausgänge werden nicht benötigt. Von den restlichen 9 Ausgänge ist höchstens einer gesetzt. Dadurch wird gesteuert, welches Register auf den B-Bus geschrieben wird.

2. Die drei Bits `MIR[6:4]` steuern die Kommunikation mit dem Daten-Speicher und dem Programm-Speicher. Diese Bits haben in der Abbildung 7.7 die Namen `rd`, `wr` und `fetch`.

   (a) `rd` wird gesetzt, wenn Daten aus dem Daten-Speicher gelesen werden sollen. Als Speicher-Adresse wird dann der Inhalt des Registers `MAR` verwendet. Die Daten, die vom Speicher gelesen werden, werden im übernächsten Zyklus in das Register `MDR` geschrieben.

   (b) `wr` wird gesetzt, wenn Daten in den Daten-Speicher geschrieben werden sollen. In diesem Fall gibt das Register `MAR` die Adresse an, unter der die Daten abgelegt werden sollen. Die zu speichernden Daten müssen sich im Register `MDR` befinden.

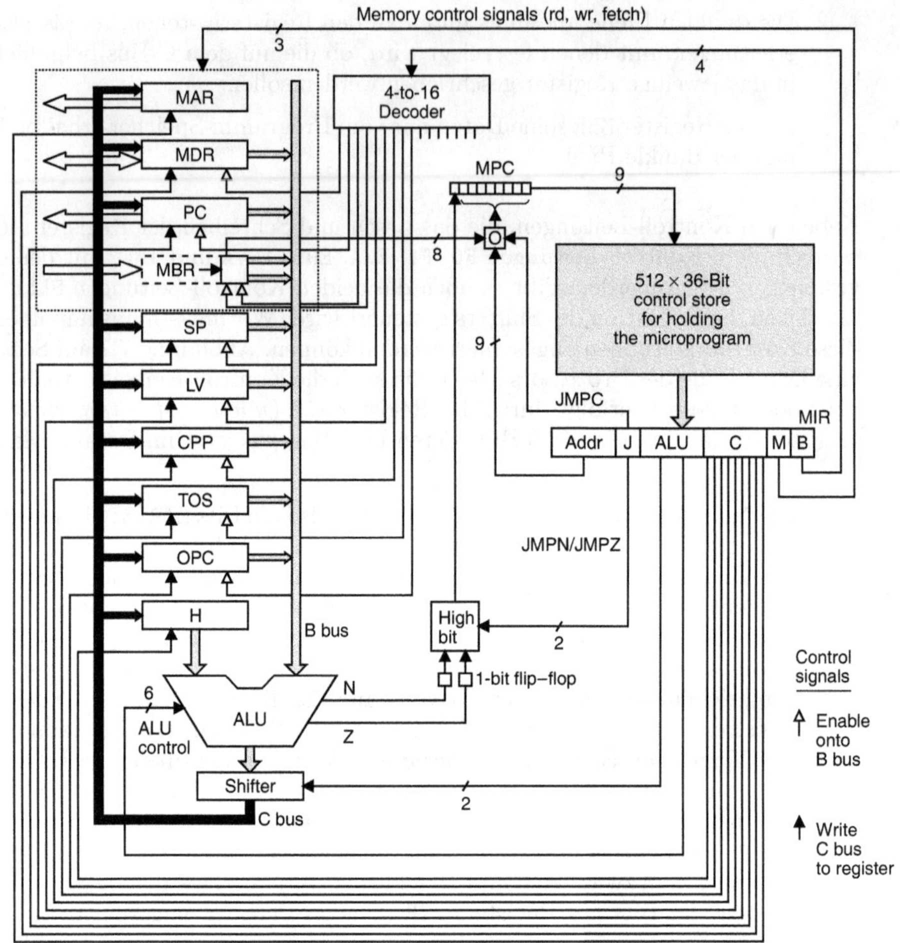

Abb. 7.7: *Der Prozessor Mic-1.*

(c) `fetch` wird gesetzt, wenn ein Byte aus dem Programm-Speicher gelesen werden soll. Als Speicher-Adresse wird der Inhalt des Registers `PC` verwendet, der als Byte-Adresse interpretiert wird. Das zu lesende Byte wird im übernächsten Zyklus in das Register `MBR` geschrieben.

3. Danach enthält das Register `MIR` eine Gruppe von 9 Bits, die steuern, welches der neun 32-Bit-Register mit Daten vom C-Bus beschrieben werden sollen. Es kann durchaus der Fall auftreten, dass die auf dem C-Bus anliegenden Daten in mehreren Registern gleichzeitig abgespeichert werden sollen, so dass hier tatsächlich 9 Bits erforderlich sind.

4. Anschließend enthält das Register `MIR` die sechs Bits `F0`, `F1`, `ENA`, `ENB`, `INVA` und `INC`, mit denen die Funktion der ALU festgelegt wird.

5. Weiterhin enthält das Register `MIR` die beiden Bits `SLL8` und `SRA1`, die die Funktion des Shifters festlegen.

Die bis hierhin diskutierten 24 Bits reichen zur Steuerung des Daten-Pfades aus. Bei der Kontrolle des Prozessors ist es aber neben der Steuerung des Daten-Pfades auch noch wichtig festzulegen, welchen Wert das Register `MIR` im nächsten Zyklus annehmen soll. Der Inhalt das Registers `MIR` stammt aus dem Mikro-Programm-Speicher, der sich in der Abbildung 7.7 unmittelbar über dem Register `MIR` befindet. Der Mikro-Programm-Speicher enthält $2^9 = 512$ Worte, die alle eine Länge von 36 Bits haben. Das Register `MPC` (*micro program counter*) ist das Adress-Register, das festlegt, welches 36-Bit-Wort aus dem Mikro-Programm-Speicher als Nächstes in das Register `MIR` geladen werden soll. Die 9 obersten Bits des Registers `MIR` werden zu einem Bitvektor `Addr` zusammengefasst. Im Normalfall wird dieser Bitvektor am Ende eines Taktes in das Register `MPC` geschrieben. Der Bitvektor `Addr` gibt also die Adresse der nächsten Mikro-Instruktion im Mikro-Programm-Speicher an. Es gibt allerdings mehrere Ausnahmen, die mit den drei Bits `JMPC` (*jump computed*), `JMPN` (*jump negative*) und `JMPZ` (*jump zero*) zusammenhängen. Diese drei Bits finden sich in `MIR[26:24]`.

1. Wenn das Bit `JMPC` gesetzt ist, dann werden die unteren 8 Bits des Registers `MPC` nach der folgenden Formel berechnet:

   `MPC[7:0] = MBR | Addr[7:0].`

   In diesem Fall wird also der Inhalt des Registers `MBR` bitweise mit den unteren acht Bits des Bitvektors `Addr` verodert, um die unteren acht Bits des Registers `MPC` zu bestimmen. In der Abbildung 7.7 wird diese Funktionalität von dem mit `O` beschrifteten Modul zur Verfügung gestellt.

2. Wenn das Bit `JMPN` gesetzt ist, dann wird zunächst überprüft, ob der Ausgang `N` der ALU gesetzt ist. Die ALU setzt diesen Ausgang, wenn das Ergebnis negativ ist. In diesem Fall wird das oberste Bit des Registers `MPC` auf 1 gesetzt, sonst behält es den durch den Bitvektor `Addr` vorgegebenen Wert.

3. Wenn das Bit `JMPZ` gesetzt ist, dann wird zunächst überprüft, ob der Ausgang `Z` der ALU gesetzt ist. Die ALU setzt diesen Ausgang, wenn das Ergebnis den Wert null hat. In diesem Fall wird das oberste Bit des Registers `MPC` auf 1 gesetzt, sonst behält es den durch den Bitvektor `Addr` vorgegebenen Wert.

Um die obigen Ausführungen zu konkretisieren, geben wir eine verhaltensbasierte Beschreibung der Berechnung des Inhalts von `MPC` in *Verilog* an. Abbildung 7.8 auf Seite 294 zeigt diese Beschreibung. In der Abbildung 7.7 wird die entsprechende Berechnung durch die beiden Schaltungen realisiert, die mit „`High bit`“ und „`O`“ beschriftet sind.

7.3 Taktung der Schaltung

Der Takt-Zyklus ist bei der *Mic-1* wesentlich komplexer als beim SRP. Der Grund ist, dass es zwei verschiedene Arten von Speicher gibt: Da ist zum einen der externe

```
module nextMPC( output [8:0] MPC,
                input  [8:0] Addr,
                input  [7:0] MBR,
                input        JMPC, JMPN, JMPZ, N, Z );

   reg [8:0]                 MPC;

   always @(Addr, MBR, JMPC, JMPN, JMPZ, N, Z)
     begin
        if (JMPC)
          MPC[7:0] = MBR | Addr[7:0];
        else
          MPC[7:0] = Addr[7:0];
        if ((JMPN & N) | (JMPZ & Z))
          MPC[8] = 1;
        else
          MPC[8] = Addr[8];
     end // always @ (Addr, MBR, JMPC, JMPN, JMPZ, N, Z)
endmodule // nextMPC
```

Abb. 7.8: *Berechnung von* MPC.

Speicher, der aus Programm-Speicher und Daten-Speicher besteht, und zum anderen der Mikro-Programm-Speicher. Die Zugriffe auf diese verschiedenen Speicher müssen synchronisiert werden. Aus diesem Grund teilen wir den Takt-Zyklus in drei *Phasen* ein:

1. Zu Beginn der ersten Phase wird das Register `MIR` aus dem Mikro-Programm-Speicher geladen. Nachdem die Werte der einzelnen Steuerleitungen stabil sind, wird das durch die Steuerleitungen selektierte Register auf den B-Bus geschrieben. Die ALU und der Shifter berechnen ein Ergebnis, dessen Wert zum Ende der ersten Phase stabil ist.

2. Zu Beginn der zweiten Phase wird das von der ALU berechnete Ergebnis in die durch die Steuerleitungen ausgewählten Register geschrieben. Zusätzlich werden die ALU-Ausgänge `N` (*negative*) und `Z` (*zero*) in zwei Flip-Flops abgespeichert. Außerdem werden zu Beginn der zweiten Phase gegebenenfalls die Register `MBR` und `MDR` mit Daten aus dem Speicher beschrieben.

3. Zu Beginn der dritten Phase wird das Register `MPC` mit den Werten geladen, die von den Modulen `O` und `HighBit` berechnet worden sind. Außerdem werden die Signale `rd`, `wr`, `fetch` in Flip-Flops abgespeichert. Diese Flip-Flops dienen zur Pufferung und stellen sicher, dass der Speicher erst dann aktiv wird, wenn die Daten in den Registern `MAR`, `MDR` und `PC` den richtigen Wert haben. In der Abbildung 7.7 sind diese Flip-Flops nicht eingezeichnet

Technisch wird die Einteilung des Zyklus dadurch realisiert, dass in der Schaltung drei verschiedene Takt-Signale `clk1`, `clk2` und `3` verwendet werden. Zur Illustration nehmen wir an, dass ein Takt eine Länge von 6 Zeiteinheiten hat. Dann ist das Timing wie folgt:

1. Das Takt-Signal `clk1` hat zum Zeitpunkt $t = 1$ eine steigende Flanke, die fallende Flanke kommt zum Zeitpunkt $t = 4$.

2. Die steigende Flanke des Takt-Signals `clk2` kommt zum Zeitpunkt $t = 3$, die fallende Flanke kommt zum Zeitpunkt $t = 6$.

3. Die steigende Flanke des Takt-Signals `clk3` kommt zum Zeitpunkt $t = 5$, die fallende Flanke danach kommt zum Zeitpunkt $t = 8$.

Abbildung 7.9 zeigt die verschiedenen Takt-Signale. Das Register `MIR` wird bei der steigenden Flanke des Signals `clk1` geladen, die Register `MAR`, $\cdots$, `H` und die beiden Flip-Flops zur Speicherung der ALU-Ausgänge `N` und `Z` werden bei der steigenden Flanke des Signals `clk2` geladen und das Register `MPC` und die Flip-Flops zum Zwischen-Speichern der Signale `rd`, `wr` und `fetch` werden bei der steigenden Flanke des Signals `clk3` geladen. Der externe Speicher reagiert mit einer Verzögerung von einer Zeiteinheit auf die steigende Flanke des Signals `clk3`.

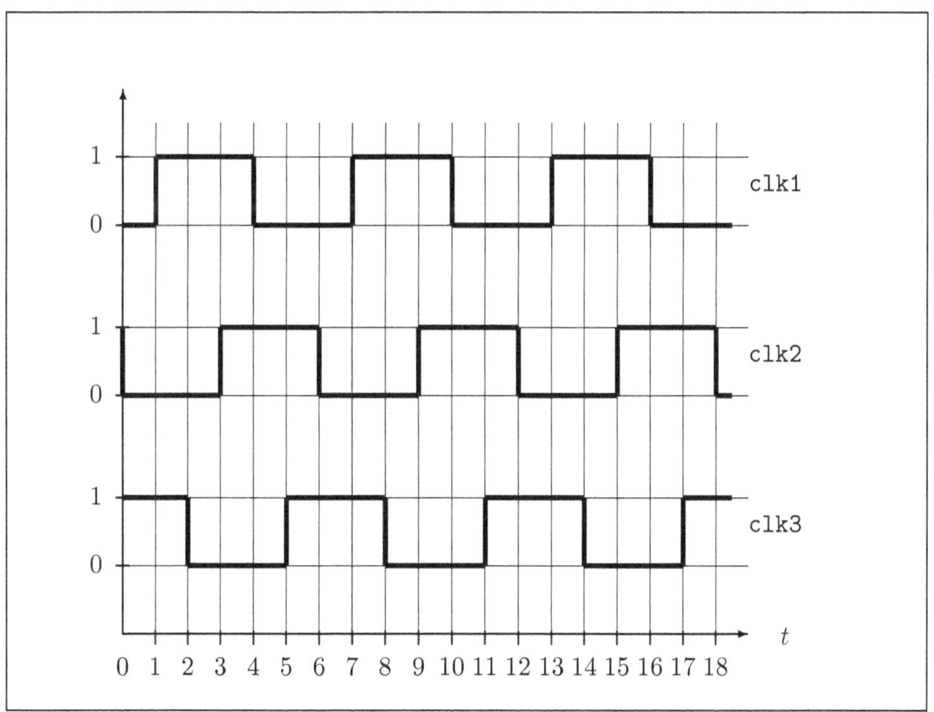

Abb. 7.9: *Darstellung der verschiedenen Phasen.*

Die oben beschriebene Taktung der Schaltung hat eine wichtige Konsequenz für das Verhalten des Speichers. Betrachten wir dazu einen Befehl, bei dem im ersten Takt-Zyklus das Signal `rd` gesetzt wird, um ein Wort aus dem Daten-Speicher zu lesen. Zunächst muss die Adresse des zu ladenden Wortes in das Register `MAR` geschrieben werden. Das Register `MAR` erhält seinen Wert mit der steigenden Flanke des zweiten Takt-Signals `clk2`. Dies ist der Zeitpunkt $t = 3$. Das Flip-Flop, das das Signal `rd` an den Speicher weitergibt, wird mit der steigenden Flanke des dritten Takt-Signals geladen, also zum Zeitpunkt $t = 5$. Der Speicher reagiert ebenfalls auf die steigende Flanke des dritten Takt-Signals, wartet dann aber eine Zeiteinheit, damit das Signal `rd` stabil ist. Also wird der Speicher erst zur Zeiteinheit $t = 6$ aktiv.

Wann kann nun das Ergebnis benutzt werden? Nehmen wir einmal an, dass der Speicher sehr schnell ist und nur eine Zeiteinheit benötigt, um die Daten bereitzustellen. Dann würden diese Daten zum Zeitpunkt $t = 7$ am Eingang des Registers `MDR` anliegen. Das Register `MDR` wird nur bei einer steigenden Flanke des Takt-Signals `clk2` beschrieben. Die nächste steigende Flanke kommt aber erst zum Zeitpunkt $t = 9$ und erst dann werden die Daten aus dem Speicher in das Register `MDR` hineingeschrieben. Daher reicht es auch aus, wenn der Speicher die Daten nach 3 Zeiteinheiten bereitstellt, denn vorher können Sie ohnehin nicht im Register `MDR` abgelegt werden. Daraus folgt, dass die Daten aus dem Speicher im zweiten Taktzyklus noch gar nicht zur Verfügung stehen: Damit wir Daten im zweiten Zyklus verarbeiten können, müssen diese bereits mit der steigenden Flanke des Takt-Signals `clk1` zur Verfügung stehen, denn zu diesem Zeitpunkt wird eines der Register auf den B-Bus gelegt. Das wäre aber der Zeitpunkt $t = 7$ und zu diesem Zeitpunkt enthält `MDR` noch die alten Daten. Daraus folgt, dass die Daten, die bei einem `rd`-Befehl aus dem Speicher gelesen werden, erst im übernächsten Takt-Zyklus verarbeitet werden können. Beim Lesen eines Bytes mittels des Signals `fetch` ist die Situation diffiziler, es gibt zwei Fälle:

1. Wenn das gelesene Byte auf den B-Bus geschrieben werden soll, so ist die Situation analog wie beim Register `MDR`: Die Daten können erst im übernächsten Zyklus verwendet werden.

2. Wenn das gelesene Byte mit Hilfe des Bits `JMPC` in das Register `MPC` geschrieben werden soll, so ist dies bereits im nächsten Takt-Zyklus möglich, denn das Register `MPC` wird ja erst bei der steigenden Flanke des Takt-Signals `clk3` geschrieben. Da die Daten aber bereits mit der steigenden Flanke des Takt-Signals `clk2` in das Register `MBR` geschrieben werden, kann das durch das Setzen von `fetch` geladene Byte bereits im folgenden Zyklus zur Steuerung von `MPC` verwendet werden.

   Der Simulator, mit dessen Hilfe wir später Mikro-Programme für die *Mic-1* entwickeln und testen werden, hat an dieser Stelle einen Bug: Das von einem `fetch`-Befehl aus dem Speicher gelesene Byte kann dort in <u>jedem</u> Fall erst im übernächsten Zyklus verwendet werden. Dabei ist es egal, ob das Byte anschließend mit der ALU weiterverarbeitet werden soll oder ob es in das Register `MPC` geladen werden soll.

7.4 Aufbau eines Steuer-Wortes

Um die *Mic-1* später in *Verilog* implementieren zu können, ist es notwendig, den Aufbau der Steuer-Worte, die in dem Register `MIR` abgelegt sind, im Detail zu spezifizieren.

Abbildung 7.10 auf Seite 298 zeigt den Aufbau eines solchen Steuer-Wortes. Numerieren wir die Bits des Registers `MIR` von rechts beginnend durch, so ergibt sich die folgende Zuordnung:

1. `MIR[3:0]`: Diese vier Bits steuern, welches der Register auf den B-Bus geschrieben wird. Die Details der Zuordnung sind rechts unten in der Abbildung 7.10 gezeigt. Dabei bedeutet die Gleichung

   $$2 = \texttt{MBR},$$

   dass der Inhalt des Registers `MBR` dann mit Vorzeichen-Erweiterung auf den B-Bus geschrieben werden soll, wenn die Zahl `MIR[3:0]` den Wert 2 hat. Entsprechend bedeutet

   $$3 = \texttt{MBRU},$$

   dass der Inhalt des Registers `MBR` als vorzeichenlose Zahl auf den B-Bus geschrieben werden soll, falls `MIR[3:0]` den Wert 3 hat.

   Ist der Wert der Zahl `MIR[3:0]` größer als 8, so wird kein Register auf den B-Bus geschrieben.

2. `MIR[4]` ist das Signal `fetch`. Mit diesem Signal wird dem Speicher signalisiert, dass das Byte, das sich an jener Byte-Adresse befindet, die in dem Register `PC` hinterlegt ist, gelesen werden soll. Dieses Byte wird dann später in dem Register `MBR` abgelegt.

3. `MIR[5]` ist das Signal `read`. Mit diesem Signal wird dem Speicher signalisiert, dass ein Wort gelesen werden soll. Dabei gibt das Register `MAR` die Speicher-Adresse des Wortes an, das gelesen werden soll. Das gelesene Wort wird später in dem Register `MDR` abgelegt.

4. `MIR[6]` ist das Signal `write`. Mit diesem Signal wird dem Speicher signalisiert, dass das Wort, das sich in dem Register `MDR` befindet, unter der in `MAR` angegebenen Adresse im Speicher abgelegt werden soll.

5. `MIR[7:15]` legt fest, welche Register mit dem aktuell auf dem C-Bus anliegenden Wert beschrieben werden sollen. Formal können wir dies am prägnantesten durch bedingte Gleichungen formulieren:

   (a) $\texttt{MIR[7]} = 1 \rightarrow \texttt{MAR}' = C$.

   (b) $\texttt{MIR[8]} = 1 \rightarrow \texttt{MDR}' = C$.

   (c) $\texttt{MIR[9]} = 1 \rightarrow \texttt{PC}' = C$.

   (d) $\texttt{MIR[10]} = 1 \rightarrow \texttt{SP}' = C$.

   (e) $\texttt{MIR[11]} = 1 \rightarrow \texttt{LV}' = C$.

   (f) $\texttt{MIR[12]} = 1 \rightarrow \texttt{CPP}' = C$.

   (g) $\texttt{MIR[13]} = 1 \rightarrow \texttt{TOS}' = C$.

   (h) $\texttt{MIR[14]} = 1 \rightarrow \texttt{OPC}' = C$.

   (i) $\texttt{MIR[15]} = 1 \rightarrow \texttt{H}' = C$.

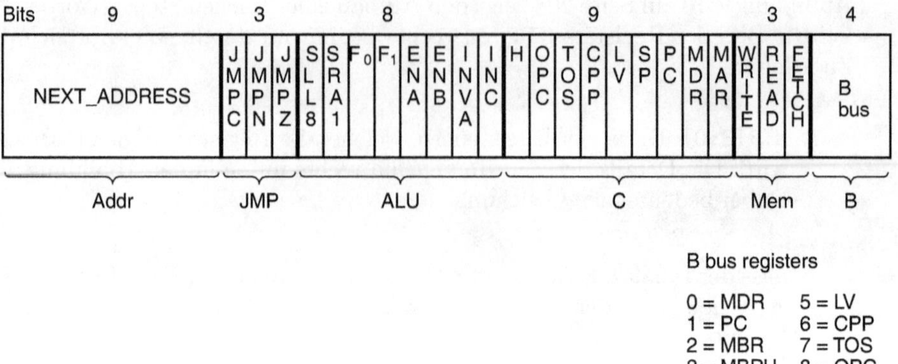

Abb. 7.10: *Aufbau eines Steuer-Wortes.*

6. `MIR[21:16]` steuert die ALU. Die einzelnen Signale werden den Steuer-Signalen der ALU wie folgt zugeordnet:
   (a) `MIR[16]` = `INC`.
   (b) `MIR[17]` = `INVA`.
   (c) `MIR[18]` = `ENB`.
   (d) `MIR[19]` = `ENA`.
   (e) `MIR[20]` = `F1`.
   (f) `MIR[21]` = `F0`.

7. `MIR[23:22]` steuert den Shifter. Die einzelnen Signale werden den Steuer-Signalen des Shifters wie folgt zugeordnet:
   (a) `MIR[22]` = `SRA1`.
   (b) `MIR[23]` = `SLL8`.

   Alle bis hierhin behandelten Signale steuern den Daten-Pfad, die restlichen Signale dienen dazu festzulegen, welche Mikro-Instruktion als Nächstes in das Register `MIR` geladen werden soll.

8. `MIR[24]` = `JMPZ`. Wenn dieses Signal gesetzt ist und wenn außerdem das von der ALU berechnete Ergebnis den Wert 0 hat, dann wird das oberste Bit des Registers `MPC` gesetzt:
   $$\texttt{MIR[24]} \wedge \texttt{Z} \rightarrow \texttt{MPC}[8]' = 1.$$

9. `MIR[25]` = `JMPN`. Wenn dieses Signal gesetzt ist und wenn außerdem das von der ALU berechnete Ergebnis negativ ist, dann wird das oberste Bit des Registers `MPC` gesetzt:
   $$\texttt{MIR[25]} \wedge \texttt{N} \rightarrow \texttt{MPC}[8]' = 1.$$

10. `MIR[26]` = `JMPC`. Wenn dieses Signal gesetzt ist, dann werden die untersten 8 Bits des Register `MPC` dadurch gebildet, dass der Wert des Registers `MBR` bitweise mit den 8 Bits `MIR[34:27]` verodert werden:

$$\texttt{MIR[26]} \rightarrow \texttt{MPC[7:0]}' = (\texttt{MBR} \mid \texttt{MIR[34:27]}).$$

11. `MIR[35:27]` bestimmt den nächsten Wert des Registers `MPC`. Wenn keines der Bits `JMPN`, `JMPZ`, `JMPC` gesetzt ist, dann wird der Wert einfach kopiert:

$$\texttt{JMPZ} = 0 \land \texttt{JMPN} = 0 \land \texttt{JMPC} = 0 \rightarrow \texttt{MPC}' = \texttt{MIR[35:27]}.$$

Die anderen Fälle haben wir bereits bei der Diskussion der Bits `JMPN`, `JMPZ`, `JMPC` besprochen.

7.5 Implementierung der *Mic-1* in *Verilog*

Wir haben nun die *Mic-1* so weit spezifiziert, dass es uns nicht mehr schwer fällt, den Prozessor in *Verilog* zu implementieren. Die ALU haben wir bereits in *Verilog* realisiert, um den Prozessor selbst implementieren zu können, müssen wir vorher noch einige Hilfs-Module wie Register und Dekoder entwickeln. Außerdem muss auch die Peripherie des Prozessors, die in diesem Fall nur aus dem Speicher besteht, in *Verilog* modelliert werden, damit wir die Schaltung testen können.

7.5.1 Register und Dekoder

Wir beginnen mit der Implementierung des Moduls, das wir für die Realisierung der 32-Bit-Register `MAR`, $\cdots$, `H` im Daten-Pfad benutzen wollen. Abbildung 7.11 auf Seite 300 zeigt die Implementierung. Bemerkenswert sind hier die beiden Signale `write` und `read`. Das Signal `read` steuert, ob der Wert, den das Register gespeichert hat, am Ausgang `DataOut` ausgegeben werden soll. Dazu wird das Feld von `bufif1`-Instanzen in Zeile 15 benutzt. Dieses Signal wird später mit einer der Kontroll-Leitungen verbunden, die steuern, welches Register auf den B-Bus geschrieben werden soll. Das Signal `write` steuert, ob der gespeicherte Wert `data` von dem neu anliegenden Wert `DataIn` überschrieben werden soll. Dieses Signal wird später mit den Kontroll-Leitungen verbunden, die steuern, welches Register vom C-Bus geladen werden soll.

Das 8-Bit-Register `MBR` muss in jedem Zyklus von dem Modul `nextMPC` gelesen werden. Daher fehlt in Abbildung 7.12 auf Seite 300 ein `read`-Signal. Stattdessen wird der Ausgang `DataOut` auch als Speicher verwendet.

Abbildung 7.13 auf Seite 301 zeigt schließlich die Implementierung des 36-Bit-Registers, das wir zur Realisierung von `MIR` benötigen, sowie die Implementierung des 9-Bit-Registers zur Realisierung von `MPC` und die Realisierung der Flip-Flops. Da diese Register und die Flip-Flops in jedem Takt-Zyklus sowohl gelesen als auch geschrieben werden, ist hier weder ein Signal `read` noch ein Signal `write` erforderlich.

In Abbildung 7.14 auf Seite 301 zeigen wir die Implementierung des 4-nach-16-Dekoders, den wir brauchen, um das Register auszuwählen, das auf den B-Bus geschrieben werden soll. Der Decoder ist so aufgebaut, dass das i-te Bit der Ausgabe `select` genau dann gesetzt ist, wenn das Signal `choose` den Wert i hat:

```
module register32(output [31:0] DataOut,
                  input  [31:0] DataIn,
                  input         write, read, reset, clk);

   reg [31:0]                   data;

   always @(posedge clk or reset)
     begin
        if (reset)
          data = 0;
        else if (write)
          data = DataIn;
     end

   bufif1 bf[31:0] (DataOut, data, read);
endmodule
```

Abb. 7.11: *Implementierung der 32-Bit-Register in* Verilog.

```
module register8(output [7:0] DataOut,
                 input  [7:0] DataIn,
                 input        write, reset, clk);

   reg [7:0]     DataOut;

   always @(posedge clk or reset)
     begin
        if (reset)
          DataOut = 0;
        else if (write)
          DataOut = DataIn;
     end
endmodule
```

Abb. 7.12: *Implementierung des 8-Bit-Registers in* Verilog.

$$\texttt{choose} = i \leftrightarrow \texttt{select}[i] = 1.$$

Aufgabe 24:

1. Geben Sie mit Hilfe von *Turbo-Typing* eine Implementierung des 4-nach-16-Dekoders an, die wesentlich kompakter ist als die in Abbildung 7.14 gezeigte Implementierung.

```
module register36(output [35:0] DataOut,
                  input  [35:0] DataIn,
                  input         reset, clk);
   reg [35:0]   DataOut;

   always @(posedge clk or reset)
     begin
        if (reset)
          DataOut = 0;
        else
          DataOut = DataIn;
     end
endmodule

module register9(output [8:0] DataOut,
                 input  [8:0] DataIn,
                 input        reset, clk);
   reg [8:0]    DataOut;

   always @(posedge clk or reset)
     begin
        if (reset)
          DataOut = 0;
        else
          DataOut = DataIn;
     end
endmodule

module flip_flop(output DataOut,
                 input  DataIn, reset, clk);
   reg    DataOut;

   always @(posedge clk or reset)
     begin
        if (reset)
          DataOut = 0;
        else
          DataOut = DataIn;
     end
endmodule
```

Abb. 7.13: *Implementierung der gewöhnlichen Register in Verilog.*

2. Geben Sie eine verhaltensbasierte Implementierung des 4-nach-16-Dekoders in *Verilog* an.

```
module decoder4to16(output [15:0] select,
                    input  [3:0] choose   );
   and(select[0],  ~choose[3], ~choose[2], ~choose[1], ~choose[0]);
   and(select[1],  ~choose[3], ~choose[2], ~choose[1],  choose[0]);
   and(select[2],  ~choose[3], ~choose[2],  choose[1], ~choose[0]);
   and(select[3],  ~choose[3], ~choose[2],  choose[1],  choose[0]);
   and(select[4],  ~choose[3],  choose[2], ~choose[1], ~choose[0]);
   and(select[5],  ~choose[3],  choose[2], ~choose[1],  choose[0]);
   and(select[6],  ~choose[3],  choose[2],  choose[1], ~choose[0]);
   and(select[7],  ~choose[3],  choose[2],  choose[1],  choose[0]);
   and(select[8],   choose[3], ~choose[2], ~choose[1], ~choose[0]);
   and(select[9],   choose[3], ~choose[2], ~choose[1],  choose[0]);
   and(select[10],  choose[3], ~choose[2],  choose[1], ~choose[0]);
   and(select[11],  choose[3], ~choose[2],  choose[1],  choose[0]);
   and(select[12],  choose[3],  choose[2], ~choose[1], ~choose[0]);
   and(select[13],  choose[3],  choose[2], ~choose[1],  choose[0]);
   and(select[14],  choose[3],  choose[2],  choose[1], ~choose[0]);
   and(select[15],  choose[3],  choose[2],  choose[1],  choose[0]);
endmodule
```

Abb. 7.14: *Implementierung eines 4-nach-16-Dekoders.*

Das letzte Hilfsmodul, das wir in diesem Abschnitt verstellen, ist der Takt-Geber. Abbildung 7.15 zeigt die Implementierung. Das interne Takt-Signal `clk` wird genauso generiert wie das Takt-Signal in dem Modul `clock` in Abbildung 4.4 auf Seite 141. Die nach außen geführten Takt-Signale `clk1`, `clk2` und `clk3` werden in den Zeilen 11 – 13 durch zeitliche Verzögerung aus diesem Signal abgeleitet.

7.5.2 Der Mikro-Programm-Speicher

Als Nächstes implementieren wir den Mikro-Programm-Speicher. Wir können diesen Speicher entweder strukturell oder verhaltensbasiert implementieren. Eine strukturelle Implementierung, würde einen großen Multiplexer verwenden. Eine solche Implementierung hätte gegenüber der verhaltensbasierten Implementierung, die wir gleich vorstellen werden, zwei Nachteile: Zum einen ist die Simulation einer strukturellen Implementierung wesentlich langsamer als die Simulation einer verhaltensbasierten Implementierung, so dass die Simulation der Verarbeitung komplexer Programm deutlich länger dauern würde. Zum anderen würde es uns bei einer strukturellen Implementierung des Mikro-Programm-Speichers deutlich schwerer fallen, das in dem Mikro-Programm-Speicher abgelegte Mikro-Programm zu variieren. Daher stellen wir nun eine verhaltensbasierte Implementierung das Mikro-Programm-Speichers vor. Abbildung 7.16 auf Seite 305 zeigt die Implementierung. Als Eingabe erhält das Modul die Speicher-Adresse `Address`, das Takt-Signal `clk` und das Signal `reset`, als Ausgabe liefert die Schaltung das unter der spezifizierten Adresse im Mikro-Programm-Speicher abgelegte Steuer-Wort `DataOut`. Die Schaltung funktioniert wie folgt:

```
module clock(output clk1, clk2, clk3,
 input  start);

   wire   inv, clkDelayed;
   wire   clk, clk1, clk2, clk3;

   and    ( clk, inv, start );
   buf #3 ( clkDelayed, clk );
   not    ( inv, clkDelayed );

   buf #2 ( clk1, clk  );
   buf #2 ( clk2, clk1 );
   buf #2 ( clk3, clk2 );
endmodule // clock
```

Abb. 7.15: *Generierung der Takt-Signale.*

1. Wenn das Signal `reset` den Wert 1 hat, wird der Speicher initialisiert. Diese Initialisierung geschieht durch den Befehl

   `$readmemb("microcode.txt", micMem);`

   in Zeile 12. Dieses Kommando liest die Datei „`microcode.txt`" ein. In dieser Datei sind die einzelnen Worte zeilenweise im Binärformat abgelegt. Zur Erhöhung der Lesbarkeit dürfen die einzelnen Worte noch den Unterstrich „_" enthalten, der nur dazu dient, einzelne Gruppen von Bits zu trennen. Die ersten Zeilen der Datei „`microcode.txt`" haben beispielsweise die folgende Form:

   ```
   0  000000010_000_00_000000_000000000_000_0000
   1  001000111_000_00_110101_000000100_000_0001
   2  000000000_100_00_110101_000000100_001_0001
   3  ⋮
   ```

   Da jeder dieser Zeilen ein Steuer-Wort enthält, können wir diese Zeilen interpretieren. Wir beginnen mit der ersten Zeile[1] und diskutieren die Bits in Gruppen von rechts nach links.

   (a) Die untersten vier Bits haben den Wert 0. Gemäß Abbildung 7.10 wird also das Register `MDR` auf den B-Bus geschrieben.

   (b) Die drei Bits, die den Speicher über die Signale `fetch`, `rd` und `wr` ansteuern sind ebenfalls 0, so dass dieses Steuer-Wort keine Speicheroperationen impliziert.

[1] Da die Adressen im Mikro-Programm-Speicher bei 0 beginnen, entspricht die erste Zeile dem 0ten Steuer-Wort. Dies wird auch durch die Numerierung deutlich gemacht.

(c) Die nächsten neun Bits spezifizieren, welche Register mit den am C-Bus anliegenden Daten beschrieben werden. Da hier alle Bits den Wert 0 haben, wird das von der ALU produzierte Ergebnis in keinem der Register abgespeichert.

(d) Die nächsten sechs Bits steuern die ALU. Ein Blick auf die Tabelle 7.1 auf Seite 288 zeigt, dass die ALU die Konstante 0 produziert, wenn alle Steuer-Signale den Wert 0 haben.

(e) Die nächsten beiden Bits spezifizieren die Steuerung des Shifters. Da diese beiden Bits ebenfalls den Wert 0 haben, wird das Ergebnis der ALU nicht geschoben.

(f) Die folgenden drei Bits sind die Jump-Bits `JMPZ`, `JMPN` und `JMPC`. Da diese Bits alle den Wert 0 haben, werden die obersten neun Bits des Steuer-Worts als nächster Wert in den Mikro-Programm-Zähler `MPC` geschrieben.

(g) Die obersten neun Bits haben als Zahl interpretiert den Wert 2 und legen, wie bereits gesagt, den folgenden Wert des Mikro-Programm-Zählers fest.

Insgesamt bewirkt das erste Steuerwort also lediglich eine Verzweigung zum Steuerwort an der Adresse 2. Symbolisch formulieren wir dies wie folgt:

```
goto 2
```

2. Im Normalfall hat das Signal `reset` den Wert 0. Dann wird bei jeder positiven Flanke des Takt-Signals `clk` der im Speicher an der Adresse `Address` abgelegte Wert ausgegeben. Hier gibt es allerdings ein kleines Problem: Das Modul `microMemory` wird in dem *Mic-1*-Prozessor mit dem Takt-Signal `clk3` getaktet. Mit diesem Takt-Signal wird aber auch das Register `MPC` getaktet, das als Adresse für den Mikro-Programm-Speicher verwendet wird. Wir müssen sicherstellen, dass der Wert des Signals `Address` stabil ist, wenn wir den Speicherzugriff in Zeile 16 durchführen. Daher haben wir in Zeile 13 eine zeitliche Verzögerung von einer Zeiteinheit eingebaut.

Aufgabe 25: Interpretieren Sie die Bits des Steuer-Worts mit der Adresse 2 und formulieren Sie die Wirkung symbolisch.

7.5.3 Der Prozessor

Wir haben nun alles Material zusammen, um den Prozessor selbst implementieren zu können. Die Abbildungen 7.17 und 7.18 auf den Seiten 306 und 307 zeigen diese Implementierung. Wir diskutieren zunächst die Schnittstelle des Moduls `mic1`:

1. Das Signal `MemData` dient der Kommunikation mit dem Speicher. Dieses Signal wird auch als *Daten-Bus* zum Daten-Speicher bezeichnet. Da wir sowohl Daten aus dem Speicher lesen als auch in den Speicher schreiben, ist dieses Signal durch das Schlüsselwort `inout` als bidirektionales Signal deklariert.

2. `WordAddress` gibt die Adresse im Daten-Speicher an, von der Daten gelesen werden bzw. unter der Daten abgelegt werden. Dieses Signal bezeichnen wir als *Adress-Bus* zum Daten-Speicher.

```
module microMemory(output [35:0] DataOut,
                   input   [8:0] Address,
                   input         reset, clk);
   reg    [35:0] DataOut;
   reg    [35:0] micMem [511:0];

   always @(posedge clk or reset)
     begin
        if (reset)
            $readmemb("microcode.txt", micMem);
        else
          begin
            #1;
            DataOut = micMem[Address];
          end
     end
endmodule
```

Abb. 7.16: *Implementierung des Mikro-Programm-Speichers.*

3. `ByteAddress` gibt die Adresse im Programm-Speicher an, von der Bytes gelesen werden. Dieses Signal ist der Adress-Bus zum Programm-Speicher.

4. `rd`, `wr` und `fetch` sind die Signale, die den Speicher ansteuern. `rd` wird gesetzt, wenn ein Wort aus dem Daten-Speicher gelesen wird, `wr` wird gesetzt, wenn ein Wort in den Daten-Speicher geschrieben wird, und `fetch` wird gesetzt, wenn ein Byte aus dem Programm-Speicher gelesen wird.

5. `Byte` ist ein Byte, das aus dem Programm-Speicher gelesen worden ist. Dieses Signal bezeichnen wir auch als Daten-Bus zum Programm-Speicher.

6. `reset` dient dazu, den Prozessor in einen definierten Start-Zustand setzen zu können.

7. `clk1`, `clk2`, `clk3` sind die drei Takt-Signale aus Abbildung 7.9.

In den Zeilen 18 – 26 finden sich Felder von `bufif1`-Gattern. Diese Gatter werden benötigt, um die Ein- und Ausgänge der Register `MDR` und `MBR` zu steuern. Wir erläutern diese Steuerung weiter unten, wenn wir die Implementierung der einzelnen Register diskutieren.

1. Das Register `MAR` findet sich in Zeile 30. Die Ausgabe dieses Registers geht direkt an die Ausgabe `WordAddress`, die mit dem Speicher verbunden ist. Das Register wird ständig an den Speicher ausgegeben, deswegen haben wir für das `read`-Signal des Moduls `register32` eine 1 eingesetzt.

```
 1 module mic1(inout  [31:0] MemData,
 2             output [31:0] WordAddress, ByteAddress,
 3             output        rd, wr, fetch,
 4             input   [7:0] Byte,
 5             input         reset, clk1, clk2, clk3);
 6
 7    wire  [8:0]            ctrlC;
 8    wire [31:0]            inputMDR;
 9    wire  [7:0]            mbrByte;
10    wire [15:0]            ctrlB;
11    wire [35:0]            MIRin, MIRout;
12    wire [31:0]            A_Bus, B_Bus, C_Bus, outputMDR, ALUout;
13    wire                   N, Z, F0, F1, ENA, ENB, INVA, INC;
14    wire                   SLL8, SRA1, negative, zero;
15    wire  [8:0]            mpc_out, mpc_in, next_address;
16    wire                   read, write, fetchByte, JMPZ, JMPN, JMPC;
17
18    bufif1 bfifMDRin0[31:0]    (inputMDR,     C_Bus,        ctrlC[1]);
19    bufif1 bfifMDRin1[31:0]    (inputMDR,     MemData,     ~ctrlC[1]);
20    bufif1 bfifMDRout0[31:0]   (B_Bus,        outputMDR,    ctrlB[0]);
21    bufif1 bfifMDRout1[31:0]   (MemData,      outputMDR,    wr      );
22    bufif1 bfifPC[31:0]        (B_Bus,        ByteAddress,  ctrlB[1]);
23    bufif1 bfifMBRlower[7:0]   (B_Bus[7:0],   mbrByte,      ctrlB[2]);
24    bufif1 bfifMBRupper[31:8]  (B_Bus[31:8],  mbrByte[7],   ctrlB[2]);
25    bufif1 bfifMBRUlower[7:0]  (B_Bus[7:0],   mbrByte,      ctrlB[3]);
26    bufif1 bfifMBRUupper[31:8] (B_Bus[31:8],  0,            ctrlB[3]);
27
28    register8  MBR (mbrByte, Byte, fetch, reset, clk2);
29
30    register32 MAR (WordAddress, C_Bus, ctrlC[0],       1, reset, clk2);
31    register32 MDR (outputMDR, inputMDR, ctrlC[1]|rd, 1, reset, clk2);
32    register32 PC  (ByteAddress, C_Bus, ctrlC[2],       1, reset, clk2);
33    register32 SP  (B_Bus, C_Bus, ctrlC[3],      ctrlB[4], reset, clk2);
34    register32 LV  (B_Bus, C_Bus, ctrlC[4],      ctrlB[5], reset, clk2);
35    register32 CPP (B_Bus, C_Bus, ctrlC[5],      ctrlB[6], reset, clk2);
36    register32 TOS (B_Bus, C_Bus, ctrlC[6],      ctrlB[7], reset, clk2);
37    register32 OPC (B_Bus, C_Bus, ctrlC[7],      ctrlB[8], reset, clk2);
38    register32 H   (A_Bus, C_Bus, ctrlC[8],             1, reset, clk2);
```

Abb. 7.17: *Implementierung der Mic-1, Teil 1.*

2. Die Implementierung des Register MDR findet sich in Zeile 31. Die Verdrahtung dieses Registers ist komplizierter als die Verdrahtung aller anderen Register, weil dieses Register auf zwei Arten gelesen und auf zwei Arten geschrieben werden kann:

```
  alu      ALU   (ALUout, N, Z,
                  A_Bus, B_Bus, F0, F1, ENA, ENB, INVA, INC);
  shifter SHIFT (C_Bus, ALUout, SLL8, SRA1);
  flip_flop ffN (negative, N, reset, clk2);
  flip_flop ffZ (zero,     Z, reset, clk2);

  decoder4to16 decoder(ctrlB, MIRout[3:0]);

  register9 MPC (mpc_out, mpc_in, reset, clk3);

  microMemory mcMem(MIRin, mpc_out, reset, clk3);

  register36 MIR (MIRout, MIRin, reset, clk1);

  assign                 fetchByte    = MIRout[4],
                         read         = MIRout[5],
                         write        = MIRout[6],
                         ctrlC        = MIRout[15:7],
                         INC          = MIRout[16],
                         INVA         = MIRout[17],
                         ENB          = MIRout[18],
                         ENA          = MIRout[19],
                         F1           = MIRout[20],
                         F0           = MIRout[21],
                         SRA1         = MIRout[22],
                         SLL8         = MIRout[23],
                         JMPZ         = MIRout[24],
                         JMPN         = MIRout[25],
                         JMPC         = MIRout[26],
                         next_address = MIRout[35:27];

  flip_flop ffrd (rd,    read,      reset, clk3);
  flip_flop ffwr (wr,    write,     reset, clk3);
  flip_flop ffft (fetch, fetchByte, reset, clk3);

  nextMPC nxtMPC (mpc_in, next_address, mbrByte,
                  JMPC, JMPN, JMPZ, negative, zero);
endmodule // mic1
```

Abb. 7.18: *Implementierung der* Mic-1*, Teil 2.*

(a) Das Register kann sowohl vom Speicher als auch vom C-Bus beschrieben werden. Damit es dabei zu keinen Konflikten kommt, steuert das Signal `ctrlC[1]` über die `bufif1`-Gatter in Zeile 18 und 19, an welche Quelle das

Register angeschlossen wird: Falls `ctrlC[1]` gesetzt ist, dann wird der Eingang des Registers an den C-Bus angeschlossen. Andernfalls wird der Eingang an den Daten-Bus `MemData` des Speichers angeschlossen. Beschrieben wird das Register nur, wenn entweder das Signal `ctrlC[1]` oder das Signal `rd` gesetzt ist. Dabei ist noch zu beachten, dass das Signal `rd` der Ausgang des Flip-Flops in Zeile 78 ist. Dieses Flip-Flop puffert das Signal `read` aus dem Steuer-Wort.

(b) Das Register kann sowohl auf den B-Bus als auch auf den Daten-Bus zum Speicher geschrieben werden. Dies wird durch die `bufif1`-Gatter in Zeile 20 und 21 gesteuert. Ist das Signal `ctrlB[0]` gesetzt, so wird der Inhalt des Registers auf den B-Bus geschrieben. Wenn das Signal `wr` gesetzt ist und wir Daten in den Speicher schreiben wollen, dann wird das Register außerdem auf den Daten-Bus zum Speicher geschrieben.

3. Die Implementierung des Registers `PC` findet sich in Zeile 32. Der Ausgang dieses Registers ist permanent mit dem Adress-Bus `ByteAddress` des Programm-Speichers verbunden. Damit wir das Register auch auf den B-Bus ausgeben können, haben wir in Zeile 22 noch ein Feld von `bufif1`-Gattern, die dies ermöglichen.

4. Das 8-Bit-Register `MBR` finden wir in Zeile 28. Der Eingang dieses Registers ist nur mit dem Daten-Bus zum Programm-Speicher verbunden, denn das Register kann nur mit Bytes beschrieben werden, die aus dem Programm-Speicher geladen worden sind. Der Inhalt des Registers kann auf zwei verschiedene Arten auf den B-Bus geschrieben werden: mit und ohne Vorzeichen-Erweiterung.

   (a) Die `bufif1`-Gatter in den Zeilen 23 und 24 implementieren den Fall, dass der Inhalt des Registers `MBR` mit Vorzeichen-Erweiterung auf den B-Bus geschrieben werden soll. Dazu beschreiben wir in Zeile 23 zunächst die untersten 8 Bits des B-Busses mit dem Inhalt des Registers. Die restlichen 24 Bits des B-Busses werden in Zeile 24 mit dem Vorzeichen-Bit aus dem Register `MBR` beschrieben.

   (b) Die `bufif1`-Gatter in den Zeilen 25 und 26 implementieren den Fall, dass der Inhalt des Registers `MBR` als natürliche (also vorzeichenlose) Zahl auf den B-Bus geschrieben werden soll. Dazu beschreiben wir in Zeile 25 zunächst die untersten 8 Bits des B-Busses mit dem Inhalt des Registers und füllen dann in Zeile 26 die restlichen 24 Bits mit Nullen auf.

5. Die Implementierung der Register `SP`, `LV`, `CPP`, `TOS`, `OPC` und `H` in den Zeilen 33 bis 38 bringt keine Überraschungen, denn diese Register können nur vom C-Bus geladen und nur auf den B-Bus (bzw. den A-Bus) geschrieben werden.

6. Die ALU und der Shifter sind in den Zeilen 39 und 41 implementiert. Wichtig ist hier, dass die Ausgänge `N` und `Z` der ALU in den Flip-Flops in den Zeilen 42 und 43 gepuffert werden. Dies ist deshalb wichtig, weil die Ausgänge `N` und `Z` nach der steigenden Flanke des Takt-Signals `clk2` berechnet werden. Das Modul `nxtMPC`, das in Zeile 82 den neuen Wert des Mikro-Programm-Zählers `MPC` berechnet, benötigt diese Werte aber erst bei der steigenden Flanke des Takt-Signals `clk3`. Zu diesem Zeitpunkt haben sich die Eingaben der ALU aber bereits geändert und damit ändern sich unter Umständen auch die Ausgaben `N` und `Z`.

7. Zeile 45 zeigt den Decoder, der die ersten vier Bits des Steuer-Worts zur Steuerung des B-Busses in die 16 Bits der Steuerleitung `ctrlB` auffächert.

8. Zeile 47 zeigt das Register `MPC`, in dem der Mikro-Programm-Zähler `MPC` gespeichert wird.

9. Der Mikro-Programm-Speicher ist in Zeile 49 implementiert.

10. Zeile 51 zeigt das Register `MIR`, in dem das Steuer-Wort abgelegt ist.

11. Die Zuweisungen in den Zeilen 53 bis 68 extrahieren aus dem in dem Register `MIR` gespeicherten Steuerwort die einzelnen Komponenten. Diese ständige Zuweisung ist eigentlich überflüssig, denn wir hätten beispielsweise anstatt das Signal `fetchByte` zu benutzen auch direkt mit dem Signal `MIRout[4]` arbeiten können. Dann wäre die Implementierung aber schwerer lesebar und daher haben wir den einzelnen Komponenten des Steuerwortes eigene Namen gegeben.

12. In den Zeilen 70 bis 72 haben wir drei Flip-Flops, in denen wir die Signale `read`, `write` und `fetchByte` aus dem Steuerwort puffern. Diese Pufferung ist deshalb notwendig, weil das Steuerwort mit dem Signal `clk1` getaktet ist und folglich die Signale `read`, `write` und `fetchByte` bei der steigenden Flanke des Signals `clk1` gesetzt werden. Damit der Speicher arbeiten kann, müssen aber die Busse, die zum Speicher führen, stabile Werte haben. Diese Werte werden erst mit dem Signal `clk2` geladen und können daher erst mit der steigenden Flanke des Signals `clk3` an den Speicher weitergereicht werden. Die Steuersignale des Speichers müssen dann bis nach der steigenden Flanke des Signals `clk3` stabil bleiben, denn der Speicher wird erst mit der steigenden Flanke des Signals `clk3` aktiv.

7.5.4 Externer Speicher und Ausgabe

Der Prozessor *Mic-1* hat keine eigenen Leitungen für die Eingabe oder Ausgabe. Stattdessen erfolgt die Ein- und Ausgabe über spezielle Speicher-Adressen. Die Adresse

`0xFFFFFFFD`

ist für diese Zwecke reserviert: Ist das Signal `write` zum Speicher gesetzt und hat der Adress-Bus den oben angegebenen Wert, so wird der Inhalt des Daten-Busses nicht im Speicher abgelegt, sondern stattdessen wird das unterste Byte als ASCII-Zeichen ausgegeben. Wird andererseits das Signal `read` gesetzt und hat der Adress-Bus den Wert `0xFFFFFFFD`, so wird ein ASCII-Zeichen eingelesen und auf dem Daten-Bus abgelegt. Die restlichen Bits des Daten-Busses werden in diesem Fall mit Nullen aufgefüllt. Dieses Verfahren zur Realisierung von Ein- und Ausgabe wird in der angelsächsischen Literatur als *memory mapped IO* bezeichnet.

Wir diskutieren nun die in den Abbildungen 7.19 und 7.20 auf den Seiten 310 un 311 gezeigte Beschreibung des Speichers, beginnend mit der Schnittstelle.

1. `WordInOut` ist ein Daten-Bus mit einer Breite von 32 Bits, über den Daten sowohl gelesen als auch geschrieben werden können.

```
1 module memory(inout  [31:0] WordInOut,
2               output  [7:0] ByteOut,
3               input  [31:0] WordAddress, ByteAddress,
4               input         read, write, fetch, reset, clk);
5   reg [31:0]                data;
6   reg  [7:0]                ByteOut;
7   reg [31:0]                mem [65535:0];
8   integer                   word, i;
```

Abb. 7.19: *Implementierung des Speichers, Teil I.*

2. `ByteOut` ist ein Daten-Bus mit einer Breite von 8 Bits, über den einzelne Bytes geschrieben werden können.
3. `WordAddress` ist der Adress-Bus, der zu dem Daten-Bus `WordInOut` korrespondiert.
4. `ByteAddress` ist der Adress-Bus, der zu dem Daten-Bus `ByteOut` korrespondiert.
5. `read` ist ein Steuersignal, das einen Lesevorgang über den Daten-Bus `WordInOut` auslöst.
6. `write` ist ein Steuersignal, das einen Schreibvorgang über den Daten-Bus `WordInOut` auslöst.
7. `fetch` ist ein Steuersignal, das einen Lesevorgang über den Daten-Bus `ByteOut` auslöst.
8. `reset` dient zur Initialisierung des Speichers.
9. `clk` ist das Takt-Signal. Der Speicher reagiert auf die steigende Flanke dieses Signals.

Die Speicher-Zellen selbst werden in Zeile 7 als Feld von 32-Bit-Registern realisiert. Die Initialisierung dieser Speicher-Zellen geschieht in den Zeilen 13 bis 15. Zunächst werden dort alle Speicher-Zellen auf 0 gesetzt und anschließend wird das Benutzer-Programm, das in der Datei „`memory.txt`“ in binärer Form vorliegt, in den Speicher geladen. Wir benutzen hier dasselbe Format, das wir schon bei der Implementierung des Mikro-Programm-Speichers kennengelernt haben. Der einzige Unterschied ist der, dass nun jede Zeile 32 Bits spezifiziert anstelle der 36 Bits eines Steuerwortes. Wir diskutieren jetzt die drei Arbeits-Modi des Speichers: `read`, `write` und `fetch`.

1. Ist das Signal `write` gesetzt, so wird zunächst überprüft, ob die auf dem Adress-Bus anliegende Adresse den Wert `0xFFFFFFFD` hat, denn das ist die Adresse, die für *memory mapped IO* reserviert ist. In Zeile 22 ist dieser Wert als Hexadezimal-Zahl angegeben worden. In *Verilog* werden Hexadezimal-Zahlen durch das Präfix „`h`“ als solche gekennzeichnet.

```
9     always @(posedge clk or reset)
10      begin
11         if (reset)
12           begin
13              for (i=0; i < 65535; i = i+1)
14                mem[i] = 0;
15              $readmemb("memory.txt", mem);
16           end
17         else // not reset
18           begin
19              #1; // wait for address to get stable
20              if (write)
21                begin
22                   if (WordAddress == 32'hFFFFFFFD)
23                      $write("%c", WordInOut[7:0]);
24                   else
25                      mem[WordAddress] = WordInOut;
26                end
27              if (read)
28                 data = mem[WordAddress];
29              if (fetch)
30                begin
31                   word = mem[ByteAddress / 4];
32                   case (ByteAddress % 4)
33                     0: ByteOut = word[31:24];
34                     1: ByteOut = word[23:16];
35                     2: ByteOut = word[15:8];
36                     3: ByteOut = word[ 7:0];
37                   endcase // case(ByteAddress % 4)
38                end
39           end
40      end // always @ (posedge clk or reset)
41    bufif1 bf[31:0] (WordInOut, data, read);
42  endmodule
```

Abb. 7.20: *Implementierung des Speichers, Teil II.*

Falls die anliegende Adresse den Wert `0xFFFFFFFD` hat, wird in Zeile 23 das erste Byte des Daten-Busses als ASCII-Zeichen ausgegeben. Andernfalls wird das auf dem Daten-Bus `WordInOut` anliegende Wort in Zeile 25 an der Adresse `WordAddress` abgelegt.

2. Ist das Signal `read` gesetzt, so wird das Wort, das im Speicher an der Adresse `WordAddress` steht, zunächst in Zeile 28 in dem Hilfsregister `data` abgelegt. Dieses Hilfsregister wird in Zeile 41 über ein Feld von **bufif1**-Gattern mit dem Daten-Bus

`WordInOut` verbunden. Der Umweg über das Hilfsregister `data` ist notwendig, weil der Daten-Bus `WordInOut` bidirektional ist und daher nicht als Register deklariert werden kann.

Eigentlich müsste an dieser Stelle auch noch die Eingabe behandelt werden. In der vorliegenden Implementierung des Speichers wird die Behandlung der Eingabe zur Vereinfachung unterdrückt.

3. Ist das Signal `fetch` gesetzt, so soll ein Byte aus dem Speicher gelesen werden. Da der in Zeile 7 definierte Speicher aus 32-Bit-Worten aufgebaut ist, die Adresse `ByteAddress` aber eine Byte-Adresse ist, muss diese Adresse zunächst in eine Wort-Adresse umgerechnet werden. Dazu wird in Zeile 31 die Adresse durch 4 dividiert und dann wird das an dieser Stelle im Speicher liegende Wort in dem Hilfsregister `word` zwischengespeichert. Anschließend ermitteln wir, welches der vier Bytes von `word` ausgelesen werden soll und legen das Ergebnis auf den Bus `ByteOut`.

Bei der verhaltensbasierten Implementierung des Speichers ist noch ein Detail wichtig: In Zeile 19 lassen wir eine Zeiteinheit verstreichen. Das hat folgenden Grund: Der Speicher wird mit dem Signal `clk3` getaktete. Dieses Signal taktet aber ebenfalls die Flip-Flops, die die Signale `read`, `write` und `fetch` puffern. Die zeitliche Verzögerung ist daher erforderlich um sicherzustellen, dass diese Signale einen definierten Wert haben.

7.5.5 Zusammenschalten der Komponenten

Abbildung 7.21 auf Seite 313 zeigt, wie wir Prozessor, Speicher und Takt-Geber zusammenschalten können. Zunächst initialisieren wir hier in den Zeilen 19 – 22 die Werte verschiedener Register. Wichtig ist hierbei, dass wir die Initialisierung erst vornehmen, nachdem 5 Zeiteinheiten verstrichen sind. Wenn wir die Initialisierung bereits zum Zeitpunkt 0 durchführen wollten, dann gäbe es einen Konflikt mit der Initialisierung des Moduls `register32`, denn dort werden die Register mit 0 initialisiert.

Eigentlich ist die verhaltensbasierte Initialisierung, die wir im Modul `memory` durchführen, gemogelt, denn genau genommen müssten wir entweder Hardware entwickeln, die diese Initialisierung automatisch durchführt, oder wir müssten am Anfang eine Art Boot-Programm laufen lassen, das die Initialisierungen erledigt. Da wir etwas Ähnliches bereits bei der Implementierung des SRP gemacht haben, ersparen wir uns dies jetzt.

Schließlich implementieren wir in den Zeilen 26 – 41 noch ein Analogon zu dem `halt`-Befehl: Wir fragen in Zeile 33 ab, ob das Register `MPC` den Wert `0xFF` hat, denn das ist der Bytecode des `halt`-Befehls. In diesem Fal halten wir die Simulation mit dem Befehl „`$finish`“ an und geben vorher noch die Zahl der Zyklen aus, die wir in Zeile 32 mitzählen.

Jetzt fehlt nur noch eine Test-Bench, mit der wir unsere Implementierung testen können. Diese Test-Bench wird in Abbildung 7.22 gezeigt.

```
module computer(input reset);
   wire   [31:0] MemData;
   wire   [31:0] WordAddress, ByteAddress;
   wire          rd, wr, fetch;
   wire    [7:0] Byte;
   wire          readMDR, writeMDR, writeMBR;
   wire          clk1, clk2, clk3;

   clock rolex  (clk1, clk2, clk3, ~reset);

   mic1  micpc  (MemData, WordAddress, ByteAddress, rd, wr, fetch,
                 Byte, reset, clk1, clk2, clk3);

   memory store (MemData, Byte,
                 WordAddress, ByteAddress, rd, wr, fetch, reset,
                 clk3);
   initial
     begin
        #5 micpc.PC.data  = 4294967295;
        #0 micpc.SP.data  =      49152;
        #0 micpc.LV.data  =      32768;
        #0 micpc.CPP.data =      16384;
     end

   integer numberCycles;
   always @(posedge clk1 or reset)
     begin
        if (reset)
          numberCycles = 0;
        else
          begin
             numberCycles = numberCycles + 1;
             if (micpc.mpc_out == 255)
               begin
                  $display("Number of Cycles: %0d.", numberCycles);
                  $display("System shutting down ...");
                  $finish;
               end
          end // else: !if(reset)
     end // always @ (posedge clk1 or reset)
endmodule // computer
```

Abb. 7.21: *Zusammenschalten von Speicher und Prozessor.*

```
module testBench;
   reg reset;
   computer cmptr(reset);

   initial
     begin
       #0 reset = 1;
       #6 reset = 0;
     end
endmodule
```

Abb. 7.22: *Eine Test-Bench für den Prozessor Mic-1.*

7.5.6 Testen der *Verilog*-Implementierung

Wir testen nun unsere Implementierung der *Mic-1*. Wir entwickeln dazu ein Mikro-Programm, das den Text „`Hi!`" gefolgt von einem Zeilenumbruch ausgibt. Die Grundidee ist dabei, dass wir die Zeichen 'H', 'i', '!' und den Zeilenumbruch in dem Speicher ablegen. Die ASCII-Kodierung dieser Zeichen ist wir folgt:

$$\begin{array}{lclcl} \texttt{'H'} & = & \texttt{0x48} & = & \texttt{01001000}_2 \\ \texttt{'i'} & = & \texttt{0x69} & = & \texttt{01101001}_2 \\ \texttt{'!'} & = & \texttt{0x21} & = & \texttt{00100001}_2 \\ \texttt{'\textbackslash n'} & = & \texttt{0x0A} & = & \texttt{00001010}_2 \end{array}$$

Jedes der Zeichen legen wir in einem eigenen Maschinenwort ab. Damit hat die Datei `memory.txt` jetzt die folgende Form:

```
00000000_00000000_00000000_01001000 // 'H'  = 0x48
00000000_00000000_00000000_01101001 // 'i'  = 0x68
00000000_00000000_00000000_00100001 // '!'  = 0x21
00000000_00000000_00000000_00001010 // '\n' = 0x0A
```

In einer *Verilog*-Binär-Datei sind zur Steigerung der Lesbarkeit Kommentare zugelassen. Diese werden wie bei *Java* durch einen String der Form „`//`" eingeleitet und erstrecken sich bis zum Zeilen-Ende.

Das Mikro-Programm, das wir entwickeln werden, liest jeweils ein Wort aus dem Speicher ein und gibt dieses anschließend über die für *memory mapped IO* reservierte Adresse `0xFFFFFFFD` wieder aus. Um diese Idee zu realisieren, brauchen wir einen Zeiger, der jeweils auf das nächste zu lesende Wort im Hauptspeicher zeigt. Wir speichern diesen Zeiger in dem Register `PC`. Außerdem ist es notwendig, den Wert

$$\texttt{0xFFFFFFFD} = -3$$

zu berechnen. Wir zeigen in Abbildung 7.23 eine Art Pseudo-Code, in dem wir das

Mikro-Programm spezifizieren. Diesen Pseudo-Code diskutieren wir jetzt Zeile für Zeile.

```
0  MAR = PC =      0; rd; goto  1;
1  LV  = H  =     -1;     goto  2;
2  LV  = H + LV;          goto  3;
3  MAR = LV - 1;      wr; goto  4;
4  MAR = PC = PC + 1; rd; goto  5;
5  MAR = LV - 1;          goto  6;
6                     wr; goto  7;
7  MAR = PC = PC + 1; rd; goto  8;
8  MAR = LV - 1;          goto  9;
9                     wr; goto 10;
10 MAR = PC = PC + 1; rd; goto 11;
11 MAR = LV - 1;          goto 12;
12                    wr; goto 13;
13 halt;
```

Abb. 7.23: *Pseudo-Code zur Ausgabe von „Hi!“.*

0. Als Erstes setzen wir sowohl den Zähler `PC` als auch das Memory-Adress-Register `MAR` auf 0 und lesen das Wort, das im Speicher an der Adresse 0 abgelegt ist. Dieses Wort hat gerade den Wert '`H`'.
1. Das Wort, das wir im letzten Befehl lesen, können wir erst beim nächsten Befehl verwenden. Daher beginnen wir in diesem Befehl damit, die Konstante -3 auszurechnen und initialisieren dazu die Register `H` und `LV` mit -1.
2. Im nächsten Schritt addieren wir die Inhalte der Register `H` und `LV` und speichern das Ergebnis -2 in das Register `LV`.
3. Jetzt setzen wir das Memory-Adress-Register `MAR` auf den Wert `LV` $- 1$, also auf -3. Der Wert, den wir im mit 0 numerierten Befehl in das Register `MDR` gelesen haben, ist mittlerweile aus dem Speicher angekommen und wir schreiben diesen Wert mit „`wr`“ auf die Ausgabe.
4. Im nächsten Befehl erhöhen wir den in `PC` abgespeicherten Zähler um 1 und weisen diesen Wert dem Memory-Adress-Register `MAR` zu. An dieser Stelle liegt das Zeichen `i`, das wir mit „`rd`“ lesen.
5. Um das Zeichen im nächsten Befehl schreiben zu können, setzen wir das Memory-Adress-Register `MAR` auf den Wert -3, indem wir mit der ALU den Ausdruck „`LV - 1`“ berechnen und in `MAR` abspeichern.
6. Jetzt ist das Zeichen '`i`' aus dem Hauptspeicher angekommen und wir geben es über die für *memory mapped IO* reservierte Adresse aus.

Die Ausgabe der Zeichen '`!`' und '`\n`' verläuft analog zur Ausgabe des Zeichens '`i`'. Als letzten Befehl fügen wir noch eine Instruktion ein, die zu der Adresse `0xFF` $= 255$

verzweigt, denn wenn der Mikro-Programm-Zähler `MPC` den Wert `0xFF` annimmt, hält der Prozessor an.

Der letzte Schritt besteht nun darin, den Pseudo-Code in Binärformat umzusetzen. Abbildung 7.24 zeigt das Ergebnis. Wir erläutern nur die erste Zeile.

```
000000001_000_00_000000_000000101_010_0000 // MAR = PC =      0; rd; goto  1;
000000010_000_00_010010_100010000_000_0000 // LV  = H  =     -1;     goto  2;
000000011_000_00_111100_000010000_100_0101 // LV  = H + LV;          goto  3;
000000100_000_00_110110_000000001_100_0101 // MAR = LV - 1;      wr; goto  4;
000000101_000_00_110101_000000101_010_0001 // MAR = PC = PC + 1; rd; goto  5;
000000110_000_00_110110_000000001_000_0101 // MAR = LV - 1;          goto  6;
000000111_000_00_000000_000000000_100_0000 //                    wr; goto  7;
000001000_000_00_110101_000000101_010_0001 // MAR = PC = PC + 1; rd; goto  8;
000001001_000_00_110110_000000001_000_0101 // MAR = LV - 1;          goto  9;
000001010_000_00_000000_000000000_100_0000 //                    wr; goto 10;
000001011_000_00_110101_000000101_010_0001 // MAR = PC = PC + 1; rd; goto 11;
000001100_000_00_110110_000000001_000_0101 // MAR = LV - 1;          goto 12;
000001101_000_00_000000_000000000_100_0000 //                    wr; goto 13;
011111111_000_00_000000_000000000_000_0000 // halt;
```

Abb. 7.24: *Das Mikro-Programm zur Ausgabe von „Hi!“.*

1. Wenn die ALU die Konstante 0 erzeugen soll, dann sind die Eingaben der ALU unwichtig. Wir können daher ein beliebiges Register auf den B-Bus schreiben. Daher setzen wir für die letzten 4 Bits den Wert „`0000`“ ein und schreiben damit das Register `MDR` auf den B-Bus.

2. Um vom Speicher zu lesen, muss das Signal `rd` gesetzt werden. Dieses Signal entspricht dem mittleren Bit der nächsten Gruppe von Bits, wir setzen hier also „`010`“.

3. Das Ergebnis der ALU soll in den Registern `MAR` und `PC` abgelegt werden. Das Register `MAR` ist das erste und `PC` ist das dritte der Register, die vom C-Bus geschrieben werden können, wir setzen also für die Gruppe von Bits, die den C-Bus steuern, `000000101`.

4. Damit die ALU eine 0 produziert, sind sämtliche Steuerbits der ALU auf 0 zu setzen.

5. Da wir mit der nächsten Instruktion weitermachen wollen, werden die drei Sprungbits auf 0 gesetzt.

6. Die nächste Instruktion steht an der Stelle 1, daher setzen wir das `Addr`-Feld des Steuer-Wortes auf „`000000001`“.

   Die restlichen Zeilen werden analog berechnet.

8 Mikro-Assembler

Diese Kapitel stellt Mikro-Assembler als Programmiersprache vor. Im ersten Abschnitt entwickeln wir ein Mikro-Programm, das in der Lage ist, IJVM-Bytecode zu interpretieren, wir konstruieren also eine IJVM, d.h. eine *(integer) java virtual machine.* Wir werden die exakte Syntax des Mikro-Assemblers erst im zweiten Abschnitt dieses Kapitels präsentieren, denn die Syntax ist so intuitiv, dass die Mikro-Assembler-Programme, die wir zur Implementierung der IJVM entwickeln, auch ohne Kenntnis der exakten Syntax lesbar sind. Die genaue Kenntnis der Syntax ist für den Leser erst dann erforderlich, wenn dieser selber Mikro-Assembler-Programme erstellt.

8.1 Implementierung der IJVM

Die Grundidee, um den Interpreter für die IJVM zu implementieren, besteht darin, dass wir eine Schleife programmieren, die aus drei Teilen besteht:

1. Als Erstes holen wir mit dem Befehl `fetch` ein Byte aus dem Programm-Speicher.
2. Um dieses Byte zu interpretieren, verzweigen wir mit dem Befehl

   ```
   goto (MBR)
   ```

   an die durch das geladene Byte spezifizierte Stelle.
3. Anschließend arbeiten wir den IJVM-Maschinenbefehl ab. Damit das funktioniert, muss der Teil des Mikro-Programms, der die Abarbeitung des in `MBR` spezifizierten IJVM-Befehls durchführt, an der Adresse im Mikro-Programm-Speicher stehen, die durch das Byte in `MBR` spezifiziert wird. Tabelle 8.1 auf Seite 318 zeigt die Zuordnung von Bytecodes zu den IJVM-Befehlen. Wir sehen zum Beispiel, dass der IJVM-Befehl `bipush` den Bytecode `0x10` hat. Also muss der Teil des Mikro-Programms, der den Befehl `bipush` interpretiert, an der Adresse `0x10` im Mikro-Programm-Speicher abgelegt sein.

Wir entwickeln jetzt das Mikro-Programm, dass die IJVM implementiert. Die einzelnen Mikro-Instruktionen sind dabei aus 4 Teilen zusammengesetzt:

1. Einem Label, der als Sprungziel dient.
2. Einer Zuweisung, die spezifiziert
   (a) welches Register auf den B-Bus gelegt wird,
   (b) wie die ALU und der Shifter arbeiten und

Tabelle 8.1: *Bytecodes der* IJVM-*Befehle.*

IJVM-Befehl	Bytecode
bipush	0x10
dup	0x59
goto	0xA7
halt	0xFF
iadd	0x60
iand	0x7E
if_icmpeq	0x9F
ifeq	0x99
iflt	0x9B
iinc	0x84
iload	0x15
in	0xFC
invokevirtual	0xB6
ior	0xB0
ireturn	0xAC
istore	0x36
isub	0x64
ixor	0x75
ldc_w	0x13
nop	0x00
out	0xFD
pop	0x57
sll8	0xF1
sra1	0xF0
swap	0x5F

(c) in welchen Registern das Ergebnis abgespeichert wird,

3. der Spezifikation der Signale `rd`, `wr` und `fetch`, die die Kommunikation mit dem Speicher steuern,

4. der Spezifikation der Folge-Instruktion.

Es ist nicht erforderlich, dass immer alle vier Teile einer Mikro-Instruktion angegeben werden. Ist die Folge-Instruktion diejenige Mikro-Instruktion, die im Programm-Text unmittelbar folgt, so kann die Spezifikation der Folge-Instruktion entfallen. Wird kein Ergebnis der ALU abgespeichert, so kann die Zuweisung entfallen. Gibt es keine Mikro-Instruktion, die zu einer bestimmten Mikro-Instruktion i verzweigt, dann braucht die Mikro-Instruktion i selbst keinen Label.

Um die oberen Ausführungen zu erläutern, betrachten wir den Teil des Interpreters, der ein Byte aus dem Speicher lädt und anschließend an die in diesem Byte spezifizierte Stelle verzweigt. Dies wird in Abbildung 8.1 gezeigt. In dieser Abbildung sehen Sie drei

```
0  // p := PC, b := MemProg[PC]
1  Main  fetch;
2        PC = PC + 1;                 // PC = p+1, MBR = b
3        goto (MBR);                  // MPC = b
4  // PC = p+1, MBR = b, MPC = b
```

Abb. 8.1: *Laden eines Bytes des Programm-Codes.*

Mikro-Instruktionen. Die erste Mikro-Instruktion hat den Label `Main`. Das Schlüsselwort `fetch` gibt an, dass das Signal `fetch` gesetzt wird. Dadurch wird ein Byte aus dem Programm-Speicher geladen, und zwar von der Adresse, die gerade in dem Register `PC` gespeichert ist. Die ALU wird bei der ersten Instruktion noch nicht benutzt, daher gibt es dort keine Zuweisung. Da als Nächstes die Instruktion in Zeile 2 ausgeführt werden soll, entfällt auch die Spezifikation der Folge-Instruktion. Die Mikro-Instruktion in Zeile 2 hat kein Label. Bei dieser Mikro-Instruktion erhöhen wir den Programm-Zähler um 1, damit wir beim nächsten „`fetch`" nicht dasselbe Programm-Byte noch einmal lesen. In Zeile 3 ist das Byte aus dem Speicher angekommen[1] und wir können an die entsprechende Stelle im Mikro-Programm verzweigen.

Bei dem oben gezeigten Programm-Fragment haben wir eine Invariante benutzt, die auch bei der Abarbeitung der einzelnen Instruktionen eine wichtige Rolle spielt. Wir setzen in Zeile 1 der Abbildung 8.1 voraus, dass das Register `PC` auf die nächste zu bearbeitende Instruktion zeigt. In Zeile 3 zeigt `PC` dann auf das Byte, das dem OpCode der Instruktion folgt, zu der wir mit dem `goto`-Befehl in Zeile 3 verzweigen. Bei Instruktionen, die ein Argument haben, wie beispielsweise die Instruktion

`bipush` b

zeigt das Register `PC` in Zeile 3 also auf das erste Argument, im Falle der Instruktion „`bipush` b" also auf das Byte b. Hat die ausgeführte Instruktion kein Argument, so zeigt das Register `PC` in Zeile 3 auf die nächste auszuführende Instruktion. Wir bezeichnen diese Invariante als die *PC-Invariante.*

Da Mikro-Assembler-Programme recht kompliziert werden können, ist es sinnvoll, solche Programme ausführlich zu kommentieren. Oben haben wir bereits das Schema gezeigt, das wir zur Dokumentation solcher Mikro-Assembler-Programme verwenden werden: Am Anfang definieren wir durch Zuweisungen wie

$p :=$ `PC`

einige Konstanten, die die Situation beschreiben, die vor der Ausführung des Programms vorliegt. Hierbei kann es sich sowohl um den Wert von Registern als auch um den Wert bestimmter Speicherstellen handeln. Zum Beispiel legen wir oben durch die Definition

[1] Bei unserer *Verilog*-Implementierung der *Mic-1* ist dieses Byte auch schon in Zeile 2 angekommen und wir könnten die beiden Zeilen zu einer Zeile der Form

```
PC = PC + 1; goto (MBR)
```

zusammenfassen. Der Simulator hat an dieser Stelle allerdings ein Problem, denn dort kommt das Byte erst in Zeile 3 an.

$b :=$ MemProg[PC]

fest, dass b das Byte bezeichnet, das an der Stelle PC im Programm-Speicher liegt. In der zweiten Zeile schreiben wir im Kommentar, dass PC nach Ausführung der Mikro-Instruktion den Wert $p+1$ annimmt und dass im Register MBR das Byte b abgespeichert ist. In der letzten Kommentar-Zeile fassen wir dann noch einmal die Werte aller Register und Speicherstellen, die bei der jeweiligen Mikrocode-Sequenz interessant sind, zusammen. Die letzte Kommentar-Zeile gibt also an, das durch das Mikro-Programm erreicht worden ist.

Wir zeigen jetzt die Implementierung der einzelnen IJVM-Befehle. Bei dieser Implementierung verwenden wir eine *Invariante*: Wir gehen davon aus, dass das Register TOS zu Beginn der Interpretation einer IJVM-Instruktion immer das Wort enthält, das oben auf dem Stack liegt:

TOS = MemData[SP].

(Hier bezeichnet MemData den Daten-Speicher. Den Programm-Speicher bezeichnen wir mit MemProg.) Damit die *TOS-Invariante* erhalten bleibt, müssen wir sicherstellen, dass die TOS-Invariante[2] auch am Ende der Abarbeitung einer Instruktion gilt. Wir werden sehen, dass die TOS-Invariante unsere Mikro-Programme im Durchschnitt kürzer macht.

Wir beginnen nun mit der Implementierung des Befehls iadd, der in Abbildung 8.2 gezeigt wird. Der Befehl iadd addiert die beiden Werte, die oben auf dem Stack liegen,

```
0  // s := SP, a = TOS = MemData[s], b = MemData[s − 1]
1  iadd  MAR = SP = SP - 1; rd;                // MAR = SP = s − 1
2        H = TOS;                              // H = a, MDR = b
3        MDR = TOS = H + MDR; wr; goto Main;   // MDR = TOS = a + b,
4                                              // MemData[s − 1] = a + b
5  // SP = s − 1, TOS = MemData[SP] = a + b
```

Abb. 8.2: *Implementierung der* IJVM*-Instruktion* iadd*.*

und ersetzt den ersten dieser beiden Werte durch die Summe. Die Wirkung dieses Befehls hatten wir in Abbildung 6.2 gezeigt. Um die Werte addieren zu können, müssen die Werte aus dem Speicher geholt und in Register geschrieben werden, wobei einer der Werte in das Register H geschrieben werden muss, denn das ist das einzige Register, das mit dem A-Bus verbunden ist. Erfreulicherweise steht der oben auf dem Stack liegende Wert aufgrund der TOS-Invariante bereits in dem Register TOS zur Verfügung, der andere Wert muss aber noch geladen werden. Dazu erniedrigen wir in Zeile 1 zunächst den Stack-Pointer um 1 und schreiben den Stack-Pointer zusätzlich in das Register MAR. Sie sehen hier, dass wir bei der Mikro-Assembler-Programmierung das Ergebnis der ALU durchaus in mehrere Register gleichzeitig schreiben können. Das liegt daran, dass wir in der *Mic-1* das Ergebnis der ALU über den C-Bus gleichzeitig in verschiedene Register schreiben können. Außerdem starten wir in Zeile 1 mit „rd" eine Lese-Operation. Das Ergebnis dieser Operation kann erst in Zeile 3 weiterverwendet werden. Daher nutzen

[2] Das Register TOS hat seinen Namen von dieser Invariante, denn TOS steht für *top of stack*.

wir in Zeile 2 den verbleibenden Takt-Zyklus, um den Inhalt von `TOS` in `H` abzuspeichern. Am Ende der Mikro-Instruktion in Zeile 2 ist der zu addierende Wert b aus dem Speicher im Register `MDR` angekommen. Wir addieren daher in Zeile 3 den Inhalt der Register `H` und `MDR` und speichern das Ergebnis sowohl in dem Register `MDR` als auch in dem Register `TOS`:

1. Wir speichern es in dem Register `MDR`, weil wir es noch in diesem Takt-Zyklus mit dem Befehl „`wr`“ auf den Stack schreiben. Erfreulicherweise hat das Register `MAR` schon den passenden Wert, denn diesen Wert hat es bereits in Zeile 1 bekommen.

2. Wir speichern die Summe in dem Register `TOS`, um die `TOS`-Invariante sicherzustellen.

Schließlich verzweigen wir am Ende des Befehls wieder zu `Main`, also zu der Zeile 1 in Abbildung 8.1. Dort holen wir dann den nächsten Befehl aus dem Programm-Speicher und arbeiten diesen anschließend ab.

An dieser Stelle können wir den Nutzen der `TOS`-Invariante erkennen. Ohne die `TOS`-Invariante hätten wir zwei Worte aus dem Speicher holen müssen. Das dann erforderliche Mikro-Programm hat aber mindestens eine Länge von 4 Mikro-Instruktionen. Demgegenüber kommen wir oben mit drei Mikro-Instruktionen aus, denn die Aufrechterhaltung der `TOS`-Invariante kostet uns nichts: In der dritten Zeile berechnen wir das Ergebnis und es macht keinen Unterschied ob wir es nur in dem Register `MDR` oder zusätzlich noch in dem Register `TOS` abspeichern, denn wir können diese Register ja gleichzeitig beschreiben.

Die Interpretation des Befehls `isub` verläuft ganz analog zu der Implementierung von `iadd`, der einzige Unterschied besteht darin, dass wir in der dritten Zeile subtrahieren anstatt zu addieren. Abbildung 8.3 zeigt die Implementierung.

```
0  // s := SP, a = TOS = MemData[s], b = MemData[s − 1]
1  isub  MAR = SP = SP - 1; rd;                 // MAR = SP = s − 1
2        H = TOS;                               // H = a, MDR = b
3        MDR = TOS = MDR - H; wr; goto Main;    // MDR = TOS = b − a,
4                                               // MemData[s − 1] = b − a
5  // SP = s − 1, TOS = MemData[SP] = b − a
```

Abb. 8.3: *Implementierung der* IJVM-*Instruktion* ***`isub`***.

Die Interpretation der Befehle `iand` und `ior` verläuft nach demselben Schema wie die Interpretation der Befehle `iadd` und `isub`. Die Abbildungen 8.4 und 8.5 zeigen die Implementierungen.

Wir betrachten als Nächstes den Befehl `dup`, dessen Wirkung in Abbildung 6.8 gezeigt wird. Wir erhöhen in Zeile 1 den Stack-Pointer und schreiben diesen auch gleich in das Register `MAR`, denn in der nächsten Zeile legen wir den Wert, der auf dem Stack liegt

```
// s := SP, a = TOS = MemData[s], b = MemData[s − 1]
iand MAR = SP = SP - 1; rd;                  // MAR = SP = s − 1
     H = TOS;                                // H = a, MDR = b
     MDR = TOS = MDR AND H; wr; goto Main;   // MDR = TOS = a & b,
                                             // MemData[s − 1] = b & a
// SP = s − 1, TOS = MemData[SP] = a & b
```

Abb. 8.4: *Implementierung der* IJVM*-Instruktion* ***iand****.*

```
// s := SP, a = TOS = MemData[s], b = MemData[s − 1]
ior MAR = SP = SP - 1; rd;                  // MAR = SP = s − 1
    H = TOS;                                // H = a, MDR = b
    MDR = TOS = MDR OR H; wr; goto Main;    // MDR = TOS = a | b,
                                            // MemData[s − 1] = b | a
// SP = s − 1, TOS = MemData[SP] = a | b
```

Abb. 8.5: *Implementierung der* IJVM*-Instruktion* ***ior****.*

```
// s := SP, a = TOS = MemData[s]
dup MAR = SP = SP + 1;            // MAR = SP = s + 1
    MDR = TOS; wr; goto Main; // MDR = TOS = a, MemData[s + 1] = a
// SP = s + 1, TOS = MemData[SP] = a
```

Abb. 8.6: *Implementierung der* IJVM*-Instruktion* ***dup****.*

```
0  // s := SP, a := TOS = MemData[s], b := MemData[s − 1]
1  pop    MAR = SP = SP - 1; rd;    // MAR = SP = s − 1, TOS = a
2         nop;                      // MAR = SP = s − 1, TOS = a, MDR = b
3         TOS = MDR; goto Main;     // MAR = SP = s − 1, TOS = b, MDR = b
4  // SP = s − 1, TOS = MemData[SP] = b
```

Abb. 8.7: *Implementierung der* IJVM*-Instruktion* ***pop****.*

und der ja in dem Register TOS gespeichert ist, ein weiteres Mal auf den Stack und dazu muss der Stack-Pointer um 1 inkrementiert werden.

Als Nächstes betrachten wir die Implementierung des Befehls pop, die in Abbildung 8.7 auf Seite 322 gezeigt ist. Es sei s der aktuelle Wert des Stack-Pointers, a sei der Wert, der oben auf dem Stack liegt und b sei der Wert, der unter a liegt. Wir erniedrigen in Zeile 1 den Stack-Pointer, so dass dieser danach den Wert $s - 1$ hat und auf b zeigt. Diesen Wert weisen wir auch dem Register MAR zu und fordern gleichzeitig den Speicher dazu auf, das an dieser Stelle liegende Wort zu lesen. Dieses Wort, das den Wert b hat, kommt erst am Ende des nächsten Taktes an, deswegen haben wir in Zeile 2 einen `nop`-Befehl eingeschoben. In Zeile 3 liegt b im Register `MDR` vor und wir können es im Register `TOS` abspeichern.

An dieser Stelle denken Sie vielleicht, dass es gereicht hätte, den Stack-Pointer zu dekrementieren. Dann wäre aber die `TOS`-Invariante nicht mehr gewährleistet. Bei der Implementierung des `pop`-Befehls führt die `TOS`-Invariante dazu, dass das Programm länger wird. Da `pop`-Befehle wesentlich seltener sind als beispielsweise `iadd`- oder `isub`-Befehle, zahlt sich die Einhaltung der `TOS`-Invariante im Durchschnitt trotzdem aus.

```
0  // s := SP, a := TOS = MemData[s], b := MemData[s-1]
1  swap  MAR = SP - 1; rd;       // MAR = s-1
2        MAR = SP;              // MAR = s,  MDR = b
3        H = MDR; wr;           // H = b, MemData[s] = b
4        MDR = TOS;             // MDR = a
5        MAR = SP - 1; wr;      // MAR = s-1, MemData[s-1] = a
6        TOS = H; goto Main;    // TOS = b
7  // SP = s, TOS = MemData[SP] = b, MemData[SP-1] = a
```

Abb. 8.8: *Implementierung der* IJVM*-Instruktion* `swap`.

Abbildung 8.8 zeigt die Implementierung der IJVM-Instruktion `swap`. Die Wirkung dieser Instruktion ist in Abbildung 6.10 auf Seite 242 gezeigt. In Zeile 0 haben wir alle Variablen, die bei dieser Instruktion eine Rolle spielen, definiert. Am Ende jeder Instruktion steht im Kommentar immer der Wert aller der Register und Speicherstellen, die sich durch die Ausführung der am Anfang der Zeile stehenden Mikro-Instruktion ändern. Dadurch können wir den Wert eines beliebigen Registers oder auch einer bestimmten Speicherstelle zu jedem Zeitpunkt leicht bestimmen: Wir suchen einfach rückwärts nach dem Register. Wollen wir beispielsweise wissen, welchen Wert das Register `H` bei Ausführung der Mikro-Instruktion in Zeile 6 hat, so durchsuchen wir die Kommentare rückwärts. Wir finden dann in Zeile 3, dass `H` den Wert b hat. Also hat nach der Ausführung der Mikro-Instruktion in Zeile 6 auch das Register `TOS` den Wert b. In dem Kommentar in der letzten Zeile fassen wir schließlich die Situation aller für diese Instruktion relevanten Register zusammen, so dass wir die Korrektheit der Implementierung leicht nachprüfen können.

Die Implementierung von `swap` funktioniert wie folgt: In Zeile 1 setzen wir `MAR` so, dass es auf das zweite Wort b im Stack zeigt, und lesen dieses Wort. In Zeile 2 setzen wir `MAR` so, dass es auf die erste Position im Stack zeigt. Gleichzeitig kommt nun das Wort b im Register `MDR` an. In Zeile 3 speichern wir b in dem Register `H` zwischen und schreiben es gleichzeitig an die erste Stelle im Stack. In Zeile 4 schreiben wir den Wert aus dem Register `TOS` in das Register `MDR`. Da das Register `TOS` immer noch den Wert a hat, enthält `MDR` also jetzt den Wert a. In Zeile 5 setzen wir das Register `MAR` so, dass es auf die zweite Stelle im Stack zeigt, und schreiben den Inhalt des Registers `MDR`, also a, an diese Stelle im Stack. In der letzten Zeile kümmern wir uns um die Aufrechterhaltung der `TOS`-Invariante und schreiben den Wert von `H`, der ja b ist, in das Register `TOS`.

```
0  // s := SP, p := PC, b := MemProg[p]
1  bipush SP = MAR = SP + 1; fetch;           // SP = MAR = s+1
2         PC = PC + 1;                        // PC = p+1, MBR = b
3         MDR = TOS = MBR; wr; goto Main;     // MDR = TOS = b,
4                                             // MemData[s+1] = b
5  // SP = s+1, MemData[SP] = b, PC = p+1
```

Abb. 8.9: *Implementierung der* IJVM-*Instruktion* **bipush** *b.*

Abbildung 8.9 zeigt die Implementierung der IJVM-Instruktion „`bipush` b". In der ersten Zeile erhöhen wir den Stack-Pointer um 1 und setzen gleichzeitig das Memory-Adress-Register `MAR` auf diesen Wert, da wir ja gleich das nächste Byte aus dem Programm-Speicher an diese Stelle schreiben wollen. Bevor das möglich ist, müssen wir es mit einem `fetch` aus dem Programm-Speicher holen. Aufgrund des `PC`-Invariante zeigt das Register `PC` bereits auf die Adresse, an der das Byte b im Programm-Speicher liegt. In Zeile 2 erhöhen wir dann das Register `PC`, damit es auf die dem Byte folgende Instruktion zeigt. Dadurch stellen wir sicher, dass die `PC`-Invariante gilt, wenn wir später in Zeile 3 zu dem Sprungziel `Main` verzweigen. Das Byte b, das wir in Zeile 1 durch das `fetch` laden, ist in Zeile 3 im Register `MBR` angekommen und wir können es daher in Zeile 3 zunächst in das Register `MDR` und dann auch auf den Stack schreiben.

```
0  // p := PC, b := MemProg[p], s := SP, l := LV, v := MemData[l+b]
1  iload  H = LV; fetch;               // H = l
2         PC = PC + 1;                 // PC = p+1, MBR = b
3         MAR = H + MBRU; rd;          // MAR = l+b
4         MAR = SP = SP + 1;           // MAR = SP = s+1, MDR = v
5         TOS = MDR; wr; goto Main;    // TOS = v, MemData[s+1] = v
6  // PC = p+1, SP = s+1, TOS = MemData[SP] = v
```

Abb. 8.10: *Implementierung der* IJVM-*Instruktion* **iload** *b.*

Abbildung 8.10 zeigt die Implementierung der IJVM-Instruktion „`iload` b". In der ersten Zeile schreiben wir den Zeiger auf den Beginn der lokalen Variablen, der in dem Register `LV` enthalten ist, in das Register `H`. Das ist notwendig, weil wir zu diesem Wert später das Argument b des `iload`-Befehls hinzuaddieren wollen und bei einer Addition zweier Register muss immer eines der beiden Register das Register `H` sein. Außerdem holen wir in der ersten Zeile schon das Argument b mit dem `fetch`-Befehl aus dem Programm-Speicher. In der nächsten Zeile inkrementieren wir den Programm-Zähler, so dass die `PC`-Invariante erhalten bleibt. Am Ende der Instruktion in Zeile 2 kommt der Wert b im Register `MBR` an. Daher können wir in Zeile 3 l, das war der Zeiger auf den Beginn der lokalen Variablen, den wir in dem Register `H` zwischengespeichert haben, und b addieren und diese Summe in das Memory-Adress-Register `MAR` schreiben. Gleichzeitig starten wir mit `rd` einen Lesevorgang. Da wir die lokale Variable, deren Wert wir in

Zeile 3 lesen, auf den Stack legen wollen, erhöhen wir in Zeile 4 den Stack-Pointer und weisen das Ergebnis gleichzeitig dem Memory-Adress-Register `MAR` zu. Am Ende der Mikro-Instruktion in Zeile 4 kommt außerdem der Wert v der lokalen Variablen in dem Register `MDR` an. Diesen Wert schreiben wir in Zeile 5 einerseits in das Register `TOS` und legen ihn andererseits durch den Schreib-Befehl „`wr`“ oben auf den Stack.

```
-1  // p := PC, s := SP, l := LV, x := TOS := MemData[s],
 0  // y := MemData[s-1], b := MemProg[p]
 1  istore  H = LV; fetch;              // H = l
 2          MDR = TOS;                  // MDR = x, MBR = b
 3          MAR = H + MBRU; wr;         // MAR = l+b, MemData[l+b] = x
 4          SP = MAR = SP - 1; rd;      // SP = MAR = s-1
 5          PC = PC + 1;                // PC = p+1, MDR = y
 6          TOS = MDR; goto Main;       // TOS = y
 7  // PC = p+1, SP = s-1, TOS = MemData[SP-1] = y, MemData[l+b] = x
```

Abb. 8.11: *Implementierung der IJVM-Instruktion* **`istore`** *b.*

Abbildung 8.11 zeigt die Implementierung der IJVM-Instruktion „`istore` b“. In der ersten Zeile laden wir den Zeiger auf den Beginn der lokalen Variablen `LV` in das Register `H` und holen das Argument b mit einem `fetch`-Befehl aus dem Programm-Speicher. In Zeile 2 schreiben wir das oben auf dem Stack liegende Wort x, das wegen der `TOS`-Invariante in dem Register `TOS` vorliegt, in das Register `MDR`, denn wir wollen es ja anschließend als lokale Variable abspeichern. Gleichzeitig kommt am Ende dieser Instruktion das Byte b aus dem Programm-Speicher im Register `MBR` an. In Zeile 3 setzen wir das Memory-Adress-Register `MAR` auf den Wert $l + b$ und speichern x an dieser Stelle ab. Zur Einhaltung der TOS-Invariante lesen wir das an zweiter Stelle des Stacks liegende Wort. Dazu dekrementieren wir in Zeile 4 den Stack-Pointer und setzen das Memory-Adress-Register ebenfalls auf den Wert $s - 1$. Gleichzeitig starten wir einen Lesevorgang. Da das zu lesenden Wort erst am Ende der Mikro-Instruktion in Zeile 5 im Register `MDR` ankommt, erhöhen wir in Zeile 5 zunächst den Programm-Zähler. In Zeile 6 können wir nun das aus dem Daten-Speicher angekommene zweite Stack-Wort y in dem Register `TOS` abspeichern um die `TOS`-Invariante aufrecht zu erhalten. Der Befehl `istore` ist der zweite Befehl, der durch die `TOS`-Invariante länger wird.

Abbildung 8.12 zeigt die Implementierung der IJVM-Instruktion „`ldc_w` o“. Der Offset o besteht aus zwei Bytes und wird als positive Zahl interpretiert. Bezeichnen wir den Wert des Programm-Zählers `PC` zu Beginn der Instruktion mit p, so berechnet sich der Offset o nach der Formel

$$o = \texttt{MemProg}[p] * 2^8 + \texttt{MemProg}[p + 1].$$

Wir setzen $b_1 := \texttt{MemProg}[p]$ und $b_2 := \texttt{MemProg}[p + 1]$. In Zeile 1 beginnen wir damit, dass wir das Byte b_1 mit einem `fetch`-Befehl lesen. Um das zweite Byte zu lesen, inkrementieren wir in Zeile 2 das Register `PC` und holen mit „`fetch`“ das zweite Byte. Am Ende des Befehls in Zeile 2 ist das erste Byte aus dem Programm-Speicher angekommen. In Zeile 3 multiplizieren wir dessen Wert mit 256 und speichern das Produkt in dem

```
-1 // c := CPP, p := PC, s := SP, b1 := MemProg[p], b2 := MemProg[p+1]
0  // o := b1 * 256 + b2, a := MemData[c+o]
1  ldc_w  fetch;
2         PC = PC + 1; fetch;      // PC = p+1, MBR = b1
3         H = MBRU << 8;           // H = b1*256, MBR = b2
4         H = H + MBRU;            // H = b1*256+b2  =  o
5         MAR = CPP + H; rd;       // MAR = c+o
6         MAR = SP = SP + 1;       // MAR = SP = s+1, MDR = a
7         PC = PC + 1; wr;         // PC = p+2, MemData[s+1] = a
8         TOS = MDR; goto Main;    // TOS = a
9  // SP = s+1, TOS = MemData[SP] = a, PC = p+2
```

Abb. 8.12: *Implementierung der* IJVM*-Instruktion* `ldc_w` *o.*

Register `H` ab. Am Ende dieses Befehls kommt nun das Byte b_2 aus dem Speicher in dem Register `MBR` an. In Zeile 4 bilden wir die Summe $o = b_1 * 256 + b_2$ und speichern den Offset o in `H` ab. In Zeile 5 addieren wir den Offset o zu dem in `CPP` gespeicherten Wert, um so die Adresse der zu ladenden Konstante zu erhalten. Gleichzeitig starten wir mit „`rd`" eine Lese-Operation, um die Konstante zu lesen. Da wir die Konstante später auf dem Stack ablegen wollen, erhöhen wir in Zeile 6 zunächst den Stack-Pointer und weisen den neuen Wert des Stack-Pointers gleichzeitig dem Register `MAR` zu. Am Ende dieser Mikro-Instruktion kommt die Konstante a aus dem Konstanten-Pool in dem Register `MDR` an. Im nächsten Befehl inkrementieren wir den Programm-Zähler `PC`, so dass `PC` jetzt auf die nächste Instruktion zeigt. Gleichzeitig schreiben wir die Konstante a, die ja jetzt in `MDR` angekommen ist, auf den Stack und stellen außerdem die `TOS`-Invariante sicher.

Aufgabe 26: Implementieren Sie den IJVM-Befehl

`iinc` v b

in Mikro-Assembler. Bei diesem Befehl wird das Byte v als Index in die lokalen Variablen interpretiert und b gibt den positiven oder negativen Wert an, der zur der lokalen Variablen Nummer v zu addieren ist. Die Details sind in Abbildung 6.12 auf Seite 244 dargestellt.

Als Nächstes implementieren wir den Befehl „`goto` o". Hierbei ist o ein 16-Bit-Offset, der zu dem Programm-Zähler zu addieren ist. o besteht also aus zwei Bytes o_1 und o_2 und wird nach der Formel

$$o = o_1 * 256 + o_2$$

berechnet. Abbildung 8.13 zeigt die Implementierung von `goto`. Beachten Sie, dass der Programm-Zähler `PC` bereits auf das erste Byte des Offsets o zeigt, wenn der Befehl in Zeile 1 ausgeführt wird. Der `goto`-Befehl selber steht an der Stelle davor. Um das Sprungziel des `goto`-Befehls zu berechnen, müssen wir den Offset o aber zu dem Wert addieren, den der Programm-Zähler `PC` hatte, als er noch auf den `goto`-Befehl selber gezeigt hat. Daher definieren wir in Zeile 0 zunächst $p :=$ `PC` $- 1$, dann gibt p den Wert an, zu dem wir den Offset o addieren müssen. In Zeile 1 berechnen wir $p =$ `PC` $- 1$ und

```
0  // p := PC - 1, MemProg[p] = 0xA7, MemProg[p+1] = o1,
1  // MemProg[p+2] = o2
2  goto    OPC = PC - 1; fetch;       // OPC = p
3          PC = PC + 1; fetch;        // PC = p+2, MBR = o1
4          H = MBR << 8;              // H = o1*256, MBR = o2
5          H = H + MBRU;              // H = o1*256+o2 = o
6          PC = OPC + H; goto Main;   // PC = p+o1*256+o2 = p + o
7  // PC = p + o
```

Abb. 8.13: *Implementierung der* IJVM-*Instruktion* **goto** *o.*

speichern das Ergebnis in dem Register `OPC`, das seinen Namen *Old Program Counter* genau dieser Verwendung im Mikro-Programm verdankt. Gleichzeitig holen wir mit dem `fetch`-Befehl das erste Byte o_1 des Offsets o. In Zeile 2 inkrementieren wir `PC` und holen das Byte o_2. Gleichzeitig kommt am Ende dieser Mikro-Instruktion das erste Byte o_1 in dem Register `MBR` an. In der nächsten Zeile multiplizieren wir o_1 mit 256 und sichern das Ergebnis in `H`, da gleichzeitig am Ende dieser Instruktion das zweite Byte o_2 aus dem Speicher eintrifft und in das Register `MBR` geschrieben wird. In Zeile 4 können wir jetzt die Summe $o = o_1 * 256 + o_2$ berechnen, um dann in Zeile 5 den neuen Wert des Programm-Zählers zu bestimmen.

Bei genauerer Betrachtung von Abbildung 8.13 fällt noch eine Besonderheit auf: In Zeile 4 greifen wir auf das Memory-Byte-Register über den Namen `MBR` zu, während wir in Zeile 5 dasselbe Register mit dem Namen `MBRU` ansprechen. Der Name `MBRU` steht für *memory byte register unsigned*, daher wird der Wert des `MBR` in Zeile 5 als vorzeichenlose Zahl interpretiert. Hingegen wird der Wert in Zeile 4 als vorzeichenbehaftete Zahl interpretiert. Dies ist notwendig, denn der Offset o ist eine vorzeichenbehaftete Zahl. In Zeile 4 werden die obersten 8 Bits dieser Zahl gelesen. Da das oberste Bit hier das Vorzeichen angibt, ist es erforderlich, beim Lesen der obersten 8 Bits eine Vorzeichenerweiterung durchzuführen. Hingegen sind die Bits, die in Zeile 5 gelesen werden, die untersten 8 Bits der Zahl o, und die enthalten natürlich kein Vorzeichenbit. Also müssen diese Bits als vorzeichenlose Zahl interpretiert werden.

Abbildung 8.14 zeigt die Implementierung der IJVM-Instruktion „`ifeq` o". Hierbei ist o ein 16-Bit-Offset, der dann zu dem Programm-Zähler zu addieren ist, wenn das oben auf dem Stack liegende Wort den Wert 0 hat. o besteht dabei aus zwei Bytes o_1 und o_2 und wird nach der Formel

$$o = o_1 * 256 + o_2$$

berechnet. In Zeile 1 kümmern wir uns zunächst um die `TOS`-Invariante: Da der oben auf dem Stack liegende Wert a vom Stack heruntergenommen wird, müssen wir den darunter liegenden Wert b einlesen und im Register `TOS` abspeichern. In Zeile 1 dekrementieren wir den Stack-Pointer und setzen auch `MAR` auf diesen Wert. Gleichzeitig starten wir mit "`rd`" eine Lese-Operation, um den Wert b zu lesen. Den Wert a, den wir ja mit 0 vergleichen wollen, sichern wir in Zeile 2 im Hilfsregister `OPC`, denn in Zeile 3 schreiben wir b in `TOS` und haben damit die `TOS`-Invariante sichergestellt. Allerdings haben wir

```
-1  // p := PC - 1, MemProg[p+1] = o1, MemProg[p+2] = o2
0   // s := SP, a := TOS = MemData[s], b := MemData[s-1],
1   ifeq    MAR = SP = SP - 1; rd;                      // MAR = SP = s-1
2           OPC = TOS;                                  // OPC = a, MDR = b
3           TOS = MDR;                                  // TOS = b
4           Z = OPC; if (Z) goto T; else goto F;        // Z = (a == 0)
5   T       OPC = PC - 1; fetch;                        // OPC = p, a=0
6           PC = PC + 1; fetch;                         // PC = p+2, MBR=o1
7           H = MBR << 8;                               // H = o1*256, MBR=o2
8           H = H + MBRU;                               // H = o1*256 + o2
9           PC = OPC + H; goto Main;                    // PC = p+o1*256+o2
10  F       PC = PC + 1;                                // PC = p+2, a≠0
11          PC = PC + 1; goto Main;                     // PC = p+3
12  // a = 0 → PC = p+o
13  // a ≠ 0 → PC = p+3
14  // SP = s-1, TOS = MDR[s-1] = b
```

Abb. 8.14: *Implementierung der* IJVM*-Instruktion* **ifeq** *o.*

von der eigentlichen Aufgabe, die der Befehl zu erledigen hat, nämlich dem Vergleich von a mit 0, bisher noch nichts geleistet. Das geschieht in Zeile 4, wo wir das Register `OPC` in die ALU schieben und das Zero-Bit `Z` setzen, wenn $a = 0$ gilt. Wenn a den Wert 0 hat, dann verzweigen wir außerdem zu dem Label `T` in Zeile 5. Ansonsten geht es bei dem Label `F` in Zeile 10 weiter.

1. Wenn $a = 0$ gilt, müssen wir jetzt den Offset $o = o_1 * 256 + o_2$ berechnen. Dazu speichern wir zunächst den Wert, den das Register `PC` vor der Ausführung des `ifeq`-Befehls hatte, in dem Register `OPC` und holen gleichzeitig in Zeile 5 und 6 die beiden Bytes o_1 und o_2 aus dem Programm-Speicher, um dann in Zeile 9 den neuen Wert von `PC` berechnen zu können.

2. Falls $a \neq 0$ gilt, dann müssen wir den Programm-Zähler `PC` auf den Wert $p + 2$ setzen, bevor wir zum Label `Main` verzweigen, denn wir müssen vermeiden, dass die beiden Bytes o_1 und o_2 als IJVM-Instruktionen interpretiert werden. Dies geschieht in Zeile 10 und 11.

Die Implementierung des Befehls „`iflt` o" verläuft analog zu der Implementierung des Befehls „`ifeq` o". Abbildung 8.15 zeigt die Implementierung. Der einzige Unterschied ist in Zeile 4, wo wir jetzt das *Negative*-Flag der ALU abfragen. Danach können wir zu den Sprungmarken `T` und `F` verzweigen, die wir oben bei der Implementierung von `ifeq` benutzt haben und brauchen daher den entsprechenden Code nicht noch einmal zu implementieren.

Abbildung 8.16 auf Seite 330 zeigt die Implementierung der IJVM-Instruktion `if_icmpeq`. Genau wie bei der Implementierung von `ifeq` und `iflt` definieren wir

```
-1  // p := PC - 1, MemProg[p+1] = o1, MemProg[p+2] = o2
 0  // s := SP, a := TOS = MemData[s], b := MemData[s-1],
 1  iflt    MAR = SP = SP - 1; rd;                   // MAR = SP = s-1
 2          OPC = TOS;                               // OPC = a, MDR = b
 3          TOS = MDR;                               // TOS = b
 4          N = OPC; if (N) goto T; else goto F;     // N = (OPC < 0)
```

Abb. 8.15: *Implementierung der* IJVM*-Instruktion* **`iflt`** *o.*

zunächst die mit dem Programm-Zähler `PC` korrelierten Größen:

$$p := \texttt{PC} - 1, \quad \texttt{MemProg}[p+1] = o_1, \quad \texttt{MemProg}[p+2] = o_2.$$

Dann berechnet sich der Offset o nach der Formel $o = o_1 * 256 + o_2$. Die Situation auf dem Stack charakterisieren wir durch folgende Definitionen:

$$s := \texttt{SP}, \quad a := \texttt{TOS} = \texttt{MemData}[s], \quad b := \texttt{MemData}[s-1], \quad c := \texttt{MemData}[s-2].$$

Unsere Aufgabe ist es, a und b zu vergleichen. Bei Gleichheit soll `PC` den neuen Wert $p + o$ erhalten, andernfalls soll `PC` den Wert $p + 3$ erhalten. Formal soll also gelten

$$a = b \rightarrow \texttt{PC} = p + o \quad \text{und} \quad a \neq b \rightarrow \texttt{PC} = p + 3.$$

Außerdem müssen wir die `TOS`-Invariante sicherstellen, am Ende soll

$$\texttt{TOS} = c \quad \text{und} \quad \texttt{SP} = s - 2$$

gelten. Wir müssen also in jedem Fall b und c aus dem Daten-Speicher laden. Dazu dekrementieren wir in Zeile 1 den Stack-Pointer, weisen das Ergebnis `MAR` zu und laden b. Während wir in Zeile 2 auf b warten, laden wir a in `H`. Der Grund ist, dass wir den Vergleich von a und b nur über eine Subtraktion realisieren können, es gilt

$$a = b \leftrightarrow a - b = 0.$$

Um die Subtraktion durchführen zu können, muss entweder a oder b in das Register `H` geladen werden, denn der erste Eingang der ALU ist permanent mit dem Register `H` verbunden. In Zeile 3 dekrementieren wir den Stack-Pointer nochmals, weisen das Ergebnis wieder `MDR` zu und starten mit „`rd`" einen Lesevorgang, um c zu lesen. Während wir in Zeile 4 auf c warten, berechnen wir die Differenz $a - b$ und speichern Sie im Register `OPC`. In Zeile 5 speichern wir c in dem Register `TOS` ab und haben so die Gültigkeit der `TOS`-Invariante garantiert. Anschließend können wir in Zeile 6 die Differenz $a - b$ dem Zero-Bit zuweisen und verzweigen. Der Rest der Implementierung verläuft jetzt wie bei der Implementierung von `ifeq`. Daher können wir dieselben Sprungziele benutzen.

Als Nächstes entwickeln wir die Implementierung der IJVM-Instruktion `invokevirtual`. Ein Blick auf die Abbildung 6.20 auf Seite 253 im vorigen Kapitel zeigt, dass diese Instruktion wesentlich aufwendiger ist als alle bisher betrachteten Instruktionen. Wir beginnen daher damit, dass wir die Situation, die im linken Teil der Abbildung 6.20 wiedergegeben wird, durch geeignete Definitionen erfassen:

1. Zunächst beschreiben wir die beteiligten Register:

   $$p := \texttt{PC}, \quad l := \texttt{LV}, \quad c := \texttt{CPP}.$$

```
// p := PC - 1, MemProg[p + 1] = o1, MemProg[p + 2] = o2, o := o1 * 256 + o2,
// s := SP, a := TOS = MemData[s], b := MemData[s - 1], c := MemData[s - 2]
if_icpmeq MAR = SP = SP - 1; rd;                      // MAR = SP = s - 1
          H = TOS;                                     // H = a, MDR = b
          MAR = SP = SP - 1; rd;                       // MAR = SP = s - 2
          OPC = MDR - H;                               // OPC = b - a, MDR = c
          TOS = MDR;                                   // TOS = c
          Z = OPC; if (Z) goto T; else goto F;         // Z = (b = a)
```

Abb. 8.16: *Implementierung der* IJVM-*Instruktion* *if_icmpeq o.*

2. An der Adresse p steht im Programm-Speicher der Offset o der Methode. Dieser Offset besteht aus zwei Bytes:
   $$o_1 := \texttt{MemProg}[p], \quad o_2 := \texttt{MemProg}[p+1], \quad o := o_1 * 256 + o_2.$$
3. Im Konstanten-Pool steht an der durch den Offset o angegebenen Stelle ein Zeiger a auf den Bytecode der Methode:
   $$a := \texttt{MemData}[c + o].$$
4. Der Zeiger a zeigt auf die Bytes, die die Methode implementieren. In den ersten beiden Bytes der Methode ist die Anzahl np der Parameter hinterlegt, in den nächsten beiden Bytes steht die Anzahl nl der lokalen Variablen:
   $$np_1 := \texttt{MemProg}[a], \quad np_2 := \texttt{MemProg}[a+1], \quad np := np_1 * 256 + np_2.$$
   $$nl_1 := \texttt{MemProg}[a+2], \quad nl_2 := \texttt{MemProg}[a+3], \quad nl := np_1 * 256 + np_2.$$
   Schließlich definieren wir n als die Summe der Anzahl der Parameter und der Anzahl der lokalen Variablen:
   $$n := np + nl.$$
5. Zum Abschluss definieren wir die Adresse, unter der im linken Teil der Abbildung der Wert `OBJREF` abgelegt ist:
   $$s := \texttt{SP} - np + 1.$$

Jetzt spezifizieren wir die Situation, die nach Abarbeitung des noch zu entwickelnden Mikro-Programms erreicht werden soll. Anschaulich ist diese Situation im rechten Teil der Abbildung 6.20 dargestellt.

1. Das Register `LV` soll die Adresse s speichern
   $$\texttt{LV} = s.$$
2. Über den Parametern und den lokalen Variablen speichern wir den alten Wert des Programm-Zählers ab:
   $$\texttt{MemData}[s + n] = p.$$
3. Darüber legen wir den alten Wert des Registers `LV`.
   $$\texttt{MemData}[s + n + 1] = l.$$

4. Der Stack-Pointer zeigt auf die Adresse, an der wir den alten Wert von LV abgespeichert haben:

   $\texttt{SP} = s + n + 1.$

5. An der Adresse s speichern wir einen Zeiger, der auf die Stelle zeigt, an der der alte Wert des Programm-Zählers abgelegt wird. In der Abbildung wird dieser Zeiger als *Link Pointer* bezeichnet.

   $\texttt{MemData}[s] = s + n.$

6. Der Programm-Zähler soll auf das Byte zeigen, das hinter den beiden Bytes liegt, die die Anzahl der lokalen Variablen spezifizieren:

   $\texttt{PC} = a + 4.$

Wir haben nun alles Material zusammen, um uns an die Implementierung zu wagen, die in Abbildung 8.17 auf Seite 332 wiedergegeben ist.

1. Als Erstes berechnen wir den Offset o und holen dazu das Byte o_1 aus dem Programm-Speicher.

2. Wir holen das Byte o_2 aus dem Programm-Speicher.

3. Jetzt ist das Byte o_1 angekommen. Während wir noch auf o_2 warten, berechnen wir $o_1 * 256$ und speichern diesen Wert in H, da wir dazu ja gleich o_2 addieren wollen.

4. Wir berechnen o und speichern es in H.

5. Wir berechnen nun die Adresse, an der im Konstanten-Pool der Zeiger zu dem ersten Byte der Methode liegt. Zusätzlich starten wir einen Lesevorgang und lesen damit den Zeiger auf die Methode.

6. Wir speichern die Rücksprungadresse in OPC. Die Rücksprungadresse ist der Wert des Programm-Zählers, der bei der IJVM-Instruktion `ireturn` wiederhergestellt werden muss. Dies ist die Adresse, die im Bytecode hinter dem Offset o abgespeichert ist, und hat folglich den Wert $p + 2$.

7. Mittlerweile ist der Zeiger auf die Methode in dem Register MDR angekommen und wir können das erste Byte np_1 der Methode holen. Dieses Byte spezifiziert zusammen mit dem folgenden Byte np_2 die Zahl np der Parameter.

8. Wir holen das zweite Byte np_2.

9. Wir speichern $np_1 * 256$ in H.

10. Wir berechnen np und speichern den Wert in MDR und H.

11. Wir holen das nächste Byte nl_1 der Methode. Dieses Byte spezifiziert zusammen mit dem folgenden Byte nl_2 die Zahl der lokalen Variablen.

```
// p := PC, l := LV, c := CPP,
// o1 := MemProg[p], o2 := MemProg[p+1], o := o1*256+o2,
// a := MemData[c+o],
// np1 := MemProg[a], np2 := MemProg[a+1], np := np1*256+np2.
// nl1 := MemProg[a+2], nl2 := MemProg[a+3], nl := nl1*256+nl2,
// n := np+nl, s := SP-np+1, also SP = s+np-1.

invoke  fetch;
        PC = PC + 1; fetch;         // PC = p+1, MBR = o1
        H = MBRU << 8;              // H = o1*256, MBR = o2
        H = H + MBRU;               // H = o
        MAR = CPP + H; rd;          // MAR = c+o
        OPC = PC + 1;               // OPC = p+2, MDR = a
        PC = MDR; fetch;            // PC = a
        PC = PC + 1; fetch;         // PC = a+1, MBR = np1
        H = MBRU << 8;              // H = np1*256, MBR = np2
        MDR = H = H + MBRU          // MDR = H = np
        PC = PC + 1; fetch;         // PC = a+2
        TOS = SP - H;               // TOS = s-1, MBR = nl1
        MAR = TOS = TOS + 1;        // MAR = TOS = s
        PC = PC + 1; fetch;         // PC = a+3
        H = MBR << 8;               // H = nl1*256, MBR = nl2
        H = H + MBRU;               // H = nl
        H = MDR + H;                // H = n
        MDR = TOS + H; wr;          // MDR = s+n, MemData[s] = s+n
        SP = MDR + 1;               // SP = s+n+1
        MDR = OPC;                  // MDR = p
        MAR = SP - 1; wr;           // MAR = s+n, MemData[s+n] = p
        MAR = SP;                   // MAR = s+n+1
        MDR = LV; wr;               // MDR = l, MemData[s+n+1] = l
        LV = TOS;                   // LV = s
        PC = PC + 1; goto Main;     // PC = a+4

// LV = s, MemData[s+n] = p, MemData[s+n+1] = l,
// SP = s+n+1, MemData[s] = s+n, PC = a+4.
```

Abb. 8.17: *Implementierung der* IJVM-*Instruktion* ***invokevirtual*** *m.*

12. Wir ziehen von dem Stack-Pointer die Anzahl der Parameter ab und speichern das Ergebnis $s-1$ in TOS. (Dass wir hier zunächst $s-1$ und nicht s ausrechnen, können Sie sich an Hand der Abbildung 6.20 leicht klarmachen. Dort hat nl den Wert 4, denn OBJREF wird als Parameter mitgezählt.)

13. Wir berechnen nun s und speichern es sowohl in MAR als auch in TOS.

14. Wir holen das Byte nl_2.
15. Wir speichern $nl_1 * 256$ in H.
16. Wir berechnen die Anzahl der lokalen Variablen nl.
17. Dazu addieren wir die Zahl der Parameter, die wir in Zeile 10 in dem Register MDR gespeichert hatten, und speichern das Ergebnis n in H.
18. Wir berechnen nun den Wert des Link-Pointers und schreiben ihn an die Stelle, an der vorher OBJREF lag, denn MAR hatten wir in Zeile 13 auf s gesetzt.
19. Wir speichern in SP die Adresse, an der wir später den alten Wert von LV abspeichern wollen.
20. Wir schreiben den Wert der Rücksprungadresse in das Register MDR.
21. Wir setzen MAR auf den Wert $s + n$ und speichern dort die Rücksprungadresse.
22. Wir setzen MAR auf den Wert $s + n + 1$.
23. Wir laden das Register LV in das Register MDR und schreiben es auf den Stack.
24. Wir setzen LV auf die Adresse, an der vorher OBJREF lag, denn diesen Wert haben wir in Zeile 13 in TOS gespeichert.
25. Wir inkrementieren den Programm-Zähler, so dass er nun auf das erste Byte in der Methode zeigt, das einen OpCode darstellt. Anschließend verzweigen wir an den Anfang der Interpreter-Schleife.

Es sieht so aus, als ob die TOS-Invariante jetzt verletzt ist. Das ist aber nicht wirklich so, denn konzeptuell gesehen ist der Stack nun ganz einfach leer. Schließlich darf ein IJVM-Befehl ja zum jetzigen Zeitpunkt noch kein Wort vom Stack herunterladen, denn andernfalls wäre es bei der Beendigung der Prozedur nicht mehr möglich, das Register LV auf seinen alten Wert zurückzusetzen.

Das Pendant zu dem IJVM-Befehl invokevirtual ist der IJVM-Befehl ireturn. Abbildung 6.21 auf Seite 254 zeigt den Stack vor und nach der Ausführung von ireturn. Wir charakterisieren zunächst die Situation vor Ausführung des Befehls:

1. Den anfänglichen Wert des Stack-Pointers bezeichnen wir mit s, den anfänglichen Wert des Registers LV mit l und den Rückgabewert bezeichnen wir mit r:
   $$s := \texttt{SP}, \quad l := \texttt{LV}, \quad r := \texttt{MemData}[s].$$
2. An der Stelle $\texttt{SP} - 2$ ist der Wert gespeichert, den der Programm-Zähler PC vor dem Aufruf der Methode hatte, und an der Stelle $\texttt{SP} - 1$ liegt der Wert, den das Register LV vor dem Aufruf der Methode hatte. Wir bezeichnen diese Werte als p und q:
   $$p := \texttt{MemData}[s-2], \quad q := \texttt{MemData}[s-1].$$

3. Die TOS-Invariante garantiert uns, dass zu Beginn gilt:

$$\texttt{TOS} = r.$$

Unsere Implementierung muss den Programm-Zähler und das Register `LV` wieder auf die Werte setzen, die sie vor dem Aufruf der Methode gehabt haben, nach der Abarbeitung des Mikro-Programms muss also gelten:

$$\texttt{PC} = p \quad \text{und} \quad \texttt{LV} = l.$$

Außerdem muss der Stack-Pointer auf den Wert zurückgesetzt werden, der in dem Register `LV` gespeichert ist. An diese Stelle muss auch der Rückgabewert r geschrieben werden:

$$\texttt{SP} = l \quad \text{und} \quad \texttt{MemData}[\texttt{SP}] = r.$$

Zusätzlich muss die `TOS`-Invariante sichergestellt werden, die in diesem Fall die Form `TOS` $= r$ hat. Da diese Gleichung aber auch schon zu Beginn der Instruktion gilt, ist hier de facto nichts zu tun. Wir müssen nur aufpassen, dass wir das Register `TOS` nicht zwischendurch überschreiben.

```
// s := SP, l := LV, r := MemData[s] = TOS,
// q := MemData[s-1], p := MemData[s-2].
ireturn MAR = SP = SP - 1; rd;     // MAR = SP = s-1
        MAR = SP = SP - 1; rd;     // MAR = SP = s-2, MDR = q
        H = MDR;                   // H = q, MDR = p
        PC = MDR;                  // PC = p
        MAR = SP = LV;             // MAR = SP = l
        MDR = TOS; wr;             // MDR = r, MemData[l] = r
        LV = H; goto Main;         // LV = q
// PC = p, LV = q, SP = l, MemData[SP] = r, TOS = r.
```

Abb. 8.18: *Implementierung der* IJVM*-Instruktion* `ireturn`*.*

Abbildung 8.18 zeigt, wie der Befehl `ireturn` durch ein Mikro-Programm implementiert werden kann.

1. Wir lesen zunächst den alten Wert des Registers `LV`.

2. Dann lesen wir den alten Wert des Registers `PC`.

3. Wir speichern den alten Wert l des Registers `LV` in dem Register `H` zwischen, denn in dem Register `LV` steht noch der Wert s, auf den wir hinterher den Stack-Pointer setzen müssen.

4. Nun setzen wir den Programm-Zähler auf den Wert, den er vor dem Aufruf der Methode hatte.

5. Jetzt setzen wir den Stack-Pointer und das Register `MAR` auf den in dem Register `LV` gespeicherten Wert l.

6. Da wir an dieser Stelle den Rückgabewert r abspeichern müssen, setzen wir `MDR` auf den im Register `TOS` gespeicherten Rückgabewert r und schreiben den Rückgabewert auf den Stack.

7. Wir stellen den alten Wert des Registers `LV` wieder her und verzweigen zum Beginn der *Fetch-Decode-Execute*-Schleife.

```
// s := SP, a := MemData[s], TOS = a.
sll8 TOS = MDR = TOS << 8;              // TOS = MDR = (a<<8)
     MAR = SP; wr; goto Main;           // MAR = s,
                                        // MemData[s] = (a<<8)
// SP = s, MemData[SP] = (a<<8), TOS = (a<<8).
```

Abb. 8.19: *Implementierung der* IJVM*-Instruktion* `sll8`*.*

Abbildung 8.19 zeigt die Implementierung des IJVM-Befehls `sll8`, dessen Wirkung in der Abbildung 6.6 auf Seite 240 gezeigt wurde. Der nach links zu schiebende Wert a steht bereits im Register `TOS` zur Verfügung. Wir schieben diesen Wert um 8 Bits nach links und speichern das Ergebnis sowohl in `MDR` als auch in `TOS`, um die `TOS`-Invariante sicherzustellen. In der nächsten Zeile setzen wir dann das Memory-Adress-Register `MAR` so, dass es auf die erste Position im Stack zeigt, und schreiben das Ergebnis auf den Stack. Die Implementierung des IJVM-Befehls `sra1` verläuft völlig analog und ist in Abbildung 8.20 gezeigt.

```
// s := SP, a := MemData[s], TOS = a.
sra1 TOS = MDR = TOS >> 1;              // TOS = MDR = (a>>1)
     MAR = SP; wr; goto Main;           // MAR = s,
                                        // MemData[s] = (a>>1)
// SP = s, MemData[SP] = (a>>1), TOS = (a>>1).
```

Abb. 8.20: *Implementierung der* IJVM*-Instruktion* `sra1`*.*

Zum Abschluss implementieren wir die Befehle zur Eingabe und Ausgabe. Abbildung 8.21 zeigt die Implementierung des IJVM-Befehls `in`, dessen Wirkung in Abbildung 6.17 auf Seite 249 gezeigt wurde. Als Erstes berechnen wir die IO-Adresse, die ja den Wert -3 hat. Nachdem wir in Zeile 3 den Wert -3 in das Memory-Adress-Register geschrieben haben, starten wir einen Lesevorgang. Während wir in Zeile 4 auf das Ergebnis warten, inkrementieren wir den Stack-Pointer und setzen auch das Memory-Adress-Register `MAR` auf diesen Wert. Anschließend können wir den eingelesenen Wert auf den Stack schreiben. Die Implementierung des IJVM-Befehls `out` verläuft anfangs analog und ist in Abbildung 8.22 gezeigt. Hier ist allerdings etwas mehr zu tun: Da wir den Wert, den wir ausgeben, ja vom Stack entfernen, müssen wir zur Aufrechterhaltung der `TOS`-Invariante den Wert, der an der Stelle $s-1$ liegt, lesen und anschließend in das Register `TOS` schreiben.

```
// s := SP, b := MemData[-3].
in  OPC = H = -1;                // OPC = H = -1
    OPC = H + OPC;               // OPC = -2
    MAR = H + OPC; rd;           // MAR = -3
    MAR = SP = SP + 1;           // MAR = SP = s+1, MDR = b
    TOS = MDR; wr; goto Main;    // TOS = b, MemData[s+1] = b
// SP = s+1, MemData[SP] = b, TOS = b.
```

Abb. 8.21: *Implementierung der* IJVM-*Instruktion* ***in.***

```
// s := SP, a := TOS = MemData[s], b := MemData[s-1].
out OPC = H = -1;               // OPC = H = -1
    OPC = H + OPC;              // OPC = -2
    MAR = H + OPC;              // MAR = -3
    MDR = TOS; wr;              // MDR = a, MemData[-3] = a
    MAR = SP = SP - 1; rd;      // MAR = SP = s-1
    nop;                        // MDR = b
    TOS = MDR; goto Main;       // TOS = b
// SP = s-1, MemData[-3] = a, TOS = b.
```

Abb. 8.22: *Implementierung der* IJVM-*Instruktion* ***out.***

8.2 Die Mikro-Assembler-Sprache

Nachdem wir im letzen Abschnitt einen Interpreter für die IJVM in Mikro-Assembler entwickelt haben, führen wir nun die Mikro-Assembler-Sprache formal ein und stellen gleichzeitig einen Simulator vor, mit dem wir die von uns erstellten Mikro-Programme testen können. Prinzipiell könnten wir die Mikro-Assembler-Programme auch dadurch testen, dass wir Sie in den Mikro-Programm-Speicher der *Verilog*-Implementierung der *Mic-1* laden. Dann können wir diese Programme mit Hilfe des *Verilog*-Simulators laufen lassen. Dieses Vorgehen ist aus zwei Gründen aber wenig empfehlenswert:

1. Die Simulation mit Hilfe des *Verilog*-Simulators ist wesentlich langsamer als die Simulation mit dem *Mic-1*-Simulator *MicSi*.
2. Es ist wesentlich komfortabeler, Programme mit dem Simulator *MicSi* zu debuggen als mit dem *Verilog*-Simulator.

Wir stellen zunächst die Grammatik der Sprache MAL vor. Die Abkürzung MAL steht für *micro assembly language*. Die Grammatik ist in den Abbildungen 8.23 und 8.24 auf den Seiten 338 und 339 wiedergegeben. Wir haben dabei die folgenden Konventionen benutzt:

1. Die terminalen Symbole, die wörtlich so wie angegeben im MAL-Programm stehen

müssen, sind in `Schreibmaschinen-Schrift` gesetzt und zusätzlich in doppelten Anführungs-Strichen eingeschlossen.

2. Alle anderen terminalen Symbole sind **fett** gesetzt. Die MAL-Grammatik enthält nur drei solcher terminalen Symbole:

   (a) **Identifier** steht für ein Wort, das nur aus Buchstaben und Ziffern besteht, und das zusätzlich mit einem Buchstaben beginnt. Ein **Identifier** ist ein Name, der als *symbolische Sprungadresse* dient. Er erfüllt also den gleichen Zweck wie ein *Label* in der Sprache `C`.

   (b) **HexNumber** steht für eine Hexadezimal-Zahl, deren Wert zwischen 0 und $2^9 - 1 = 511$ liegen muss. Eine solche Hexadezimal-Zahl wird als Adresse im Mikro-Programmspeicher interpretiert. Hexadezimal-Zahlen werden wie in der Sprache `C` mit dem Präfix „`0x`" geschrieben.

   (c) `Nl` steht für einen Zeilenumbruch.

3. Die Nicht-Terminale der Grammatik sind in *geneigter* Schrift angegeben.

4. Das Start-Symbol der Grammatik ist das Nicht-Terminal *Program*.

5. Gibt es für ein Nicht-Terminal mehrere Produktionen, mit denen dieses Nicht-Terminal abgeleitet werden kann, so werden diese Produktionen durch das Zeichen | voneinander getrennt.

6. Das Ende einer Gruppe von Produktionen wird durch das Zeichen ; kenntlich gemacht.

7. ε steht für den leeren String. Dieses Symbol wird beispielsweise in der zweiten Produktion des Nicht-Terminals *LabelDclList* eingesetzt. Die zweite Produktion dieses Nicht-Terminals besagt also, dass eine *LabelDclList* auch leer sein kann.

Wir diskutieren nun die Bedeutung der einzelnen nicht-terminalen Symbole der Grammatik.

1. *Program* bezeichnet ein vollständiges Mikro-Programm. Ein solches Mikro-Programm besteht aus drei Teilen:

   (a) Einer Liste von Sprungadress-Definitionen. Eine Sprungadress-Definition wird durch das Nicht-Terminal *LabelDcl* bezeichnet und hat die Form

   `.label` **Identifier HexNumber**.

   Eine solche Sprungadress-Definition spezifiziert die hexadezimale Adresse, die der symbolischen Sprungadresse **Identifier** entspricht.

   Beispiel: Die Sprungadress-Definition

   ```
   .label bipush 0x10
   ```

   legt fest, dass der Mikro-Befehl mit der symbolischen Sprungadresse „`bipush`" an der hexadezimalen Adresse `0x10` im Mikro-Programm-Speicher abgelegt wird.

Program → *LabelDclList DefaultDcl InstrList* ;

LabelDclList → *LabelDcl LabelDclList*
| ε
;

LabelDcl „`.label`“ **Identifier HexNumber Nl** ;

DefaultDcl „`.default`“ *CmdList* **Nl** ;

InstrList → *Instruction InstrList*
| ε
;

Instruction → **Identifier** *CmdList* **Nl**
| *CmdList* **Nl**
;

CmdList → *Cmd CmdList*
| *Cmd*
| ε
;

Cmd → *Assignment* „`;`“
| *CntrlCmd* „`;`“
| *IoCmd* „`;`“
| „`nop`“ „`;`“
;

Assignment → *Register* „`=`“ *Assignment*
| *Expr*
;

CntrlCmd → *IfCmd*
| *BranchCmd*
| *GotoCmd*
;

IfCmd → „`if`“ „`(`“ *Condition* „`)`“ „`goto`“ **Identifier** „`;`“
„`else`“ „`goto`“ **Identifier**
;

Abb. 8.23: *Die Grammatik der Sprache* MAL, *1. Teil.*

Condition	→ „N“
	| „Z“
	;
BranchCmd	→ „goto“ „(“ „MBR“ „)“ ;
GotoCmd	→ „goto“ **Identifier** ;
IoCmd	→ „rd“
	| „wr“
	| „fetch“
	;
Expr	→ *Operation*
	| *Operation* „>>“ „1“
	| *Operation* „<<“ „8“
	;
Operation	→ *Register* „AND“ *Register*
	| *Register* „OR“ *Register*
	| „NOT“ *Register*
	| *Register* „+“ *Register*
	| *Register* „+“ *Register* „+“ „1“
	| *Register* „-“ *Register*
	| *Register* „-“ „1“
	| „-“ *Register*
	| *Register*
	| „-1“
	| „0“
	| „1“
	;
Register	→ „MAR“ | „MDR“ | „PC“ | „SP“ | „LV“ | „CPP“ | „TOS“
	| „OPC“ | „H“ | „MBR“ | „MBRU“ | „N“ | „Z“
	;

Abb. 8.24: *Die Grammatik der Sprache* MAL, *2. Teil.*

(b) Einem Default-Eintrag, der durch das Nicht-Terminal *DefaultDcl* bezeichnet wird. Der Default-Eintrag spezifiziert ein Mikro-Kommando, das an all den Adressen im Mikro-Programm-Speicher abgelegt wird, an denen sonst keine Mikro-Instruktion stehen würden. In der Praxis hat dieser Eintrag die folgende Form:

```
.default goto err
```

Hier ist `err` eine symbolische Sprungadresse. An dieser Adresse steht ein Mikro-Programm, das den String „ERROR“ ausgibt.

(c) Einer Liste von Mikro-Instruktionen, die durch das Nicht-Terminal *InstrList* bezeichnet wird. Der Mikro-Assembler übersetzt jede Mikro-Instruktionen in ein 36-Bit-Wort. Diese Worte werden dann im Mikro-Programm-Speicher abgelegt.

2. *InstrList* bezeichnet die Liste der Mikro-Instruktionen.

3. *Instruction* bezeichnet eine einzelne Mikro-Instruktion. Jede Mikro-Instruktion hat im Allgemeinen die folgende Struktur:

   Identifier *Assignment IoCmd CntrlCmd*

   Dabei sind alle Komponenten optional, allerdings darf eine Mikro-Instruktion nicht leer sein. Die einzelnen Komponenten der Mikro-Instruktion haben die folgende Bedeutung:

   (a) **Identifier** bezeichnet eine symbolische Sprungadresse, die dazu dient, dass andere Mikro-Instruktionen zu dieser Mikro-Instruktion verzweigen können.

   (b) *Assignment* spezifiziert den Datenweg. Dazu sind folgende Dinge festzulegen:
   - das Register, das auf den B-Bus geschrieben werden soll,
   - die Funktion, die von der ALU berechnet werden soll,
   - die Register, in die das von der ALU berechnete Ergebnis geschrieben werden soll.

   Wir werden die Struktur des Nicht-Terminals *Assignment* weiter unten genauer erläutern.

   (c) *IoCmd* kontrolliert die Schnittstelle zum Speicher und legt fest, welche der drei Signale `rd`, `wr` und `fetch` gesetzt werden. Das *IoCmd* entfällt, wenn keines der Signale `rd`, `wr` und `fetch` gesetzt wird. Da auch mehrere dieser Signale gleichzeitig gesetzt werden können, kann eine Mikro-Instruktion auch mehrere *IoCmd*s enthalten.

   (d) *CntrlCmd* spezifiziert die als Nächstes auszuführende Mikro-Instruktion.

   Ein einfaches Beispiel für eine Mikro-Instruktion ist folgendes:

   ```
   iadd MAR = SP = SP - 1; rd;
   ```

   Diese Mikro-Instruktion hat die symbolische Sprungadresse „`iadd`". Das *Assignment*

   ```
   MAR = SP = SP - 1;
   ```

   legt fest, dass die ALU das Register `SP` dekrementieren soll. Das Ergebnis soll dann sowohl in dem Register `SP` als auch in dem Register `MAR` abgespeichert werden. Das *IoCmd* „`rd`" spezifiziert, dass das Signal `rd` gesetzt werden soll.

4. *Assignment* hat die Form:

   Reg_1 `=` $\cdots$ `=` $Reg_n = Expr$

   Hierbei sind $Reg_1, \cdots, Reg_n$ die Register, in die das Ergebnis der ALU geschrieben werden soll. *Expr* legt drei Dinge fest:

(a) Es wird spezifiziert, welches Register auf den B-Bus geschrieben werden soll. Der B-Bus ist mit dem rechten Eingang der ALU verbunden. Der linke Eingang der ALU ist immer mit dem Register `H` verbunden und braucht daher nicht spezifiziert werden.

(b) Es wird spezifiziert, welche Funktion die ALU ausführen soll.

(c) Es wird spezifiziert, welche Funktion der Shifter durchführen soll.

Bei der Angabe von *Expr* ist darauf zu achten, dass die durch die ALU und die durch den Anschluss der ALU an A-Bus und B-Bus gegebenen Einschränkungen eingehalten werden.

(a) Werden bei einer binären Operation zwei Register als Argumente verwendet, so muss eines der Register immer das Register `H` sein, denn dieses Register ist permanent mit dem linken Eingang der ALU verbunden.

(b) Ein Subtraktions-Befehl kann nur in der Form

Reg `- H`

angegeben werden, denn die ALU kann nur den am im Register `H` liegenden Wert von dem am B-Bus anliegenden Wert subtrahieren.

(c) Die einzigen Konstanten, die von der ALU erzeugt werden können, sind die Zahlen „`-1`“, „`0`“ und „`1`“. Werden andere Konstanten benötigt, so müssen diese mittels arithmetischer oder logischer Operationen aus den obigen drei Konstanten erzeugt werden.

5. *CntrlCmd* spezifiziert die nächste auszuführende Mikro-Instruktion. Es gibt drei verschiedene Möglichkeiten, diese festzulegen:

(a) Ein *IfCmd* hat die Form:

`if (`*Condition*`) goto` **Label1**`; else goto` **Label2**

Hierbei hat *Condition* entweder den Wert „`N`“ oder „`Z`“. Im ersten Fall wird getestet, ob das Ergebnis der ALU negativ ist, im zweiten Fall wird überprüft, ob das Ergebnis der ALU 0 ist. Ist die Überprüfung der Bedingung *Condition* positiv, so verzweigt der Kontrollfluss zu der symbolischen Adresse **Label1**, andernfalls wird zur symbolischen Adresse **Label2** verzweigt. Auch wenn **Label2** auf die nächste Instruktion verweist, darf der `else`-Zweig nicht fehlen!

(b) Ein *BranchCmd* hat die Form:

`goto (MBR)`

Nach einem solchen Kommando verzweigt das Programm an die im Register `MBR` spezifizierte Stelle. Das Register `MBR` ist vorher vom Haupt-Speicher mit einem Byte geladen worden. Das in `MBR` geladene Byte spezifiziert einen der Byte-Codes der IJVM.

(c) Ein *GotoCmd* hat die Form:

`goto` **Label**

Hierbei ist **Label** eine symbolische Sprungadresse, die festlegt, an welcher Stelle die Abarbeitung des Mikroprogramms fortgesetzt wird.

Per Default wird das Mikroprogramm mit der im Programm-Text folgenden Mikro-Instruktion fortgesetzt. In diesem Fall braucht die Instruktion kein *CntrlCmd* zu enthalten.

6. *Expr* gibt den Ausdruck an, der von der Alu berechnet werden soll. Ein solcher Ausdruck besteht aus einer *Operation* gefolgt von einer optionalen Schiebe-Anweisung. Hier sind nur die beiden Schiebe-Anweisungen „`>> 1`“ und „`<< 8`“ zugelassen. Die erste Schiebe-Anweisung gibt an, dass das von der ALU berechnete Ergebnis arithmetisch um ein Bit nach rechts geschoben wird, die zweite Schiebe-Anweisung besagt, dass das von der ALU berechnete Ergebnis um 8 Bits nach links geschoben wird.
7. *Operation* spezifiziert die von der ALU ausgeführte Operation. Zusätzlich wird festgelegt, welche Register verarbeitet werden. Dabei ist darauf zu achten, dass eines der beiden Register immer das Register `H` sein muss.

Für die Erstellung von Mikro-Assembler-Programmen werden wir zwei verschiedene Werkzeuge benutzen:

1. Das Paket von Ray Ontko and Dan Stone. Dieses Paket enthält den IJVM-Assembler, den wir im Kapitel 6 bereits benutzt haben. Außerdem enthält dieses Paket einen Assembler für Mikro-Assembler-Programme und einen dazugehörigen Disassembler. Die Original-Version dieses Paketes finden Sie im Netz unter der Adresse:

   `http://www.ontko.com/mic1/1_0e/mic1.tar.gz`

   Wir haben eine modifizierte Version dieses Pakets bereits installiert. Im Einzelnen stellt dieses Paket folgende Werkzeuge zur Verfügung:

   (a) `ijvmasm` ist ein Assembler, der in *IJVM*-Assembler geschriebene Programme in Byte-Code umsetzt.
   (b) `mic1asm` ist ein Mikro-Assembler, der in der Sprache MAL geschriebene Mikro-Assembler-Programme in Mikro-Code umsetzt.
   (c) `mic1dasm` ist der dazugehörige MAL-Disassembler. Er wird benötigt, um die Korrespondenz zwischen den symbolischen Sprungadressen und den hexadezimalen Sprungadressen im vom Mikro-Assembler erzeugten Mikro-Code herauszufinden.
   (d) `mic1sim` ist ein Simulator für die *Mic-1*, der mit einer graphischen Benutzeroberfläche ausgestattet ist. Leider ist die Performanz dieses Simulators so gering, dass er für den praktischen Einsatz kaum zu gebrauchen ist.
2. Den von Thomas Kutzer im Rahmen einer Semester-Arbeit implementierten *Mic-1*-Simulator MICSI. Sie finden diesen Simulator auf meiner Webseite unter

   `Oldenbourg-GRT/micsi.tar.gz`.

8.3 Ein einführendes Beispiel

Wir beschreiben die Erstellung eines Mikro-Assembler-Programms an Hand eines einfachen, einführenden Beispiels. Da das Programmieren in Mikro-Assembler wesentlich diffiziler ist als das Programmieren in einer Hochsprache, ist es wichtig, für diesen Zweck eine geeignete Methodik zu entwickeln. Wir werden daher bei der Entwicklung eines Mikro-Assembler-Programms immer in folgenden Schritten vorgehen:

1. Mathematische Analyse des Problems.

   In dieser Phase analysieren wir das Problem und erarbeiten einen Algorithmus.

2. Erstellen eines C-Programms, das die gestellte Aufgabe löst.

   Hier setzen wir den vorher erarbeiteten Algorithmus zunächst in ein C-Programm um. Dies hat den Vorteil, dass wir den Algorithmus bereits in einer frühen Phase testen können.

3. Erstellen eines *Mikro-Assembler-ähnlichen* C-Programms, das die gestellte Aufgabe löst. Wir nennen ein C-Programm dabei Mikro-Assembler-ähnlich, wenn es nur Operationen durchführt, die auch von der ALU der *Mic-1* durchgeführt werden könnten.

4. Zuordnung der verwendeten Variablen zu den Registern der *Mic-1*. Falls bestimmte Variablen nicht in Registern abgelegt werden können, müssen wir uns überlegen, welche dieser Variablen wir auf dem Stack zwischenspeichern.

   In dieser Phase schreiben wir das Mikro-Assembler-ähnliche C-Programm so um, dass als Variablen nur noch die in der *Mic-1* tatsächlich vorhandenen Register benutzt werden. Dieses C-Programm simuliert dann bereits den Datenfluss in der *Mic-1*.

5. Umsetzen des letzten Mikro-Assembler-ähnlichen C-Programms in Mikro-Assembler.

Es sollte selbstverständlich sein, dass wir nach jedem der obigen Schritte das erzeugte Programm auch testen, denn es ist wesentlich einfacher, einen Fehler in einem C-Programm zu finden als in einem Mikro-Assembler-Programm.

Das einführende Beispiel, das wir behandeln wollen, ist die Implementierung einer IJVM-Instruktion `ixor` in Mikro-Assembler. Die Instruktion `ixor` soll folgendes Verhalten haben:

1. Die beiden zuoberst auf dem Stack liegenden Werte sollen vom Stack entfernt werden.

2. Anschließend werden diese beiden Werte bitweise exklusiv-oder-verknüpft.

3. Das so erhaltene Ergebnis wird auf den Stack gelegt.

Abbildung 8.25 zeigt die Wirkung der Instruktion auf den Stack graphisch. Genau wie in der Programmiersprache C bezeichnen wir die exklusive Oder-Verknüpfung zweier Werte a und b mit a^b. Wir lösen die gestellte Aufgabe jetzt mit der oben skizzierten Methodik und zeigen dabei gleichzeitig, wie die verschiedenen Software-Werkzeuge eingesetzt werden.

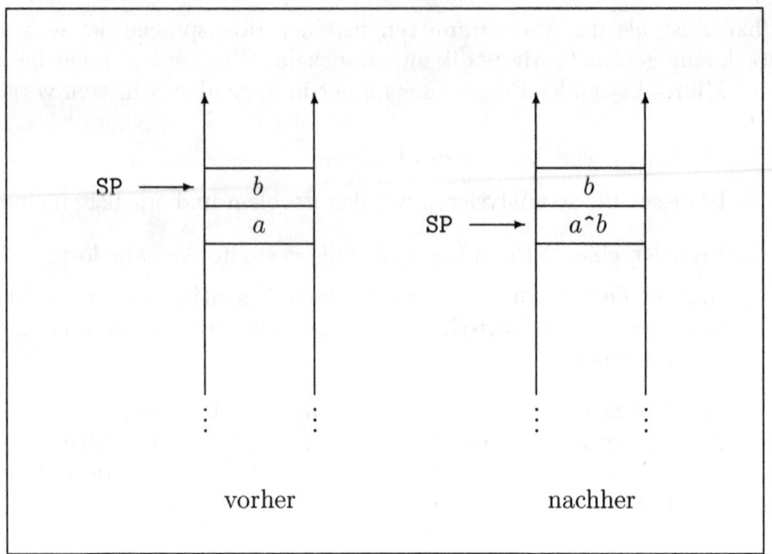

Abb. 8.25: *Wirkung des Befehls* `ixor`.

8.3.1 Mathematische Analyse des Problems

Die exklusive Oder-Verknüpfung zweier Werte a und b hat genau dann denn Wert 1, wenn genau einer der Werte a und b den Wert 1 hat. Also muss $a|b$ den Wert 1 haben, aber $a\&b$ muss 0 sein. Damit können wir `ixor` wie folgt auf die von der ALU zur Verfügung gestellten Operationen `and` (`&`), `or` (`|`) und `not` (`~`) zurückführen:

$$a\,\hat{}\,b \Leftrightarrow (a \mid b)\,\&\,\tilde{}(a\,\&\,b).$$

Damit ist die algorithmische Seite des Problems bereits gelöst.

8.3.2 Erstellen eines C-Programms zur bitweisen Exklusiv-Oder-Verknüpfung

Abbildung 8.26 zeigt die Umsetzung der oben skizzierten Idee in die Programmiersprache `C`. Die Funktion `ixor`, die in den Zeile 4 bis 6 implementiert ist, löst das Problem.

```
1  unsigned ixor(unsigned a, unsigned b) {
2      return (a | b) & ~ (a & b);
3  }
```

Abb. 8.26: *Implementierung des exklusiven Oder-Verknüpfung in* `C`.

8.3.3 Erstellen eines *Mikro-Assembler-ähnlichen* C-Programms

Ein erster Ansatz, das Programm aus Abbildung 8.26 in Mikro-Assembler-ähnlichen Code zu übersetzen, führt zu dem in Abbildung 8.27 gezeigten Programm. Wir haben hier nur die Funktion `xor` abgebildet, der Rest des Programms ändert sich nicht. Wir haben dabei den komplexen Ausdruck

```
(a | b) & ~(a & b)
```

in eine Folge von Anwendungen von Operatoren übersetzt, denn die ALU der *Mic-1* kann in jedem Schritt höchstens eine Operation durchführen.

```
1 unsigned ixor(unsigned a, unsigned b) {
2     unsigned x, y, z, r;
3     x = a | b;
4     y = a & b;
5     z = ~y;
6     r = x & z;
7     return r;
8 }
```

Abb. 8.27: *Implementierung des exklusiven Oders in Mikro-Assembler-ähnlichen* C.

8.3.4 Zuordnung der verwendeten Variablen zu den Registern

Zunächst sollten wir versuchen, mit den Registern `TOS`, `MDR`, `OPC` und `H` auszukommen, denn wenn wir eines der Register `LV`, `CPP`, `SP` oder `PC` benutzen würden, müssten wir zu Beginn der Operation den alten Wert dieses Registers auf dem Stack sichern und am Ende der Operation wiederherstellen. Das C-Programm aus Abbildung 8.27 verwendet insgesamt sechs Variablen: `a`, `b`, `x`, `y`, `z` und `r`. Wenn wir es dabei belassen würden, dann würden natürlich die vier Register `TOS`, `MDR`, `OPC` und `H` nicht ausreichen, zumal wir ja die zusätzliche Beschränkung haben, dass das `H`-Register bei jeder binären Operation einer der Operanden ist. Die Lösung des Problems besteht in der Bemerkung, dass die Werte von `a` und `b` nicht mehr benötigt werden, sobald die Operationen

```
x = a | b;
y = a & b;
```

in den Zeilen 3 und 4 ausgeführt worden sind. Das folgende verfeinerte Mikro-Assembler-ähnliche C-Programm zeigt eine mögliche Register-Zuordnung. Das Programm ist in Abbildung 8.28 auf Seite 346 abgebildet. Wir haben dort den Parameter `a` durch `mdr` ersetzt, denn der Parameter `a` liegt an zweiter Stelle auf dem Stack und muss erst gelesen werden. Wenn dieser Parameter gelesen wird, befindet er sich zunächst in dem Register `MDR`. Der Parameter `b` liegt oben auf dem Stack. Aufgrund der `TOS`-Invariante können wir davon ausgehen, dass der Wert sich zusätzlich in dem Register `TOS` befindet. Wir verschieben diesen Wert in das Register `H`, wo wir ihn brauchen, wenn wir ihn als erstes Element der ALU verwenden wollen. Das Ergebnis der ersten Und-Verknüpfung können wir dann in dem Register `OPC` abspeichern, während wir für das Ergebnis der Oder-Verknüpfung das Register `H` verwenden können, da wir den bis jetzt dort befindlichen Wert nicht mehr benötigen. Dies ist auch deshalb vorteilhaft, weil wir das Ergebnis dieser Oder-Verknüpfung ja anschließend negieren müssen, und dafür ist es zweckmäßig, wenn das Ergebnis sich bereits im Register `H` befindet. Schließlich haben wir in Zeile 7 das Ergebnis der Verknüpfung `h & opc` sowohl an die Variable `tos` als auch an die Variable `mdr` zugewiesen. In der Variablen `tos` brauchen wir dieses Ergebnis, um die `TOS`-Invariante aufrecht zu erhalten. Im Register `MDR` brauchen wir dieses Ergebnis, denn wir wollen es auf den Stack schreiben, und das geht nur über das Register `MDR`. Das Ergebnis all dieser Überlegungen ist in Abbildung 8.28 gezeigt.

```
1 unsigned ixor(unsigned mdr, unsigned tos) {
2     unsigned h, opc;
3     h   = tos;
4     opc = h | mdr;
5     h   = h & mdr;
6     h   = ~h;
7     tos = mdr = h & opc;
8     return mdr;
9 }
```

Abb. 8.28: *Zuordnung der Register.*

8.3.5 Implementierung in Mikro-Assembler

Die Umsetzung in Mikro-Assembler ist nun nicht mehr schwer. Wir kopieren zunächst die Datei `mic1ijvm.mal`, die Sie in der Tar-Datei `mic1.tar` auf meiner Webseite finden, in eine Datei, die wir `mic1ijvm-xor.mal` nennen. Am Beginn dieser Datei stehen die Sprungadress-Definitionen. Dort fügen wir die Zeile

```
.label ixor 0x75
```

ein. Der Wert `0x75` ist hier weitgehend willkürlich, wir haben nur darauf geachtet, dass dieser Byte-Code von keiner bereits vorhandenen Instruktion verwendet wird. Anschließend fügen wir die in Abbildung 8.29 gezeigten Zeilen an das Ende der Datei `mic1ijvm-xor.mal` an. Beachten Sie, dass das Register `H` hier immer als zweites Argument verwendet wird.

1. Zeile 1 beginnt mit dem Sprungziel `ixor`. Durch die Deklaration dieses Sprungziels teilen wir dem Mikro-Assembler mit, dass der nachfolgende Code für die Abarbeitung des Befehls `ixor` bestimmt ist.

   Wir lesen in Zeile 1 den zweiten auf dem Stack liegenden Wert. Dazu müssen wir `MAR` auf `SP - 1` setzen. Da außerdem am Ende des `ixor`-Befehls ein Element

```
0  // s := SP, b := TOS = MemData[s], a := MemData[s - 1]
1  ixor   MAR = SP = SP - 1; rd                  // MAR = SP = s - 1
2         H   = TOS                              // H = b, MDR = a
3         OPC = MDR OR  H                        // OPC = a | b
4         H   = MDR AND H                        // H = a & b
5         H   = NOT H                            // H = ~(a & b)
6         TOS = MDR = OPC AND H; wr; goto Main   // TOS = MDR =
7                                                //   (a | b) & ~(a & b),
8                                                // MemData[s - 1] = a^b
9  // SP = s - 1, TOS = MemData[SP] = a^b
```

Abb. 8.29: *Implementierung in Mikro-Assembler.*

weniger auf dem Stack liegt als zu Beginn, setzen wir auch den Wert von `SP` auf `SP - 1`.

2. In Zeile 2 ist der in 1 gelesene Wert noch nicht aus dem Speicher angekommen. Wir nutzen daher die Zeit, um den Wert b, der sich aufgrund der `TOS`-Invariante im Register `TOS` befindet, in das Register `H` zu schreiben.

3. In den Zeilen 3 bis 6 findet nun die eigentliche Berechnung statt. Zusätzlich wird in Zeile 6 das Ergebnis noch mit „`wr`“ auf den Stack geschrieben. Das funktioniert, weil wir in Zeile 1 das Memory-Adress-Register `MAR` bereits auf den richtigen Wert gesetzt haben.

   Als Letztes sorgt der Sprung-Befehl „`goto Main`“ dafür, dass der nächste Befehl des zu interpretierenden Assembler-Programms ausgeführt wird.

Nun müssen wir diese Datei mit dem Mikro-Assembler in Mikro-Code übersetzen. Dies erreichen wir durch den folgenden Befehl:

```
java mic1asm mic1ijvm-xor.mal mic1ijvm-xor.mic1
```

Dieser Befehl erzeugt die binäre Datei `mic1ijvm-xor.mic1`. Um später überprüfen zu können, wo die einzelnen Mikro-Instruktionen im Mikroprogramm-Speicher abgelegt werden, disassemblieren wir die Binär-Datei `mic1ijvm-xor.mic1` mit dem Kommando:

```
java mic1dasm mic1ijvm-xor.mic1 > mic1ijvm-xor.dasm
```

Dieser Befehl erzeugt die Datei `mic1ijvm-xor.dasm`. Diese Datei hat genau 512 Zeilen. Jede dieser Zeilen enthält eine Mikro-Instruktion. Die für uns interessanten Zeilen sind in Abbildung 8.30 wiedergegeben. Wir sehen, dass die Mikro-Instruktionen nicht direkt hintereinander geschrieben werden. Dies ist auch nicht erforderlich, da am Ende jeder Mikro-Instruktion mit Hilfe eines `goto`-Befehls zu der logisch folgenden Mikro-Instruktion gesprungen werden kann.

Um den Mikro-Code testen zu können, erstellen wir als Nächstes ein einfaches IJVM-Assembler-Programm, das den Befehl `ixor` aufruft. Abbildung 8.31 zeigt ein solches Programm. Wir legen die Werte 3 (binär 011) und 6 (binär 110) mit `bipush` auf den

```
    ⋮
0x75: SP=MAR=SP-1;rd;goto 0x97
    ⋮
0x97: H=TOS;goto 0x98
0x98: OPC=H OR MDR;goto 0x9A
0x99: SP=MAR=SP-1;rd;goto 0x34
0x9a: H=H AND MDR;goto 0x9C
0x9b: SP=MAR=SP-1;rd;goto 0x3D
0x9c: H=NOT H;goto 0x9D
0x9d: TOS=MDR=H AND OPC;wr;goto 0x3
    ⋮
```

Abb. 8.30: *Das disassemblierte Mikro-Programm zur Berechnung von* `ixor`.

Stack und rufen anschließend den Befehl `ixor` auf. Das Ergebnis dieser Operationen sollte 5 (binär 101) sein. Um das zu überprüfen, legen wir anschließend noch die Zahl 48 auf den Stack, denn das ist der ASCII-Code der Ziffer `'0'`. Wir addieren diese Zahl mit `iadd` zu unserem Ergebnis und geben das Resultat als Ziffer mit dem Befehl `out` auf dem Bildschirm aus. Als Ergebnis sollte am Bildschirm die Ziffer `'5'` ausgegeben werden.

```
.main
    bipush 3
    bipush 6
    ixor
    bipush 48
    iadd
    out
    halt
.end-main
```

Abb. 8.31: *Das disassemblierte Mikro-Programm zur Berechnung von* `ixor`.

Damit wir unser Test-Programm assemblieren können, müssen wir dem IJVM-Assembler zunächst einmal mitteilen, dass wir der IJVM-Sprache einen neuen Byte-Befehl hinzugefügt haben. Dies geschieht über die Datei `ijvm.conf`, die sich in der Tar-Datei `mic1.tar` befindet. In dieser Datei fügen wir die Zeile

```
0x75 IXOR // Pop two words from stack; push Boolean XOR
```

hinzu. Dabei ist `0x75` der Wert, den wir als Sprungadresse für das Kommando `ixor` in der Datei `mic1ijvm-xor.mal` deklariert haben. Danach können wir den IJVM-Assembler mit dem Befehl

```
java ijvmasm xor-test.jas
```

aufrufen. Dieser Befehl erzeugt die Datei „`xor-test.ijvm`", die den erzeugten Byte-Code enthält. Mit diesen Byte-Code können wir den Simulator für die *Mic-1* aufrufen:

```
mic1si mic1ijvm-xor.mic1 xor-test.ijvm
```

Nachdem der Befehl abgeschickt worden ist, erhalten wir folgenden Prompt:

```
Welcome to the micsi!
Type 'help' to get more information.

mic1sim>
```

Wir geben hier das Kommando „`run`" ein und erhalten dann wie erwartet die folgende Ausgabe:

```
5
mic1sim: End of run (0 ms)
```

8.3.6 Interaktives Arbeiten im *Mic-1*-Simulator

Das eben vorgestellte Beispiel der Implementierung war realitätsfremd, denn hier hat alles von Anfang an funktioniert. Ein solches Verhalten ist in der Praxis die Ausnahme. Normalerweise schleichen sich Fehler ein, die es dann zu finden gilt. Wir stellen daher nun die interaktiven Befehle des *Mic-1*-Simulators vor. Zunächst gibt es das Kommando `help`, das die Hilfe-Datei „`readme.txt`" anzeigt[3]. In dieser Datei sind alle Befehle mit einer Kurz-Beschreibung zusammengefasst. Im Einzelnen stellt der Simulator die folgenden Befehle zur Verfügung:

1. `help`

   Zeigt die Hilfe-Datei „`readme.txt`" an.

2. `run`

   Startet den Simulator, der dann bis zum Programmende oder bis zum nächsten Halte-Punkt läuft.

3. `step` [n]

   Führt n Mikro-Instruktionen aus. Der Parameter n ist eine natürliche Zahl, die angibt, wie viele Mikro-Instruktionen ausgeführt werden sollen. Dieser Parameter ist optional. Falls der Parameter n weggelassen wird, wird eine Mikro-Instruktion ausgeführt.

4. `reset`

   Setzt den Simulator in den Ausgangs-Zustand zurück.

[3]Damit das funktioniert, müssen Sie allerdings vorher die Datei `readme.txt`, die Sie in der Tar-Datei `micsi.tar.gz` finden, in das Verzeichnis kopieren, indem Sie den Befehl `micsi` ausführen.

5. `set [-x]` *Register Wert*

   Setzt das spezifizierte *Register* auf den angegebenen *Wert*. Falls die Option „`-x`“ angegeben wird, wird *Wert* als Hexadezimal-Zahl interpretiert, sonst ist *Wert* eine Dezimal-Zahl.

6. `setmemory [-x]` *Adresse Wert*

   Setzt das Wort an der spezifizierten *Adresse* auf den gegebenen *Wert*. Der Speicher wird dabei byteweise adressiert und *Adresse* wird <u>immer</u> hexadezimal angegeben.

   Falls die Option „`-x`“ angegeben wird, wird *Wert* als Hexadezimal-Zahl interpretiert, sonst ist *Wert* eine Dezimal-Zahl.

7. `break` *Adresse*

   Setzt einen Halte-Punkt an der angegebenen *Adresse* im Mikro-Programm. *Adresse* wird dabei als Hexadezimal-Zahl interpretiert. Das Programm stoppt, sobald der Mikro-Programm-Counter `MPC` den Wert *Adresse* annimmt.

8. `break [-x]` *Register=Wert*

   Setzt einen bedingten Halte-Punkt für das spezifizierte *Register*. Sobald *Register* den angegebenen *Wert* annimmt, stoppt das Programm.

   Falls die Option „`-x`“ angegeben wird, wird *Wert* als Hexadezimal-Zahl interpretiert, sonst ist *Wert* eine Dezimal-Zahl.

9. `rmbreak`

   Dieses Kommando listet alle Halte-Punkte und alle bedingten Halte-Punkte auf. Der Benutzer kann dann einen oder mehrere Halte-Punkte auswählen und löschen.

10. `show` *Register*

    Zeigt den Inhalt des spezifizierten *Register*s an.

11. `show all`

    Zeigt die Inhalte aller Register an.

12. `dump` *Start Stop*

    Zeigt den Inhalt des Haupt-Speichers zwischen den Adressen *Start* und *Stop* an. Falls im Haupt-Speichers in diesem Bereich ein IJVM-Byte-Code-Programm liegt, wird dieses disassembliert. Die Adressen *Start* und *Stop* werden als Hexadezimal-Zahlen interpretiert. Diese Adressen sprechen den Speicher byteweise an.

13. `trace` *Register*

    Dieser Befehl bewirkt, dass das spezifizierte *Register* nach jedem Schritt angezeigt wird.

14. `trace all`

    Dieser Befehl bewirkt, dass nach jedem Schritt alle Register angezeigt werden.

15. `untrace` *Register*

    Dieser Befehl macht den entsprechenden `trace`-Befehl rückgängig.

16. `untrace all`

    Dieser Befehl macht alle `trace`-Befehle rückgängig.

17. `exit`

    Dieser Befehl beendet den Simulator.

Wir wollen diese Befehle jetzt an Hand des im letzten Unterabschnitt vorgestellten Beispiels demonstrieren. Wir starten also den Simulator wieder mit

```
mic1si mic1ijvm-xor.mic1 xor-test.ijvm
```

und lassen uns zunächst mit „`show all`“ die Werte aller Register ausgeben.

```
mic1sim> show all

MAR                    0  |  0x00000000
MDR                    0  |  0x00000000
PC                    -1  |  0xFFFFFFFF
SP                 32768  |  0x00008000
LV                 49152  |  0x0000C000
CPP                16384  |  0x00004000
TOS                    0  |  0x00000000
OPC                    0  |  0x00000000
H                      0  |  0x00000000
ALU                    0  |  0x00000000
SHIFTER                0  |  0x00000000
MPC                    0  |  0x00000000
MBR                    0  |  0x00
CYCLE                  0  |  0x00000000

MIR (cur)       reset
MIR (next)      PC=0;goto 0x3

localstack: program is not in a method call
```

Neben den uns bekannten Registern werden hier noch einige so genannte *Pseudo-Register* ausgegeben:

1. `ALU` zeigt das von der ALU produzierte Ergebnis.

2. `SHIFTER` zeigt das vom Shifter produzierte Ergebnis.

3. `CYCLE` zählt die Anzahl der Takt-Zyklen seit dem Start der Simulation.

4. `localstack` zeigt den Inhalt des Teils des Stacks an, der bei einem Prozedur-Aufruf Teil der lokalen Prozedur ist. Das sind die Werte, die zwischen den von `LV` und `SP` spezifizierten Adressen liegen.

   Falls noch kein Methoden-Aufruf erfolgt ist, wird hier nichts angezeigt.

Da wir nicht jedesmal den Befehl „`show all`" eingeben wollen, stellen wir mit dem Befehl „`trace all`" sicher, dass alle Register beobachtet werden. Bis auf `CYCLE` sind die Pseudo-Register für unser Beispiel zunächst uninteressant. Mit dem `untrace`-Befehl

```
untrace ALU
```

schalten wir daher die Beobachtung des Registers ALU aus. In derselben Weise schalten wir die Beobachtung der Register `SHIFTER`, `localstack`, `LV` und `CPP` ab.

Wir betrachten zunächst die Werte, die die einzelnen Register beim Start des Rechners haben. Bis auf die Register `PC`, `SP`, `LV` und `CPP` sind alle Register mit 0 initialisiert. Dies gilt insbesondere auch für den Mikro-Programm-Zähler `MPC`. Dieser kontrolliert, was im nächsten Takt-Zyklus in dem Register `MIR` steht und zeigt am Anfang also auf die Adresse `0x0` im Mikroprogramm-Speicher. Da im Mikro-Programm-Speicher an der Stelle `0x0` die Instruktion „`0x0: PC=0; goto 0x3`" abgespeichert ist, wird danach diese Instruktion in das Register `MIR` geladen. Wir können dies überprüfen, indem wir mittels des Kommandos `step` einen Schritt durchführen. Wir erhalten folgendes Ergebnis:

```
MAR                        0  |  0x00000000
MDR                        0  |  0x00000000
PC                        -1  |  0xFFFFFFFF
SP                     32768  |  0x00008000
TOS                        0  |  0x00000000
OPC                        0  |  0x00000000
H                          0  |  0x00000000
MPC                        3  |  0x00000003
MBR                        0  |  0x00
CYCLE                      1  |  0x00000001

MIR (cur)       PC=0;goto 0x3
MIR (next)      fetch;goto 0x4
mic1sim: 1 steps
```

Jetzt enthält das Register `MPC` den Wert `0x3`. Ein Blick in die Datei `mic1ijvm-xor.dasm` zeigt uns, dass an dieser Stelle die Mikro-Instruktion:

```
0x3: fetch;goto 0x4
```

liegt. In dem eigentlichen Mikro-Assembler-Programm `mic1ijvm-xor.mal` steht dort die Mikro-Instruktion:

```
Main fetch;
```

Wir führen diese Instruktion mit einem `step`-Befehl aus. Dann haben wir folgende Situation:

```
MAR                        0  |  0x00000000
```

```
MDR                  0 | 0x00000000
PC                   0 | 0x00000000
SP               32768 | 0x00008000
TOS                  0 | 0x00000000
OPC                  0 | 0x00000000
H                    0 | 0x00000000
MPC                  4 | 0x00000004
MBR                  0 | 0x00
CYCLE                2 | 0x00000002

MIR (cur)      fetch;goto 0x4
MIR (next)     PC=PC+1;goto 0x5
```

Um zu sehen, welches Byte von dem Kommando „`fetch`“ geladen wird, führen wir einen weiteren `step`-Befehl aus:

```
MAR                  0 | 0x00000000
MDR                  0 | 0x00000000
PC                   1 | 0x00000001
SP               32768 | 0x00008000
TOS                  0 | 0x00000000
OPC                  0 | 0x00000000
H                    0 | 0x00000000
MPC                  5 | 0x00000005
MBR                 16 | 0x10
CYCLE                3 | 0x00000003

MIR (cur)      PC=PC+1;goto 0x5
MIR (next)     goto (MBR)
```

Der `fetch`-Befehl hat also das `Byte 0x10` in das Memory-Byte-Register `MBR` geladen. Jetzt kann die eigentliche Programm-Bearbeitung beginnen, denn als Nächstes wird das Programm an die im Register `MBR` angegebene Adresse `0x10` verzweigen. Um zu verstehen, warum ausgerechnet dieser Wert in das Register `MBR` geladen wurde, betrachten wir den Byte-Code unseres Programms. Da das Programm am Anfang des Speichers beginnend mit der Adresse 0 abgelegt wird, geben wir dazu den Befehl

```
dump 0x0 0x8
```

ein. Als Ergebnis erhalten wir die folgende Ausgabe:

```
0000000    BIPUSH  3
0000002    BIPUSH  6
0000004    0x75
0000005    BIPUSH  48
0000007    IADD
0000008    OUT
```

Der Wert `0x10` ist gerade der Byte-Code des IJVM-Befehls `bipush`. Für die Stelle mit der Adresse 0000004 wird der Wert nicht symbolisch, sondern hexadezimal ausgegeben, denn der Befehl `ixor` ist ja kein gültiger IJVM-Befehl, sondern eine Erweiterung der IJVM. Daher kann der im Simulator integrierte Disassembler nicht wissen, dass der Byte-Code `0x75` dem Befehl `ixor` entspricht.

Da es ziemlich mühselig wäre, das Programm im Einzel-Schritt-Modus zu verfolgen, bis der `ixor`-Befehl erreicht ist, setzen wir stattdessen mit dem Kommando

```
break PC=4
```

einen bedingten Haltepunkt und lassen den Simulator mit dem Befehl `run` bis zu diesem Haltepunkt laufen. Wir finden dann folgende Situation vor:

```
MAR                      32770  |  0x00008002
MDR                          3  |  0x00000003
PC                           4  |  0x00000004
SP                       32770  |  0x00008002
TOS                          3  |  0x00000003
OPC                          0  |  0x00000000
H                            0  |  0x00000000
MPC                         26  |  0x0000001A
MBR                          6  |  0x06
CYCLE                       12  |  0x0000000C

MIR (cur)        PC=PC+1;goto 0x1A
MIR (next)       MDR=TOS=MBR;wr;goto 0x3
micsi: conditional breakpoint stopped microprogram
PC                           4  |  0x00000004
```

Um dies besser verstehen zu können, betrachten wir zunächst einmal die Werte, die auf dem Stack liegen. Dazu geben wir die entsprechenden Stellen im Hauptspeicher mit folgendem `dump`-Befehl aus:

```
dump 20004 20008
```

An dieser Stelle sei nochmals darauf hingewiesen, dass die Speicher-Adressen beim `dump`-Befehl byteweise angegeben werden. Daher haben wir den Wert `0x8002`, der im Register `SP` steht, noch mit 4 multipliziert. Der `dump`-Befehl liefert:

```
0020004                        3  |  0x        3
0020008                        0  |  0x        0
```

Das Ergebnis verblüfft im ersten Moment, denn wir haben in unserem Programm ja die Zahlen `3` und `6` auf den Stack gelegt. Die Zahl `3` ist da, die Zahl `6` aber nicht. Der Grund ist, dass der entsprechende `write`-Befehl eben erst ausgeführt worden ist und die Zahl 6 noch nicht angekommen ist. Führen wir mit dem Befehl

```
step 3
```

drei Einzelschritte aus, was genau dem *fetch-execute*-Anteil der *fetch-decode-execute*-Interpreter-Schleife entspricht, und wiederholen dann den obigen `dump`-Befehl, so erhalten wir

```
0020004                 3  |  0x      3
0020008                 6  |  0x      6
```

Die Register haben jetzt die folgenden Werte:

```
MAR                 32770  |  0x00008002
MDR                     6  |  0x00000006
PC                      5  |  0x00000005
SP                  32770  |  0x00008002
TOS                     6  |  0x00000006
OPC                     0  |  0x00000000
H                       0  |  0x00000000
MPC                     5  |  0x00000005
MBR                   117  |  0x75
CYCLE                  15  |  0x0000000F

MIR (cur)      PC=PC+1;goto 0x5
MIR (next)     goto (MBR)
```

Im nächsten Schritt wird jetzt also die Abarbeitung des Befehls `ixor` begonnen. Wir wollen nun bis zum Ende der Mikro-Instruktionen springen, die den Befehl `ixor` abarbeiten. Die Betrachtung der disassemblierten Datei `mic1ijvm-xor.dasm` in Abbildung 8.30 zeigt uns, dass der letzte Befehl an der Stelle `0x9d` liegt. Wir setzen mit

```
break 9d
```

an dieser Stelle einen Haltepunkt. Nach einem `run`-Kommando stoppt der Simulator mit folgender Ausgabe:

```
MAR                 32769  |  0x00008001
MDR                     3  |  0x00000003
PC                      5  |  0x00000005
SP                  32769  |  0x00008001
TOS                     6  |  0x00000006
OPC                     7  |  0x00000007
H                      -3  |  0xFFFFFFFD
MPC                   157  |  0x0000009D
MBR                   117  |  0x75
CYCLE                  21  |  0x00000015

MIR (cur)      H=NOT H;goto 0x9D
MIR (next)     MDR=TOS=H AND OPC;wr;goto 0x3
```

Nach einem weiteren `step`-Kommando ist die Abarbeitung des `ixor`-Befehls beendet und die Abarbeitung des nächsten Befehls beginnt. Die Situation, die wir dann haben, ist:

```
MAR                 32769  |  0x00008001
```

```
MDR                  5 | 0x00000005
PC                   5 | 0x00000005
SP               32769 | 0x00008001
TOS                  5 | 0x00000005
OPC                  7 | 0x00000007
H                   -3 | 0xFFFFFFFD
MPC                  3 | 0x00000003
MBR                117 | 0x75
CYCLE               22 | 0x00000016

MIR (cur)      MDR=TOS=H AND OPC;wr;goto 0x3
MIR (next)     fetch;goto 0x4
```

Das Register `TOS` hat jetzt bereits den Ergebnis-Wert 5, der im nächsten Schritt auf den Stack geschrieben werden wird.

Wir haben nun die wichtigsten Befehle, die uns der Simulator `mic1sim` zur Verfügung stellt, im Einsatz gesehen und können uns daher einem komplexeren Beispiel zuwenden.

8.4 Implementierung der Multiplikation in Mikro-Assembler

Unser Ziel in diesem Abschnitt ist es, eine IJVM-Instruktion `IMUL` zu implementieren, die die beiden obersten Werte auf dem Stack durch das Produkt dieser Werte ersetzt. Die Instruktion ist also ganz ähnlich aufgebaut wie die Instruktion `iadd`, nur dass am Ende jetzt das Produkt und nicht die Summe der beiden obersten Werte auf dem Stack liegen soll. Wir folgen der weiter oben skizzierten Methodik. Der erste Schritt besteht in der mathematischen Analyse des Problems.

8.4.1 Mathematische Analyse

Wir haben das Produkt $a * b$ zweier natürlicher Zahlen a und b zu berechnen. Die beiden Zahlen liegen im Zweier-System vor und sind jeweils durch einen Bitvektor der Länge 32 gegeben. Der Wert von b hat dann die Form

$$b = \sum_{i=0}^{31} b_i * 2^i.$$

Hierbei bezeichnet b_i den Wert des i-ten Bits der Zahl b im Zweier-System. Wenn wir die obige Gleichung mit a multiplizieren, erhalten wir

$$a * b = a * \sum_{i=0}^{31} b_i * 2^i = \sum_{i=0}^{31} b_i * (a * 2^i),$$

wobei wir den Ausdruck schon so geklammert haben, wie wir ihn hinterher ausrechnen wollen. Den Wert von $a * 2^i$ können wir leicht dadurch erhalten, indem wir a i-mal um ein Bit nach links schieben. Je nachdem, ob b_i gleich 1 ist oder nicht müssen wir den Wert $a * 2^i$ dann zum Ergebnis addieren oder nicht. Wir können das 0te Bit b_0 dadurch bestimmen, dass wir b mit der Zahl 1 bitweise verunden. Um das 1te Bit zu bestimmen, schieben wir einfach b um ein Bit nach rechts und verunden danach wieder b mit 1. Im allgemeinen Fall erhalten wir das i-te Bit, indem wir die Bits in b insgesamt i-mal um ein Bit nach rechts schieben und das Ergebnis mit 1 verunden. Diese Überlegungen führen zu dem in Abbildung 8.32 auf Seite 357 gezeigten Programm.

```
1  int multiply(int a, int b) {
2      int i, product = 0;
3      for (i = 0; i < 32; ++i) {
4          if ((b & 1) == 1) {
5              product = product + a;
6          }
7          a = a << 1;
8          b = b >> 1;
9      }
10     return product;
11 }
```

Abb. 8.32: *Ein einfaches Programm zur Multiplikation.*

8.4.2 Erstellung eines Mikro-Assembler-ähnlichen Programms

Wenn wir den in dem Programm aus Abbildung 8.32 verwendeten Algorithmus in Mikro-Assembler implementieren wollen, so sind drei Probleme zu lösen:

1. Die Kontroll-Strukturen `for` und `if` stehen in dieser Form in Mikro-Assembler nicht zur Verfügung und müssen ersetzt werden.
2. Bei der Durchführung von binären Operationen müssen wir die Einschränkungen der ALU berücksichtigen.
3. Die ALU kann nur die Konstanten `0`, `1` und `-1` produzieren, alle anderen Konstanten müssen durch Rechnungen erzeugt werden.

In dem Programm in Abbildung 8.32 verwenden wir die Konstante `32`. Prinzipiell könnten wir diese durch iterierte Addition aus der Konstante `1` erzeugen. Wir werden aber stattdessen das Programm so umschreiben, dass die Konstante `32` gar nicht mehr benötigt wird. Dazu bemerken wir, dass sich die Variable `product` dann nicht mehr ändern kann, wenn die Variable `b` einmal den Wert 0 angenommen hat, denn dann liefert der Test `(b & 1) == 1` in Zeile 4 immer den Wert „`false`". Außerdem wird der Betrag von `b` bei jedem Schleifen-Durchlauf in Zeile 8 halbiert, so dass nach maximal 32 Schleifen-Durchläufen `b` den Wert 0 haben muss. Daher können wir die `for`-Schleife in Zeile 3 durch eine `while`-Schleife ersetzen, in der getestet wird, ob `b` von `0` verschieden ist. Der dann entstehende Algorithmus ist außerdem noch effizienter als der ursprüngliche Algorithmus, da die `while`-Schleife nur $\log_2(\mathtt{b}) + 1$-mal durchlaufen wird. Für alle möglichen Werte von *b* gilt $\log_2(\mathtt{b}) + 1 \leq 32$, denn `b` ist eine 32-Bit-Zahl. Falls die oberen Bits von `b` verschwinden, kann der Wert sogar deutlich kleiner als 32 sein. Das führt zu dem in Abbildung 8.33 auf Seite 358 gezeigten Algorithmus.

```
1   int multiply(int a, int b) {
2       int product = 0;
3       while (b != 0) {
4           if ((b & 1) == 1) {
5               product = product + a;
6           }
7           a = a << 1;
8           b = b >> 1;
9       }
10      return product;
11  }
```

Abb. 8.33: *Das verbesserte Programm zur Multiplikation.*

Als Nächstes eliminieren wir die höheren Kontroll-Strukturen. Dies führt zu dem in Abbildung 8.34 auf Seite 358 gezeigten Programm. Beachten Sie, dass wir hier die Tests aus Abbildung 8.33 in den Zeilen 3 und 4 genau umgedreht haben. Aus `b != 0` wurde `b == 0` und aus `(b & 1) != 0` wurde `(b & 1) == 0`. Dies führt zu einem einfacheren Kontrollfluss.

```
int multiply(int a, int b) {
    int product = 0;
 loop:
    if (b == 0) goto finish;
    if ((b & 1) == 0) goto next;
    product = product + a;
 next:
    a = a << 1;
    b = b >> 1;
    goto loop;
 finish:
    return product;
}
```

Abb. 8.34: *Das Programm ohne höhere Kontroll-Strukturen.*

Das Programm in Abbildung 8.34 ist noch nicht Mikro-Assembler-ähnlich. Wir versuchen jetzt, den Datenfluss, den wir in der *Mic-1* haben, abzubilden. Dazu ordnen wir zunächst den verwendeten Variablen `a`, `b` und `product` Register zu:

1. Die Variable a liegt auf dem Stack unter der Variable b. Wir werden diese Variable zunächst aus dem Hauptspeicher lesen müssen. Dann wird der gelesene Wert in dem Register MDR liegen. Daher ordnen wir die Variable a diesem Register zu:

   a $\mapsto$ MDR.

2. Die Variable b liegt oben auf dem Stack. Damit liegt sie aber auch in dem Register TOS. Es bietet sich daher an, die Variable b diesem Register zuzuordnen:

   b $\mapsto$ TOS.

3. Für die Variable product bleibt jetzt noch das Register OPC übrig, denn neben dem Register H ist dieses Register das einzige von den verbleibenden Registern, das wir ohne Einschränkungen benutzen können. Das Register H können wir schlecht verwenden, denn wir brauchen es, um die ALU bei Operationen wie a = a + a mit Argumenten zu versorgen. Wir treffen also folgende Zuordnung:

   product $\mapsto$ OPC.

Es bleibt noch zu überlegen, wie die Operationen, die wir in dem Programm in Abbildung 8.34 durchführen, in der *Mic-1* umgesetzt werden können:

1. Der Test b == 0 kann unmittelbar von der ALU über das 1-Bit-Register Z durchgeführt werden.

2. Der Test (b & 1) == 0 muss in zwei Schritte zergliedert werden. Zunächst müssen wir die Konstante 1 in das Hilfsregister H schreiben. Erst dann können wir mit der ALU den Ausdruck b & 1 berechnen und das Ergebnis dem 1-Bit-Register Z zuweisen.

3. Die Zuweisung a = a << 1 überführen wir zunächst in a = a + a. Diesen Ausdruck berechnen wir, indem wir den Wert von a zusätzlich im Hilfsregister H abspeichern und dann die Addition durchführen.

4. Die Zuweisung b = b >> 1 kann unmittelbar von der ALU ausgeführt werden.

Als Ergebnis erhalten wir nun das in Abbildung 8.35 auf Seite 360 gezeigte Programm.

8.4.3 Erstellung des Mikro-Assembler-Programms

Wir können den in Abbildung 8.35 gezeigten Code unmittelbar in Mikro-Assembler umsetzen. Das führt zu dem in Abbildung 8.36 auf Seite 360 gezeigten Programm. In Zeile 1 lesen wir die erste zu multiplizierende Zahl, die an zweiter Stelle auf dem Stack liegt. Gleichzeitig erniedrigen wir den Stack-Pointer, denn der zu implementierende Befehl entfernt ja zwei Zahlen vom Stack und legt nur eine Zahl wieder drauf. In der letzten Zeile sorgen wir dafür, dass das berechnete Ergebnis, das im Register OPC zur Verfügung steht, in das Register TOS und auf den Stack geschrieben wird. In Zeile 4 und in Zeile 6 haben wir die zusätzlichen Sprungziele weiter1 und weiter2 definiert, die in dem Mikro-Assembler-ähnlichen Programm fehlen. Diese zusätzlichen Sprungziele sind notwendig, weil in Mikro-Assembler der *else*-Zweig bei den if-else-Befehlen, die wir

```
1  int multiply(int mdr, int tos) {
2      int z, h, opc;
3      opc = 0;
4    loop:
5      z = tos; if (z == 0) goto finish;
6      h = 1;
7      z = tos & h; if (z == 0) goto next;
8      h = mdr;
9      opc = opc + h;
10   next:
11     h = mdr;
12     mdr = mdr + h;
13     tos = tos >> 1; goto loop;
14   finish:
15     return opc;
16 }
```

Abb. 8.35: *Das Mikro-Assembler-ähnliche Programm zur Multiplikation.*

```
1  imul     MAR = SP = SP - 1; rd;
2           OPC = 0;
3  loop     Z = TOS; if (Z) goto finish; else goto weiter1;
4  weiter1  H = 1
5           Z = TOS AND H; if (Z) goto next; else goto weiter2;
6  weiter2  H = MDR;
7           OPC = OPC + H;
8  next     H = MDR;
9           MDR = MDR + H;
10          TOS = TOS >> 1; goto loop;
11 finish   MDR = TOS = OPC; wr; goto Main;
```

Abb. 8.36: *Das Mikro-Assembler-Programm zur Multiplikation.*

in den Zeilen 3 und 5 verwendet haben, obligatorisch ist. Daher brauchen wir auch für den `else`-Fall Sprungziele.

Das Mikro-Assembler-Programm assemblieren wir mit dem Befehl

```
java mic1asm mic1ijvm-mult.mal mic1ijvm-mult.mic1
```

und disassemblieren den erzeugten Mikro-Code mit dem Befehl

```
java mic1dasm mic1ijvm-mult.mic1 > mic1ijvm-mult.dasm.
```

Um dieses Programm testen zu können, schreiben wir ein kurzes IJVM-Assembler-Programm, das zwei Zahlen auf den Stack legt, diese multipliziert und dann mit der im Kapitel 6 implementierten Methode `writeInt` ausgibt. Ein solches Programm ist in Abbildung 8.37 zu sehen. Dieses Programm wird mit dem Befehl

```
java ijvmasm mult-test1.jas
```

übersetzt. Mit dem Befehl

```
mic1si mic1ijvm-mult.mic1 mult-test1.ijvm
```

können wir das Ganze erfolgreich testen.

```
.main
    ldc_w OBJREF
    bipush 37
    bipush 18
    imult
    invokevirtual writeInt
    halt
.end-main
```

Abb. 8.37: *Ein IJVM-Assembler-Programm zum Testen der Multiplikation.*

Zum Abschluss wollen wir die Mikro-Assembler-Implementierung der Multiplikation mit der Implementierung in IJVM-Assembler vergleichen. Wir setzen dazu das Programm aus Abbildung 8.34 auf Seite 358 in IJVM-Assembler um. Abbildung 8.38 zeigt das Ergebnis. Wir können es testen, indem wir in Abbildung 8.37 den Befehl `imult` ersetzen durch einen Aufruf der Methode `multiply`. Es ist instruktiv, die Anzahl der Takt-Zyklen zu messen, die von der Implementierung der Multiplikation in Mikro-Assembler benötigt werden, und dies zu vergleichen mit der Anzahl der Takt-Zyklen, die das Assembler-Programm braucht. Die Mikro-Assembler-Implementierung benötigt 41 Takt-Zyklen, um die Zahlen 37 und 18 zu multiplizieren. Demgegenüber benötigt die Implementierung in IJVM-Assembler 672 Takt-Zyklen, das ist ein Faktor von 16! Die Mikro-Assembler-Implementierung ist erheblich schneller, weil Sie nicht ständig Werte aus dem Speicher laden muss, sondern diese in den Registern abspeichert. Auf der Ebene der IJVM sind diese Register unsichtbar. Dort können Zwischen-Ergebnisse nur auf dem Stack abgelegt werden. Das Beispiel zeigt, dass der erhebliche Aufwand, den wir bei der Erstellung von Mikro-Assembler-Programmen zweifellos treiben müssen, sich durchaus lohnen kann!

```
.method multiply( a, b )
.var
product
.end-var
        bipush 0x00
        istore product
loop:   iload  b
        ifeq   finish
        iload  b
        bipush 1
        iand
        ifeq   next
        iload  product
        iload  a
        iadd
        istore product
next:   iload  a
        dup
        iadd
        istore a
        iload  b
        sra1
        istore b
        goto   loop
finish: iload  product
        ireturn
.end-method
```

Abb. 8.38: *Ein IJVM-Assembler-Programm zur Multiplikation.*

9 Fließkomma-Arithmetik

Bisher haben wir nur Schaltungen zur Berechnung ganzzahliger Ergebnisse entwickelt. Für die Praxis reicht das nicht aus, denn dort treten häufig reelle Zahlen auf. Um Schaltungen zur Verarbeitung reeller Zahlen entwickeln zu können, müssen wir zunächst festlegen, wie reelle Zahlen im Rechner dargestellt werden können. Hier gibt es zwei Möglichkeiten:

1. Fixpunkt-Zahlen haben die Form

   $$f = \underbrace{x_1 \cdots x_m}_{m} . \underbrace{y_1 \cdots y_n}_{n}.$$

   Bei einer Fixpunkt-Zahl ist sowohl die Anzahl der Ziffern vor dem Punkt[1] als auch die Anzahl der Ziffern nach dem Punkt festgelegt. Die oben angegebene Zahl hat m Ziffern vor dem Punkt und n Ziffern nach dem Punkt. Falls das Dezimalsystem zu Grunde gelegt wird, sind die Ziffern x_i und y_j Elemente der Menge $\{0, \cdots, 9\}$. In der Rechnertechnik wird üblicherweise im Binärsystem gerechnet. Dann sind die Ziffern Elemente der Menge $\{0, 1\}$. In diesem Fall ist der Wert $\langle f \rangle$ durch

   $$\langle f \rangle = \langle x_1 \cdots x_m . y_1 \cdots y_n \rangle := \sum_{i=1}^{m} x_i * 2^{m-i} + \sum_{j=1}^{n} y_j * 2^{-j}.$$

   definiert. Dabei ergibt die erste Summe eine ganze Zahl, während die zweite Summe den *gebrochenen Anteil* darstellt.

   Der Name *Fixpunkt-Zahl* kommt daher, dass die Position des Dezimal- bzw. Binär-Punktes bei dieser Darstellung fix ist, d.h. die Zahlen m und n sind konstant.

2. Fließkomma-Zahlen haben die Form

   $$f = x_0 . \underbrace{x_1 \cdots x_n}_{n} * d^e.$$

   Hierbei bezeichnet d die Basis der Zahldarstellung. Für das Dualsystem hat d also den Wert 2. Die Zahl e ist eine ganze Zahl und wird als *Exponent* bezeichnet. Im Dualsystem wird der Wert $\langle f \rangle$ definiert durch

   $$\langle f \rangle = \langle x_0 . x_1 \cdots x_n * 2^e \rangle := \sum_{i=0}^{n} x_i * 2^{e-i}.$$

[1] Im deutschen Sprachraum ist es eigentlich üblich, statt eines Punktes ein Komma zu verwenden. *Verilog* lehnt sich bei der Darstellung gebrochener Zahlen an die angelsächsische Konvention an, bei der stattdessen ein Punkt verwendet wird. Um hier keine Verwirrung aufkommen zu lassen, folgen wir ebenfalls der angelsächsischen Konvention und stellen gebrochene Zahlen mit einem Punkt statt eines Kommas dar.

Gegenüber Fixpunkt-Zahlen haben Fließkomma-Zahlen den Vorteil, dass auch sehr kleine und sehr große Werte dargestellt werden können. Im Rest dieses Kapitels werden wir zunächst die in dem IEEE-Standard 754 festgelegte Darstellung von Fließkomma-Zahlen diskutieren. Dann diskutieren wir die verschiedenen Rundungs-Methoden, die der IEEE-Standard vorsieht. Dabei untersuchen wir ebenfalls Methoden, die es ermöglichen, Rundungs-Fehler gering zu halten. Insbesondere stellen wir das Verfahren von Kahan zur Berechnung einer Summe vor. Anschließend entwickeln wir Algorithmen zur Addition und Multiplikation von Fließkomma-Zahlen.

9.1 Motivation

Die Entwicklung von Programmen zur Lösung numerischer Probleme erfordert eine hohe Sorgfalt bei der Kontrolle der Rundungs-Fehler. Generell sind Rundungs-Fehler bei der Verarbeitung von Fließkomma-Zahlen unvermeidbar. Die Akkumulation solcher Rundungs-Fehler kann allerdings leicht zu verfälschten Ergebnissen führen. Zur Illustration der auftretenden Probleme betrachten wir die unendliche Summe

$$s = \sum_{i=1}^{\infty} \frac{1}{i^2},$$

die mit einer Genauigkeit von wenigstens fünf Dezimalstellen hinter dem Komma berechnet werden soll. In der Analysis wird mit Hilfe einer Fourier-Reihe gezeigt[2], dass diese Reihe den Wert $\frac{\pi^2}{6}$ hat. Wir wollen die Summe jetzt numerisch berechnen, um an diesem einfachen Beispiel das Verhalten von Rundungs-Fehlern diskutieren zu können. Da wir in endlicher Zeit keine unendliche Summation durchführen können, überlegen wir zunächst, bis zu welchem Index wir die Summation durchführen müssen, um den *Abbruchfehler* innerhalb der geforderten Grenzen halten zu können. Um diesen Abbruchfehler zu bestimmen, definieren wir für alle $n \in \mathbb{N}$ den Summen-Rest

$$r(n) := \sum_{i=n}^{\infty} \frac{1}{i^2}.$$

Diese Summe können wir durch ein Integral nach oben abschätzen: In dem Intervall $[i-1, i]$ gilt für alle $x \in [i-1, i]$ die Ungleichung

$$x \leq i.$$

Quadrieren wir diese Ungleichung, so erhalten wir

$$x^2 \leq i^2.$$

Diese Ungleichung invertieren wir nun, wobei sich die Richtung der Ungleichung umdreht:

$$\frac{1}{x^2} \geq \frac{1}{i^2}.$$

Wir fassen beide Seiten dieser Ungleichung als Funktionen auf, die von x abhängen. Die Tatsache, dass x in dem Term $1/i^2$ auf der rechten Seite der Ungleichung gar nicht auf-

[2] Die Summe können Sie exakt berechnen, indem Sie die Funktion $f : [-\pi, \pi] \to \mathbb{R}$ mit $f(x) = x^2$ periodisch auf ganz $\mathbb{R}$ fortsetzen und dann die Fourier-Reihe dieser Funktion an der Stelle $x = \pi$ auswerten.

tritt, stört nicht, den Term $1/i^2$ interpretieren wir als konstante Funktion. Nun bilden wir für beide Funktionen das Integral in den Grenzen von $i-1$ bis i. Wir erhalten dann die Ungleichung

$$\int_{i-1}^{i} \frac{1}{x^2}\,dx \geq \int_{i-1}^{i} \frac{1}{i^2}\,dx.$$

Das Integral auf der rechten Seite dieser Ungleichung können wir sofort ausrechnen, denn dort ist die zu integrierende Funktion ja konstant. Als Wert ergibt sich die Länge des Intervalls $[i-1,i]$ multipliziert mit dem Wert der Konstanten. Da das Intervall $[i-1,i]$ die Länge 1 hat, haben wir

$$\int_{i-1}^{i} \frac{1}{i^2}dx = \frac{1}{i^2}.$$

Insgesamt haben wir also jetzt die Ungleichung

$$\int_{i-1}^{i} \frac{1}{x^2}\,dx \geq \frac{1}{i^2}$$

hergeleitet. Als Nächstes summieren wir diese Ungleichungen für alle Werte von i, die größer oder gleich der natürlichen Zahl n sind:

$$\sum_{i=n}^{\infty} \int_{i-1}^{i} \frac{1}{x^2}\,dx \geq \sum_{i=n}^{\infty} \frac{1}{i^2}$$

Die Summe auf der linken Seite dieser Ungleichung können wir vereinfachen, denn wenn wir diese Summe ausführen, bilden wir zunächst das Integral von $n-1$ bis n, dann das Integral von n bis $n+1$, dann das Integral von $n+1$ bis $n+2$ und so weiter. Diese Integrale können wir zu einem Integral zusammensetzen, es gilt:

$$\sum_{i=n}^{\infty} \int_{i-1}^{i} \frac{1}{x^2}\,dx = \int_{n-1}^{\infty} \frac{1}{x^2}\,dx.$$

Die Stammfunktion von $1/x^2$ ist $-1/x$, es gilt also

$$\int_{n-1}^{\infty} \frac{1}{x^2}\,dx \;=\; -\frac{1}{x}\Big|_{n-1}^{\infty} \;=\; \frac{1}{n-1}.$$

Fassen wir die letzten beiden Gleichungen zusammen und setzen Sie in die letzte Ungleichung ein, so erhalten wir das Ergebnis

$$\frac{1}{n-1} \geq \sum_{i=n}^{\infty} \frac{1}{i^2}.$$

Damit haben wir für den Summen-Rest $s(n)$ die obere Abschätzung $s(n) \leq \dfrac{1}{n-1}$ gefunden. Wir berechnen nun eine untere Abschätzung für den Summen-Rest $s(n)$. Da die Ableitung dieser Abschätzung weitgehend analog zu der Ableitung der oberen

Abschätzung ist, geben wir diese Ableitung in tabellarischer Form wieder. Wir betrachten wieder das Intervall $[i-1, i]$. Da wir diesmal eine Abschätzung nach unten berechnen wollen, starten wir mit der Beobachtung, dass für alle x aus diesem Intervall die Ungleichung $x \geq i-1$ gilt. Der Rest der Ableitung verläuft dann völlig analog zu der Ableitung der Abschätzung nach oben.

$$
\begin{array}{ll}
 & x \geq i-1 \\
\Rightarrow & x^2 \geq (i-1)^2 \\
\Rightarrow & \dfrac{1}{x^2} \leq \dfrac{1}{(i-1)^2} \\
\Rightarrow & \displaystyle\int\limits_{i-1}^{i} \frac{1}{x^2}\,dx \leq \int\limits_{i-1}^{i} \frac{1}{(i-1)^2}\,dx = \frac{1}{(i-1)^2} \\
\Rightarrow & \displaystyle\sum_{i=n}^{\infty} \int\limits_{i-1}^{i} \frac{1}{x^2}\,dx \leq \sum_{i=n}^{\infty} \frac{1}{(i-1)^2} \\
\Rightarrow & \displaystyle\int\limits_{n-1}^{\infty} \frac{1}{x^2}\,dx \leq \sum_{i=n}^{\infty} \frac{1}{(i-1)^2} = \sum_{i=n-1}^{\infty} \frac{1}{i^2} \\
\Rightarrow & \displaystyle\frac{1}{n-1} \leq \sum_{i=n-1}^{\infty} \frac{1}{i^2}
\end{array}
$$

In der letzten Ungleichung ersetzen wir n durch $n+1$ und haben dann das Ergebnis

$$\frac{1}{n} \leq \sum_{i=n}^{\infty} \frac{1}{i^2}.$$

Insgesamt haben wir jetzt ein Intervall gefunden, in dem der Summen-Rest $\sum\limits_{i=n}^{\infty} \frac{1}{i^2}$ liegen muss:

$$\frac{1}{n} \leq \sum_{i=n}^{\infty} \frac{1}{i^2} \leq \frac{1}{n-1}.$$

Wenn wir die Summe auf eine Genauigkeit von ε berechnen wollen, so ist es erforderlich, dass der Abstand dieser beiden Grenzen kleiner wird als ε:

$$\begin{aligned}
& \frac{1}{n-1} - \frac{1}{n} \leq \varepsilon \\
\Leftrightarrow\quad & \frac{1}{n*(n-1)} \leq \varepsilon \\
\Leftrightarrow\quad & n*(n-1) \geq \frac{1}{\varepsilon} \\
\Leftrightarrow\quad & (n-1)^2 \geq \frac{1}{\varepsilon} \\
\Leftrightarrow\quad & n^2 - n + \frac{1}{4} \geq \frac{1}{\varepsilon} + \frac{1}{4} \\
\Leftrightarrow\quad & \left(n - \frac{1}{2}\right)^2 \geq \frac{1}{\varepsilon} + \frac{1}{4} \\
\Leftrightarrow\quad & n \geq \frac{1}{2} + \sqrt{\frac{1}{\varepsilon} + \frac{1}{4}}
\end{aligned}$$

Wenn wir n so wählen, dass $n \geq \frac{1}{2} + \sqrt{\frac{1}{\varepsilon} + \frac{1}{4}}$ gilt, dann kann die Länge des Intervalls $[\frac{1}{n-1}, \frac{1}{n}]$ durch ε abgeschätzt werden.

Um die Summe auf eine Genauigkeit von fünf Stellen hinter dem Komma berechnen zu können, setzen wir jetzt zunächst $\varepsilon := 10^{-6}$, denn schließlich kommt der Rundungs-Fehler ja noch zu dem Abbruchfehler hinzu. Wegen

$$\sqrt{\frac{1}{10^{-6}} + \frac{1}{4}} + \frac{1}{2} \approx 1000.5$$

müssen wir also $n := 1001$ setzen. Jetzt können wir die Summe $\sum_{i=1}^{\infty} 1/i^2$ mit dem in Abbildung 9.1 auf Seite 368 gezeigten Programm berechnen. Wir haben zwei Funktionen implementiert. Wir definieren zunächst die Funktionen `sumLower()`, die eine untere Schranke für die Summe $\sum_{i=1}^{\infty} 1/i^2$ liefert. Dazu ist es notwendig, dass in dieser Funktion alle Zwischenergebnisse, die nicht exakt dargestellt werden können, abgerundet werden. Dies erreichen wir, indem wir in Zeile 6 die Funktion `fesetround()` mit dem Argument `FE_DOWNWARD` aufrufen. Diese Funktion ist in der Header-Datei `fenv.h` deklariert, die wir in Zeile 2 einbinden. Wir bilden zunächst die Summe $\sum_{i=1}^{n-1} 1/i^2$ und schätzen den Summen-Rest $\sum_{i=n}^{\infty} 1/i^2$ dann durch $1/n$ nach unten ab.

Analog berechnen wir in der Funktion `sumUpper()` eine obere Schranke, wobei wir diesmal den Summen-Rest $\sum_{i=n}^{\infty} 1/i^2$ durch den Term $1/(n-1)$ nach oben abschätzen. Insgesamt erhalten wir mit diesem Programm folgendes Ergebnis:

$$1.644874334 \leq \sum_{i=1}^{\infty} \frac{1}{i^2} \leq 1.644993424$$

Die Werte der unteren und oberen Schranken weichen in der vierten Stelle hinter dem Komma voneinander ab! Haben wir uns bei der Berechnung der Abschätzungen für den Summen-Rest verrechnet? Dann würde möglicherweise ein größerer Wert von n zu einem besseren Ergebnis führen. Versuchsweise setzen wir $n := 10\,001$ und erhalten

$$1.644530654 \leq \sum_{i=1}^{\infty} \frac{1}{i^2} \leq 1.645721436.$$

Jetzt weichen die Ergebnisse bereits in der dritten Stelle hinter dem Komma voneinander

```
#include "stdio.h"
#include "fenv.h"

float sumLower(unsigned n) {
    float result = 0.0;
    fesetround(FE_DOWNWARD);
    for (int i = 1; i < n; ++i ) {
        float inverseN  = (1.0 / i);
        result += inverseN * inverseN;
    }
    result += 1.0 / n;
    return result;
}
float sumUpper(unsigned n) {
    float result = 0.0;
    fesetround(FE_UPWARD);
    for (int i = 1; i < n; ++i ) {
        float inverseN  = (1.0 / i);
        result += inverseN * inverseN;
    }
    result += 1.0 / (n - 1);
    return result;
}
int main() {
    unsigned n = 1001;
    printf(" %5d: %1.9f <= sum <= %1.9f\n",
           n, sumLower(n), sumUpper(n));
}
```

Abb. 9.1: *Berechnung der Summe* $\sum\limits_{i=1}^{\infty} \frac{1}{i^2}$.

ab! Statt die Genauigkeit zu erhöhen haben wir Sie also erniedrigt. Der Grund dafür ist, dass wir jetzt zehnmal so viele Additionen durchführen und daher auch zehnmal so viele Rundungs-Fehler produzieren.

Die Probleme, auf die wir bei der Berechnung der Summe $\sum_{i=1}^{\infty} 1/i^2$ gestoßen sind, sind typisch bei numerischen Fragestellungen.

1. Einerseits existiert für den zu berechnenden Wert häufig keine geschlossene Formel. Stattdessen muss der Wert über eine Reihe oder eine Folge approximiert werden. Dabei kommt es dann zu einem *Approximations-Fehler*, der abgeschätzt werden muss.

2. Andererseits entstehen bei numerischen Rechnungen Rundungsfehler, die sich akkumulieren. Die akkumulierten Rundungsfehler werden umso größer, je mehr Rechenoperationen durchgeführt werden.

Um verlässliche Ergebnisse zu erhalten, ist es also erforderlich, sowohl den Approximations-Fehler als auch die Rundungsfehler quantitativ beurteilen zu können, denn eine Verkleinerung des Approximations-Fehlers bringt in der Regel eine Vergrößerung der Rundungsfehler mit sich. Die Berechnung der Approximations-Fehler ist Gegenstand der numerischen Analysis. Wir wenden uns daher jetzt der Analyse der Rundungsfehler zu. Um die Entstehung von Rundungsfehlern verstehen zu können, betrachten wir zunächst die Repräsentation von Fließkomma-Zahlen.

9.2 Repräsentation von Fließkomma-Zahlen nach dem IEEE-Standard

Numerische Programme, die auf verschiedenen Rechnern laufen, sollten dieselben Ergebnisse produzieren. Das kann nur funktionieren, wenn die Darstellung der Fließkomma-Zahlen einheitlich ist, denn sonst ergeben sich auf verschiedenen Rechnern verschiedene Rundungs-Fehler. Der IEEE-Standard 754 [P7585] definiert deshalb eine Norm für die Darstellung von Fließkomma-Zahlen. Wir besprechen zunächst die Darstellung von 32-Bit-Fließkomma-Zahlen. Diese Zahlen entsprechen dem Daten-Typ `float` in der Sprache `C`. Die 32 Bits $x[31], \cdots, x[0]$ einer Fließkomma-Zahl x dieses Typs sind in drei Bereiche aufgeteilt:

1. Das oberste Bit $x[31]$ kodiert das Vorzeichen der Zahl. Ist dieses Bit gesetzt, so ist x negativ, andernfalls ist x positiv. Ein Sonderfall ist die Zahl Null, bei der das Vorzeichen-Bit beide Werte annehmen kann.

2. Die nächsten 8 Bits, das sind die Bits $x[30], \cdots, x[23]$, kodieren den Exponenten. Da der Exponent sowohl positive als auch negative Werte annehmen kann, würden wir mit unseren bisherigen Erfahrungen annehmen, dass der Exponent im Zweierkomplement kodiert wird. Der IEEE-Standard geht allerdings einen anderen Weg. Um die Zahl e als Exponent zu kodieren, bilden wir zunächst die Summe $e + \mathit{bias}$, wobei die Konstante *bias* im Falle einfacher Genauigkeit den Wert 127 hat. Die Summe $e + \mathit{bias}$ wird dann im Zweiersystem kodiert und bildet die Bits $x[30], \cdots, x[23]$. Die Summe $e + \mathit{bias}$ wird im Angelsächsischen als *biased exponent* bezeichnet, wir nennen diese Summe den *verzerrten Exponenten*. Wir bezeichnen den verzerrten Exponenten mit $e_v(x)$.

   Sind die 8 Bits $x[30], \cdots, x[23]$ gegeben und wollen wir daraus den wahren Exponenten $e(x)$ berechnen, so müssen wir von dem verzerrten Exponenten den Wert der Konstante *bias* abziehen:

   $$e(x) = \left(\sum_{i=0}^{7} x[23+i] * 2^i\right) - 127.$$

   Hier gibt es allerdings zwei Ausnahmen:

   (a) Falls alle Bits $x[i]$ für $i = 30, \cdots, 23$ den Wert 0 haben, hätte e nach der obigen Formel den Wert -127. Stattdessen wird in diesem Fall $e = -126$

gesetzt. Eine Zahl x, bei der die Bits $x[30], \cdots, x[23]$ alle den Wert 0 haben, wird als *denormalisierte* Zahl bezeichnet.

(b) Falls alle Bits $x[i]$ für $i = 30, \cdots, 23$ den Wert 1 haben, hätte e nach der obigen Formel den Wert $255 - 127 = 128$. Dieser Wert des Exponenten wird reserviert, um einerseits $+\infty$ und $-\infty$ und andererseits so genannte *Nicht-Zahlen* zu kodieren. Nicht-Zahlen bezeichnen hierbei Bitfolgen, die nicht als Fließkomma-Zahlen zu interpretieren sind. Solche Nicht-Zahlen sind nützlich, um das Ergebnis von undefinierten Operationen darzustellen. Beispielsweise liefert die Division 0/0 als Ergebnis eine Nicht-Zahl. Im Angelsächsischen werden Nicht-Zahlen mit der Abkürzung `NaN` (*not a number*) bezeichnet.

3. Die restlichen 23 Bits $x[22], \cdots, x[0]$ stellen die *Mantisse* der Zahl dar. Die Interpretation dieser Bits ist abhängig davon, ob die Zahl x denormalisiert ist oder nicht. Falls x nicht denormalisiert ist, wenn also wenigstens eines der Bits $x[30], \cdots, x[23]$ gesetzt ist, dann wird die Mantisse m wie folgt berechnet:

$$m(x) = 1 + \sum_{i=0}^{22} x[i] * 2^{i-23}.$$

In diesem Fall gilt für die Mantisse somit die Ungleichung $2 > m \geq 1$. Falls x denormalisiert ist, so berechnet sich die Mantisse m nach der Formel

$$m(x) = \sum_{i=0}^{22} x[i] * 2^{i-23}.$$

In diesem Fall wird also keine 1 zu der Summe addiert. Jetzt erfüllt die Mantisse die Ungleichung $1 > m \geq 0$.

Falls die den Exponenten repräsentierenden Bits $x[30] \cdots x[23]$ alle den Wert 1 haben, dann gibt es zwei Fälle:

(a) Falls alle Bits $x[22] \cdots x[0]$ den Wert 0 haben, so repräsentiert x den Wert $+\infty$ oder $-\infty$, je nach dem Wert des Vorzeichenbits $x[31]$.

(b) Andernfalls repräsentiert x eine Nicht-Zahl `NaN`.

Wir fassen die obigen Ausführungen wie folgt zusammen. Wir bezeichnen die Fließkomma-Zahl, die durch den Bit-Vektor $x = x[31] \cdots x[0]$ repräsentiert wird, mit $\mathit{float}(x)$. Um eine kompakte Formel zur Berechnung von $\mathit{float}(x)$ angeben zu können, definieren wir zunächst das Vorzeichen $s(x)$, den *verzerrten Exponenten* $e_v(x)$ und den *gebrochenen Anteil* $f(x)$.

1. $s(x) := 1 - 2 * x[31]$.

   Falls das Vorzeichen-Bit $x[31]$ nicht gesetzt ist und also den Wert 0 hat, dann gilt $s(x) = 1$, und wenn das Vorzeichen-Bit gesetzt ist, dann gilt $s(x) = -1$.

2. $e_v(x) := \sum_{i=0}^{7} x[23+i] * 2^i$.

   Der verzerrte Exponent ergibt sich, indem wir die Bits $x[30], \cdots, x[23]$ als Zahl im Zweiersystem interpretieren.

3. $f(x) := \sum\limits_{i=0}^{22} x[i] * 2^{i-23}$.

   Die Bits $x[22] \cdots x[0]$ werden als gebrochener Anteil interpretiert. Dabei wird das oberste Bit $x[22]$ mit 2^{-1} gewichtet und das unterste Bit $x[0]$ wird mit 2^{-23} gewichtet.

Dann können wir die durch den Bit-Vektor x repräsentierte Zahl *float*(x) wie folgt berechnen:

$$\mathit{float}(x) = \begin{cases} \texttt{NaN} & \text{falls } e_v(x) = 255 \text{ und } f(x) \neq 0, \\ s(x) * \infty & \text{falls } e_v(x) = 255 \text{ und } f(x) = 0, \\ s(x) * \big(1 + f(x)\big) * 2^{e_v(x)-127} & \text{falls } 1 \leq e_v(x) \leq 254, \\ s(x) * f(x) * 2^{-126} & \text{falls } e_v(x) = 0. \end{cases}$$

Wir sollten noch erklären, warum in dieser Formel in der dritten Zeile der Term $1+f(x)$ verwendet wird, während in der vierten Zeile nur $f(x)$ benutzt wird. Betrachten wir dazu ein Beispiel: Ist eine Fließkomma-Zahl x im Binärsystem durch $x = 0.0001011_2 * 2^{-3}$ gegeben (der tiefgestellte Index 2 weist hier auf die Darstellung im Binärsystem hin), so können wir diese Zahl kompakter in der Form $x = 1.011_2 * 2^{-7}$ darstellen. Genauso schreiben wir $x = 1101000.0_2 * 2^2$ kompakter als $x = 1.101_2 * 2^8$. Allgemein ist die Idee, dass wir den Binärpunkt so verschieben, dass die Zahl noch genau eine Stelle vor dem Binärpunkt hat, die von 0 verschieden ist. Solche Zahlen bezeichnen wir auch als *normalisiert*. Da wir im Binärsystem rechnen, muss die erste Ziffer einer normalisierten Zahl den Wert 1 haben. Da die Ziffer keinen anderen Wert haben kann, ist es auch nicht erforderlich, diese Ziffer noch abzuspeichern, denn wir wissen ja, dass die Ziffer den Wert 1 hat. Daher wird diese Ziffer bei der Repräsentation einer Fließkomma-Zahl unterdrückt. Bei der Interpretation der Ziffern muss die 1 dann natürlich wieder hinzu addiert werden. Dies erklärt die Addition der 1 in der Formel

$$s(x) * \big(1 + f(x)\big) * 2^{e_v(x)-127}.$$

In der angelsächsischen Literatur wird das Bit 1, das bei der Darstellung einer normalisierten Zahl unterdrückt wird, auch als das *hidden Bit* bezeichnet. Am einfachsten wäre es, wenn jede Zahl normalisiert werden könnte. Das funktioniert aber nicht, denn es stehen nur 8 Bits zur Verfügung, um den Exponenten darzustellen und der kleinste Exponent hat den Wert -126. Also ist die Zahl 2^{-126} die kleinste positive Zahl, die noch normalisiert dargestellt werden kann. Die Frage ist, wie beispielsweise die Zahl 2^{-127} dargestellt werden kann. Eine Möglichkeit wäre es, diese Zahl auf 0 abzurunden. Das ist unbefriedigend, denn wir können beispielsweise die Zahl $2^{-126} + 2^{-127} = 1.1_2 * 2^{-126}$ noch exakt darstellen. Der Ausweg besteht darin, für den kleinsten Exponenten auch Zahlen zuzulassen, die nicht normalisiert sind, so genannte denormalisierte Zahlen. Daher legt der IEEE-Standard fest, dass eine Zahl x, für die der verzerrte Exponent $e_v(x)$ den Wert 0 hat, als denormalisierte Zahl zu interpretieren ist. Da bei einer solchen Zahl die Stelle vor dem Binärpunkt den Wert 0 hat, wird in der Formel $s(x) * f(x) * 2^{-126}$ auch keine 1 addiert.

Fließkomma-Zahlen, die mit 32 Bits repräsentiert werden, bezeichnen wir als Zahlen mit *einfacher* Genauigkeit. Werden für die Repräsentierung einer Fließkomma-Zahl

64 Bits verwendet, so sprechen wir von *doppelter* Genauigkeit. In diesem Fall werden zur Kodierung des Exponenten die elf Bits $x[62], \cdots, x[52]$ verwendet. Bezeichnen wir die Fließkomma-Zahl, die von einem Bit-Vektor x der Länge 64 dargestellt wird, mit $\mathit{double}(x)$, so definieren wir den verzerrten Exponenten $e_v(x)$ als

$$e_v(x) := \sum_{i=0}^{10} x[52+i] * 2^i.$$

Der gebrochene Anteil ergibt sich nun aus den Bits $x[51] \cdots x[0]$:

$$f(x) := \sum_{i=0}^{51} x[i] * 2^{i-52}.$$

Damit lautet die Formel zur Berechnung der durch den Bit-Vektor x repräsentierten Fließkomma-Zahl $\mathit{double}(x)$:

$$\mathit{double}(x) = \begin{cases} \texttt{NaN} & \text{falls } e_v(x) = 2047 \text{ und } f(x) \neq 0, \\ s(x) * \infty & \text{falls } e_v(x) = 2047 \text{ und } f(x) = 0, \\ s(x) * \bigl(1 + f(x)\bigr) * 2^{e_v(x)-1023} & \text{falls } 1 \leq e_v(x) \leq 2046, \\ s(x) * f(x) * 2^{-1022} & \text{falls } e_v(x) = 0. \end{cases}$$

9.3 Rundung nach IEEE 754

Da es unendlich viele reelle Zahlen gibt, wir mit einer endlichen Anzahl von Bits aber nur endlich viele verschiedene Zahlen repräsentieren können, ist es offensichtlich, dass wir nicht alle reellen Zahlen im IEEE-Format darstellen können. Ist r eine reelle Zahl, die nicht im IEEE-Format dargestellt werden kann, so behelfen wir uns, indem wir eine Approximation $\tilde{r}$ definieren, so dass einerseits $\tilde{r}$ im IEEE-Format darstellbar ist und andererseits der Abstand zwischen r und $\tilde{r}$ möglichst gering ist. Eine Funktion, die zu einer gegebenen reellen Zahl r eine solche Approximation $\tilde{r}$ berechnet, bezeichnen wir als *Rundungs-Funktion.* Der IEEE-Standard definiert vier verschiedene Rundungs-Funktionen, die wir jetzt besprechen. Vorab definieren wir die Menge M der einfach-genauen *Maschinen-Zahlen* als die Teilmenge aller reellen Zahlen, die im IEEE-Format als Zahlen einfacher Genauigkeit darstellbar sind:

$$M := \{\mathit{float}(x) : x \in \mathbb{B}^{32}\} - \{\texttt{NaN}\}.$$

Hier bezeichnen wir mit $\mathbb{B}^{32}$ die Menge der Bit-Vektoren der Länge 32. Bei dieser Definition enthält die Menge M auch die beiden Elemente $+\infty$ und $-\infty$, die streng genommen keine reellen Zahlen sind. Wir definieren vier verschiedene Rundungs-Funktionen.

1. Die Funktion $\mathit{round}_{\mathrm{up}}()$ rundet immer auf. Für eine gegebene Zahl r berechnet $\mathit{round}_{\mathrm{up}}(r)$ also die kleinste Maschinen-Zahl, die größer oder gleich r ist:
$$\mathit{round}_{\mathrm{up}}(r) := \min\bigl\{x \in M : r \leq x\bigr\}.$$

2. Die Funktion $\mathit{round}_{\mathrm{down}}()$ rundet immer ab. Für eine gegebene Zahl r berechnet $\mathit{round}_{\mathrm{down}}(r)$ also die größte Maschinen-Zahl, die kleiner oder gleich r ist:
$$\mathit{round}_{\mathrm{down}}(r) := \max\bigl\{x \in M : x \leq r\bigr\}.$$

3. Die Funktion $\mathit{round}_{\mathrm{zero}}()$ rundet immer in Richtung auf 0 hin. Folglich werden

positive Zahlen abgerundet, während negative Zahlen aufgerundet werden:

$$round_{\text{zero}}(r) := \begin{cases} round_{\text{down}}(r) & \text{falls } r \geq 0, \\ round_{\text{up}}(r) & \text{falls } r < 0. \end{cases}$$

4. Die Funktion $round_{\text{even}}()$ rundet immer so, dass der Abstand zwischen r und $round_{\text{even}}(r)$ minimal wird. Mit dieser Forderung ist die Funktion $round_{\text{even}}()$ aber noch nicht in jedem Fall definiert, denn wenn die Zahl r genau zwischen zwei Maschinen-Zahlen liegt, wenn also

$$round_{\text{up}}(r) - r = r - round_{\text{down}}(r)$$

gilt, so könnte nach der oberen Forderung sowohl $round_{\text{up}}(r)$ als auch $round_{\text{down}}(r)$ als Ergebnis von $round_{\text{even}}(r)$ gewählt werden. An dieser Stelle wählen wir diejenige Maschinen-Zahl, deren letztes Bit den Wert 0 hat. Solche Maschinen-Zahlen bezeichnen wir als *gerade*. Daher definieren wir für alle $x \in M$ das Prädikat $even(x)$ wie folgt:

$$even(x) = \begin{cases} true & \text{falls } x[0] = 0, \\ false & \text{falls } x[0] = 1. \end{cases}$$

Damit können wir eine Definition für die Funktion $round_{\text{even}}()$ angeben:

$$round_{\text{even}}(x) = \begin{cases} round_{\text{up}}(x) & \text{falls } round_{\text{up}}(x) - x < x - round_{\text{down}}(x), \\ round_{\text{down}}(x) & \text{falls } x - round_{\text{down}}(x) < round_{\text{up}}(x) - x, \\ round_{\text{down}}(x) & \text{falls } x - round_{\text{down}}(x) = round_{\text{up}}(x) - x \\ & \text{und } even(round_{\text{down}}(x)), \\ round_{\text{up}}(x) & \text{falls } x - round_{\text{down}}(x) = round_{\text{up}}(x) - x \\ & \text{und } even(round_{\text{up}}(x)). \end{cases}$$

Der Rundungs-Modus, der die Funktion $round_{\text{even}}()$ verwendet, wird in der englischen Literatur als *round-to-even* bezeichnet.

Die Idee bei der Definition der Funktion $round_{\text{even}}()$ ist, dass wir versuchen die Rundungs-Fehler zu minimieren. Dazu ist es naheliegend, dass wir die zu rundende Zahl r immer zu der Maschinen-Zahl hin runden, die den geringsten Abstand zu r hat. Liegt die Zahl r genau in der Mitte zwischen zwei Maschinen-Zahlen so entscheidet das letzte Bit dieser Maschinen-Zahlen, in welche Richtung wir runden. Die Hoffnung ist, dass wir dadurch im statistischen Durchschnitt in etwa genauso oft aufrunden wie wir abrunden und dass die Rundungs-Fehler sich dadurch wenigstens teilweise gegenseitig aufheben. Das funktioniert recht gut und ist daher auch der Rundungs-Modus, der per default verwendet wird. Berechnen wir mit der in Abbildung 9.2 gezeigten C-Funktion den Wert `sumEven`(1001), so erhalten wir die Näherung

$$\sum_{i=1}^{\infty} \frac{1}{i^2} \approx 1.644934297,$$

die mit dem exakten Resultat auf $2.3 * 10^{-7}$ übereinstimmt.

Hier haben wir in Zeile 8 den Wert des Summen-Rests $\sum_{i=n}^{\infty} 1/i^2$ durch den Term

$$\frac{1}{n - \frac{1}{2}}$$

```
float sumEven(unsigned n) {
    float result = 0.0;
    fesetround(FE_TONEAREST);
    for (int i = 1; i < n; ++i ) {
        float inverseN  = (1.0 / i);
        result += inverseN * inverseN;
    }
    result += 1.0 / (n - 0.5);
    return result;
}
```

Abb. 9.2: *Berechnung der Summe* $\sum\limits_{i=1}^{\infty} \frac{1}{i^2}$.

approximiert. Wir erhalten diese Approximation dadurch, dass wir die Zahlen x aus dem Intervall $[i-\frac{1}{2}, i+\frac{1}{2}]$ durch den Mittelwert i approximieren und dann genauso vorgehen wie bei der Berechnung der unteren und oberen Schranken für den Summen-Rest $s(x)$. Für alle $x \in [i-\frac{1}{2}, i+\frac{1}{2}]$ sei also $x \approx i$. Dann haben wir

$$\begin{aligned}
& \frac{1}{x^2} \approx \frac{1}{i^2} \\
\Rightarrow\; & \int\limits_{i-\frac{1}{2}}^{i+\frac{1}{2}} \frac{1}{x^2}\,dx \approx \int\limits_{i-\frac{1}{2}}^{i+\frac{1}{2}} \frac{1}{i^2}\,dx = \frac{1}{i^2} \\
\Rightarrow\; & \sum_{i=n}^{\infty} \int\limits_{i-\frac{1}{2}}^{i+\frac{1}{2}} \frac{1}{x^2}\,dx \approx \sum_{i=n}^{\infty} \frac{1}{i^2} \\
\Rightarrow\; & \int\limits_{n-\frac{1}{2}}^{\infty} \frac{1}{x^2}\,dx \approx \sum_{i=n}^{\infty} \frac{1}{i^2} \\
\Rightarrow\; & \frac{1}{n-\frac{1}{2}} \approx \sum_{i=n}^{\infty} \frac{1}{i^2}\,.
\end{aligned}$$

Berechnen wir allerdings den Wert `sumEven`(10001), so erhalten wir als Ergebnis 1.644825339 und hier liegt der Abstand zu dem exakten Wert bei etwa $1.1 * 10^{-4}$, die Näherung ist also erheblich schlechter geworden. Der Rundungs-Modus *round-to-even* liefert zwar die besten Ergebnisse, aber wir haben am Ende einer Rechnung keinerlei Kenntnisse darüber, wie groß der aufgelaufene Rundungs-Fehler tatsächlich geworden ist. Verwenden wir hingegen die Funktionen $\mathit{round}_{\mathrm{up}}()$ und $\mathit{round}_{\mathrm{down}}()$, so können wir zumindest ein Intervall angeben, in dem das gesuchte Ergebnis liegen muss. Dies ist zwar wesentlich mühsamer als eine Rechnung mit dem Rundungs-Modus *round-to-even*, aber wenn wir keine theoretische Analyse des Rundungs-Fehlers durchführen wollen, dann ist es der einzige Weg, um wirklich verlässliche Ergebnisse zu erhalten.

Im Rest dieses Abschnittes skizzieren wir einerseits Methoden, mit denen der Rundungs-Fehler abgeschätzt werden kann, andererseits präsentieren wir zwei Verfahren, mit denen sich der Rundungs-Fehler verkleinern lässt. Diese Untersuchungen sind notgedrungen mathematischer Natur. Für ein Verständnis der Schaltungen, die wir im nächsten Abschnitt entwickeln, werden diese Untersuchungen nicht benötigt. Dem mathematisch weniger versierten Leser wird daher geraten, den Rest des Abschnitts zu überspringen.

9.3.1 Analyse der Rundungs-Fehler beim Rundungs-Modus *round-to-even*

Wir untersuchen nun, warum der Rundungs-Modus *round-to-even* im statistischen Durchschnitt deutlich genauere Ergebnisse liefert als die anderen Rundungs-Modi. Um die nun folgenden Überlegungen nicht zu kompliziert werden zu lassen, nehmen wir an, dass insgesamt $n+1$ Summanden zu addieren sind und dass bei jeder Addition durch Rundung entweder ein Fehler der Größe $+\varepsilon$ oder $-\varepsilon$ entsteht. Weiter nehmen wir an, dass die Wahrscheinlichkeit dafür, dass der Fehler gleich $+\varepsilon$ ist, den Wert $1/2$ hat. Dann hat natürlich auch die Wahrscheinlichkeit, dass der Fehler gleich $-\varepsilon$ ist, den Wert $1/2$. Hierbei ist ε eine Konstante, deren Wert wir später bestimmen. Wenn $n+1$ Summanden addiert werden, müssen n Additionen ausgeführt werden. Wenn nun bei k Additionen der Rundungs-Fehler den Wert $+\varepsilon$ hat, dann hat in unserem vereinfachten Modell der Rundungs-Fehler bei den übrigen $n-k$ Additionen den Wert $-\varepsilon$. Damit gilt für den gesamten Fehler $e(k)$

$$e(k) = k * (+\varepsilon) + (n-k) * (-\varepsilon) = (2 * k - n) * \varepsilon.$$

Setzen wir voraus, dass die verschiedenen Rundungs-Fehler statistisch voneinander unabhängig sind, so ist die Wahrscheinlichkeit $P(k)$, dass von insgesamt n Additionen genau k Additionen einen Fehler von $+\varepsilon$ liefern, durch eine Binomial-Verteilung gegeben:

$$P(k) = B\Big(n, \frac{1}{2}, k\Big) = \binom{n}{k} * \left(\frac{1}{2}\right)^k * \left(\frac{1}{2}\right)^{n-k} = \binom{n}{k} * \left(\frac{1}{2}\right)^n$$

Wir wollen den Erwartungswert des Absolutbetrags $|e(k)|$ des Gesamtfehlers berechnen. Dieser Erwartungswert ist durch die folgende Summe definiert:

$$E\big(|e(k)|\big) = \sum_{k=1}^{n} |e(k)| * \binom{n}{k} \left(\frac{1}{2}\right)^n$$

Für $k \leq n/2$ gilt $e(k) = (2 * k - n) * \varepsilon \leq 0$, sonst gilt $e(k) = (2 * k - n) * \varepsilon \geq 0$. Also haben wir für den Betrag $|e(k)|$

$$|e(k)| = \begin{cases} (n - 2 * k) * \varepsilon \text{ falls } k \leq \frac{n}{2}; \\ (2 * k - n) * \varepsilon \text{ falls } k \geq \frac{n}{2}. \end{cases}$$

Zur Vereinfachung nehmen wir jetzt an, dass n gerade ist. Dann können wir den Erwartungswert $E\big(|e(k)|\big)$ wie folgt berechnen:

$$E\big(|e(k)|\big) = \sum_{k=0}^{\frac{n}{2}} (n - 2 * k) * \varepsilon * \binom{n}{k} \left(\frac{1}{2}\right)^n + \sum_{k=\frac{n}{2}}^{n} (2 * k - n) * \varepsilon * \binom{n}{k} \left(\frac{1}{2}\right)^n$$

Hier addieren wir den Summanden $k = n/2$ zweimal, aber das ist harmlos, denn dieser Summand hat den Wert 0. Wir wollen die zweite Summe auf die erste Summe zurückführen und setzen dazu $k' := n - k$ bzw. $k = n - k'$. Wenn k von $n/2$ bis n läuft, dann läuft k' von $n - n/2 = n/2$ bis $n - n = 0$. Ersetzen wir also k durch $n - k'$ und nutzen aus, dass einerseits

$$2 * k - n = 2 * (n - k') - n = n - 2 * k'$$

und andererseits

$$\binom{n}{k} = \binom{n}{n-k'} = \binom{n}{k'}$$

gilt, so erhalten wir für die zweite Summe, die bei der Berechnung des Erwartungswerts $E\big(|e(k)|\big)$ auftritt, den Wert

$$\begin{aligned}\sum_{k=n/2}^{n} (2 * k - n) * \varepsilon * \binom{n}{k}\left(\frac{1}{2}\right)^n &= \sum_{k'=0}^{n/2} (2 * (n - k') - n) * \varepsilon * \binom{n}{n-k'}\left(\frac{1}{2}\right)^n \\ &= \sum_{k'=0}^{n/2} (n - 2 * k') * \varepsilon * \binom{n}{k'}\left(\frac{1}{2}\right)^n \\ &= \sum_{k=0}^{n/2} (n - 2 * k) * \varepsilon * \binom{n}{k}\left(\frac{1}{2}\right)^n,\end{aligned}$$

denn der Name der Summationsvariablen ist irrelevant. Damit sehen wir, dass die beiden Summen, die bei der Berechnung des Erwartungswerts $E\big(|e(k)|\big)$ auftreten, identisch sind. Insgesamt haben wir damit

$$E\big(|e(k)|\big) = 2 * \sum_{k=0}^{n/2} (n - 2 * k) * \varepsilon * \binom{n}{k}\left(\frac{1}{2}\right)^n.$$

Der lokale Grenzwertsatz von de Moivre und Laplace zeigt, dass die Binomial-Verteilung

$$B(n, \frac{1}{2}, k) = \binom{n}{k}\left(\frac{1}{2}\right)^n$$

für große Werte von n durch die Gaußfunktion angenähert werden kann, siehe z. B. [BH98]. Es gilt:

$$B\left(n, \frac{1}{2}, k\right) = \binom{n}{k}\left(\frac{1}{2}\right)^n \approx \sqrt{\frac{2}{\pi * n}} * \exp\left(-\frac{(k - \frac{n}{2})^2}{\frac{n}{2}}\right).$$

Setzen wir diese Approximation in die Formel zur Berechnung des Erwartungswerts ein, so erhalten wir die Näherung

$$E\big(|e(k)|\big) \approx 2 * \sum_{k=0}^{n/2} (n - 2 * k) * \varepsilon * \sqrt{\frac{2}{\pi * n}} * \exp\left(-\frac{(k - \frac{n}{2})^2}{\frac{n}{2}}\right).$$

Wir approximieren diese Summe durch ein Integral:

$$E\big(|e(k)|\big) \approx 2 * \int_0^{n/2} (n - 2 * x) * \varepsilon * \sqrt{\frac{2}{\pi * n}} * \exp\left(-\frac{(x - \frac{n}{2})^2}{\frac{n}{2}}\right) dx.$$

Wir berechnen das Integral mit der Substitutions-Regel, indem wir

$$u = \frac{x - \frac{n}{2}}{\sqrt{\frac{n}{2}}}, \quad \text{also} \quad du = \sqrt{\frac{2}{n}}\, dx, \quad \text{bzw.} \quad dx = \sqrt{\frac{n}{2}}\, du$$

setzen. Wegen

$$n - 2 * x = -2 * (x - \frac{n}{2}) = -2\sqrt{\frac{n}{2}} * \frac{x - \frac{n}{2}}{\sqrt{\frac{n}{2}}} = -2\sqrt{\frac{n}{2}}\, u$$

erhalten wir dann

$$\begin{aligned} E\big(|e(k)|\big) &\approx 2 * \int\limits_{-\sqrt{n/2}}^{0} -2 * \sqrt{\frac{n}{2}} * u * \varepsilon * \sqrt{\frac{2}{\pi\, n}} * \exp\big(-u^2\big) * \sqrt{\frac{n}{2}}\, du \\ &= -2 * \sqrt{\frac{n}{2\,\pi}} * \varepsilon * \int\limits_{-\sqrt{n/2}}^{0} u * \exp\big(-u^2\big) du\,. \end{aligned}$$

Die Stammfunktion von $u * \exp(-u^2)$ ist $-\frac{1}{2} * exp(-u^2)$. Also haben wir

$$E\big(|e(k)|\big) \approx \sqrt{\frac{n}{2\,\pi}} * \varepsilon * \exp\big(-u^2\big)\Big|_{-\sqrt{n/2}}^{0} = \sqrt{\frac{n}{2\,\pi}} * \varepsilon * \Big(1 - \exp\Big(-\frac{n}{2}\Big)\Big).$$

Für große Werte von n fällt der Term $\exp\big(-n/2\big)$ gegenüber der 1 nicht ins Gewicht und die Formel vereinfacht sich zu

$$E\big(|e(k)|\big) \approx \sqrt{\frac{n}{2\,\pi}} * \varepsilon.$$

Bleibt zu klären, welchen Wert ε hat. Rechnen wir mit einfacher Genauigkeit, so hat die letzte Stelle einer Fließkomma-Zahl, deren Exponent 0 ist, den Wert 2^{-23}. Würden wir also die Zahl 2^{-24} zu 1.0 addieren, so würde das Ergebnis je nach Rundungsmodus entweder zu 1.0 oder zu $1.0 + 2^{-23}$ gerundet. In beiden Fällen wäre der Fehler 2^{-24}. Diese Überlegung zeigt, dass wir ε durch

$$\varepsilon \le 2^{-24} * 2^e \approx 6.0 * 10^{-8} * 2^e$$

nach oben abschätzen können. Hierbei steht e für den Wert, den der Exponent der bei der Additionen berechneten Summe hat. Natürlich kann sich der Exponent im Laufe der Rechnung ändern, aber bei der Berechnung der Summe $\sum_{i=1}^{\infty} 1/i^2$ hat der Exponent während der gesamten Rechnung den Wert 0, denn der Exponent von 1 ist 0 und da das Ergebnis kleiner als 2 ist, hat der Exponent der Summe am Ende der Rechnung immer noch den Wert 0. Bilden wir die Summe $\sum_{i=1}^{10\,000} 1/i^2$, so führen wir 30 000 Rechenoperationen durch, denn neben der Summe berechnen wir ja noch das Quadrat und das Inverse. Wir erwarten daher einen Rundungs-Fehler, dessen statistischer Erwartungswert durch den Ausdruck

$$\sqrt{\frac{30\,000}{2\,\pi}} * 2^{-24} \approx 4.12 * 10^{-6}$$

abgeschätzt wird. Der tatsächliche Rundungs-Fehler, den wir berechnen können, indem wir die Rechnung zur Kontrolle in doppelter Genauigkeit ausführen, hat für $n = 10\,000$ den Wert $1.1 * 10^{-4}$ und ist damit mehr als doppelt so groß wie der erwartete Wert. Dies könnte zwar noch auf statistische Schwankungen zurückgeführt werden, aber eine genauere Analyse würde zeigen, dass die einzelnen Rundungs-Fehler, die bei der Summation auftreten, statistisch nicht voneinander unabhängig sind, sondern sich gegenseitig beeinflussen [Kah96]. Unser Modell zur Abschätzung des Rundungs-Fehlers ist an dieser Stelle zu optimistisch.

9.3.2 Analyse der Rundungs-Fehler bei der Intervall-Arithmetik

Wir untersuchen als Nächstes, wie sich die Rundungs-Fehler bei der Intervall-Arithmetik mit wachsender Anzahl der Operationen ändern. Wir analysieren hier nur den Modus, bei dem immer aufgerundet wird, denn die anderen Modi verhalten sich völlig analog. Da das letzte Bit einer Zahl in einfacher Genauigkeit mit 2^{-23} gewichtet wird, und eine Zahl der Form

$$1.b_1 \cdots b_{23} \underbrace{0 \cdots 0}_{m} 1 \cdots$$

aufgerundet werden muss, egal wie groß m ist, ist der Rundungs-Fehler kleiner als 2^{-23}, falls der Exponent der zu rundenden Zahl den Wert 0 hat. Dieser Wert ist genau doppelt so groß wie bei dem Rundungs-Modus *round-to-even*, denn bei *round-to-even* runden wir ja immer zur nächsten Zahl hin. Berechnen wir nun eine Summe, so ist es naheliegend zu vermuten, dass die einzelnen Rundungs-Fehler in dem Intervall $[0, 2^{-23}]$ statistisch gleichverteilt sind. Bilden wir mit dieser Annahme den statistische Erwartungswert, so erhalten wir als Ergebnis offenbar

$$\varepsilon = 2^{-24},$$

und das ist genau so groß wie der Fehler, den wir in unserer Abschätzung des Rundungs-Modus *round-to-even* angenommen haben. Es gibt allerdings einen erheblichen Unterschied: Beim Rundungs-Modus *round-to-even* waren die Rundungs-Fehler mal positiv und mal negativ und konnten sich damit gegenseitig aufheben. Jetzt sind alle Rundungs-Fehler positiv und können sich daher nicht mehr gegenseitig aufheben. Wenn wir nun n Additionen durchführen (und das Ergebnis immer den Exponenten 0 hat), dann erhalten wir als akkumulierten Rundungs-Fehler daher statistisch den Wert

$$n * \varepsilon = n * 2^{-24} \approx 6.0 * 10^{-8} * n * s.$$

Im Vergleich dazu ist der erwartete Rundungs-Fehler bei dem Rundungs-Modus *round-to-even* durch die Formel

$$\sqrt{\frac{n}{2\,\pi}} * 2^{-24}$$

gegeben. Der entscheidende Unterschied ist, dass in diesem Fall der Fehler nicht proportional zu der Zahl n der Additionen ist, sondern nur noch proportional zu $\sqrt{n}$. Für große Werte von n ist der Unterschied gewaltig, beispielsweise gilt $\sqrt{1\,000\,000} = 1\,000$ und damit ist der Rundungs-Fehler bei 1 000 000 Additionen etwa 1 000-mal kleiner, wenn wir mit dem Rundungs-Modus *round-to-even* rechnen.

Aufgabe: Bestimmen Sie den Wert von n, bei dem der Fehler bei der Berechnung der Summe

$$\sum_{i=1}^{\infty} \frac{1}{i^2}$$

mit Intervall-Arithmetik minimal wird. Benutzen Sie zur Abschätzung des Abbruchfehlers die im Text hergeleiteten Ungleichungen

$$\frac{1}{n} \leq \sum_{i=n}^{\infty} \frac{1}{i^2} \leq \frac{1}{n-1}.$$

9.3.3 Verbesserung des Algorithmus zur Berechnung der Summe $\sum\limits_{i=1}^{\infty} \frac{1}{i^2}$

Bis jetzt haben wir nur gesehen, wie wir den Rundungs-Fehler, der bei der Berechnung einer Reihe entsteht, abschätzen können. Was wir aber brauchen, sind Methoden, mit denen wir den entstehenden Rundungs-Fehler verkleinern können. Betrachten wir dazu noch einmal die Formel zur Abschätzung des Rundungs-Fehlers beim Aufrunden. Wir haben gesehen, dass der Rundungs-Fehler bei jeder einzelnen Addition im Durchschnitt den Wert

$$2^e * 2^{-24}$$

hat. Hierbei ist e der Exponent der berechneten Summe. Da eine normalisierte Zahl s sich als

$$s = m * 2^e \qquad 1 \leq m < 2$$

ausdrücken lässt, können wir den Rundungs-Fehler einer Addition durch den Term

$$s * 2^{-24}$$

abschätzen. Hierbei ist s die bei der Addition berechnete Summe. Je kleiner s ist, umso kleiner wird auch der Rundungs-Fehler. Wie können wir s verkleinern? Wenn wir die Summation so durchführen, dass wir zunächst diejenigen Summanden addieren, die am kleinsten sind, so wird der Fehler bei diesen Additionen geringer ausfallen. Die Idee ist also, die `for`-Schleife in Abbildung 9.1 auf Seite 368 einfach rückwärts laufen zu lassen. Abbildung 9.3 auf Seite 380 zeigt die Implementierung der Funktionen *sumLowerPrecise*() und *sumUpperPrecise*(), bei der wir diese Überlegung umgesetzt haben. Für $n = 1001$ erhalten wir jetzt folgendes Ergebnis

$$1.644933224 \leq \sum_{i=1}^{\infty} \frac{1}{i^2} \leq 1.644934893.$$

Dieses Intervall hat eine Größe, die kleiner ist als $1.7 * 10^{-6}$ und da dieses Intervall ja auch noch den Abbruchfehler enthält, der bei $\frac{1}{n-1} - \frac{1}{n}$ liegt und für $n = 1001$ etwa den Wert 10^{-6} hat, können wir jetzt mit unserem Resultat zufrieden sein.

Um dieses Resultat auch theoretisch zu verstehen, setzen wir $\varepsilon := 2^{-24}$ und berechnen den gesamten Rundungs-Fehler f nach der Formel

$$f = \sum_{k=2}^{n} s_k * \varepsilon.$$

Hierbei ist s_k der Wert der Summe, bei der wir die letzten k Summanden addiert haben,

```
float sumLowerPrecise(unsigned n) {
    float result = 1.0 / n;
    fesetround(FE_DOWNWARD);
    for (int i = n-1; i >= 1; --i ) {
        float inverseN  = (1.0 / i);
        result += inverseN * inverseN;
    }
    return result;
}

float sumUpperPrecise(unsigned n) {
    float result = 1.0 / (n - 1);
    fesetround(FE_UPWARD);
    for (int i = n-1; i >= 1; --i ) {
        float inverseN  = (1.0 / i);
        result += inverseN * inverseN;
    }
    return result;
}
```

Abb. 9.3: *Berechnung der Summe* $\sum\limits_{i=1}^{\infty} \frac{1}{i^2}$.

es gilt also

$$s_k = \sum_{i=k}^{n} \frac{1}{i^2} = \sum_{i=k}^{\infty} \frac{1}{i^2} - \sum_{i=n+1}^{\infty} \frac{1}{i^2}.$$

Für die hier auftretenden Reihen haben wir bereits eine Approximation gefunden:

$$\sum_{i=k}^{\infty} \frac{1}{i^2} \approx \frac{1}{k - \frac{1}{2}}.$$

Also können wir die Differenz durch

$$\sum_{i=k}^{n} \frac{1}{i^2} = \sum_{i=k}^{\infty} \frac{1}{i^2} - \sum_{i=n+1}^{\infty} \frac{1}{i^2} \approx \frac{1}{k - \frac{1}{2}} - \frac{1}{n + \frac{1}{2}}$$

approximieren. Setzen wir diesen Wert in die Formel zur Berechnung des Fehlers f ein, so erhalten wir

$$f \approx \sum_{k=2}^{n} \left(\frac{1}{k - \frac{1}{2}} - \frac{1}{n + \frac{1}{2}} \right) * \varepsilon = \sum_{k=2}^{n} \frac{1}{k - \frac{1}{2}} * \varepsilon - \sum_{k=2}^{n} \frac{1}{n + \frac{1}{2}} * \varepsilon.$$

Wir berechnen eine Näherung für die erste Summe, indem wir die Summe durch ein Integral approximieren. Allgemein lässt sich eine Summe gemäß der Formel

$$\sum_{k=a}^{b} g(k) \approx \int_{a-1/2}^{b+1/2} g(x)\, dx$$

durch ein Integral approximieren. Also gilt

$$\begin{aligned}
f &\approx \sum_{k=2}^{n} \frac{1}{k-\frac{1}{2}} * \varepsilon - \sum_{k=2}^{n} \frac{1}{n+\frac{1}{2}} * \varepsilon \\
&= \sum_{k=2}^{n} \frac{1}{k-\frac{1}{2}} * \varepsilon - \frac{n-1}{n+\frac{1}{2}} * \varepsilon \\
&\approx \int\limits_{x=3/2}^{n+1/2} \frac{1}{x-\frac{1}{2}} * \varepsilon\, dx - \frac{n-1}{n+\frac{1}{2}} * \varepsilon \\
&= \left(\ln\Bigl(x-\frac{1}{2}\Bigr)\bigg|_{3/2}^{n+1/2} \right) * \varepsilon - \frac{n-1}{n+\frac{1}{2}} * \varepsilon \\
&= \bigl(\ln(n) - \ln(1)\bigr) * \varepsilon - \frac{n-1}{n+\frac{1}{2}} * \varepsilon \\
&= \ln(n) * \varepsilon - \frac{1-\frac{1}{n}}{1+\frac{1}{2n}} * \varepsilon\,.
\end{aligned}$$

Für große Werte von n konvergiert der Ausdruck

$$\frac{1-\frac{1}{n}}{1+\frac{1}{2n}}$$

gegen 1 und spielt im Vergleich zu $\ln(n)$ keine Rolle mehr. Wir sehen also, dass der Rundungs-Fehler jetzt nur logarithmisch mit der Anzahl der Additionen wächst, während der Rundungs-Fehler vorher linear von der Anzahl der Additionen abhing!

Aufgabe: Bestimmen Sie den Wert von n, bei dem der Fehler bei der Berechnung der Summe

$$\sum_{i=1}^{\infty} \frac{1}{i^2}$$

mit Intervall-Arithmetik minimal wird, wenn die Summation mit großen Indizes beginnt. Benutzen Sie zur Abschätzung des Rundungs-Fehlers die im Text hergeleitete Formel

$$f \approx \left(\ln(n) - \frac{n-1}{n+\frac{1}{2}} \right) * \varepsilon.$$

9.3.4 Kahans Formel zur Summation

Interessanterweise gibt es einen Algorithmus zur Summation, der noch besser funktioniert als die im letzten Unterabschnitt diskutierte Idee. Dieser Algorithmus ist geeignet, den Rundungs-Fehler bei der Berechnung einer Summe der Form $s = \sum_{i=1}^{n} c_k$ zu minimieren und geht auf William H. Kahan [Kah65] zurück.

Wir nehmen an, dass wir bereits die Summe $x = \sum_{i=1}^{k} c_i$ berechnet hätten, und definieren $y := c_{k+1}$, $z := c_{k+2}$. Unser Ziel ist es, den Rundungs-Fehler bei der Berechnung von $x + y + z$ zu minimieren. Zur Veranschaulichung der Idee nehmen wir an, dass im

Binärsystem[3]

$$x = 1.0 \quad \text{und} \quad y = 1.b_1b_2b_3\cdots b_{21}b_{22}b_{23} * 2^{-12} = 0.\underbrace{0\cdots0}_{11}1b_1b_2b_3\cdots b_{21}b_{22}b_{23}.$$

gilt. Hier haben wir die einzelnen Bits der Zahl y mit b_i bezeichnet. Wir betrachten jetzt Rechnungen, die mit einfacher Genauigkeit durchgeführt werden. In diesem Fall haben wir also 23 Bits hinter dem Komma. Für die Summe von x und y gilt

$$x + y = 1.\overbrace{\underbrace{0\cdots0}_{11}1b_1b_2b_3\cdots b_9b_{10}b_{11}}^{23}\,b_{12}b_{13}\cdots b_{21}b_{22}b_{23}.$$

Diese Zahl lässt sich mit einfacher Genauigkeit nicht mehr darstellen. Bezeichnen wir das in einfacher Genauigkeit tatsächlich berechnete Ergebnis mit $x \oplus y$ und nehmen wir zur Vereinfachung zusätzlich an, dass abgerundet wird, so gilt

$$x \oplus y = 1.\underbrace{0\cdots0}_{11}1b_1b_2b_3\cdots b_9b_{10}b_{11}.$$

Bei dieser Rechnung tritt also der Fehler

$$(x + y) - (x \oplus y) = b_{12}.b_{13}b_{14}\cdots b_{21}b_{22}b_{23} * 2^{-24}$$

auf. Wir haben bei unserer Rechnung alle Stellen von y, die hinter der 11ten Nachkommastelle liegen, verloren. Wir verlieren umso mehr Stellen, je stärker der Größenunterschied der zu addierenden Zahlen ist. Die Idee von Kahan besteht nun darin, die verlorenen Stellen bei der folgenden Addition von z zu berücksichtigen. Der entscheidende Punkt ist, dass es möglich ist, die verlorenen Stellen zurückzugewinnen. Dazu schreiben wir y in der Form

$$y = y_\uparrow + y_\downarrow = 0.\underbrace{0\cdots0}_{11}1b_1b_2b_3\cdots b_9b_{10}b_{11} + 0.\underbrace{0\cdots0}_{23}b_{12}b_{13}b_{14}\cdots b_{21}b_{22}b_{23}.$$

Hierbei steht $y_\uparrow$ für den Anteil der Zahl, der aus den höherwertigen Bits 1, b_1, $\cdots$, b_{11} gebildet wird, während $y_\downarrow$ den Anteil bezeichnet, der aus den niederwertigen Bits $b_{12}, \cdots, b_{23}$ besteht. Da die niederwertigen Bits gerade die Bits sind, die bei der Addition von x und y in einfacher Genauigkeit verloren gehen, gilt

$$x \oplus y = x + y_\uparrow \quad \text{und} \quad x + y = x + (y_\uparrow + y_\downarrow) = (x + y_\uparrow) + y_\downarrow = (x \oplus y) + y_\downarrow$$

und damit erkennen wir $y_\downarrow$ als den Fehler, der bei der Addition entsteht. Um $y_\downarrow$ berechnen zu können, bemerken wir, dass

$$(x \oplus y) - x = (x + y_\uparrow) - x = y_\uparrow$$

gilt. Daraus folgt wegen $y = y_\uparrow + y_\downarrow$ sofort

$$y - \big((x \oplus y) - x\big) = (y_\uparrow + y_\downarrow) - y_\uparrow = y_\downarrow.$$

Damit ist der Fehler also durch den Term $y - \big((x \oplus y) - x\big)$ gegeben. Wenn wir diesen Term ausrechnen wollen, dann sind zwei Subtraktionen durchzuführen. Was wir tatsächlich berechnen können ist nur ein Term der Form

$$y \ominus \big((x \oplus y) \ominus x\big).$$

Hier stellt sich die Frage, wie groß denn der Rundungs-Fehler ist, wenn wir diese Subtraktionen auf dem Rechner durchführen. Um diese Frage beantworten zu können,

[3] In diesem Abschnitt sind alle Zahlen, die nur die Ziffern 0 und 1 enthalten, im Binärsystem zu interpretieren.

benötigen wir folgenden Satz.

Satz 2

> Sind a und b zwei Fließkomma-Zahlen, so dass einerseits die Zahlen a und b im IEEE-Format denselben Exponenten haben und andererseits der Exponent der Summe $a+b$ nicht größer ist als der Exponent von a und b, dann tritt bei der Berechnung der Summe $a + b$ kein Rundungs-Fehler auf, es gilt also $a \oplus b = a + b$.

Beweis: Wir nehmen zur Vereinfachung an, dass a und b beide positiv sind und überlassen den allgemeinen Fall dem Leser. Da die Zahlen a und b denselben Exponenten haben, spielt dieser bei der Addition weiter keine Rolle. Wir können daher ohne Beschränkung der Allgemeinheit annehmen, dass dieser Exponent den Wert 0 hat. Wenn wir a und b bitweise addieren, dann sieht das ungefähr so aus:

$$\begin{array}{rl} & 1.a_1a_2\cdots a_{22}a_{23} \\ + & 1.b_1\,b_2\cdots b_{22}\,b_{23} \\ \hline & 1.c_1\,c_2\cdots c_{22}\,c_{23} \end{array}$$

Bei dieser Addition kann es höchstens dann einen Rundungs-Fehler geben, wenn bei der Addition ein Übertrag entstehen würde, denn dann müssten wir das Ergebnis der Addition normalisieren und dabei die Bits nach hinten schieben. Zur Verdeutlichung betrachten wir ein Beispiel, bei dem dieser Fall tatsächlich eintritt. Wir setzen

$$a := 1.0 \quad \text{und} \quad b := 1.0 + 2^{-23}.$$

Führen wir diese Addition in einfacher Genauigkeit aus, so haben wir

$$\begin{array}{rr} & 1.00\cdots 00 \\ + & 1.00\cdots 01 \\ \hline & 10.00\cdots 01 \end{array}$$

Die Summe, die sich hier ergibt, ist nicht mehr normalisiert. Wir schreiben diese Summe daher als

$$1.\underbrace{0\cdots 0}_{23}1 * 2^1,$$

wobei wir allerdings jetzt 24 Stellen hinter dem Binärpunkt haben. Wenn wir diese Zahl im IEEE-Format in einfacher Genauigkeit darstellen wollen, dann geht das letzte Bit verloren und wir haben einen Rundungs-Fehler.

In dem Satz hatten wir vorausgesetzt, dass der Exponent der Summe $a + b$ nicht größer ist als der gemeinsame Exponenten der Zahlen a und b, also kann der oben skizzierte Fall nicht auftreten und das Ergebnis der Addition $a + b$ lässt sich exakt darstellen. □

Wir können jetzt die Frage beantworten, wie groß der Rundungs-Fehler ist, der bei der Subtraktion $(x \oplus y) \ominus x$ auftritt. Setzen wir $a := x \oplus y$ und $b := -x$ und setzen wir zusätzlich voraus, dass $x \oplus y$ und x denselben Exponenten haben, so gilt $a + b = (x \oplus y) \ominus x$ und bei der Subtraktion tritt nach dem obigen Satz kein Rundungs-Fehler auf. Warum ist die Annahme, dass $x \oplus y$ und x denselben Exponenten haben, gerechtfertigt? Wir erinnern daran, dass das eigentliche Ziel die Berechnung einer Summe der Form

$s = \sum_{i=1}^{n} c_i$ ist, wobei die Folge $(c_i)_i$ monoton fällt. In dem laufenden Beispiel dieses Kapitels gilt $c_i = 1/i^2$. Im k-ten Schritt addieren wir zu $\sum_{i=1}^{k} c_i$ den Wert c_{k+1}, der klein ist im Verhältnis zu $\sum_{i=1}^{k} c_i$. Also ist es unwahrscheinlich, dass bei dieser Addition ein Übertrag entsteht. Bei der Berechnung von $\sum_{i=1}^{\infty} 1/i^2$ fangen wir beispielsweise mit 1 an und da das Endergebnis den Wert $\pi^2/6 \approx 1.64493405\cdots$ hat und folglich kleiner als 2 ist, entsteht bei keiner einzigen der Additionen ein Übertrag. Wir können mithin folgern, dass

$$(x \oplus y) \ominus x = (x \oplus y) - x = y_\uparrow$$

gilt. Also gilt

$$y \ominus \big((x \oplus y) \ominus x\big) = y \ominus \big((x \oplus y) - x\big) = y \ominus y_\uparrow.$$

Subtrahieren wir von y den Teil $y_\downarrow$, so kann ebenfalls kein Rundungs-Fehler entstehen und wir haben

$$y \ominus y_\uparrow = y - y_\uparrow = y_\downarrow.$$

Folglich ist der Fehler $y_\downarrow$, der bei der Addition $x \oplus y$ entsteht, durch den Ausdruck

$$y_\downarrow = y \ominus \big((x \oplus y) \ominus x\big)$$

gegeben.

Wir können jetzt $y_\downarrow$ berechnen, aber was nutzt das? Würden wir versuchen, $y_\downarrow$ zu der Summe $x \oplus y = x + y_\uparrow$ zu addieren, so würde $y_\downarrow$ sofort wieder einer Rundung zum Opfer fallen. Unser Ziel ist es aber, $x + y + z$ zu berechnen. Die Idee ist nun, den Fehler $y_\downarrow$ zu z hinzu zu addieren, denn der Rundungs-Fehler, der hierbei entsteht, kann durch $(z + y_\downarrow) * \varepsilon$ abgeschätzt werden, und diese Zahl ist relativ klein, weil z und $y_\downarrow$ klein im Vergleich zu x sind, denn es gilt ja $x = \sum_{i=1}^{k} c_i$, $y = c_{k+1}$ und $z = c_{k+2}$. Anschließend addieren wir $z \oplus y_\downarrow$ zu $x \oplus y$. Wir bilden also die Summe

$$(x \oplus y) \oplus (z \oplus y_\downarrow) \approx (x + y_\uparrow) \oplus (z + y_\downarrow).$$

Gäbe es bei der letzten Addition hier keinen Rundungs-Fehler, so hätten wir

$$(x \oplus y) \oplus (z \oplus y_\downarrow) = (x + y_\uparrow) \oplus (z + y_\downarrow) = x + y + z$$

und wir hätten die Summe $x + y + z$ exakt berechnet. Natürlich kann es bei der letzten Addition einen Rundungs-Fehler geben, aber wir können das Verfahren iterieren und den Rundungs-Fehler, der bei der Addition $(x + y_\uparrow) \oplus (z + y_\downarrow)$ entsteht, in derselben Weise berechnen, wie wir den Rundungs-Fehler berechnet haben, der bei der Addition $x \oplus y$ entsteht. Anschließend addieren wir diesen Rundungs-Fehler zu den weiteren zu addierenden Summanden. Dadurch haben wir dann mit Ausnahme des letzten Rundungs-Fehlers alle Rundungs-Fehler, die durch Additionen verursacht worden sind, kompensiert! Insgesamt haben wir damit das folgende Verfahren zur Berechnung einer Summe

$$s = \sum_{i=1}^{n} c_i$$

1. Zum Starten des Verfahrens setzen wir

   $$s := 0 \quad \text{und} \quad \mathit{error} := 0.$$

   Die Variable *error* enthält den Rundungs-Fehler, der bei der letzten Addition aufgetreten ist.

2. Im i-ten Schritt des Verfahrens bilden wir zunächst

   $$c'_i := c_i \oplus \mathit{error}.$$

   Anschließend sichern wir die bisher berechnete Summe in der Variablen *old* und addieren dann c'_i zu dieser Summe.

   $$\mathit{oldS} := s, \quad s := s \oplus c'_i.$$

   Wir berechnen den bei der letzten Addition entstandenen Fehler

   $$\mathit{error} := c'_i \ominus (s \ominus \mathit{oldS}).$$

Abbildung 9.4 auf Seite 385 zeigt die Implementierung dieses Verfahrens zur Berechnung der Summe $\sum_{i=1}^{n} 1/i^2$. Für $n = 8000$ liefert das Programm das Ergebnis

$$\sum_{i=1}^{n} \frac{1}{i^2} = 1.64493405\cdots$$

und dieses Ergebnis hat einen Fehler, der kleiner als $8.7 * 10^{-9}$ ist. Ein besseres Ergebnis ist bei einfacher Genauigkeit gar nicht möglich, denn der obige Wert ist genau der Wert, den wir erhalten, wenn wir den exakten Wert $\pi^2/6$ in einfacher Genauigkeit darstellen! Beruhigenderweise ändert sich dieses Ergebnis auch nicht mehr, wenn für n ein größerer Wert gewählt wird. Auch wenn wir n auf 1 000 000 setzen, bleibt das Ergebnis dasselbe.

```
float sumEven(unsigned n) {
    float sum, oldSum, ci, inverse, ciPrime, error;
    fesetround(FE_TONEAREST);
    sum   = 1.0 / (n - 0.5);
    error = 0.0;
    for (int i = 1; i <= n; ++i) {
        inverse = 1.0 / i;
        ci      = inverse * inverse;
        ciPrime = ci + error;
        oldSum  = sum;
        sum    += ciPrime;
        error   = ciPrime - (sum - oldSum);
    }
    return sum;
}
```

Abb. 9.4: *Berechnung der Summe* $\sum_{i=1}^{\infty} \frac{1}{i^2}$ *nach Kahan.*

Eine genauere mathematische Analyse des Rundungs-Fehlers, die bei Kahans Algorithmus auftritt, findet sich im zweiten Band der Reihe *The Art of Computer Programming* von Donald E. Knuth [Knu98].

9.3.5 Ausblick

Die einfachste Möglichkeit, Rundungs-Fehler zu minimieren, besteht darin, mit doppelter Genauigkeit zu rechnen. Moderne Pentium-Prozessoren brauchen für doppelt genaue Rechnungen genauso viele Takt-Zyklen wie für einfach genaue Rechnungen. Das einzige Argument gegen doppelte Genauigkeit könnte höchstens noch der Speicherbedarf sein, denn Zahlen, die in doppelter Genauigkeit abgelegt werden, brauchen natürlich auch doppelt so viel Speicherplatz.

Doppelte Genauigkeit ist allerdings kein Allheilmittel. Zum einen gibt es Umgebungen, in denen doppelte Genauigkeit entweder gar nicht implementiert ist oder aber wesentlich mehr Zeit benötigt als einfach genaue Rechnungen. Und zum anderen können sich bei der numerischen Simulation komplexer Systeme, die über Stunden oder sogar Tage laufen, auch bei einer Rechnung mit doppelter Genauigkeit Rundungs-Fehler so anhäufen, dass die berechneten Ergebnisse de facto wertlos sind. Ein Beispiel dafür, wie Rundungs-Fehler die Ergebnisse einer Simulation verfälschen können, findet sich in Polhill [PIG05].

Das folgende Beispiel zeigt, dass auch bei vergleichsweise kurzen Rechnungen schon große Rundungs-Fehler entstehen können. Wir definieren

$$\varphi = \frac{\sqrt{5}-1}{2} \approx 0.618033988.$$

Die Potenzen von φ lassen sich durch die Rekursions-Formel

$$\varphi^{n+2} = \varphi^n - \varphi^{n+1}$$

berechnen, denn wenn wir diese Rekursions-Formel durch φ^n teilen, erhalten wir die quadratische Gleichung

$$\varphi^2 = 1 - \varphi \Leftrightarrow \varphi^2 + \varphi + \left(\frac{1}{2}\right)^2 = 1 + \frac{1}{4} \Leftrightarrow \left(\varphi + \frac{1}{2}\right)^2 = \frac{5}{4}$$

und offensichtlich ist $\varphi = \frac{1}{2} * (\sqrt{5} - 1)$ eine Lösung dieser Gleichung. Berechnen wir φ^{99} nach dieser Formel mit dem in Abbildung 9.5 gezeigten Programm, so erhalten wir als Ergebnis den Wert -36718.5, der nicht nur um mehrere Größenordnungen von dem korrekten Wert $2.04279 * 10^{-21}$ abweicht, sondern sogar das falsche Vorzeichen hat! Würden wir an dieser Stelle Intervall-Arithmetik verwenden, so würden wir als Ergebnis das Intervall $[-36718.5, 11892.1]$ erhalten. An dieser Stelle würden wir zumindest merken, dass etwas schief gegangen ist.

Das obige Beispiel zeigt, dass Programmierer Rundungs-Fehler im Allgemeinen nicht vernachlässigen dürfen. Es gibt ein Beispiel aus der Praxis, das diese Behauptung sehr eindrucksvoll belegt: Im ersten Golfkrieg konnte eine irakische *Scud*-Rakete vom *Patriot*-Flugabwehrsystem aufgrund eines Fehlers in der Kontrollsoftware des Flugabwehrsystems nicht abgefangen werden. Dieser Fehler basierte auf einer Akkumulation von Rundungs-Fehlern. In der Konsequenz dieses Fehlers verloren 28 Soldaten ihr Leben, 100 weitere wurden verletzt. Nähere Informationen finden Sie unter

`http://www.ima.umn.edu/~arnold/disasters/patriot.html.`

Wenn es für einen Programmierer schon wichtig ist, Rundungs-Fehler zu verstehen, so ist dies für einen Hardware-Designer, der Schaltungen zur Verarbeitung von Fließkomma-Zahlen entwickelt, unabdingbar. Als warnendes Beispiel kann hier der Fehler dienen, der

```
double powerPhi(unsigned n) {
    double powers_of_phi[1000];
    powers_of_phi[0] = 1.0;
    powers_of_phi[1] = 0.5 * (sqrt(5) - 1);
    for (unsigned i = 2; i <= n; ++i) {
        powers_of_phi[i] = powers_of_phi[i-2] - powers_of_phi[i-1];
    }
    return powers_of_phi[n];
}
```

Abb. 9.5: *Berechnung von* φ^n *nach der Formel* $\varphi^{n+2} = \varphi^n - \varphi^{n+1}$.

als der *Pentium Bug* in die Geschichte eingegangen ist. Ein Fehler einer Schaltung zur Berechnung des Quotienten zweier Fließkomma-Zahlen hat Intel zu einer Rückrufaktion einer früheren Version des Pentium Prozessors gezwungen. Unter dem Strich hat dieser Fehler Kosten von etwa 480 Millionen Dollar verursacht. Nähere Informationen finden Sie unter

`http://edascript.ims.uni-hannover.de/250b_Verifikation/folie_02.html.`

Eine genauere Analyse von Rundungs-Fehlern geht über den Rahmen dieser Vorlesung hinaus. Ich möchte daher an dieser Stelle auf die Literatur verweisen. Gute Startpunkte sind das Buch *Numerical Recipes in C* [PFTV92] oder auch der Artikel von Goldberg [Gol91].

9.4 Implementierung der Fließkomma-Addition

9.4.1 Vorüberlegungen

In diesem Abschnitt entwickeln wir eine Schaltung zur Berechnung der Summe $a + b$ zweier Fließkomma-Zahlen a und b. Wir beschränken uns auf den Fall einfacher Genauigkeit. Wir gehen davon aus, dass die Zahlen a und b im IEEE-Format vorliegen. Der IEEE-Standard 754 fordert, dass zunächst die Summe $a + b$ exakt berechnet wird und dieses Ergebnis dann auf einfache Genauigkeit zu runden ist. Es gilt also

$$a \oplus b = \mathit{round}(a + b).$$

Hier bezeichnet $\mathit{round}()$ eine der vier Rundungs-Funktionen. Wir werden hier nur den Rundungs-Modus *round-to-even* behandeln, es gilt also $a \oplus b = \mathit{round}_{\mathrm{even}}(a + b)$. Zur Vereinfachung beschränken wir uns auf den Fall, in dem a und b tatsächlich Zahlen sind, wir schließen also die Fälle aus, in denen a oder b einen der Werte $+\infty$, $-\infty$ oder `NaN` annehmen. Sind x und y die Bitvektoren, durch die a und b im IEEE-Format dargestellt werden, gilt also $a = \mathit{float}(x)$ und $b = \mathit{float}(y)$, so haben wir

$$a = s(x) * m(x) * 2^{e(x)} \quad \text{und} \quad b = s(y) * m(y) * 2^{e(y)}.$$

Wir betrachten jetzt zunächst den ersten Fall, in dem a und b durch normalisierte Zahlen dargestellt werden können. Um $a+b$ berechnen zu können, überprüfen wir zunächst, welcher der beiden Exponenten $e(x)$ und $e(y)$ größer ist. Wir gehen im Folgenden davon aus, dass $e(x) \geq e(y)$ ist, andernfalls vertauschen wir die Rollen von a und b. Unser Ziel ist es, die Addition von a und b auf eine Addition ganzer Zahlen zurückzuführen, denn für ganze Zahlen haben wir ja schon entsprechende Schaltungen entwickelt. Das erreichen wir, indem wir den gemeinsamen Teil des Exponenten aus der Summe heraus faktorisieren. Es gilt

$$a + b = \left(s(x) * m(x) * 2^{23} * 2^{e(x)-e(y)} + s(y) * m(y) * 2^{23}\right) * 2^{e(y)} * 2^{-23}.$$

Hier haben wir die Mantissen mit 2^{23} multipliziert, denn dadurch erhalten wir eine ganze Zahl. Wir definieren

$$gz(x) := s(x) * m(x) * 2^{23} * 2^{e(x)-e(y)} \quad \text{und} \quad gz(y) := s(y) * m(y) * 2^{23}.$$

Mit dieser Definition sind $gz(x)$ und $gz(y)$ offenbar ganze Zahlen, denn für normalisierte Zahlen gilt

$$\begin{aligned} gz(x) &= s(x) * m(x) * 2^{23} * 2^{e(x)-e(y)} \\ &= s(x) * \left(1 + \sum_{i=1}^{23} x[23-i] * 2^{-i}\right) * 2^{23} * 2^{e(x)-e(y)} \\ &= s(x) * \left(2^{23} + \sum_{i=1}^{23} x[23-i] * 2^{23-i}\right) * 2^{e(x)-e(y)}, \end{aligned}$$

und das ist wegen $e(x) \geq e(y)$ eine ganze Zahl. Wenn die Zahl x denormalisiert ist, was wir daran erkennen können, dass der verzerrte Exponent $e_v(x) = 0$ ist, dann fällt die 1 in der Formel für die Mantisse weg und wir haben stattdessen

$$\begin{aligned} gz(x) &= s(x) * m(x) * 2^{23} * 2^{e(x)-e(y)} \\ &= s(x) * \left(\sum_{i=1}^{23} x[23-i] * 2^{-i}\right) * 2^{23} * 2^{e(x)-e(y)} \\ &= s(x) * \left(\sum_{i=1}^{23} x[23-i] * 2^{23-i}\right) * 2^{e(x)-e(y)} \end{aligned}$$

und auch hier ist klar, dass es sich um eine ganze Zahl handelt. Analog sehen wir, dass auch $gz(y)$ eine ganze Zahl ist. Also gilt

$$a + b = \left(gz(x) + gz(y)\right) * 2^{e(y)} * 2^{-23},$$

wobei $gz(x)$ und $gz(y)$ ganze Zahlen sind. Damit haben wir das Problem der Addition der Fließkomma-Zahlen a und b auf die Addition der ganzen Zahlen $gz(x)$ und $gz(y)$ zurückgeführt. Das Problem bei diesem Vorgehen ist, dass die Zahl $gz(x)$ unter ungünstigen Umständen sehr groß werden kann, denn wenn $e(x) = 127$ und $e(y) = -126$ ist, dann haben wir $e(x) - e(y) = 253$. Damit hat die Zahl $gz(x)$ hinter den 24 signifikanten Stellen, die durch die implizite 1 und die Bits $x[22], \cdots, x[0]$ gegeben sind, noch 253 Stellen, die alle den Wert 0 haben. Es sieht also so aus, als ob wir einerseits einen Addierer für $24 + 253 = 277$ Bits brauchen würden und andererseits auch noch einen großen Shifter, mit dem wir die Multiplikation mit $2^{e(x)-e(y)}$ durchführen können. Wenn wir tatsächlich so vorgingen, dann würde die Schaltung sehr teuer. Da wir das Ergebnis am Ende unserer Rechnung ohnehin auf 24 Bits runden müssen, um es in einfacher Genauigkeit speichern zu können, überlegen wir uns, wie viele Bits wir tatsächlich bei der Addition benötigen, um trotzdem noch dasselbe Ergebnis zu berechnen, das wir nach der Rundung des exakten Ergebnisses erhalten würden. Wir definieren k als den Unterschied der Exponenten, wir setzen also $k := e(x) - e(y)$. Da $e(x) \geq e(y)$ ist, folgt $k \geq 0$. Falls $k = 0$ wäre, hätte der Faktor $2^{e(x)-e(y)}$ den Wert 1 und ein 24-Bit-Addierer würde ausreichen. Wir werden sehen, dass es in jedem Fall ausreicht, wenn wir zu den 24 Bits von x noch drei weitere Bits hinzunehmen. Dazu muss man allerdings das letzte Bit geschickt berechnen. Wir betrachten zunächst einen Fall, wo tatsächlich drei zusätzliche Bits benötigt werden. Dieser Fall liegt dann vor, wenn einerseits a positiv und b negativ ist und andererseits der Exponent der Summe $a + b$ kleiner ist als der Exponenten von a. Um das Problem zu verstehen, betrachten wir eine Situation, bei der $e(x) = e(y) + 4$ gilt, denn dieser Fall ist repräsentativ für die Probleme, die bei der Addition auftreten. Stellen wir a durch den Bitvektor x und $-b$ durch den Bitvektor y dar und schreiben für die Komponenten $x[i]$ und $y[j]$ kürzer x_i und y_j, so hat die Addition $a + b$ in dem Fall $k = 4$ die folgende Form:

$$
\begin{array}{cccccccccccccc}
 & 1 & . & x_{23} & x_{22} & x_{21} & x_{20} & x_{19} & \cdots & x_1 & x_0 & & & \\
- & & & & & & 1 & . & y_{23} & \cdots & y_5 & y_4 & y_3 & y_2 \; y_1 \; y_0 \\
\hline
 & 0 & . & z_{23} & z_{22} & z_{21} & z_{20} & z_{19} & \cdots & z_1 & z_0 & z_{-1} & z_{-2} & z_{-3} \; z_{-4} \\
= & z_{23} & . & z_{22} & z_{21} & z_{20} & z_{19} & \cdots & z_1 & z_0 & z_{-1} & z_{-2} & z_{-3} & z_{-4} \quad * 2^{-1}
\end{array}
$$

Die letzten Bits des Ergebnisses, also die Bits z_{-1}, z_{-2}, z_{-3} und z_{-4} ergeben sich als Zweierkomplement der Bits y_3, y_2, y_1 und y_0. Die führende 0 im Ergebnis haben wir, weil wir vorausgesetzt hatten, dass der Exponent der Summe $a + b$ kleiner ist als der Exponent von a. Diese führende Null führt nun dazu, dass wir das Ergebnis durch Verschieben des Binärpunkts normalisieren müssen. Dabei wird der Exponent dekrementiert. Diese Normalisierung haben wir in der letzten Zeile gezeigt. In diesem Fall rückt z_{-1} an die Stelle des 23ten Bits auf. Ob wir auf- oder abrunden müssen, hängt in diesem Fall zunächst von dem Bit z_{-2} ab. Wenn dieses Bit den Wert 0 hat, dann wird auf jeden Fall abgerundet. Hat dieses Bit den Wert 1 und hat zusätzlich das Bit z_{-1} den Wert 0, dann müssen wir genau dann aufrunden, wenn eines der beiden Bits z_{-3} oder z_{-4} von Null verschieden ist. Im Spezialfall $k = 4$ definieren wir daher das *Sticky-Bit* s durch die Oder-Verknüpfung der beiden Bits z_{-3} und z_{-4}:

$$s := z_{-3} \vee z_{-4}$$

Im allgemeinen Fall, wenn der Unterschied der Exponenten den Wert k hat und $k \geq 3$ ist, definieren wir das *Sticky-Bit* als bitweise Oder-Verknüpfung der letzten $k - 2$ Bits:

$$s := z_{-3} \vee z_{-4} \vee \cdots \vee z_{-k}.$$

Das Sticky-Bit fasst also die restlichen Bits zu einem Bit zusammen. Es hat genau dann den Wert 1, wenn eines der Bits z_{-3}, z_{-4}, $\cdots$, z_{-k} gesetzt ist. Diese Bits ergeben sich als Zweierkomplement der Bits y_{-3}, y_{-4}, $\cdots$, y_{-k} und damit ist klar, dass das Sticky-Bit genau dann gesetzt wird, wenn eines der Bits y_{-3}, y_{-4}, $\cdots$, y_{-k} gesetzt wird. Wir können also schreiben:

$$s := y_{-3} \vee y_{-4} \vee \cdots \vee y_{-k}.$$

Mit dieser Formel lässt sich das Sticky-Bit nun tatsächlich berechnen.

Das Bit z_{-1}, das nach der Normalisierung des Ergebnisses (vor dem eventuellen Aufrunden) an der 23ten Stelle hinter dem Binärpunkt steht, wird in der angelsächsischen

Literatur als *Guard-Bit* bezeichnet und das Bit z_{-2} bezeichnen wir als Round-Bit, denn von diesem Bit hängt ab, in welche Richtung das Ergebnis gerundet wird.

Wir betrachten nun den Fall, dass a und b beide positiv sind und addiert werden. Wir nehmen wieder an, dass $k = 4$ ist. Falls kein Übertrag bei der Berechnung des obersten Bits auftritt, hat die Addition von a und b folgende Form:

$$\begin{array}{rllllllllllll} & 1 \,.\, x_{23}\, x_{22}\, x_{21}\, x_{20} & x_{19} \cdots x_1\, x_0 & & & & \\ + & & 1 \,.\, y_{23} \cdots y_5\, y_4\, y_3\, y_2\, y_1\, y_0 \\ \hline & 1 \,.\, z_{23}\, z_{22}\, z_{21}\, z_{20} & z_{19} \cdots z_1\, z_0\, y_3\, y_2\, y_1\, y_0 \end{array}$$

Da wir vorausgesetzt haben, dass kein Übertrag auftritt, muss das erste Bit des Ergebnisses eine 1 sein, denn wir addieren ja zwei positive Zahlen und diese Summe ist sicher größer als jeder Summand. Um das Ergebnis auf 23 Nachkomma-Stellen runden zu können, benötigen wir das Bit y_3. Falls dieses Bit den Wert 0 hat, dann wird abgerundet. Ist das Bit 1 und hat zusätzlich das Bit z_0 den Wert 0, so runden wir genau dann auf, wenn eines der Bits y_2, y_1 oder y_0 von 0 verschieden ist. Hier ist klar, dass Guard-Bit, Round-Bit und Sticky-Bit zusammen ausreichen, um das Ergebnis korrekt runden zu können.

9.4.2 Ein Algorithmus zur Addition von Fließkomma-Zahlen

Wir entwickeln jetzt einen Algorithmus zur Addition zweier Fließkomma-Zahlen. Als Eingaben verarbeitet dieser Algorithmus zwei Bitvektoren x und y, die jeweils die Länge 32 haben. Wir bezeichnen die durch x bzw. y dargestellten Fließkomma-Zahlen mit a bzw. b, es gilt also $a = \mathit{float}(x)$ und $b = \mathit{float}(y)$. Wir nehmen an, dass die verzerrten Exponenten in dem Intervall $[0, 254]$ liegen. Wir schließen also die Fälle, in denen a oder b den Wert $\pm\infty$ hat oder gar keine Fließkomma-Zahl ist, aus. Wir haben den Algorithmus in die folgenden Schritte zerlegt.

1. Im ersten Schritt berechnen wir die Exponenten $e(x)$ bzw. $e(y)$ aus den verzerrten Exponenten $e_v(x)$ bzw. $e_v(y)$ nach der Formel
$$e(x) = \begin{cases} e_v(x) - 127 & \text{falls} \quad 0 < e_v(x) < 255, \\ -126 & \text{falls} \quad e_v(x) = 0. \end{cases}$$
Den Fall $e_v(x) = 255$ haben wir durch die Annahme $a \notin \{+\infty, -\infty, \mathtt{NaN}\}$ ausgeschlossen. Der verzerrte Exponent $e_v(x)$ ergibt sich unmittelbar aus den Bits $x[30], \cdots, x[23]$.

2. Im zweiten Schritt vergleichen wir die Exponenten $e(x)$ und $e(y)$. Falls $e(x) < e(y)$ ist, vertauschen wir die Bitvektoren x und y.

   Nach dem zweiten Schritt können wir $e(x) \geq e(y)$ voraussetzen.

3. Wir berechnen $k := e(x) - e(y)$.

4. Wir berechnen das Sticky-Bit s, indem wir die letzten $k - 2$ Bits des Bitvektors y mit dem Junktor $\vee$ verknüpfen:

$$s := \begin{cases} 1 & \text{falls} \quad k > 25 \ \text{und} \ y \neq 0 \\ y_{k-3} \vee y_{k-4} \vee \cdots \vee y_1 \vee y_0 & \text{falls} \quad 25 \geq k \geq 3, \\ 0 & \text{falls} \quad 3 > k \ \text{oder} \ y = 0. \end{cases}$$

5. Wir bilden nun zwei Bitvektoren u und v, die die Zahlen $gz(x)$ und $gz(y)$ repräsentieren. Die Bitvektoren u und v haben die Länge $29 = 1 + 2 + 23 + 3$. Dabei steht die erste 1 für das Vorzeichen, das wir ja auch noch unterbringen müssen, die 2 steht für zwei Bits, die vor dem Binär-Punkt stehen[4], die 23 steht für die 23 Bits hinter dem Binär-Punkt und die drei letzten Bits brauchen wir, um Guard-Bit, Round-Bit und Sticky-Bit abzuspeichern. Die einzelnen Bits von u werden wir folgt definiert:

   (a) $u[28] := 0$.
   Das oberste Bit ist das Vorzeichen-Bit. Wir setzen es zunächst auf 0. Es kann dann im nächsten Schritt noch geändert werden.

   (b) $u[27] := 0, \quad u[26] := \begin{cases} 1 \ \text{falls} & e_v(x) \neq 0 \\ 0 \ \text{falls} & e_v(x) = 0 \end{cases}$
   Diese beiden Bits entsprechen den zwei Ziffern, die vor dem Binärpunkt stehen. Da bei der Zahl x genau ein Bit vor dem Binär-Punkt steht, ist $u[27]$ immer 0. Wir brauchen diese Ziffer aber, weil später sowohl bei der Addition als auch beim Runden ein Übertrag entstehen kann. Das Bit $u[26]$ bezeichnet die Stelle vor dem Binärpunkt. Dieses Bit ist bei normalisierten Zahlen immer 1, nur bei denormalisierten Zahlen steht hier eine 0.

   (c) Für alle $i \in \{22, \cdots 0\}$ setzen wir $u[i+3] := x[i]$.

   (d) Die letzten drei Bits von u setzen wir auf 0:
   $$u[2] := 0, \ u[1] := 0, \ u[0] := 0.$$

   Analog setzen wir nun die Bits von v, wobei wir allerdings berücksichtigen, dass die Bits von v gegenüber u um k Stellen nach rechts verschoben werden.

   (a) Die obersten $\min(k+1, 28)$ Bits von v setzen wir auf 0. Für $k < 28$ gilt also
   $$v[28-0] := 0, \ v[28-1] := 0, \ \cdots, v[28-k] := 0.$$
   Diese $k+1$ Bits entsprechen dem Vorzeichen-Bit, das wir ja auf 0 setzen und dann um k-Stellen nach rechts schieben. Ist $k \geq 28$, so setzen wir alle Bits bis auf das unterste Bit $v[0]$, das dem Sticky-Bit entspricht, auf 0.

   (b) Falls $k \leq 27$ ist, setzen wir
   $$v[27-k] := 0.$$
   Falls $k \leq 26$ ist, dann setzen wir
   $$v[26-k] := \begin{cases} 1 \ \text{falls} & e_v(y) \neq 0 \\ 0 \ \text{falls} & e_v(y) = 0. \end{cases}$$
   Dieses Bit entspricht der Ziffer von y, die vor dem Binärpunkt steht.

   (c) Für alle $i \in \{22, \cdots, \max(k-2, 0)\}$ setzen wir
   $$v[i+3-k] := y[i]$$

[4] Hier sind zwei Bits erforderlich, da bei der Addition ein Übertrag entstehen kann.

(d) Falls $k \geq 3$ ist, kommt das Sticky-Bit nun an die unterste Stelle von v:

$$v[0] := s$$

Andernfalls setzen wir die untersten $3 - k$ Bits auf 0.

6. Wir fassen nun u und v als ganze Zahlen auf und multiplizieren Sie mit $s(x)$ bzw. $s(y)$:

$$u := s(x) * u \quad \text{und} \quad v := s(y) * v.$$

Falls das Vorzeichen-Bit von x gesetzt ist, wird u also mit -1 multipliziert, und wenn das Vorzeichen-Bit von y gesetzt ist, wird v mit -1 multipliziert. In der später entwickelten Schaltung verwenden wir an dieser Stelle keinen Multiplizierer sondern wir bilden das Zweierkomplement.

7. Jetzt berechnen wir die Summe w der ganzen Zahlen u und v:

$$w := u + v.$$

Hierbei ist w, genau wie u und v, ein Bit-Vektor der Länge 29.

8. Falls w negativ ist, setzen wir das Vorzeichenbit des Ergebnisses z auf 1 und bilden $w := -w$, sonst bleibt w unverändert.

9. Jetzt bestimmen wir den Exponenten des Ergebnisses. Es gibt drei Fälle.

(a) $w[27] = 1$.

In diesem Fall ist bei der Addition ein Übertrag entstanden. Damit ist der Exponent des Ergebnisses um 1 größer als der Exponent von x, wir setzen also $e(z) := e(x) + 1$. Falls dann $e(z) = 128$ gilt, haben wir Pech gehabt, denn es ist ein Überlauf aufgetreten. Andernfalls schieben wir w um eine Stelle nach rechts, um das Ergebnis als normalisierte Zahl angeben zu können. Dabei müssen wir allerdings mit dem untersten Bit aufpassen. Dieses Bit ist das Sticky-Bit und es deutet an, dass der abgeschnittene Rest der Zahl von 0 verschieden ist. Daher bleibt dieses Bit beim Schieben erhalten. Dies erklärt übrigens den Namen „*Sticky-Bit*“, was wir als *klebriges Bit* übersetzen können, denn dieses letzte Bit *klebt* beim Schieben auf seinem alten Wert fest.

(b) $w[27] = 0$ und $w[26] = 1$.

Dann ist das Ergebnis normalisiert und das Ergebnis hat denselben Exponenten wie die Zahl x, wir setzen also $e(z) := e(x)$.

(c) $w[27] = 0$, $w[26] = 0$, $\cdots$, $w[26 - (i - 1)] = 0$, aber $w[26 - i)] = 1$.

In diesem Fall müssten wir w mit 2^i multiplizieren, damit w eine normalisierte Zahl darstellt. Der Exponent des Ergebnisses z ergibt sich dann als $e(z) := e(x) - i$. Allerdings muss der Exponent immer größer oder gleich -126 sein. Daher definieren wir

$$l := \begin{cases} i & \text{falls} \quad e(x) - i \geq -126, \\ e(x) + 126 & \text{sonst.} \end{cases}$$

Die so definierte Zahl l gibt an, um wie viel wir w nach links schieben müssen:

$$w := (w << l)$$

Der Exponent des Ergebnisses ergibt sich dann als $e(z) = e(x) - l$.

10. Anschließend interpretieren wir die Bits $w[26] \cdots w[0]$ als Bits einer Fließkomma-Zahl und runden diese Zahl auf insgesamt 23 Bits. Um zu entscheiden, in welche Richtung wir runden, betrachten wir zunächst das erste Bit, für das kein Platz mehr ist bei den 23 Bits, die dem Binärpunkt folgen. Das ist das Bit $w[2]$. Hier gibt es folgende Fälle:

    (a) $w[2] = 0$.
    Dann wird auf jeden Fall abgerundet und es ist nichts weiter zu tun.

    (b) $w[2] = 1$.
    Jetzt ist eine weitere Fallunterscheidung notwendig.

      (i) $w[1] = 0$ und $w[0] = 0$.
      Dann liegt die zu repräsentierende Zahl genau zwischen zwei Maschinen-Zahlen. In diesem Fall runden wir genau dann auf, wenn das Bit $w[3]$ den Wert 1 hat, sonst runden wir ab.

      (ii) $w[1] = 1$ oder $w[0] = 1$.
      In diesem Fall runden wir auf.

      Falls wir in den letzten beiden Fällen aufrunden müssen, erreichen wir dies dadurch, dass wir in der letzten Stelle, die noch zu den 23 Bits hinter dem Binärpunkt gehört, eine 1 addieren:

      $$w\texttt{[27:3]} = w\texttt{[27:3]} + 1$$

11. Falls im letzten Schritt aufgerundet wurde, kann es passieren, dass in der resultierenden Zahl jetzt das Bit $w[27]$ auf 1 gesetzt ist. Das würde bedeuten, dass wir zwei Bits vor dem Binärpunkt hätten. Daher schieben wir in diesem Fall w um ein Bit nach rechts. Wir kompensieren diese Verschiebung, indem wir den Exponenten inkrementieren:

    $$e(z) := e(z) + 1.$$

12. Nun können wir die einzelnen Bits des Ergebnisses wie folgt bestimmen:

    (a) Das Bit $z[31]$ ist das Vorzeichenbit. Dieses Bit haben wir bereits im 8ten Schritt gesetzt.

    (b) Die Bits $z[30], \cdots, z[23]$ sind durch den verzerrten Exponenten $e_v(z)$ gegeben. Diesen verzerrten Exponenten berechnen wir nach der Formel

    $$e_v(z) = \begin{cases} e(z) + 127 & \text{falls} \quad e(z) > -126 \\ 1 & \text{falls} \quad e(z) = -126 \quad \text{und} \quad w[26] = 1 \\ 0 & \text{falls} \quad e(z) = -126 \quad \text{und} \quad w[26] = 0 \end{cases}.$$

    Das Bit $w[26]$ ist genau dann 0, wenn das Ergebnis eine denormalisierte Zahl ist. Daher setzen wir den verzerrten Exponenten auf 0, wenn das Bit $w[26]$ den Wert 0 hat.

    (c) Die restlichen Bits stellen den gebrochenen Anteil dar. Sie ergeben sich aus den Bits $w[25], \cdots, w[3]$. Wir setzen also

    $$z[22, \cdots, 0] := w[25, \cdots, 3].$$

```
1  module add(output [31:0] z,
2                input  [31:0] xIn, yIn);
3
4      integer                 i, j;
5      reg           [31:0]    x, y, z;
6      reg  signed [ 8:0]      expXIn, expYIn, expX, expY, expZ, k, l;
7      reg                     sticky;
8      reg  signed [28:0]      u, v, w;
9
10     always @(xIn or yIn)
11       begin
12          // 1. Berechnung der Exponenten
13          if (xIn[30:23] != 0)
14            expXIn = xIn[30:23] - 127;
15          else
16            expXIn = -126;
17          if (yIn[30:23] != 0)
18            expYIn = yIn[30:23] - 127;
19          else
20            expYIn = -126;
21          // 2. Vertauschung von x und y wenn der Exponent
22          // von x kleiner als der Exponent von y ist.
23          if (expXIn <= expYIn && expXIn != expYIn)
24            begin
25               x    = yIn;     y    = xIn;
26               expX = expYIn;  expY = expXIn;
27            end
28          else
29            begin
30               x    = xIn;     y    = yIn;
31               expX = expXIn;  expY = expYIn;
32            end // else: !if(expXIn < expYIn)
33          // 3. Berechnung der Exponenten-Differenz
34          k = expX - expY;
```

Abb. 9.6: *Verhaltensbasierte Beschreibung der Fließkomma-Addition in Verilog, 1. Teil.*

Die oben gegebene Beschreibung ist umgesetzt worden in dem *Verilog*-Modul add, das in den Abbildungen 9.6, 9.7, 9.8, und 9.9 auf den Seiten 394, 395, 396 und 397 gezeigt wird. Bei der Umsetzung gab es ein Problem: Die beiden Zeilen 126 und 127 lauteten ursprünglich

```
if (expZ > -126)
  z[30:23] = expZ + 127.
```

```
        // 4. Berechnung des Sticky-Bits
        if (k > 25 && y != 32'b0)
          sticky = 1;
        else if (25 >= k && k >= 3)
          begin
             sticky = 0;
             for (j = 0; j <= k - 3; j = j + 1)
               sticky = sticky | y[j];
          end
        else
          sticky = 0;
        // 5. Berechnung von u und v
        u[28] = 0;
        u[27] = 0;
        if (x[30:23] != 8'b0)
          u[26] = 1;
        else
          u[26] = 0;
        for (j = 22; j >= 0; j = j - 1)
          u[j + 3] = x[j];
        u[2] = 0;  u[1] = 0;  u[0] = 0;
        for (j = 0; j <= k; j = j + 1)
          if (28 > j)
            v[28 - j] = 0;
        if (k <= 27)
          v[27 - k] = 0;
        if (k <= 26)
          if (y[30:23] != 8'b0)
            v[26 - k] = 1;
          else
            v[26 - k] = 0;
        for (j = 22; j >= 0; j = j - 1)
          if (j + 2 >= k)
            v[j + 3 - k] = y[j];
        if (k >= 3)
          v[0] = sticky;
        else
          for (j = 0; j < 3 - k; j = j + 1)
            v[j] = 0;
```

Abb. 9.7: *Verhaltensbasierte Beschreibung der Fließkomma-Addition in* Verilog, *2. Teil.*

Aufgrund eines Fehlers in dem *Icarus Verilog* Compiler funktioniert der Vergleichs-Operator > nicht richtig. Nachdem die Bedingung

```
        // 6. Berücksichtigung des Vorzeichens
        if (x[31] == 1)
          u = -u;
        if (y[31] == 1)
          v = -v;
        // 7. Berechnung der Summe
        w = u + v;
        // 8. Setzen des Vorzeichen-Nits
        if (w[28] == 1)
          begin
             w     = -w;
             z[31] = 1;
          end
        else z[31] = 0;
        // 9. Berechnung des Exponenten
        if (w[27] == 1)
          begin
             expZ = expX + 1;
             if (expZ == 128)
               $display("Overflow");
             else
               begin
                  sticky = w[0];  // save sticky bit before shifting
                  w = (w >> 1);
                  w[0] = w[0] | sticky;
               end
          end // if (w[27] == 1)
        else if (w[27] == 0 && w[26] == 1)
          expZ = expX;
        else
          begin
             i = 0;
             while (w[26 - i] == 0)
               i = i + 1;
             if (expX - i >= -126)
               l = i;
             else
               l = expX + 126;
             w = (w << l);
             expZ = expX - l;
          end // else: !if(w[27] == 0 && w[26] == 1)
```

Abb. 9.8: *Verhaltensbasierte Beschreibung der Fließkomma-Addition in Verilog, 3. Teil.*

```
            // 10. Rundung
            if ((w[2] == 1 && (w[1] == 0 && w[0] == 0 && w[3] == 1)) ||
                (w[2] == 1 && (w[1] == 1 || w[0] == 1))                )
              w[27:3] = w[27:3] + 1;   // round up
            // 11. Renormalisierung
            if (w[27] == 1)
              begin
                 w    = (w >> 1);
                 expZ = expZ + 1;
              end
            // 12. Berechnung des Ergebnisses
            if (expZ >= -125)
              z[30:23] = expZ + 127;
            else if (expZ == -126 && w[26] == 1)
              z[30:23] = 8'd1;
            else
              z[30:23] = 8'd0;
            for (j = 0; j <= 22; j = j + 1)
              z[j] = w[j + 3];
         end // always @ (xIn, yIn)
    endmodule // add
```

Abb. 9.9: *Verhaltensbasierte Beschreibung der Fließkomma-Addition in Verilog, 4. Teil.*

`expZ > -126`

in die äquivalente Bedingung

`expZ >= -125`

umgeschrieben worden war, bestand das Modul einen umfangreichen Test.

9.5 Implementierung der Fließkomma-Multiplikation

Als Nächstes diskutieren wir die Realisierung der Fließkomma-Multiplikation, wir entwickeln also eine Schaltung zur Berechnung des Produktes $a * b$ zweier Fließkomma-Zahlen a und b. Genau wie auch schon bei der Addition beschränken wir uns auf den Fall einfacher Genauigkeit und gehen davon aus, dass die Zahlen a und b im IEEE-Format vorliegen. Der IEEE-Standard 754 fordert, dass zunächst das Produkt $a * b$ exakt berechnet wird und dass dieses Ergebnis dann auf einfache Genauigkeit gerundet wird. Um die Darstellung zu vereinfachen beschränken wir uns auf den Rundungs-Modus *round-to-zero*, es gilt also

$$a \otimes b = round_{\text{zero}}(a * b).$$

Außerdem nehmen wir an, dass a und b tatsächlich Zahlen sind, wir schließen also die Fälle aus, in denen a oder b einen der Werte $+\infty$, $-\infty$ oder `NaN` annehmen. Sind x und y die Bitvektoren, durch die a und b im IEEE-Format dargestellt werden, gilt also $a = \mathit{float}(x)$ und $b = \mathit{float}(y)$, so haben wir

$$a = s(x) * m(x) * 2^{e(x)} \quad \text{und} \quad b = s(y) * m(y) * 2^{e(y)}.$$

Damit gilt

$$\begin{aligned} a * b &= s(x) * m(x) * 2^{e(x)} * s(y) * m(y) * 2^{e(y)} \\ &= \big(s(x) * s(y)\big) * \Big(\big(m(x) * 2^{23}\big) * \big(m(y) * 2^{23}\big)\Big) * 2^{e(x)+e(y)-46}. \end{aligned}$$

Die mit 2^{23} multiplizierten Mantissen von x und y sind natürliche Zahlen, es gilt also

$$m(x) * 2^{23} \in \mathbb{N} \quad \text{und} \quad m(y) * 2^{23} \in \mathbb{N}.$$

Das Produkt dieser beiden Zahlen liefert *im Wesentlichen* die Mantisse des Ergebnisses. Um aus diesem Produkt tatsächlich die Mantisse zu erhalten, müssen wir das Produkt durch Herausziehen einer geeigneten Zweier-Potenz normalisieren. Im Detail gehen wir wie folgt vor: Das Produkt der beiden ganzen Zahlen $m(x) * 2^{23}$ und $m(y) * 2^{23}$ kann sicher durch einen Bitvektor der Länge 48 dargestellt werden, denn jede der beiden Zahlen $m(x) * 2^{23}$ und $m(y) * 2^{23}$ kann mit 24 Bits dargestellt werden. Wir deklarieren daher einen Bitvektor w der Länge 48 und setzen

$$w = \big(m(x) * 2^{23}\big) * \big(m(y) * 2^{23}\big).$$

Anschließend bestimmen wir die Anzahl l der führenden Nullen des Bitvektors w durch eine einfache *while*-Schleife:

```
l = 0;
while (l <= 47 && w[47 - l] == 0)
    l = l + 1;
```

Falls $w \neq 0$ ist, steht, nachdem diese Schleife durchlaufen ist, im Bitvektor w an der Position $47 - l$ eine 1. Da wir w als natürliche Zahl interpretieren, wird dieses Bit mit dem Faktor 2^{47-l} gewichtet. Um w in die Mantisse einer normalisierten Fließkomma-Zahlen zu verwandeln, müssen wir dieses Bit stattdessen mit 2^0, also mit 1, gewichten. Dies erreichen wir, indem wir w mit dem Faktor $1/2^{47-l} = 2^{l-47}$ multiplizieren:

$$\begin{aligned} a * b &= \big(s(x) * s(y)\big) * w * 2^{e(x)+e(y)-46} \\ &= \big(s(x) * s(y)\big) * \big(w * 2^{l-47}\big) * 2^{e(x)+e(y)-46-(l-47)} \\ &= \big(s(x) * s(y)\big) * \big(w * 2^{l-47}\big) * 2^{e(x)+e(y)+1-l} \end{aligned}$$

Damit ergibt sich der Exponent des Produkts als

$$e(z) = e(x) + e(y) + 1 - l.$$

Um daraus den verzerrten Exponenten zu berechnen, führen wir eine Fallunterscheidung durch:

1. $e(z) \geq 128$.

   In diesem Fall haben wir einen Überlauf. Da im Rundungs-Modus *round-to-zero* immer in Richtung von 0 gerundet wird, ist das Ergebnis die betragsgrößte Zahl.

Wir setzen daher $e_v(z) = 254$ und die Bits z`[22:0]`, die die Mantisse repräsentieren, auf 1.

2. $-126 \leq e(z) \leq 127$.

   In diesem Fall haben wir weder einen Über- noch einen Unterlauf. Wir schiften zunächst w um l Bits nach links, um eine normalisierte Zahl zu erhalten. Anschließend runden wir w auf die obersten 24 Bits, was in dem Modus *round-to-zero* nur heißt, dass wir die restlichen Bits wegwerfen. Die Bits z`[22:0]`, die die Mantisse kodieren, erhalten wir aus den Bits w`[46:24]`. Die Bits, die den Exponenten bestimmen, erhalten wir aus der Formel

   $$z\texttt{[30:23]} = e(z) + 127.$$

3. $e(z) < -126$

   Jetzt haben wir einen Unterlauf. Wir setzen daher $e_v(z) = 0$ und definieren

   $$k = -126 - e(z).$$

   Mit dieser Definition gilt offenbar $e(z) + k = -126$. Wenn wir also w um k Bits nach rechts shiften, können wir das Ergebnis immerhin noch als denormalisierte Zahl darstellen:

   $$w = (w \texttt{>>} k).$$

   Wir erhalten nun die Bits z`[22:0]`, indem wir w durch Abschneiden der überzähligen Bits auf 24 Bits runden. Die Bits z`[22:0]` der Mantisse erhalten wir anschließend aus den Bits w`[46:24]`. Da der verzerrte Exponent in diesem Fall 0 ist, setzen wir

   $$z\texttt{[30:23]} = 0.$$

Das Vorzeichen des Produktes $a \otimes b$ ist durch das Produkt der Vorzeichen von a und b gegeben. Stellen wir das Produkt durch den Bitvektor z dar, gilt also $a \otimes b = \mathit{float}(z)$, so haben wir

$$s(z) = s(x) * s(y).$$

Damit können wir das Vorzeichen durch eine exklusive Oder-Verknüpfung der Vorzeichen-Bits von x und y berechnen:

$$z[31] = x[31] \,\hat{}\, y[31].$$

Die Abbildungen 9.10 und 9.11 auf den Seiten 400 und 401 zeigen eine Umsetzung dieser Überlegungen. Die Berechnung des Produktes erfolgt in 6 Schritten:

1. Als Erstes berechnen wir in Zeile 14 das Vorzeichen des Produktes durch ein exklusives Oder der Vorzeichen-Bits von x und y.

2. Anschließend extrahieren wir die Mantissen von x und y und speichern diese in den Bitvektoren u und v. Der Bitvektor u repräsentiert die Zahl $m(x) * 2^{23}$ und v repräsentiert die Zahl $m(y) * 2^{23}$.

3. Im dritten Schritt berechnen wir in Zeile 25 das Produkt $u * v$.

```
module multiply(output reg [31:0] z, input [31:0] x, y);
   reg  signed [ 8:0]    expX, expY;
   reg  signed [ 9:0]    expZ;
   reg  signed [ 5:0]    l;
   reg  signed [ 8:0]    k;
   reg         [23:0]    u, v;
   reg         [47:0]    w;
   integer i;
   always @(x or y)
     begin
        // 1st step: calculate sign
        z[31] = x[31] ^ y[31];
        // 2nd step: calculate u and v
        if (x[30:23] != 0)
          u[23] = 1;
        else
          u[23] = 0;
        u[22:0] = x[22:0];
        if (y[30:23] != 0)
          v[23] = 1;
        else
          v[23] = 0;
        v[22:0] = y[22:0];
        // 3rd step: calculate the product w = u * v
        w = u * v;
        // 4th step: calculate number of leading zeros
        l = 0;
        while (l <= 47 && w[47 - l] == 0)
          l = l + 1;
        w = (w << l);
        // 5th step: calculate exponent of product
        if (x[30:23] != 0)
          expX = x[30:23] - 127;
        else
          expX = -126;
        if (y[30:23] != 0)
          expY = y[30:23] - 127;
        else
          expY = -126;
        expZ = expX + expY + 1 - l;
```

Abb. 9.10: *Implementierung der Fließkomma-Multiplikation.*

```
41          // 6th step: case distinction
42          if (128 <= expZ)  // overflow
43            begin           // flush to maximum number
44               z[30:23] =  8'd254;
45               z[22: 0] = 23'b11111111111111111111111;
46            end
47          else if (expZ <= -127) // underflow
48            begin
49               z[30:23] = 8'd0;
50               k = -126 - expZ;
51               w = (w >> k);
52               z[22:0] = w[46:24];
53            end // if (expZ <= -127)
54          else  // no overflow nor underflow
55            begin
56               z[30:23] = expZ + 127;
57               z[22: 0] = w[46:24];
58            end
59       end // always @ (x or y)
60    endmodule // multiply
```

Abb. 9.11: *Implementierung der Fließkomma-Multiplikation.*

4. Um dieses Produkt normalisieren zu können, zählen wir in der Schleife in den Zeilen 28 und 29 die Anzahl l der führenden Nullen. Anschließend shiften wir w um l Bits nach links, so dass nun das führende Bit von w den Wert 1 hat, es sei denn, dass w von Anfang an den Wert 0 hatte.

5. Jetzt berechnen wir den Exponenten von $e(z)$ nach der Formel

   $$e(z) = e(x) + e(y) + 1 - l.$$

   Dazu müssen wir in den Zeilen 32 – 39 zunächst die Exponenten von x und y berechnen.

6. Im letzten Schritt führen wir die Fallunterscheidung nach der Größe des Exponenten durch.

   (a) Falls es zu einem Überlauf kommt, setzen wir den Exponenten des Ergebnisses z auf den maximal möglichen Wert. Außerdem setzen wir alle Bits der Mantisse auf 1.

   (b) Falls es zu einem Unterlauf kommt, schieben wir w so weit nach rechts, dass der insgesamt resultierende Exponent den Wert -126 hat.

   (c) Andernfalls berechnen wir den verzerrten Exponenten durch Addition von 127. Die Mantisse ergibt sich aus den Bits w`[46:24]`.

Literaturverzeichnis

[BH98] Friederich Barth und Rudolf Haller. *Stochastik Leistungskurs.* Oldenbourg Verlag, München, 1998.

[Gol91] David Goldberg. What every computer scientist should know about floating-point arithmetic. *ACM Computing Surveys*, 23(1):5–48, 1991. Verfügbar unter `http://www.validlab.com/goldberg/paper.ps`.

[Hop06] Bernard Hoppe. *Verilog.* Oldenbourg, 2006.

[Kah65] William H. Kahan. Further remarks on reducing truncation errors. *CACM*, 8(1):40, 1965.

[Kah96] William H. Kahan. The improbability of probabilistic error analyses for numerical computations. Technical report, UC Berkeley, Department of Electrical Engineering and Computer Sciences, 1996. Verfügbar unter `www.cs.berkeley.edu/~wkahan/improber.pdf`.

[Knu98] Donald E. Knuth. *The Art of Computer Programming, Volume 2, Seminumerical Algorithms.* Addison-Wesley, Reading, MA, USA, 3rd edition, 1998.

[Lee02] James M. Lee. *Verilog QuickStart: A Practical Gide to Simulation and Synthesis in Verilog.* Kluwer Academic Publishers, 3rd edition, 2002.

[LY96] T. Lindholm and F. Yellin. *The Java Virtual Machine Specification.* Addison-Wesley, 1996.

[P7585] IEEE Task P754. *IEEE 754-1985, Standard for Binary Floating-Point Arithmetic.* IEEE, New York, 1985. Verfügbar unter `http://grouper.ieee.org/groups/754/`.

[Pal03] Samir Palnitkar. *Verilog HDL: A Guide to Digital Design and Synthesis.* Sun Microsystems Press, Palo Alto, CA, USA, 3rd edition, 2003.

[PFTV92] William H. Press, Brian P. Flannery, Saul A. Teukolsky, and William T. Vetterling. *Numerical Recipes in C: The Art of Scientific Computing.* Cambridge University Press, 1992. Verfügbar unter `http://www.library.cornell.edu/nr/bookcpdf.html`.

[PH04] D. A. Patterson and J. L. Hennessy. *Computer Organization and Design.* Morgan-Kaufmann, San Franciso, 3rd edition, 2004.

[PIG05] J. Gary Polhill, Luis R. Izquierdo, and Nicholas M. Gotts. The ghost in the model (and other effects of floating point arithmetic). *Journal of Artificial Societies and Social Simulation*, 8(1), 2005. Verfügbar unter `http://jasss.soc.surrey.ac.uk/8/1/5.html`.

[Tan05] Andrew S. Tanenbaum. *Structured Computer Organization*. Prentice-Hall, Upper Saddle River, NJ, 5th edition, 2005.

Index

www.ingramcontent.com/pod-product-compliance
Lightning Source LLC
Chambersburg PA
CBHW081039220326
41598CB00038B/6923

* 9 7 8 3 4 8 6 5 8 0 2 9 7 *